普通高等教育机械类特色专业系列教材

机械结构有限元法与计算机辅助分析

孙　伟　汪　博　李朝峰　韩清凯　刘　杨　编著

科　学　出　版　社

北　京

内 容 简 介

本书介绍有限元法的基础理论以及利用工程软件 ANSYS 对机械结构进行有限元分析的方法。在基础理论部分，以简要介绍有限元法的力学基础为前提，重点以平面三角形单元、杆单元及梁单元为对象，描述了单元分析、单元组集、边界条件以及载荷移置的方法；对单元形函数的构造方法进行了讨论，对等参数单元的基本理论进行了说明，同时也对动力学有限元的一般流程及方法做了简要介绍。在工程软件部分，涵盖了针对 ANSYS 经典界面和多功能仿真平台 Workbench 的基本操作及使用方法。

本书可作为机械类本科高年级学生和研究生的教材，也可作为相关工程技术人员的参考书。

图书在版编目(CIP)数据

机械结构有限元法与计算机辅助分析 / 孙伟等编著. —北京：科学出版社，2020.6

(普通高等教育机械类特色专业系列教材)

ISBN 978-7-03-065317-8

Ⅰ. ①机… Ⅱ. ①孙… Ⅲ. ①机械工程－结构分析－有限元法－应用软件－高等学校－教材 Ⅳ. ①TH112

中国版本图书馆 CIP 数据核字(2020)第 092513 号

责任编辑：朱晓颖 / 责任校对：王　瑞

责任印制：张　伟 / 封面设计：迷底书装

科学出版社出版

北京东黄城根北街 16 号

邮政编码：100717

http://www.sciencep.com

北京九州迅驰传媒文化有限公司印刷

科学出版社发行　各地新华书店经销

*

2020 年 6 月第　一　版　开本：787×1092　1/16

2025 年 1 月第四次印刷　印张：16

字数：406 000

定价：69.00 元

(如有印装质量问题，我社负责调换)

前　言

有限元法(finite element method, FEM)是由力学和计算机技术相结合而逐步发展起来的一种进行工程分析的强有力的数值计算方法。由于存在大量的商业化有限元软件，如ANSYS、NASTRAN、ABAQUS 等，有限元技术获得了较为广泛的应用，例如，在机械、土木、电子、生物医学等领域均能够发现用有限元解决实际问题的成功案例。在机械工程领域，利用有限元对机械产品进行静、动力学考核与性能预测现已经成为在产品研发过程中的一个重要环节。可见，机械学科的本科生或者研究生掌握并能应用有限元技术已成为适应本专业工作的一项基本技能。

在当前面向工科学生的有限元教学中，在教学内容上往往趋向于两个极端：一是高度重视有限元理论(可命名为理论教学)，教师用大量的课时来讲授单元刚度的形成、单元组集、边界条件的引入、载荷移置、求解的收敛性等知识点；二是重点关注如何操作有限元软件(可命名为纯应用教学)，教师通常在课堂上重点讲解工程有限元软件如何操作，如实体建模、单元设置、有限元分网、加约束、求解、后处理等。在实践上，这两种教学模式均存在弊端，理论教学会使学生觉得有限元学习较为枯燥，且经常会出现“学完有限元理论后，学生面向实际问题却不知从何下手”的尴尬。而纯应用教学弊端则更为明显，学生会遇到求解流程错误、无法判断有限元结果的正确性等问题。由此可见必须确定一种恰当的教学模式，其能兼顾有限元的基本理论以及软件应用，能使学生在有限的学时内快速掌握用有限元法解决实际问题的能力。本书正是对应此目标编写的，包括有限元法基础理论和 ANSYS 软件的基本操作两部分。

有限元法基础理论部分包括：①有限元法的力学基础；②平面三角形单元；③杆单元和梁单元；④单元的形函数与载荷移置；⑤等参元；⑥动力学有限元分析方法。整体编排上由浅入深，具体描述如下：在有限元法的力学基础部分，重点介绍弹性力学基础理论，包括基本概念和基本方程；在平面三角形单元部分，以平面三角形单元为例描述单元分析、单元组集以及边界条件引入的方法；杆单元和梁单元部分是对上述知识点的进一步巩固与提升；单元的形函数与载荷移置部分介绍构建复杂单元形函数的一般规律及方法，重点介绍利用形函数进行载荷移置的方法；在等参元部分，重点介绍等参元的概念以及按照等参元的思想进行单元分析的方法；在动力学有限元分析方法部分，详细描述结构动力学有限元分析的基本流程，以及形成单元质量矩阵和动力学有限元方程的基本求解方法。在有限元法基础理论部分，每章(第 1 章除外)均设有一个综合实例，同时配有 MATLAB 和 ANSYS-APDL 编制的有限元程序，使读者易懂、易学、易使用。读者通过对这些理论知识以及相关实例的学习，学会独立编制有限元程序解决实际问题。

ANSYS 软件的基本操作部分涵盖了针对 ANSYS 经典界面和多功能仿真平台 Workbench 的操作，具体如下：在 ANSYS 软件简介及基本操作部分，较为详细地描述 ANSYS 的主要模块和有限元分析的基本流程，另外，对一些基本技术要点，如建模、网格划分、加载及求解和后处理等，都通过提供丰富的小例子让读者快速掌握基本的操作方法；在 Workbench 简介及基本操作部分，在简要介绍其主要功能模块的基础上，较为详细地描述基于 Workbench 的有限元分析流程，包括几何建模、网格划分以及具体求解方法等，以一个典型装配结构为例，详细描述对其进行静力学及模态分析的操作步骤，使广大读者对 Workbench 有一个由浅入深的了解。

在国内许多大学中，机械工程等学科的本科生或研究生都开设了有限元相关课程。学习有限元理论以及借助工程有限元软件的计算机辅助分析在大学生和工程界一直都有着极大的需求。本书是由东北大学韩清凯教授组建的有限元教学课程组集体研发的，在《结构分析中的有限单元法及其应用》(2000 年，东北大学出版社)、《有限单元法及应用》(2002 年，吉林科学技术出版社)、《机械结构有限元分析》(2006 年，哈尔滨工业大学出版社)、《弹性力学及有限元法基础教程》(2009 年，东北大学出版社)、《机械结构有限单元法基础》(2013 年，科学出版社)等基础上进行精编并吸取其他经典教材部分内容，同时结合多位一线教师的实际授课经验编写而成的。本书内容简明，结构清晰，理论先进，语言叙述简练易懂，可满足大规模课程教学和广大学生学习的需求。本书还配有完善的辅助教学课件，可供任课教师参考。

本书是东北大学“百种优质教材建设”立项教材。本次编写由孙伟主持，韩清凯进行了具体的指导，其他编写人员还包括汪博、李朝峰、刘杨。在编写过程中，课题组的研究生做了大量的工作，同时还得到了很多兄弟学校和老师的大力支持，在此一并表示感谢。

由于作者水平有限，本书不妥之处在所难免，敬请广大读者批评指正。

作　者

2019 年 12 月

目　　录

第 1 章　有限元法的力学基础

本章主要介绍弹性力学的基本理论，主要包括弹性力学的基本概念和基本方程，具体如下：线性弹性力学问题的几个基本假定、应力与平衡微分方程、应变与几何方程、相容性方程、物理方程、弹性力学的一般求解方法和机械结构的强度失效准则等。这些是进行机械结构有限元分析时的力学基础，对于理解有限元法基本理论至关重要。

1.1　弹性力学及其基本假定

1.1.1　弹性力学概述

弹性力学(elastic theory)是一门基础技术科学。在工程结构分析中，特别是机械、航空、航天、土建和水利等领域的结构分析中，都需要应用弹性力学的基本理论。弹性力学是固体力学(solid mechanics)的一个分支，其基本任务是针对各种具体情况，确定弹性体内应力与应变的分布规律。也就是说，当已知弹性体的形状、物理性质、受力情况和边界条件时，确定其任一点的应力状态、应变状态和位移。

弹性力学与材料力学(strengths of materials)在研究对象、研究内容和基本任务等很多方面是相同的，但是两者的研究方法有较大差别。材料力学的研究对象主要是杆状构件，即长度远大于宽度和厚度的构件，分析这类构件在拉压、剪切、弯曲和扭转等典型外载荷作用下的应力和位移。在材料力学中，除从静力学、几何学、物理学三方面进行分析外，为了简化推导，还引用了一些关于构件的形变状态或应力分布的假定(如平面截面的假定、拉应力在净截面上均匀分布的假定等)。杆件横截面的变形可以根据平面假定确定，问题求解的基本方程是常微分方程，不存在数学求解的困难。在弹性力学中，对于杆状构件，一般不引用那些假定，所以其解答要比材料力学里得出的解答精确。弹性力学中，除研究杆状构件之外，还研究板、壳、块以及三维实体等结构，因此问题分析只能从微分单元体入手，以分析单元体的平衡、变形和应力-应变关系，因此问题综合分析的结果是满足一定边界条件的偏微分方程。也就是说，弹性力学问题的基本方程是偏微分方程的边值问题。从理论上讲，弹性力学能解决一切弹性体的应力和应变问题。当然，弹性力学在研究板壳结构等一些复杂问题时，也会引用有关形变状态或应力分布的一些假定来简化其数学推导。在工程实际中，一般构件的形状、受力状态、边界条件都比较复杂，所以除少数典型问题外，也往往无法直接采用弹性力学的基本方程进行解析求解，很多情况下需要通过数值计算方法来求得其近似解。

弹性力学是一门基础理论，把弹性力学理论直接用于工程问题分析具有很大的困难，其主要原因在于它的基本方程即偏微分方程边值问题求解通常比较困难。由于经典的解析方法很难用于工程构件分析，探讨近似解法是弹性力学发展中的一个重要任务。弹性力学问题的近似求解方法，如差分法和变分法等，特别是随着计算机的广泛应用而不断发展的有限元法，为解决工程实际问题开辟了广阔的前景。

1.1.2　线弹性力学的基本假定

在很多情况下，弹性力学的研究对象是理想弹性体，其应力与应变之间的关系为线性关系，线性弹性力学的基本假定有如下 5 点。

(1) 连续性假定。假定整个物体的体积都被组成该物体的介质所填满，不存在任何空隙。尽管一切物体都是由微小粒子组成的，并不能符合这一假定，但是只要粒子的尺寸以及相邻粒子之间的距离都比物体的尺寸小得多，物体的连续性假定就不会引起显著的误差。有了这一假定，物体内的一些物理量(如应力、应变、位移等)才可能是连续的，因而才可能用坐标的连续函数来表示它们的变化规律。

(2) 完全弹性假定。假定物体服从胡克定律，即应变与引起该应变的应力成正比。反映这一比例关系的常数就是弹性常数，弹性常数不随应力或应变的大小和符号而变。由材料力学可知：脆性材料的物体，在应力未超过比例极限前，可以认为是近似的完全弹性体；而塑性材料的物体，在应力未达到屈服极限前，也可以认为是近似的完全弹性体。这个假定使得物体在任意瞬时的应力和应变将完全取决于该瞬时物体所受到的外力或温度变化等因素，而与加载的历史和加载顺序无关。

(3) 均匀性假定。假定整个物体是由同一材料组成的。这样，整个物体的各部分才具有相同的弹性，因而物体的弹性常数才不会随位置坐标而变，可以取出该物体的任意一小部分来加以分析，然后把分析所得的结果应用于整个物体。如果物体是由多种材料组成的，但是只要每一种材料的颗粒尺寸远远小于物体而且在物体内是均匀分布的，那么整个物体也就可以假定为均匀的。

(4) 各向同性假定。假定物体的弹性在各方向上都是相同的。也就是说，物体的弹性常数不随方向而变化。非晶体材料是完全符合这一假定的。而由木材、竹材等做成的构件就不能当作各向同性体来研究。至于钢材构件，虽然其内部含有各向异性的晶体，但由于晶体非常微小，并且是随机排列的，所以从统计平均意义上讲，钢材构件的弹性基本上是各向同性的。

(5) 小位移和小变形假定。假定物体受力以后，物体各点的位移都远远小于物体原来的尺寸，并且其应变和转角都远小于 1。也就是在弹性力学中，为了保证研究的问题限定在线性范围，需要做出小位移和小变形的假定。这样，在建立变形体的平衡方程时，可以用物体变形前的尺寸来代替变形后的尺寸，而不致引起显著的误差，并且在考察物体的变形及位移时，转角和应变的二次幂或其乘积都可以略去不计。对于工程实际中不能满足这一假定的要求的情况，需要采用其他理论来进行分析求解(如大变形理论等)。

上述假定都是为了研究问题的方便，根据研究对象的性质、结合求解问题的范围而做出的。这样可以略去一些暂不考虑的因素，使得问题的求解成为可能。若无特殊说明，本书所涉及的弹性体均为满足上述 5 点基本假定的理想弹性体。

1.2　应力与平衡微分方程

1.2.1　应力

一点处的应力(stress)就是物体内力在该点处的集度。如图 1.1 所示，在理想弹性体截面

mn 上 P 点处取一微小面积ΔA，假设作用于ΔA 上的内力为$\Delta \boldsymbol{G}$，则定义 P 点处的应力矢量 $\boldsymbol{T}$ 为

$$\boldsymbol{T} = \lim_{\Delta A \to 0} \frac{\Delta \boldsymbol{G}}{\Delta A} \tag{1.1}$$

应力矢量 $\boldsymbol{T}$ 可以沿截面ΔA 的法线方向和切线方向进行分解，所得到的分量就是正应力(normal stress) σ_n 和剪应力(shear stress) τ_n，它们满足

$$\left|\boldsymbol{T}_n\right|^2 = \sigma_n^2 + \tau_n^2 \tag{1.2}$$

在物体内的同一个点处，不同法线方向截面上的应力分量(正应力 σ_n 和剪应力 τ_n)是不同的。在表述一点的应力状态时，只有给出物体内的某点坐标且给出过该点截面的外法线方向，才能确定物体内该点处在此截面上应力的大小和方向，因而这种表达是非常不方便的。

在弹性力学中，为了较为方便地描述弹性体内任一点 P 的应力状态，还通常采用三维直角坐标系下的应力分量形式表示，这是最常用的应力分量表达。根据连续性假定，弹性体可以看作由无数个微小正方体元素组成。如图 1.2 所示，在某点处切取一个微小正方体，该正方体的棱线与坐标轴平行。正方体各面上的应力可按坐标轴方向分解为一个正应力和两个剪应力，即每个面上的应力都用三个应力分量来表示。由于物体内各点的内力都是平衡的，正方体相对两面上的应力分量大小相等、方向相反。这样，用一个包含 9 个应力分量的矩阵来表示正方体各面上的应力，即

$$\boldsymbol{\sigma} = \begin{bmatrix} \sigma_x & \tau_{xy} & \tau_{xz} \\ \tau_{yx} & \sigma_y & \tau_{yz} \\ \tau_{zx} & \tau_{zy} & \sigma_z \end{bmatrix} \tag{1.3}$$

式中，σ 表示正应力，下标同时表示作用面和作用方向；τ 表示剪应力，第一个下标表示与截面外法线方向相一致的坐标轴，第二个下标表示剪应力的方向。

图 1.2 中作用在正方体各面上的剪应力存在互等关系，即作用在两个互相垂直的面上并且垂直于该两面交线的剪应力是互等的，不仅大小相等，而且正负号相同，即

$$\tau_{xy} = \tau_{yx}, \quad \tau_{xz} = \tau_{zx}, \quad \tau_{yz} = \tau_{zy} \tag{1.4}$$

这就是剪应力互等定理，在 1.2.3 节将对此予以证明。

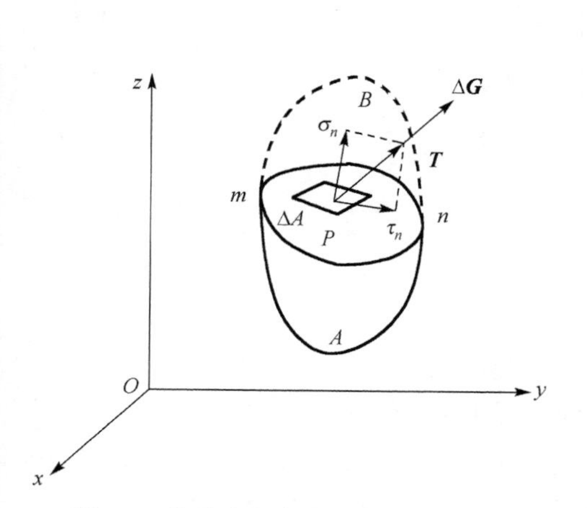

图 1.1　物体内任意点处的应力矢量

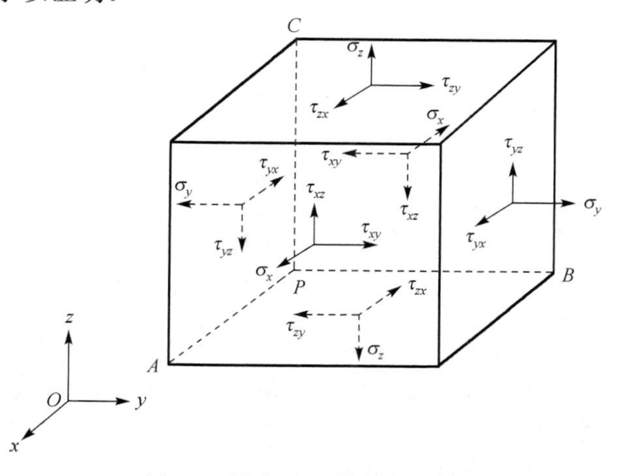

图 1.2　微小正方体元素的应力状态

因此，某一个剪应力的两个下标是可以对换的。这样，只要用6个独立的应力分量σ_x、σ_y、σ_z、τ_{xy}、τ_{yz}、τ_{zx}就可以完全描述微小正方体各面上的应力，记作

$$\boldsymbol{\sigma}=\{\sigma_x \quad \sigma_y \quad \sigma_z \quad \tau_{xy} \quad \tau_{yz} \quad \tau_{zx}\}^{\mathrm{T}} \tag{1.5}$$

当正方体足够小时，作用在正方体各面上的应力分量就可视为P点的应力分量。只要已知P点的这6个应力分量，就可以求得过P点任何截面上的正应力和剪应力，因此，由上述6个应力分量可以完全确定该点的应力状态。

1.2.2 主应力

上述的应力状态与坐标系原点位置密切相关，即当作为参考的直角坐标系在不同的位置时，同一点的应力状态将有不同的值。因而在后续的有限元分析求解时，是不能直接用一点的应力状态来评价这个结构是否满足强度要求的。

已经证明，在过一点的所有截面中，存在着三个互相垂直的特殊截面，在这三个截面上没有剪应力，仅有正应力。这种没有剪应力仅有正应力存在的截面称为过该点的主平面。主平面上的正应力称为该点的主应力，主平面的外法线方向是主应力的方向，称为该点的主应力方向。一点的主应力只与外载荷有关，因而可以用与主应力相关的量值来评价结构是否满足强度要求。

1. *主应力求解*

主应力可由一点的应力状态直接求解，求解方程可表示为

$$\begin{aligned}&\sigma^3-(\sigma_x+\sigma_y+\sigma_z)\sigma^2+(\sigma_x\sigma_y+\sigma_y\sigma_z+\sigma_z\sigma_x-\tau_{xy}^2-\tau_{yz}^2-\tau_{zx}^2)\sigma\\&-(\sigma_x\sigma_y\sigma_z+2\tau_{xy}\tau_{yz}\tau_{zx}-\sigma_x\tau_{yz}^2-\sigma_y\tau_{zx}^2-\sigma_z\tau_{xy}^2)=0\end{aligned} \tag{1.6}$$

式(1.6)不便于记忆和理解，为此引入了应力不变量的概念，提取该方程的二次方项σ^2、一次方项σ及常数项的系数，具体为

$$I_1=\sigma_x+\sigma_y+\sigma_z \tag{1.7}$$

$$\begin{aligned}I_2&=\sigma_x\sigma_y+\sigma_y\sigma_z+\sigma_z\sigma_x-\tau_{xy}^2-\tau_{yz}^2-\tau_{zx}^2\\&=\begin{vmatrix}\sigma_x & \tau_{yx}\\ \tau_{xy} & \sigma_y\end{vmatrix}+\begin{vmatrix}\sigma_y & \tau_{zy}\\ \tau_{yz} & \sigma_z\end{vmatrix}+\begin{vmatrix}\sigma_z & \tau_{xz}\\ \tau_{zx} & \sigma_x\end{vmatrix}\end{aligned} \tag{1.8}$$

$$\begin{aligned}I_3&=\sigma_x\sigma_y\sigma_z+2\tau_{xy}\tau_{yz}\tau_{zx}-\sigma_x\tau_{yz}^2-\sigma_y\tau_{zx}^2-\sigma_z\tau_{xy}^2\\&=\begin{vmatrix}\sigma_x & \tau_{xy} & \tau_{xz}\\ \tau_{xy} & \sigma_y & \tau_{yz}\\ \tau_{xz} & \tau_{yz} & \sigma_z\end{vmatrix}\end{aligned} \tag{1.9}$$

这三个量I_1、I_2、I_3分别定义为第一、第二、第三应力不变量。

应力不变量的含义是指I_1、I_2、I_3的值与坐标轴的选择无关。假如在同一点，有另一坐标系$Ox'y'z'$，对应的直角应力分量(应力状态)分别为σ_x'、σ_y'、σ_z'、τ_{xy}'、τ_{yz}'、τ_{zx}'，由式(1.7)～式(1.9)计算出应力不变量，分别为I_1'、I_2'、I_3'，可以证明，$I_1=I_1'$，$I_2=I_2'$，$I_3=I_3'$。

式(1.6)可以用应力不变量表示为

$$\sigma^3 - I_1\sigma^2 + I_2\sigma - I_3 = 0 \tag{1.10}$$

因而由一点的应力状态求解主应力的具体流程可描述为：求解三个应力不变量；构造式(1.10)所示的求解主应力的一元三次方程；具体求解可获得三个主应力。

2. 摩尔圆

在弹性体的任意一点处，过该点的任一截面上的正应力都介于三个主应力中的最大值和最小值之间，即任一点的最大正应力就是三个主应力中最大的一个，而最小正应力则是三个主应力中最小的一个。

主应力按代数值排列为$\sigma_1 \geqslant \sigma_2 \geqslant \sigma_3$，以$\sigma$和$\tau$为坐标轴的横轴和纵轴，沿着$\sigma$轴标记出$\sigma_1$、$\sigma_2$和$\sigma_3$。分别用直径为$\sigma_1-\sigma_2$、$\sigma_2-\sigma_3$和$\sigma_1-\sigma_3$画出三个圆，如图 1.3 所示，即摩尔圆。

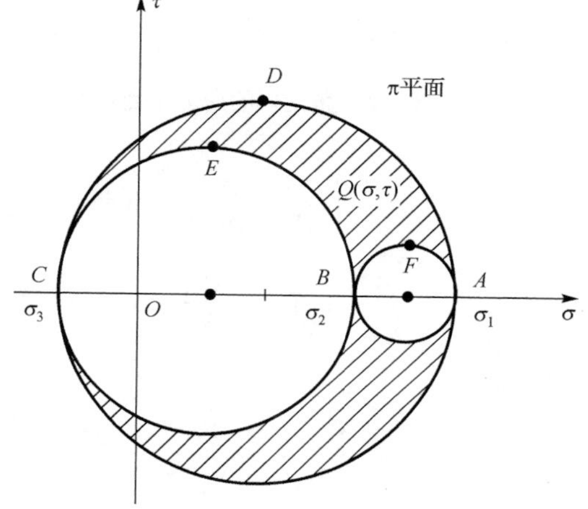

图 1.3　应力摩尔圆

这样，弹性体内任一点任一截面上的正应力及剪应力可以用摩尔圆来表示，所述的正应力及剪应力的具体值应落在阴影区域内。这个阴影区叫摩尔应力的 π 平面，表示该点任一可能截面上的应力。

根据摩尔圆图形可知以下结论。

(1) 主应力σ_1、σ_2和σ_3在图上的点为 A、B 和 C，这些点对应的剪应力为 0。

(2) 最大剪应力为$(\sigma_1-\sigma_3)/2$，对应的正应力为$(\sigma_1+\sigma_3)/2$，可用图上 D 点表示。

(3) 主应力所对应的平面叫主应力平面，相应的剪应力也有三个极限值，分别是$(\sigma_1-\sigma_2)/2$、$(\sigma_2-\sigma_3)/2$和$(\sigma_1-\sigma_3)/2$，对应的面为主剪应力平面。从图形可知，在主剪应力平面上，正应力并不等于 0，相应的正应力分别为$(\sigma_1+\sigma_2)/2$、$(\sigma_2+\sigma_3)/2$和$(\sigma_1+\sigma_3)/2$，对应于图上 F、E 和 D 点。可以推出，主剪应力平面与主应力平面成$45°$，主剪应力表示为

$$\tau_1 = (\sigma_1-\sigma_3)/2,\quad \tau_2 = (\sigma_2-\sigma_3)/2,\quad \tau_3 = (\sigma_1-\sigma_2)/2 \tag{1.11}$$

1.2.3　平衡微分方程

物体内不同的点将有不同的应力，这就是说，各点的应力分量都是点的位置坐标(x, y, z)的函数，而且在一般情况下，都是坐标的单值连续函数。当弹性体在外力作用下保持平衡时，可以根据平衡条件来导出应力分量与体积力分量之间的关系式，即应力平衡微分方程。这里所述的体积力(body force)一般是指分布在物体体积内的外力，它作用于弹性体内每一个体积单元上，常见的体积力有重力、惯性力和磁场力等。

应力平衡微分方程是弹性力学基础理论中的一个重要方程，以下描述其推导过程。设有一个物体在外力作用下而处于平衡状态，则其内各部分也都处于平衡状态。为导出平衡微分方程，我们从中取出一个微元体(这里是一个微小六面体)进行研究，其棱边尺寸分别为 dx、dy、dz，如图 1.4 所示。为清楚起见，图中仅画出了在 x 方向有投影的应力分量。考虑两个对应

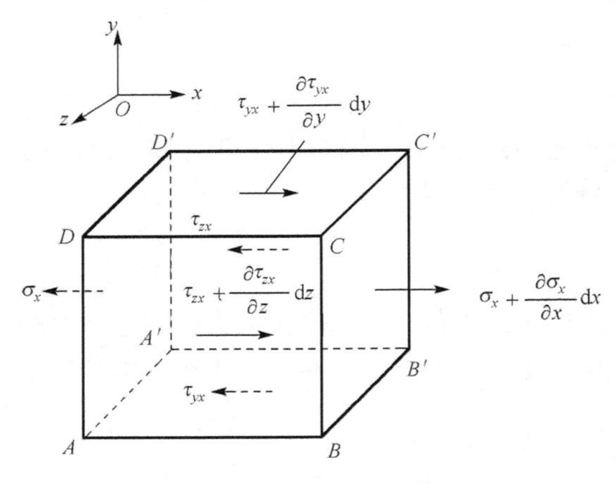

图 1.4　微元体的应力平衡

面上的应力分量，由于其坐标位置不同，因而存在一个应力增量。例如，在 $AA'D'D$ 面上作用有正应力 σ_x，那么由于 $BB'C'C$ 面与 $AA'D'D$ 面在 x 坐标方向上相差了 dx，由 Taylor 级数展开原则，并舍弃高阶项，可导出 $BB'C'C$ 面上的正应力应表示为 $\sigma_x+\frac{\partial\sigma_x}{\partial x}dx$ 。其余情况可类推。

由于所取的六面体是微小的，其各面上所受的应力可以认为是均匀分布的。另外，若微元体上除应力之外，还作用有体积力，那么也假定体积力是均匀分布的。这样，在 x 方向上，根据平衡方程 $\sum F_x=0$ ，有

$$\begin{aligned}&\left(\sigma_x+\frac{\partial\sigma_x}{\partial x}dx\right)dydz-\sigma_x dydz+\left(\tau_{yx}+\frac{\partial\tau_{yx}}{\partial y}dy\right)dxdz-\tau_{yx}dxdz\\&+\left(\tau_{zx}+\frac{\partial\tau_{zx}}{\partial z}dz\right)dxdy-\tau_{zx}dxdy+Xdxdydz=0\end{aligned}\tag{1.12}$$

整理得

$$\frac{\partial\sigma_x}{\partial x}+\frac{\partial\tau_{yx}}{\partial y}+\frac{\partial\tau_{zx}}{\partial z}+X=0\tag{1.13}$$

同理可得 y 方向和 z 方向上的平衡微分方程，则理想弹性体总的平衡微分方程可表达为

$$\begin{cases}\dfrac{\partial\sigma_x}{\partial x}+\dfrac{\partial\tau_{yx}}{\partial y}+\dfrac{\partial\tau_{zx}}{\partial z}+X=0\\[2mm]\dfrac{\partial\tau_{xy}}{\partial x}+\dfrac{\partial\sigma_y}{\partial y}+\dfrac{\partial\tau_{zy}}{\partial z}+Y=0\\[2mm]\dfrac{\partial\tau_{xz}}{\partial x}+\dfrac{\partial\tau_{yz}}{\partial y}+\dfrac{\partial\sigma_z}{\partial z}+Z=0\end{cases}\tag{1.14}$$

上述应力平衡微分方程是弹性力学中的基本关系之一，凡处于平衡状态的物体，其任一点的应力分量都应满足这组基本力学方程。

再回到图 1.4 中微元体的平衡问题。前面已经列出了在 x、y、z 轴上的投影方程，现在列出三个力矩方程。将各面上的应力分量全部写出，例如，列写 $\sum M_{AA'}=0$ ，可得

$$\begin{aligned}&\sigma_x dydz\frac{dy}{2}-\left(\sigma_x+\frac{\partial\sigma_x}{\partial x}dx\right)dydz\frac{dy}{2}+\left(\tau_{xy}+\frac{\partial\tau_{xy}}{\partial x}dx\right)dydzdx+\left(\sigma_y+\frac{\partial\sigma_y}{\partial y}dy\right)dxdz\frac{dx}{2}\\&-\sigma_y dxdz\frac{dx}{2}-\left(\tau_{yx}+\frac{\partial\tau_{yx}}{\partial y}\right)dxdzdy+\left(\tau_{zy}+\frac{\partial\tau_{zy}}{\partial z}dz\right)dxdy\frac{dx}{2}-\tau_{zy}dxdy\frac{dx}{2}\\&-\left(\tau_{zx}+\frac{\partial\tau_{zx}}{\partial z}dz\right)dxdy\frac{dy}{2}+\tau_{zx}dxdy\frac{dy}{2}=0\end{aligned}\tag{1.15}$$

将式(1.15)展开并略去高阶小量，整理后可以得到

$$\tau_{xy}\mathrm{d}x\mathrm{d}y\mathrm{d}z-\tau_{yx}\mathrm{d}x\mathrm{d}y\mathrm{d}z=0$$

上式就是

$$\tau_{xy}=\tau_{yx} \tag{1.16}$$

在列写平衡方程时，未计入体积力对应的力矩，但即使计入，也因它们是四阶微量而将被略去。用同样的方法列出另外两个力矩平衡方程$\sum M_{A'B'}=0$，$\sum M_{A'D'}=0$，则可得

$$\tau_{yz}=\tau_{zy}，\quad \tau_{zx}=\tau_{xz}$$

将上面三个式子整理在一起，得到任意一点处的剪应力分量的关系式：

$$\tau_{xy}=\tau_{yx}，\quad \tau_{yz}=\tau_{zy}，\quad \tau_{zx}=\tau_{xz} \tag{1.17}$$

式(1.17)表明，任意一点处的 6 个剪应力分量成对相等，即剪应力互等定理。由此可知，弹性体内任一点的 9 个直角坐标应力分量中只有 6 个是独立的。为便于表示，可把它们写成一个应力列向量，即

$$\boldsymbol{\sigma}=\begin{Bmatrix}\sigma_x\\ \sigma_y\\ \sigma_z\\ \tau_{xy}\\ \tau_{yz}\\ \tau_{zx}\end{Bmatrix} \tag{1.18}$$

1.3　应变与几何方程

1.3.1　应变

物体在外力作用下，其形状会发生改变，变形(deformation)指的就是这种物体形状的变化。不管这种形状的改变多么复杂，对于其中的某一个微元体来说，可以认为只包括棱边长度的改变和各棱边之间夹角的改变两种类型。因此，为了考察物体内某一点处的变形，可在该点处从物体内截取一个微元体，研究其棱边长度和各棱边之间夹角的变化情况。

微元体的变形可以用应变(strain)来表达。分为两方面讨论：第一，棱边长度的伸长量，即正应变(或线应变，linear strain)；第二，两棱边间夹角的改变量(用弧度表示)，即剪应变(或角应变，shear strain)。图 1.5 是对这两种应变的几何描述，表示变形前后的微元体在 xy 面上的投影，微元体的初始位置和变形后的位置分别由实线和虚线表示。物体变形时，物体内一点处产生的应变与该点的相对位移有关。在小应变情况下(位移导数远小于 1 的情况)，位移分量与应变分量之间的关系如下。

在图 1.5(a)中，微元体在 x 方向上有一个 Δu_x 的伸长量，微元体棱边的相对变化量就是 x 方向上的正应变 ε_x，则

$$\varepsilon_x=\frac{\Delta u_x}{\Delta x} \tag{1.19}$$

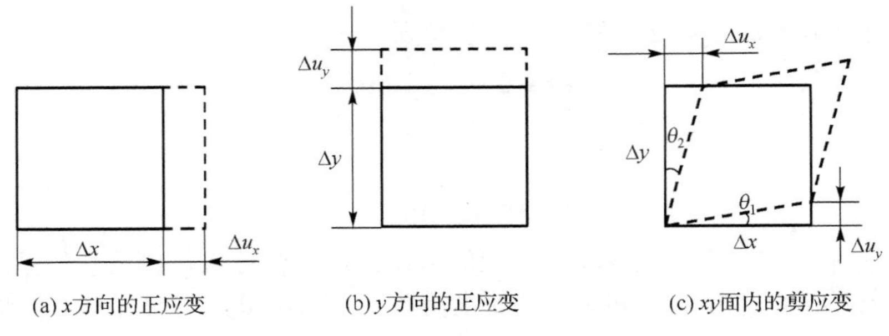

(a) x方向的正应变　(b) y方向的正应变　(c) xy面内的剪应变

图 1.5　应变的几何描述

相应地，图 1.5(b)为 y 方向的正应变：

$$\varepsilon_y = \frac{\Delta u_y}{\Delta y} \tag{1.20}$$

图 1.5(c)为 xy 面内的剪应变 γ_{xy}，剪应变定义为微单元体棱边之间夹角的变化，图中总的角变化量为 $\theta_1+\theta_2$。假设 θ_1 和 θ_2 都非常小，可以认为 $\theta_1+\theta_2 \approx \tan\theta_1+\tan\theta_2$。

根据图 1.5(c)可知

$$\tan\theta_1 = \frac{\Delta u_y}{\Delta x},\quad \tan\theta_2 = \frac{\Delta u_x}{\Delta y}$$

由于小变形假设，有 $\theta_1 \approx \tan\theta_1$，$\theta_2 \approx \tan\theta_2$，因此，剪应变 γ_{xy} 可以表示为

$$\gamma_{xy} = \theta_1+\theta_2 = \frac{\Delta u_y}{\Delta x} + \frac{\Delta u_x}{\Delta y} \tag{1.21}$$

依次类推，ε_x、ε_y、ε_z 分别代表了一点 x、y、z 轴方向的线应变，γ_{xy}、γ_{yz}、γ_{xz} 则分别代表了 xOy、yOz 和 xOz 面上的剪应变。与直角应力分量类似，上述的六个应变分量称为直角应变分量或应变状态，这六个应变分量用矩阵形式表示，即

$$\boldsymbol{\varepsilon} = \begin{bmatrix} \varepsilon_x & \gamma_{xy} & \gamma_{xz} \\ \gamma_{yx} & \varepsilon_y & \gamma_{yz} \\ \gamma_{zx} & \gamma_{zy} & \varepsilon_z \end{bmatrix} \tag{1.22}$$

线应变 ε 和剪应变 γ 都是无量纲的量。

除了上面的两种应变，还有一种体积应变(volume strain)。体积应变表示弹性体体积的扩张或收缩，按线弹性理论，体积应变的大小等于三个线应变的和，即

$$\varDelta = \frac{\Delta V}{V} = \varepsilon_x + \varepsilon_y + \varepsilon_z \tag{1.23}$$

1.3.2　主应变

对于弹性体内任一点，存在这样一个面，在该面内只有线应变没有剪应变，则称该线应变为主应变，该平面的法线方向称为主应变方向(或主应变轴)。可以证明，任一点都有三个互相垂直的主应变平面。通常情况下，对于各向同性的材料，主应变平面与主应力平面重合。

主应变的求解式为

$$\varepsilon^3 - J_1\varepsilon^2 + J_2\varepsilon - J_3 = 0 \tag{1.24}$$

式中，J_1、J_2、J_3 是第一、第二和第三应变不变量，它们分别是

$$J_1 = \varepsilon_x + \varepsilon_y + \varepsilon_z \tag{1.25}$$

$$J_2 = \begin{vmatrix} e_x & \dfrac{g_{xy}}{2} \\ \dfrac{g_{yx}}{2} & e_y \end{vmatrix} + \begin{vmatrix} e_y & \dfrac{g_{yz}}{2} \\ \dfrac{g_{zy}}{2} & e_z \end{vmatrix} + \begin{vmatrix} e_z & \dfrac{g_{zx}}{2} \\ \dfrac{g_{xz}}{2} & e_x \end{vmatrix} \tag{1.26}$$

$$J_3 = \begin{vmatrix} e_x & \dfrac{g_{xy}}{2} & \dfrac{g_{xz}}{2} \\ \dfrac{g_{yx}}{z} & e_y & \dfrac{g_{yz}}{2} \\ \dfrac{g_{zx}}{2} & \dfrac{g_{zy}}{2} & e_z \end{vmatrix} \tag{1.27}$$

J_1、J_2 和 J_3 这三个应变不变量的含义与应力不变量相似，即 J_1、J_2 和 J_3 的大小与坐标轴的选择无关，也就是主应变的大小和方向与坐标系的选择无关，只与物体所受的外力有关。当外力给定时，物体内任一点都会有确定的应变状态，都有三个相互垂直的主应变，而且只有这三个主应变。利用式(1.24)求出的三个应变即主应变 ε_1、ε_2 和 ε_3。

1.3.3　几何方程

弹性体受到外力作用时，其形状和尺寸会发生变化，即产生变形，在弹性力学中需要考虑几何学方面的问题。弹性力学中用几何方程来表达这种变形关系，其实质是反映弹性体内任一点的应变分量与位移分量之间的关系，或叫柯西(Cauchy)几何方程(geometrical equations)。

考察弹性体内任一点 P (x, y, z) 的变形时，与研究物理方程时一样，也是从弹性体内 P 点处取出一个微元体，其三个棱边长分别为 $\mathrm{d}x$、$\mathrm{d}y$ 和 $\mathrm{d}z$，如图 1.6 所示。当弹性体受到外力作用产生变形时，不仅微元体的棱边长度会随之改变，而且各棱边之间的夹角会发生变化。为研究方便，可将微元体分别投影到 xOy、yOz 和 zOx 三个坐标面上，如图 1.6 所示。

在外力作用下，物体可能发生两种位移，一种是与位置改变有关的刚体位移，另一种是与形状改变有关的形变位移。在研究物体的弹性变形时，可以认为物体内各点的位移都是坐标的单值连续函数。在图 1.7 中，若 A 点沿坐标方向的位移分量为 u、v，则 B 点沿坐标方向的位移分量应分别为 $u+\dfrac{\partial u}{\partial x}\mathrm{d}x$ 和 $v+\dfrac{\partial v}{\partial x}\mathrm{d}x$，而 D 点的位移分量分别为 $u+\dfrac{\partial u}{\partial y}\mathrm{d}y$ 及 $v+\dfrac{\partial v}{\partial y}\mathrm{d}y$。据此，可以求得

$$\overline{A'B'}^2 = \left(\mathrm{d}x + \frac{\partial u}{\partial x}\mathrm{d}x\right)^2 + \left(\frac{\partial v}{\partial x}\mathrm{d}x\right)^2 \tag{1.28}$$

根据线应变(正应变)的定义，AB 线段的正应变为

$$\varepsilon_x = \frac{\overline{A'B'} - \overline{AB}}{\overline{AB}} \tag{1.29}$$

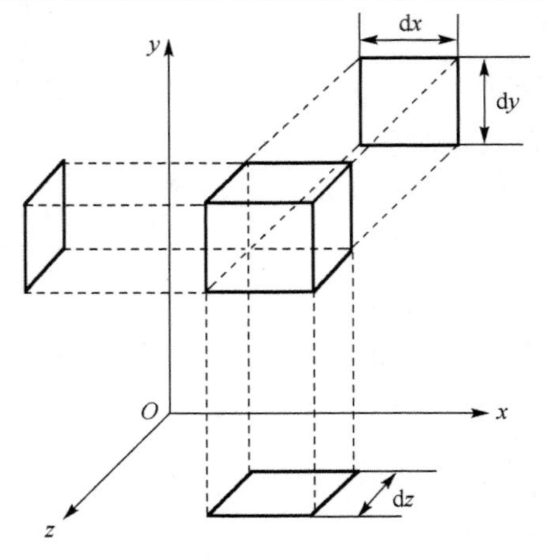

图 1.6　微元体的几何投影

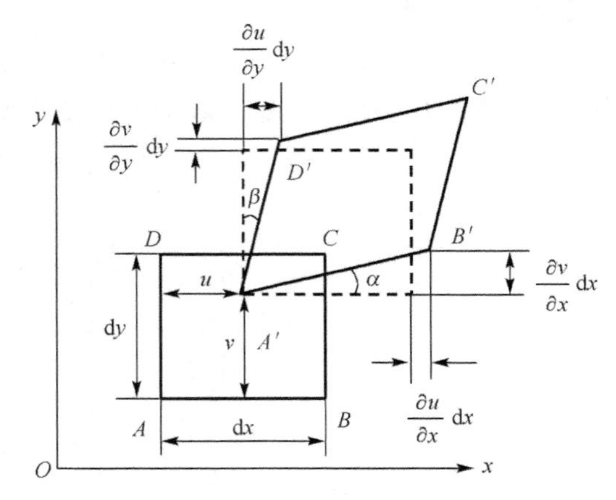

图 1.7　位移与应变关系

因 $\overline{AB}=\mathrm{d}x$，故由式(1.29)可得：$\overline{A'B'}=(1+\varepsilon_x)\overline{AB}=(1+\varepsilon_x)\mathrm{d}x$，代入式(1.28)得

$$2\varepsilon_x+\varepsilon_x^2=2\frac{\partial u}{\partial x}+\left(\frac{\partial u}{\partial x}\right)^2+\left(\frac{\partial v}{\partial x}\right)^2 \tag{1.30}$$

由于只是微小变形的情况，可略去式(1.30)中的高阶小量。于是可得

$$\varepsilon_x=\frac{\partial u}{\partial x} \tag{1.31}$$

当微元体趋于无限小时，即 AB 线段趋于无限小时，AB 线段的正应变就是 P 点沿 x 方向的正应变。

用同样的方法考察 AD 线段，则可得到 P 点沿 y 方向的正应变：

$$\varepsilon_y=\frac{\partial v}{\partial y} \tag{1.32}$$

现在来分析 AB 和 AD 两线段之间夹角(直角)的变化情况。在微小变形时，变形后 AB 线段的转角为

$$\alpha\approx\tan\alpha=\frac{\frac{\partial v}{\partial x}\mathrm{d}x}{\mathrm{d}x+\frac{\partial u}{\partial x}\mathrm{d}x}=\frac{\frac{\partial v}{\partial x}}{1+\frac{\partial u}{\partial x}} \tag{1.33}$$

式(1.33)中 $\frac{\partial u}{\partial x}$ 与 1 相比可以略去，故

$$\alpha=\frac{\partial v}{\partial x} \tag{1.34}$$

同理，AD 线段的转角为

$$\beta=\frac{\partial u}{\partial y} \tag{1.35}$$

由此可见，AB 和 AD 两线段之间夹角变形后的改变(减小)量为

$$\gamma_{xy}=\frac{\partial v}{\partial x}+\frac{\partial u}{\partial y} \tag{1.36}$$

把 AB 和 AD 两线段之间直角的改变量γ_{xy}称为 P 点的角应变(或称剪应变)，它由两部分组成，一部分是由 y 方向的位移引起的，而另一部分则是由 x 方向的位移引起的。

至此，讨论了微元体在 xOy 投影面上的变形情况。如果再进一步考察微元体在另外两个投影面上的变形情况，还可以得到 P 点沿其他方向的线应变和角应变。ε_x、ε_y 和ε_z 是任意一点在 x、y 和 z 方向上的线应变(正应变)，γ_{xy}、γ_{yz} 和γ_{zx} 分别代表在 xOy、yOz 和 xOz 平面上的剪应变。最终可得到完整的弹性力学几何方程，表达如下：

$$\boldsymbol{\varepsilon}=\begin{Bmatrix}\varepsilon_x\\\varepsilon_y\\\varepsilon_z\\\gamma_{xy}\\\gamma_{yz}\\\gamma_{zx}\end{Bmatrix}=\begin{Bmatrix}\dfrac{\partial u}{\partial x}\\\dfrac{\partial v}{\partial y}\\\dfrac{\partial w}{\partial z}\\\dfrac{\partial v}{\partial x}+\dfrac{\partial u}{\partial y}\\\dfrac{\partial w}{\partial y}+\dfrac{\partial v}{\partial z}\\\dfrac{\partial u}{\partial z}+\dfrac{\partial w}{\partial x}\end{Bmatrix}=\left\{\frac{\partial u}{\partial x},\ \frac{\partial v}{\partial y},\ \frac{\partial w}{\partial z},\ \frac{\partial v}{\partial x}+\frac{\partial u}{\partial y},\ \frac{\partial w}{\partial y}+\frac{\partial v}{\partial z},\ \frac{\partial u}{\partial z}+\frac{\partial w}{\partial x}\right\}^{\mathrm{T}} \tag{1.37}$$

例 1-1 考虑位移场 $\boldsymbol{s}=[y^2\boldsymbol{i}+3yz\boldsymbol{j}+(4+6x^2)\boldsymbol{k}]\times10^{-2}$，求在某一点 $P(1,0,2)$ 处的直角坐标应变分量(式中 $\boldsymbol{i}$、$\boldsymbol{j}$、$\boldsymbol{k}$ 是 x、y、z 坐标轴的单位矢量标记)。表 1.1 给出了各位移量对坐标的偏导数，将这些偏导数代入式(1.37)则可获得各应变分量的表达式。

表 1.1 各位移量对坐标的偏导数

$u=y^2\times10^{-2}$	$v=3yz\times10^{-2}$	$w=(4+6x^2)\times10^{-2}$
$\dfrac{\partial u}{\partial x}=0$	$\dfrac{\partial v}{\partial x}=0$	$\dfrac{\partial w}{\partial x}=12x\times10^{-2}$
$\dfrac{\partial u}{\partial y}=2y\times10^{-2}$	$\dfrac{\partial v}{\partial y}=3z\times10^{-2}$	$\dfrac{\partial w}{\partial y}=0$
$\dfrac{\partial u}{\partial z}=0$	$\dfrac{\partial v}{\partial z}=3y\times10^{-2}$	$\dfrac{\partial w}{\partial z}=0$

解 在 $P(1,0,2)$ 处的线应变为

$$\varepsilon_x=\frac{\partial u}{\partial x}=0,\quad \varepsilon_y=\frac{\partial v}{\partial y}=6\times10^{-2},\quad \varepsilon_z=\frac{\partial w}{\partial z}=0$$

在 $P(1,0,2)$ 处的剪应变为

$$\gamma_{xy}=\frac{\partial u}{\partial y}+\frac{\partial v}{\partial x}=0+0=0$$

$$\gamma_{yz}=\frac{\partial v}{\partial z}+\frac{\partial w}{\partial y}=0+0=0$$

$$\gamma_{zx}=\frac{\partial u}{\partial z}+\frac{\partial w}{\partial x}=0+12\times10^{-2}=12\times10^{-2}$$

1.4　相容性方程

弹性体的变形协调方程也称为变形连续方程或相容性方程，它描述了应变分量之间所存在的关系。由于其来自几何方程，在进行有关弹性力学分析时，通常认为几何方程和相容性方程是等价的。

在弹性力学中，我们认为物体的材料是一个连续体，它由无数个点所构成，这些点充满了物体所占的空间。从物理意义上讲，物体在变形前是连续的，在变形后仍然是连续的。对于假定材料是连续分布且无裂隙的物体，其位移分量应是单值连续的，即 u、v 和 w 是单值连续函数。这就是说，当物体发生形变时，物体内的每一点都有确定的位移，且同一点不可能有两个位移；无限接近的相邻点的位移之差是无限小的，故变形后仍为相邻点，物体内不会因变形而产生空隙。前面所讨论的 6 个应变分量都是通过三个单值连续函数对坐标求偏导数来确定的。因而，这 6 个应变分量并不是互不相关的，它们之间必然存在着一定的内在关系。

可以设想把一个薄板划分成许多微元体，如图 1.8(a)所示。如果 6 个应变分量之间没有关联，则各微元体的变形便是相互独立的。从而，变形后的微元体之间有可能出现开裂和重叠现象，这显然是与实际情况不相符的，如图 1.8(b)、(c)所示。要使物体变形后仍保持为连续的，如图 1.8(d)所示，那么各微元体之间的变形必须相互协调，即各应变分量之间必须满足一定的协调条件。

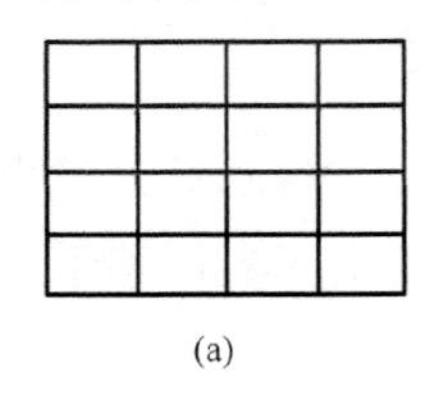
(a)
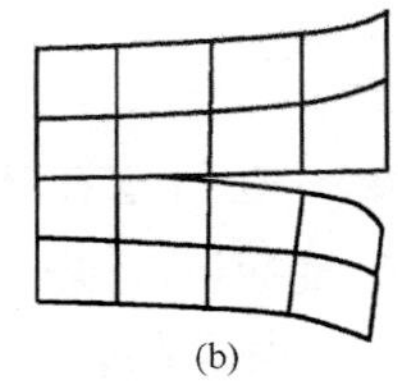
(b)
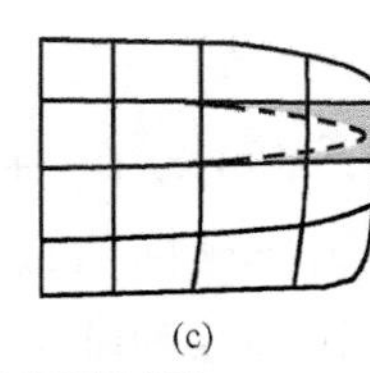
(c)
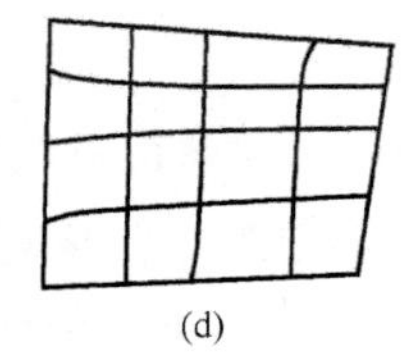
(d)

图 1.8　变形协调的讨论

6 个应变分量之间的关系可以分两组来讨论。xOy 面上的几何方程为

$$\varepsilon_x = \frac{\partial u}{\partial x},\quad \varepsilon_y = \frac{\partial v}{\partial y},\quad \gamma_{xy} = \frac{\partial u}{\partial y} + \frac{\partial v}{\partial x}$$

若将上面两式分别对 y、x 求二阶偏导数，并注意到位移分量是坐标的单值连续函数，有

$$\begin{cases} \dfrac{\partial^2 \varepsilon_x}{\partial y^2} = \dfrac{\partial^3 u}{\partial x \partial y^2} = \dfrac{\partial^2}{\partial x \partial y}\left(\dfrac{\partial u}{\partial y}\right) \\ \dfrac{\partial^2 \varepsilon_y}{\partial x^2} = \dfrac{\partial^3 v}{\partial y \partial x^2} = \dfrac{\partial^2}{\partial x \partial y}\left(\dfrac{\partial v}{\partial x}\right) \end{cases} \tag{1.38}$$

式(1.38)中的两式相加，得

$$\frac{\partial^2 \varepsilon_x}{\partial y^2} + \frac{\partial^2 \varepsilon_y}{\partial x^2} = \frac{\partial^2}{\partial x \partial y}\left(\frac{\partial u}{\partial y} + \frac{\partial v}{\partial x}\right) = \frac{\partial^2 \gamma_{xy}}{\partial x \partial y} \tag{1.39}$$

考虑 xOz 和 yOz 面上的几何方程并进行类似的推导可得到另外两个关系式。

几何方程的剪应变与位移关系式为

$$\gamma_{xy} = \frac{\partial u}{\partial y} + \frac{\partial v}{\partial x},\quad \gamma_{yz} = \frac{\partial v}{\partial z} + \frac{\partial w}{\partial y},\quad \gamma_{zx} = \frac{\partial w}{\partial x} + \frac{\partial u}{\partial z}$$

分别对 z、x、y 求偏导，得

$$\frac{\partial \gamma_{xy}}{\partial z}=\frac{\partial^2 u}{\partial z\partial y}+\frac{\partial^2 v}{\partial z\partial x},\quad \frac{\partial \gamma_{yz}}{\partial x}=\frac{\partial^2 v}{\partial x\partial z}+\frac{\partial^2 w}{\partial x\partial y},\quad \frac{\partial \gamma_{zx}}{\partial y}=\frac{\partial^2 w}{\partial x\partial y}+\frac{\partial^2 u}{\partial y\partial z} \tag{1.40}$$

先将式(1.40)中的后两式相加再减去第一式，消去位移分量项，得

$$\frac{\partial \gamma_{yz}}{\partial x}+\frac{\partial \gamma_{zx}}{\partial y}-\frac{\partial \gamma_{xy}}{\partial z}=2\frac{\partial^2 w}{\partial x\partial y} \tag{1.41}$$

再求式(1.41)对 z 的偏导数，即

$$\frac{\partial}{\partial z}\left(\frac{\partial \gamma_{yz}}{\partial x}+\frac{\partial \gamma_{zx}}{\partial y}-\frac{\partial \gamma_{xy}}{\partial z}\right)=2\frac{\partial^3 w}{\partial x\partial y\partial z}=2\frac{\partial^2 \varepsilon_z}{\partial x\partial y} \tag{1.42}$$

同样可得到另外两个与式(1.42)相似的关系式。

综合式(1.39)和式(1.42)所示的两组公式，将得到应变分量之间的 6 个微分关系式，即得到变形协调方程如下：

$$\begin{cases}\dfrac{\partial^2 \varepsilon_x}{\partial y^2}+\dfrac{\partial^2 \varepsilon_y}{\partial x^2}=\dfrac{\partial^2 \gamma_{xy}}{\partial x\partial y}\\[2mm]\dfrac{\partial^2 \varepsilon_y}{\partial z^2}+\dfrac{\partial^2 \varepsilon_z}{\partial y^2}=\dfrac{\partial^2 \gamma_{yz}}{\partial y\partial z}\\[2mm]\dfrac{\partial^2 \varepsilon_z}{\partial x^2}+\dfrac{\partial^2 \varepsilon_x}{\partial z^2}=\dfrac{\partial^2 \gamma_{zx}}{\partial z\partial x}\\[2mm]\dfrac{\partial}{\partial z}\left(\dfrac{\partial \gamma_{yz}}{\partial x}+\dfrac{\partial \gamma_{zx}}{\partial y}-\dfrac{\partial \gamma_{xy}}{\partial z}\right)=2\dfrac{\partial^2 \varepsilon_z}{\partial x\partial y}\\[2mm]\dfrac{\partial}{\partial x}\left(\dfrac{\partial \gamma_{zx}}{\partial y}+\dfrac{\partial \gamma_{xy}}{\partial z}-\dfrac{\partial \gamma_{yz}}{\partial x}\right)=2\dfrac{\partial^2 \varepsilon_x}{\partial y\partial z}\\[2mm]\dfrac{\partial}{\partial y}\left(\dfrac{\partial \gamma_{xy}}{\partial z}+\dfrac{\partial \gamma_{yz}}{\partial x}-\dfrac{\partial \gamma_{zx}}{\partial y}\right)=2\dfrac{\partial^2 \varepsilon_y}{\partial z\partial x}\end{cases} \tag{1.43}$$

方程(1.43)从数学上保证了物体变形后仍保持为连续的，各微元体之间的变形相互协调，即各应变分量之间要满足相容性协调条件。

1.5　物 理 方 程

本节讨论应力与应变关系的方程式，即物理方程(physical equation)。物理方程与材料特性有关，它描述材料抵抗变形的能力，也叫本构方程(constitutive equation)。物理方程是物理现象的数学描述，是建立在试验观察基础上的。另外，物理方程只描述材料的行为而不是物体的行为，它描述的是同一点的应力状态与它相应的应变状态之间的关系。

1.5.1　应力-应变的一维关系

当理想弹性构件受拉伸或者压缩的外力作用时，其体内应力及应变的关系是一维的，主要体现在拉伸轴向的正应力 σ 同正应变 ε 之间的关系。例如，在进行材料的简单拉伸试验时，从应力-应变关系曲线上可以发现，在材料达到屈服极限前，试件的轴向正应力 σ 正比于轴向

正应变 ε，这个比例常数定义为杨氏模量 E，有如下表达式：

$$\varepsilon = \sigma / E \tag{1.44}$$

在材料拉伸试验中还可发现，当试件被拉伸时，它的径向尺寸(如直径)将减少。当应力不超过屈服极限时，其径向应变与轴向应变的比值也是常数，定义为泊松比 μ 。

试验证明，弹性体剪应力与剪应变也成正比，比例系数称为剪切弹性模量，用 G 表示。杨氏模量、剪切弹性模量和泊松比三者之间有如下的关系：

$$G = \frac{E}{2(1+\mu)} \tag{1.45}$$

1.5.2　应力-应变的三维关系

一般情况下，理想弹性体内的任一点均受三维的应力及应变作用。按照广义胡克定律，一点的 6 个直角坐标应力分量与对应的应变分量可表示成如下线性关系：

$$\boldsymbol{\sigma} = \begin{Bmatrix} \sigma_x \\ \sigma_y \\ \sigma_z \\ \tau_{xy} \\ \tau_{yz} \\ \tau_{zx} \end{Bmatrix} = \begin{bmatrix} a_{11} & a_{12} & a_{13} & a_{14} & a_{15} & a_{16} \\ a_{21} & a_{22} & a_{23} & a_{24} & a_{25} & a_{26} \\ a_{31} & a_{32} & a_{33} & a_{34} & a_{35} & a_{36} \\ a_{41} & a_{42} & a_{43} & a_{44} & a_{45} & a_{46} \\ a_{51} & a_{52} & a_{53} & a_{54} & a_{55} & a_{56} \\ a_{61} & a_{62} & a_{63} & a_{64} & a_{65} & a_{66} \end{bmatrix} \begin{Bmatrix} \varepsilon_x \\ \varepsilon_y \\ \varepsilon_z \\ \gamma_{xy} \\ \gamma_{yz} \\ \gamma_{zx} \end{Bmatrix} = \boldsymbol{D\varepsilon} \tag{1.46}$$

式中，$a_{ij}(i, j = 1,2,\cdots,6)$ 描述了应力和应变之间的关系；$\boldsymbol{D}$ 为弹性矩阵。对于线弹性材料，式(1.46)可进一步变为

$$\boldsymbol{\sigma} = \begin{Bmatrix} \sigma_x \\ \sigma_y \\ \sigma_z \\ \tau_{xy} \\ \tau_{yz} \\ \tau_{zx} \end{Bmatrix} = \begin{bmatrix} a_{11} & a_{12} & a_{13} & 0 & 0 & 0 \\ a_{21} & a_{22} & a_{23} & 0 & 0 & 0 \\ a_{31} & a_{32} & a_{33} & 0 & 0 & 0 \\ 0 & 0 & 0 & a_{44} & 0 & 0 \\ 0 & 0 & 0 & 0 & a_{55} & 0 \\ 0 & 0 & 0 & 0 & 0 & a_{66} \end{bmatrix} \begin{Bmatrix} \varepsilon_x \\ \varepsilon_y \\ \varepsilon_z \\ \gamma_{xy} \\ \gamma_{yz} \\ \gamma_{zx} \end{Bmatrix} \tag{1.47}$$

对于各向同性的线弹性材料，在工程上，广义胡克定律常采用的表达式为

$$\begin{cases} \varepsilon_x = \dfrac{1}{E}\left[\sigma_x - \mu(\sigma_y + \sigma_z)\right] \\ \varepsilon_y = \dfrac{1}{E}\left[\sigma_y - \mu(\sigma_z + \sigma_x)\right] \\ \varepsilon_z = \dfrac{1}{E}\left[\sigma_z - \mu(\sigma_x + \sigma_y)\right] \\ \gamma_{xy} = \dfrac{\tau_{xy}}{G} \\ \gamma_{yz} = \dfrac{\tau_{yz}}{G} \\ \gamma_{zx} = \dfrac{\tau_{zx}}{G} \end{cases} \tag{1.48}$$

如果用应变表达应力，则式(1.48)可变为

$$
\begin{cases}
\sigma_x = \dfrac{E}{(1+\mu)(1-2\mu)}\left[(1-\mu)\varepsilon_x + \mu(\varepsilon_y + \varepsilon_z)\right] \\
\sigma_y = \dfrac{E}{(1+\mu)(1-2\mu)}\left[(1-\mu)\varepsilon_y + \mu(\varepsilon_z + \varepsilon_x)\right] \\
\sigma_z = \dfrac{E}{(1+\mu)(1-2\mu)}\left[(1-\mu)\varepsilon_z + \mu(\varepsilon_x + \varepsilon_y)\right] \\
\tau_{xy} = G\gamma_{xy} \\
\tau_{yz} = G\gamma_{yz} \\
\tau_{zx} = G\gamma_{zx}
\end{cases}
\tag{1.49}
$$

对于各向同性材料，式(1.47)中的弹性矩阵 $\boldsymbol{D}$ 只与材料常数杨氏模量 E 和泊松比 μ 相关，具体表达为

$$
\boldsymbol{D} = \frac{E(1-\mu)}{(1+\mu)(1-2\mu)}
\begin{bmatrix}
1 & \dfrac{\mu}{1-\mu} & \dfrac{\mu}{1-\mu} & 0 & 0 & 0 \\
\dfrac{\mu}{1-\mu} & 1 & \dfrac{\mu}{1-\mu} & 0 & 0 & 0 \\
\dfrac{\mu}{1-\mu} & \dfrac{\mu}{1-\mu} & 1 & 0 & 0 & 0 \\
0 & 0 & 0 & \dfrac{1-2\mu}{2(1-\mu)} & 0 & 0 \\
0 & 0 & 0 & 0 & \dfrac{1-2\mu}{2(1-\mu)} & 0 \\
0 & 0 & 0 & 0 & 0 & \dfrac{1-2\mu}{2(1-\mu)}
\end{bmatrix}
\tag{1.50}
$$

1.5.3　应力-应变的二维关系

当弹性体厚度很小、外观呈平板状，外载荷(包括体积力)都与厚度方向垂直且沿厚度方向没有变化时，可以定义弹性体处于平面应力状态。对于平面应力状态，有 $\sigma_z=\tau_{zx}=\tau_{zy}=0$，这时式(1.48)的物理方程变为

$$
\begin{cases}
\varepsilon_x = \dfrac{1}{E}(\sigma_x - \mu\sigma_y) \\
\varepsilon_y = \dfrac{1}{E}(\sigma_y - \mu\sigma_x) \\
\varepsilon_z = -\dfrac{\mu}{E}(\sigma_x + \sigma_y) \\
\gamma_{xy} = \dfrac{\tau_{xy}}{G}
\end{cases}
\tag{1.51}
$$

它的逆形式，即应力同应变之间的关系为

$$\begin{Bmatrix} \sigma_x \\ \sigma_y \\ \tau_{xy} \end{Bmatrix} = \frac{E}{1-\mu^2}\begin{bmatrix} 1 & \mu & 0 \\ \mu & 1 & 0 \\ 0 & 0 & (1-\mu)/2 \end{bmatrix}\begin{Bmatrix} \varepsilon_x \\ \varepsilon_y \\ \gamma_{xy} \end{Bmatrix} = D\begin{Bmatrix} \varepsilon_x \\ \varepsilon_y \\ \gamma_{xy} \end{Bmatrix} \tag{1.52}$$

由式(1.52)可以发现，当弹性体处于平面应力状态时，弹性矩阵 $\boldsymbol{D}$ 变成了 3×3 矩阵。

当弹性体在某个方向(如 z 方向)上的尺寸很长时，物体所受的载荷(包括体积力)平行于其横截面(即垂直于 z 轴)且不沿长度方向(z 方向)变化，即物体的内在因素和外来作用都不沿长度方向变化，这时可以定义弹性体处于平面应变状态。对于平面应变状态，有 $\varepsilon_z=\gamma_{zx}=\gamma_{zy}=0$，这时式(1.49)的物理方程变为

$$\begin{cases} \sigma_x = \dfrac{E}{(1+\mu)(1-2\mu)}\left[(1-\mu)\varepsilon_x + \mu\varepsilon_y\right] \\ \sigma_y = \dfrac{E}{(1+\mu)(1-2\mu)}\left[(1-\mu)\varepsilon_y + \mu\varepsilon_x\right] \\ \sigma_z = \dfrac{E\mu(\varepsilon_x+\varepsilon_y)}{(1+\mu)(1-2\mu)} \\ \tau_{xy} = G\gamma_{xy} \end{cases} \tag{1.53}$$

将上述应力-应变关系写成矩阵形式，有

$$\begin{Bmatrix} \sigma_x \\ \sigma_y \\ \tau_{xy} \end{Bmatrix} = \frac{E}{(1+\mu)(1-2\mu)}\begin{bmatrix} 1-\mu & \mu & 0 \\ \mu & 1-\mu & 0 \\ 0 & 0 & 1/2-\mu \end{bmatrix}\begin{Bmatrix} \varepsilon_x \\ \varepsilon_y \\ \gamma_{xy} \end{Bmatrix} \tag{1.54}$$

对比式(1.52)和式(1.54)可以发现，平面应力及平面应变状态下弹性矩阵具有不同的表达形式。

1.6 边 界 条 件

在针对机械结构的有限元分析中，边界条件是一个重要概念，只有将边界条件引入才能得到相应问题的准确解。边界条件一般可以分为应力边界条件和位移边界条件。有些情况下一个弹性体还可能同时存在上述两种边界条件，称为混合边界条件。

1.6.1 应力边界条件

若物体在外力的作用下处于平衡状态，那么物体内部各点的应力分量必须满足前述的平衡微分方程(1.14)。该方程是基于各点的应力分量并以点的坐标函数为前提导出的。

现在考察位于物体表面上的点，即边界点。显然，这些点的应力分量(代表在内部作用于这些点上的力)应当与作用在该点处的外力相平衡。这种边界点的平衡条件称为用面力表示的边界条件，也称为应力边界条件，即面力分量与应力分量之间的关系。物体边界上的点需满足柯西应力公式。设弹性体上某一点的面力为 $\overline{X}$、$\overline{Y}$、$\overline{Z}$，柯西应力公式的表达式为

$$\begin{cases} \overline{X} = n_x\sigma_x + n_y\tau_{yx} + n_z\tau_{zx} \\ \overline{Y} = n_x\tau_{xy} + n_y\sigma_y + n_z\tau_{yz} \\ \overline{Z} = n_x\tau_{zx} + n_y\tau_{yz} + n_z\sigma_z \end{cases} \tag{1.55}$$

式中，n_x、n_y、n_z 为某点外法线方向同坐标轴夹角的方向余弦。柯西应力公式可作为弹性体应力边界条件分析的基本表达式。

例 1-2　设一弹性体受力状态为平面应力状态（$\sigma_z = \tau_{xz} = \tau_{yz} = 0$），如图 1.9 所示，$P_1$ 和 P_2 为边界上的点，在这两点分别作用面力 (F_{x1}, F_{y1}) 和 (F_{x2}, F_{y2})，写出 P_1 和 P_2 两点的应力边界条件。

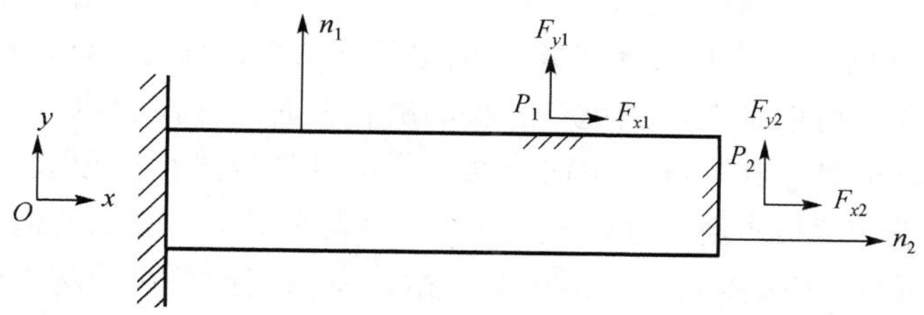

图 1.9　弹性体边界微分单元应力

解　(1) P_1 点的应力边界条件。由柯西应力公式可知：

$$F_{x1} = \sigma_x n_{1x} + \tau_{xy} n_{1y}$$
$$F_{y1} = \tau_{xy} n_{1x} + \sigma_y n_{1y}$$

式中，$n_{1x} = \cos 90° = 0,\ n_{1y} = \cos 0° = 1$，因此有

$$F_{x1} = \tau_{xy}$$
$$F_{y1} = \sigma_y$$

(2) P_2 点的应力边界条件。P_2 点的方向余弦为 $n_{2x} = \cos 0° = 1, n_{2y} = \cos 90° = 0$，代入柯西应力公式，有

$$F_{x2} = \sigma_x \times 1 + \tau_{xy} \times 0 = \sigma_x$$
$$F_{y2} = \tau_{xy} \times 1 + \sigma_y \times 0 = \tau_{xy}$$

1.6.2　位移边界条件

对于一个弹性体，往往只在其中一部分面积 S_σ 上给定了外力，即前面所述的应力边界条件，而另一部分面积 S_u 上则给定的是位移，所给定的位移就是位移边界条件。

现设 $\overline{u}$、$\overline{v}$ 和 $\overline{w}$ 表示面积 S_u 上的点在 x、y 和 z 方向的位移，则位移边界条件在 S_u 上可表示为

$$u = \overline{u}, \quad v = \overline{v}, \quad w = \overline{w} \tag{1.56}$$

我们经常遇到的问题是指定边界条件上位移为 0。

例 1-3　说明图 1.10 所示的平面悬臂梁的位移边界条件。

解　在悬臂梁的根部，位移边界条件为 $u = 0, v = 0$。

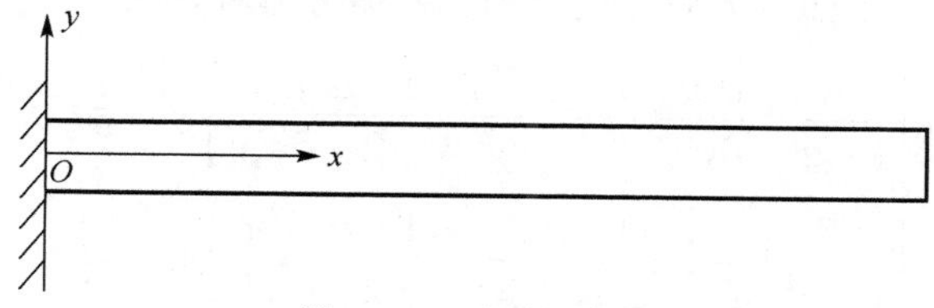

图 1.10　平面悬臂梁

1.7　弹性力学的一般求解方法

根据前面的内容可知，弹性力学问题中共有 15 个待求的基本未知量，即 6 个应力分量、6 个应变分量和 3 个位移分量，而基本方程也正好有 15 个，即平衡微分方程 3 个、几何方程或变形协调方程 6 个(几何方程和变形协调方程实质上是等效的)和物理方程 6 个。于是，15 个方程中有 15 个未知量，加上边界条件用于确定积分常数，原则上讲，通过这些方程足以求解各种弹性力学问题。可以证明，当这些方程的解存在时，在没有刚体位移的前提下，所求得的解将是唯一的。但是，在实际求解时，数学上的计算难度往往很大。事实上，只是对一些简单的问题才可进行解析求解，而对大量的工程实际问题，一般都要借助数值方法(如我们即将要学习的有限元法)来获得数值解或半数值解。本节仅简要讨论解析法。

求解弹性力学问题主要有两种方法：一种是按位移求解，即位移法；另一种是按应力求解，即应力法。

1.7.1　位移法

位移法是以位移分量作为基本变量进行求解的，因此对于弹性体的基本方程(平衡微分方程、几何方程和物理方程)，需要消去应力分量和应变分量，以得到只包含位移分量的方程，同时，边界条件也必须用位移分量来表示。

下面以平面应力问题为例，说明用位移法求解的基本原理。对于平面应力状态，其物理方程可表示为

$$\begin{cases}\sigma_x = \dfrac{E}{1-\mu^2}(\varepsilon_x + \mu\varepsilon_y) \\ \sigma_y = \dfrac{E}{1-\mu^2}(\varepsilon_y + \mu\varepsilon_x) \\ \tau_{xy} = \dfrac{E}{2(1+\mu)}\gamma_{xy}\end{cases} \tag{1.57}$$

将平面应力问题对应的几何方程代入式(1.57)得

$$\begin{cases}\sigma_x = \dfrac{E}{1-\mu^2}\left(\dfrac{\partial u}{\partial x} + \mu\dfrac{\partial v}{\partial y}\right) \\ \sigma_y = \dfrac{E}{1-\mu^2}\left(\dfrac{\partial v}{\partial y} + \mu\dfrac{\partial u}{\partial x}\right) \\ \tau_{xy} = \dfrac{E}{2(1+\mu)}\left(\dfrac{\partial v}{\partial x} + \dfrac{\partial u}{\partial y}\right)\end{cases} \tag{1.58}$$

进一步，将式(1.58)代入平面应力问题的应力平衡微分方程，得

$$\begin{cases}\dfrac{E}{1-\mu^2}\left(\dfrac{\partial^2 u}{\partial x^2} + \dfrac{1-\mu}{2}\dfrac{\partial^2 u}{\partial y^2} + \dfrac{1+\mu}{2}\dfrac{\partial^2 v}{\partial x\partial y}\right) + X = 0 \\ \dfrac{E}{1-\mu^2}\left(\dfrac{\partial^2 v}{\partial y^2} + \dfrac{1-\mu}{2}\dfrac{\partial^2 v}{\partial x^2} + \dfrac{1+\mu}{2}\dfrac{\partial^2 u}{\partial x\partial y}\right) + Y = 0\end{cases} \tag{1.59}$$

式(1.59)即用位移表示的平面应力问题的平衡微分方程，是位移法求解平面应力问题的基本微分方程。

下一步需要将边界条件引入其中。对于位移边界条件，例如，在 S 边界上，有已知的位移，则引入的边界条件为

$$\begin{cases} u_s = \overline{u} \\ v_s = \overline{v} \end{cases} \tag{1.60}$$

对于用应力表达的边界条件则需要进行变换。由柯西应力公式，得

$$\begin{cases} n_x(\sigma_x)_s + n_y(\tau_{xy})_s + \overline{X} = 0 \\ n_y(\sigma_y)_s + n_x(\tau_{xy})_s + \overline{Y} = 0 \end{cases} \tag{1.61}$$

用物理方程及几何方程进行变换，整理得

$$\begin{cases} \dfrac{E}{1-\mu^2}\left[n_x\left(\dfrac{\partial u}{\partial x}+\mu\dfrac{\partial v}{\partial y}\right)+n_y\dfrac{1-\mu}{2}\left(\dfrac{\partial u}{\partial y}+\dfrac{\partial v}{\partial x}\right)\right]_s+\overline{X}=0 \\ \dfrac{E}{1-\mu^2}\left[n_y\left(\dfrac{\partial v}{\partial y}+\mu\dfrac{\partial u}{\partial x}\right)+n_x\dfrac{1-\mu}{2}\left(\dfrac{\partial v}{\partial x}+\dfrac{\partial u}{\partial y}\right)\right]_s+\overline{Y}=0 \end{cases} \tag{1.62}$$

综上所述，按位移求解平面应力问题时，应使位移分量满足以位移表达的平衡微分方程式(1.59)，并在边界上满足位移边界条件式(1.60)或以位移分量表达的应力边界条件式(1.62)。求出了位移分量以后，再由几何方程求出应变，用物理方程求出应力。按位移法求解，即使求解平面问题，也需要处理两个偏微分方程，较为复杂，甚至不能求得确切解。但这种方法可以对所求问题进行定性描述，因此可以得到一些有价值的结论。

1.7.2　应力法

应力法是以应力作为变量进行求解的，要求在弹性体内满足平衡微分方程，其相应的应变分量还须满足应变协调方程。因此，应力法就是在给定的边界条件下求解弹性体的应力平衡微分方程、物理方程和变形协调方程，对这些方程进行变换消去应变分量，具体为从变形协调方程和物理方程中消去应变分量，从而进行求解。

以下仍以平面应力问题为例说明用应力法求解弹性力学问题的基本原理。xOy 平面内的变形协调方程为

$$\frac{\partial^2 \varepsilon_x}{\partial y^2}+\frac{\partial^2 \varepsilon_y}{\partial x^2}=\frac{\partial^2}{\partial x \partial y}\gamma_{xy} \tag{1.63}$$

将平面应力问题的物理方程(1.51)代入式(1.63)得

$$\frac{\partial^2}{\partial y^2}(\sigma_x-\mu\sigma_y)+\frac{\partial^2}{\partial x^2}(\sigma_y-\mu\sigma_x)=2(1+\mu)\frac{\partial^2 \tau_{xy}}{\partial x \partial y} \tag{1.64}$$

然后，将平面应力问题的应力平衡微分方程

$$\begin{cases} \dfrac{\partial \sigma_x}{\partial x} + \dfrac{\partial \tau_{xy}}{\partial y} + X = 0 \\ \dfrac{\partial \sigma_y}{\partial y} + \dfrac{\partial \tau_{xy}}{\partial x} + Y = 0 \end{cases}$$

分别对 x 和 y 求偏导数，然后相加并整理得

$$2\frac{\partial^2 \tau_{xy}}{\partial x \partial y} = -\left(\frac{\partial X}{\partial x} + \frac{\partial Y}{\partial y}\right) - \left(\frac{\partial^2 \sigma_x}{\partial x^2} + \frac{\partial^2 \sigma_y}{\partial y^2}\right) \tag{1.65}$$

将式(1.65)代入式(1.64)并整理得

$$\left(\frac{\partial^2}{\partial x^2} + \frac{\partial^2}{\partial y^2}\right)(\sigma_x + \sigma_y) = -(1+\mu)\left(\frac{\partial X}{\partial x} + \frac{\partial Y}{\partial y}\right) \tag{1.66}$$

式(1.66)即用应力表示的变形协调方程，为用应力法求解平面应力问题的基本方程式。

应力法只能引入应力边界条件，可以归结为在给定应力边界条件下，求解由平衡微分方程和变形协调方程组成的偏微分方程。

1.8　机械结构的强度失效准则

对于具有复杂应力状态的机械结构，利用弹性力学理论、有限元法或其他方法得到应力状态后，如何判断在此应力状态下机械结构是否失效是十分重要的任务。本节介绍几种机械结构静强度失效的常用判据，即最大主应力准则、最大剪应力准则(也称 Tresca 准则)和最大变形能准则(也称 von Mises 准则)，依据这些准则可以判断所分析的弹性机械结构在一定应力状态下是否失效。需要说明的是，不同材料固然可以发生不同形式的实效，但即使是同一种材料，在不同应力状态下也可能发生不同的失效形式，因而对于具体问题应该综合判断，选择恰当的失效准则。

1.8.1　材料力学试验的基本知识

材料的应力-应变曲线可以通过拉伸试验来获得。图 1.11 为几种材料的典型应力-应变曲线，从图中可以看出，不同的材料有不同的特性。脆性材料，如灰铸铁，失效时突然断裂，断裂时的强度极限用 S_b 表示。而碳钢、铝合金等塑性材料，应力达到了弹性极限，材料开始产生屈服，即产生塑性变形，该点的应力值为屈服极限 S_y。

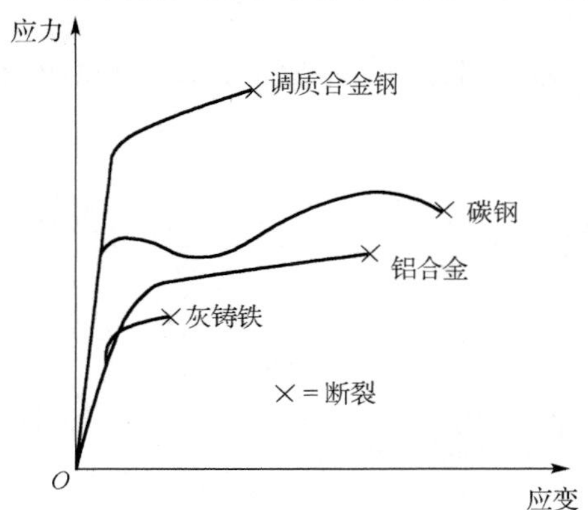

图 1.11　材料的典型应力-应变曲线

如果材料始终受纯拉力作用，可以用材料的断裂强度极限 S_b 或屈服极限 S_y 作为判断失效的标准，即材料所受的应力不能超过上述极限，S_b 和 S_y 可统称为失效应力。以安全系数 n 除失效应力，便得到许用应力 $[\sigma]$，于是建立强度准则为

$$\sigma \geqslant [\sigma] \tag{1.67}$$

在工程实际中，材料所承受的应力情况通常比较复杂(如平面或三维应力状态)，很显然，这时用拉伸试验获得的屈服极限值作为失效判据是行不通的。例如，塑性材料不管是受压力还是受拉力作用，在相同的纯法向应力下，总是容易在$45°$方向的“滑移”面上发生断裂。而脆性材料试样很容易在拉力下失效，而在压力情况下，脆性材料通常在剪应力的作用下失效。因此，针对材料不同的受力状况，使用不同的失效准则是非常重要的。

1.8.2　最大主应力准则

最大主应力准则最早由 Rankine 提出，认为材料所能承受的最大主应力是引起材料失效的主要原因。因此，判断材料是否失效，只需要求得材料的最大主应力。前面已述，弹性体内任一点共有三个互相垂直的主应力，即σ_1、σ_2、σ_3，且有$\sigma_1 > \sigma_2 > \sigma_3$，因此，只需要求得$\sigma_1$而不必考虑其他两个主应力。设$S_y$是材料的屈服极限，则最大主应力准则的失效判据为

$$\sigma_1 \geqslant S_y \tag{1.68}$$

这里及以下内容暂且不考虑安全系数的问题。

由于最大主应力准则十分简单，人们经常采用它进行初步判定，它还可以应用于不发生屈服失效的脆性材料，但是，最大主应力准则没有在试验结果中得到足够的验证。

1.8.3　最大剪应力准则

最大剪应力准则又称 Tresca 准则。对于主应力$\sigma_1 > \sigma_2 > \sigma_3$，材料失效准则为

$$\tau_{\max} = \frac{\sigma_1 - \sigma_3}{2} \geqslant \frac{S_y}{2} \tag{1.69}$$

即当最大剪应力的值达到材料屈服极限 S_y 的 1/2 时，材料发生失效。也可以认为$S_y / 2$是单轴拉伸试验在屈服点的剪切应力，最大剪应力准则适用于塑性材料的失效判断。

对塑性材料进行简单拉伸或压缩试验，可以发现最大剪应力发生在与轴线成$45°$的平面上，试验中试件断裂时就沿着$45°$方向的平面断裂，即滑移线与轴线大致成$45°$。简单拉伸试验验证了最大剪应力准则。同样可以验证，对于塑性材料在三维应力状态下，最大剪应力准则也是适用的。

脆性材料的拉伸试验表明，试件通常不会发生塑性变形而会直接发生断裂。脆性材料的压缩试验表明，滑移面或剪切失效面与最大剪应力面完全不同。另外，对于脆性材料，拉伸和压缩时的最大剪应力也不同。对于承受三维应力状态的脆性材料，最大剪应力准则也不适用。因此，可以说最大剪应力准则并不适用于脆性材料。

1.8.4　最大变形能准则

最大变形能准则是工程中最常用的一种失效准则，又称 von Mises 准则。这个准则把在一般应力状态下某一点的变形能密度和材料的屈服极限S_y联系了起来，认为变形能密度是引起屈服的主要因素。

在任意应力状态下，变形能密度可用主应力表示为

$$u_d = \frac{1}{2}\sigma_1\varepsilon_1 + \frac{1}{2}\sigma_2\varepsilon_2 + \frac{1}{2}\sigma_3\varepsilon_3 \tag{1.70}$$

并结合式(1.71)

$$\begin{cases} \varepsilon_1 = \dfrac{1}{E}[\sigma_1 - \mu(\sigma_2 + \sigma_3)] \\ \varepsilon_2 = \dfrac{1}{E}[\sigma_2 - \mu(\sigma_3 + \sigma_1)] \\ \varepsilon_3 = \dfrac{1}{E}[\sigma_3 - \mu(\sigma_1 + \sigma_2)] \end{cases} \tag{1.71}$$

整理得出

$$u_d = \frac{1+\mu}{6E}\left[(\sigma_1 - \sigma_2)^2 + (\sigma_2 - \sigma_3)^2 + (\sigma_3 - \sigma_1)^2\right] \tag{1.72}$$

在纯拉伸状态下，材料发生屈服时，$\sigma_1 = S_y$，$\sigma_2 = \sigma_3 = 0$，材料屈服时的变形能密度表示为

$$u_d = \frac{1+\mu}{3E}S_y^2 \tag{1.73}$$

令式(1.70)和式(1.73)相等，得到在一般应力情况下的 von Mises 准则为

$$\sqrt{0.5\left[(\sigma_1 - \sigma_2)^2 + (\sigma_2 - \sigma_3)^2 + (\sigma_3 - \sigma_1)^2\right]} = S_y \tag{1.74}$$

按照变形能理论，当主应力σ_1、σ_2、σ_3满足式(1.75)时会发生屈服变形，即

$$\sqrt{0.5\left[(\sigma_1 - \sigma_2)^2 + (\sigma_2 - \sigma_3)^2 + (\sigma_3 - \sigma_1)^2\right]} \geqslant S_y \tag{1.75}$$

若定义 von Mises 应力为

$$\sigma_{\text{von Mises}} = \sqrt{0.5\left[(\sigma_1 - \sigma_2)^2 + (\sigma_2 - \sigma_3)^2 + (\sigma_3 - \sigma_1)^2\right]} \tag{1.76}$$

则最大变形能准则可表示为

$$\sigma_{\text{von Mises}} \geqslant S_y \tag{1.77}$$

最大变形能准则既适用于脆性材料，又适用于塑性材料，因而是判断结构静强度失效最常用的一个准则。

习　题

1.1　某理想弹性体处于平面应力状态，一点的应力为$\boldsymbol{\sigma} = \begin{bmatrix} 26 & 12 & 0 \\ 12 & 69 & 0 \\ 0 & 0 & 0 \end{bmatrix}$，求该点的应力不

变量、主应力、最大剪应力、von Mises 应力，并绘制摩尔圆，假如该材料的许用应力为[200MPa]，判断强度是否满足要求。

1.2　以 y 轴或 z 轴为例，推导平衡微分方程(要求写清详细的推导过程)。

1.3　从理想弹性体中取出一微元体，如图 1.6 所示，试以向 yOz 面投影为例，推导几何方程。

1.4　已知点 $P(3,1,3)$ 处位移场为 $\boldsymbol{u}=[(x+y^2)\cdot\boldsymbol{i}+4xyz\cdot\boldsymbol{j}+(7+5x+6yz+7z^2)\cdot\boldsymbol{k}]\times10^{-5}\,\text{m}$，求点 P 处的应变状态，假如材料参数为 $E=2.06\times10^{11}\,\text{Pa}$，$\mu=0.3$，试求该点的应力状态。

1.5　一个理想弹性体的材料参数为 E、μ，设体内某点所受的体积力为 F_x、F_y、F_z，所处的位移场为 $\boldsymbol{u}=[(x+y^2)\cdot\boldsymbol{i}+4yz\cdot\boldsymbol{j}+(6yz+8z^2)\cdot\boldsymbol{k}]\times10^{-3}\,\text{m}$，试求在此坐标系下体积力的表达式。

1.6　处于平面应力状态的薄板结构如题 1.6 图所示，在 P 点区域作用有面力 F，请标示出该结构的应力及位移边界条件。

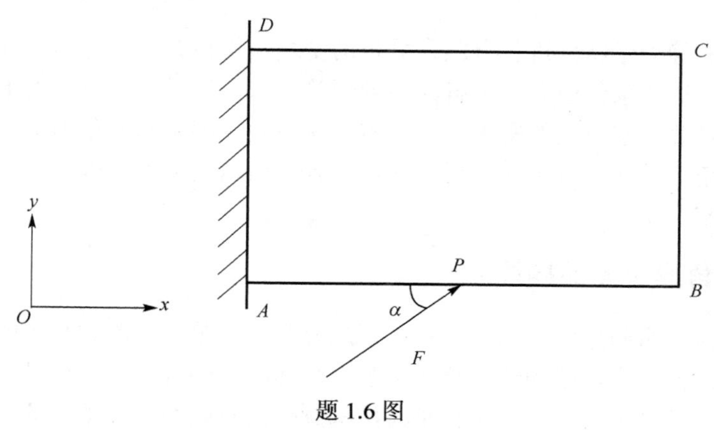

题 1.6 图

第 2 章　平面三角形单元

在实际机械结构的工程分析中，有很多结构属于平面问题，可以利用有限元理论来方便地求解，而平面三角形单元是平面问题中最基础的单元类型。本章以平面三角形单元为例，详细描述单元分析、单元组集、边界条件引入等有限元重要基础理论，在此基础上探讨对机械结构进行有限元分析的基本流程，最后，给出一个用平面三角形单元对结构进行静力学分析的综合实例，并附有相应的有限元分析程序。

2.1　平面三角形单元的单元分析

对机械结构的静力学特性进行有限元分析的基本流程包括：选择单元并划分网格、单元分析、单元组集、边界条件引入、求解和后处理等步骤，详见 2.5 节。对于静力学问题，单元分析的目标就是要获取单元的刚度矩阵。本节在简要介绍平面三角形单元的基础上，详细描述针对平面三角形单元进行单元分析的基本步骤，而这些基本步骤完全可作为推导其他单元刚度矩阵的借鉴。

2.1.1　平面三角形单元的描述

在用有限元法分析问题时，第一步就是要选择合适的单元，确定合理的坐标系统，对弹性体进行离散化，把一个连续的弹性体转化为一个离散化的有限元计算模型。

当采用平面三角形单元时，就是把机械结构划分为有限个互不重叠的三角形。用平面三角形单元分析时，可以只建立一个整体坐标系 xOy。这些三角形在其顶点(即节点)处互相连接，组成一个由若干个单元组成的集合体，以替代原来的机械结构。同时，将所有作用在单元上的载荷(包括集中载荷、表面载荷和体积载荷)，都按虚功等效的原则移置节点上，成为等效节点载荷(关于载荷移置问题详见第 4 章)。由此得到平面问题的有限元计算模型，如图 2.1 所示。

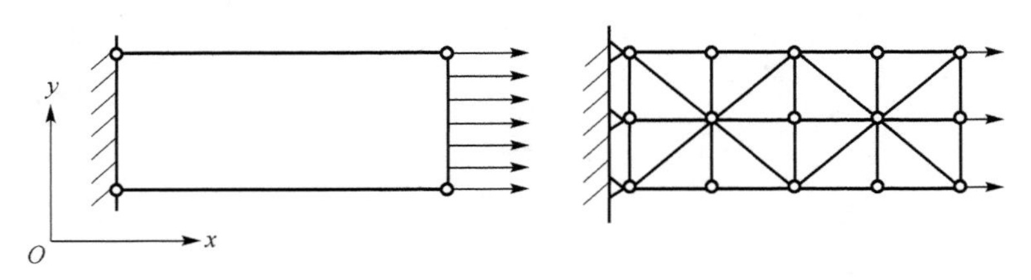

图 2.1　机械结构和离散化后的有限元计算模型

对于其中任意一个平面三角形单元，如图 2.2 所示，节点编号 1、2 和 3 按逆时针顺序编排，三个节点的位置坐标分别是(x_1,y_1)、(x_2,y_2)和(x_3,y_3)。每个节点有 x 和 y 两个方向的自由度，对应的位移是 u 和 v，每个平面三角形单元共有 6 个自由度。

平面三角形单元的节点位移矢量 $\boldsymbol{q}^e$ 是一个由 6 个节点位移分量组成的列向量，如下：

$$q^e=\begin{Bmatrix}q_1\\q_2\\q_3\end{Bmatrix}=\{u_1\ \ v_1\ \ u_2\ \ v_2\ \ u_3\ \ v_3\}^{\mathrm{T}} \tag{2.1}$$

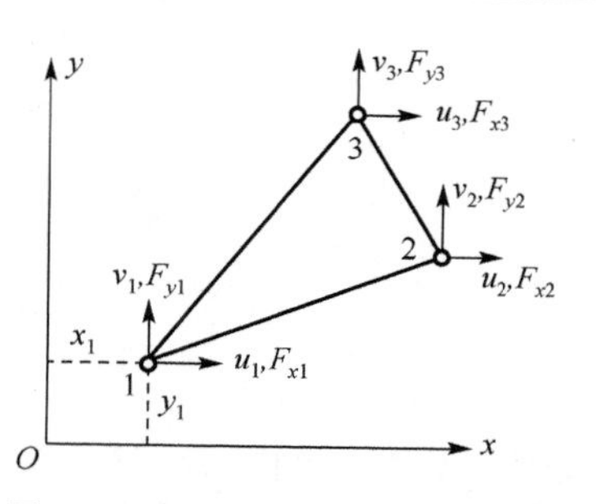

图 2.2 直角坐标系下平面三角形单元的节点位移和节点力

平面三角形单元的节点载荷列向量为

$$R^e=\{R_1^{\mathrm{T}}\ \ R_2^{\mathrm{T}}\ \ R_3^{\mathrm{T}}\}^{\mathrm{T}}=\{F_{x1}\ \ F_{y1}\ \ F_{x2}\ \ F_{y2}\ \ F_{x3}\ \ F_{y3}\}^{\mathrm{T}} \tag{2.2}$$

单元节点载荷列向量和单元节点位移列向量之间的关系可用式(2.3)表示：

$$R^e=k^e q^e \tag{2.3}$$

式中，k^e 为单元刚度矩阵。对于平面三角形单元，节点位移列向量和节点载荷列向量都是 6 阶的，因而单元刚度矩阵 k^e 是一个 6 阶的矩阵。我们即将要进行的单元分析就是要获得这个单元刚度矩阵的求解式。

2.1.2 平面三角形单元刚度矩阵的推导

推导平面三角形单元的刚度矩阵可按照以下步骤进行。

1. 选择合适的位移插值函数

在有限元法中，用离散化模型来代替原来的连续体，每一个单元体仍是一个弹性体，所以在其内部依然符合弹性力学基本假定，弹性力学的基本方程在每个单元内部同样适用。如果整个弹性体内的位移插值函数(位移场)已知，则应变分量和应力分量也就确定了，整个求解也就完成了，但是这通常难以实现。在进行有限元分析时，结构已经被离散化成很多个单元，在每个单元的内部则可假定一个位移插值函数来描述单元内部各点位移的变化规律，这个位移插值函数也称为位移模式。

为了便于分析，通常选用多项式来描述单元的位移插值函数。对于不同种类的单元，这个位移插值函数的选择是有一定规律的，详见第 4 章。只有满足一定条件的位移模式才能保证有限元分析的收敛性。

平面三角形单元的位移插值函数就可取为坐标的线性函数，即

$$\begin{cases}u(x,y)=\alpha_1+\alpha_2 x+\alpha_3 y\\ v(x,y)=\alpha_4+\alpha_5 x+\alpha_6 y\end{cases} \tag{2.4}$$

式中，$\alpha_1,\alpha_2,\cdots,\alpha_6$ 为插值系数；u、v 为单元中任意一点在 x 和 y 方向的位移分量。在这种位移模式假定条件下，由于在 x 和 y 方向的位移都是线性的，从而保证了沿接触面方向相邻单元间任意节点位移的连续性。

2. 推导形函数矩阵

平面三角形单元的三个节点也必定满足位移模式方程(2.4)的要求。将单元三个节点的坐标和三个节点的位移都代入位移模式方程(2.4)中，就可以求解系数$\boldsymbol{\alpha}=\{\alpha_1\cdots\alpha_6\}^{\mathrm{T}}$的表达式。已知单元三个节点的坐标分别为$(x_1,y_1)$、$(x_2,y_2)$和$(x_3,y_3)$，代入式(2.4)并写成矩阵的形式，可得

$$\boldsymbol{q}^e=\begin{Bmatrix}u_1\\v_1\\u_2\\v_2\\u_3\\v_3\end{Bmatrix}=\begin{bmatrix}1&x_1&y_1&0&0&0\\0&0&0&1&x_1&y_1\\1&x_2&y_2&0&0&0\\0&0&0&1&x_2&y_2\\1&x_3&y_3&0&0&0\\0&0&0&1&x_3&y_3\end{bmatrix}\begin{Bmatrix}\alpha_1\\\alpha_2\\\alpha_3\\\alpha_4\\\alpha_5\\\alpha_6\end{Bmatrix}=\boldsymbol{A\alpha} \tag{2.5}$$

式中，$\boldsymbol{A}$ 是一个由节点坐标组成的系数矩阵，利用式(2.5)就可求出未知的多项式系数 $\boldsymbol{\alpha}$，即

$$\boldsymbol{\alpha}=\boldsymbol{A}^{-1}\boldsymbol{q}^e \tag{2.6}$$

为求出位移模式中的系数，也可将式(2.5)按照 x 和 y 方向分别整理成如下形式：

$$\begin{Bmatrix}u_1\\u_2\\u_3\end{Bmatrix}=\begin{bmatrix}1&x_1&y_1\\1&x_2&y_2\\1&x_3&y_3\end{bmatrix}\begin{Bmatrix}\alpha_1\\\alpha_2\\\alpha_3\end{Bmatrix},\qquad \begin{Bmatrix}v_1\\v_2\\v_3\end{Bmatrix}=\begin{bmatrix}1&x_1&y_1\\1&x_2&y_2\\1&x_3&y_3\end{bmatrix}\begin{Bmatrix}\alpha_4\\\alpha_5\\\alpha_6\end{Bmatrix}$$

利用克拉默法则，则可以求得位移模式中 $\boldsymbol{\alpha}$ 的表达式，即

$$\begin{cases}\alpha_1=\dfrac{1}{2\varDelta}\begin{vmatrix}u_1&x_1&y_1\\u_2&x_2&y_2\\u_3&x_3&y_3\end{vmatrix},\quad \alpha_2=\dfrac{1}{2\varDelta}\begin{vmatrix}1&u_1&y_1\\1&u_2&y_2\\1&u_3&y_3\end{vmatrix},\quad \alpha_3=\dfrac{1}{2\varDelta}\begin{vmatrix}1&x_1&u_1\\1&x_2&u_2\\1&x_3&u_3\end{vmatrix}\\ \alpha_4=\dfrac{1}{2\varDelta}\begin{vmatrix}v_1&x_1&y_1\\v_2&x_2&y_2\\v_3&x_3&y_3\end{vmatrix},\quad \alpha_5=\dfrac{1}{2\varDelta}\begin{vmatrix}1&v_1&y_1\\1&v_2&y_2\\1&v_3&y_3\end{vmatrix},\quad \alpha_6=\dfrac{1}{2\varDelta}\begin{vmatrix}1&x_1&v_1\\1&x_2&v_2\\1&x_3&v_3\end{vmatrix}\end{cases} \tag{2.7}$$

这样，式(2.4)描述的单元内任意一点 (x,y) 的位移可表达为

$$\boldsymbol{q}(x,y)=\begin{Bmatrix}u(x,y)\\v(x,y)\end{Bmatrix}=\boldsymbol{f}(x,y)\boldsymbol{A}^{-1}\boldsymbol{q}^e=\boldsymbol{N}\boldsymbol{q}^e \tag{2.8}$$

式中，$\boldsymbol{N}$ 为形函数矩阵(shape function matrix)，$\boldsymbol{N}=\boldsymbol{f}(x,y)\boldsymbol{A}^{-1}$；多项式插值函数 $\boldsymbol{f}(x,y)$ 为

$$\boldsymbol{f}(x,y)=\begin{bmatrix}1&x&y&0&0&0\\0&0&0&1&x&y\end{bmatrix} \tag{2.9}$$

平面三角形单元的形函数矩阵 $\boldsymbol{N}$ 的具体求解式为

$$\boldsymbol{N}=\boldsymbol{f}(x,y)\boldsymbol{A}^{-1}=[N_1\boldsymbol{I}\ \ N_2\boldsymbol{I}\ \ N_3\boldsymbol{I}] \tag{2.10}$$

式中，$\boldsymbol{I}$ 为 2 阶单位矩阵，$\boldsymbol{I}=\begin{bmatrix}1&0\\0&1\end{bmatrix}$。可见，形函数矩阵的每个元素较为复杂，通过适当的变换可简化表达为

$$N_i=\frac{1}{2\varDelta}(a_i+b_ix+c_iy)\quad (i=1,2,3) \tag{2.11}$$

式中，$\varDelta$为平面三角形单元的面积：

$$2\varDelta=\begin{vmatrix}1&x_1&y_1\\1&x_2&y_2\\1&x_3&y_3\end{vmatrix} \tag{2.12}$$

式中的各个系数，即 a_1、b_1、c_1、a_2、b_2、c_2 和 a_3、b_3、c_3 分别为行列式 2Δ 中的第 1 行、第 2 行和第 3 行各元素的代数余子式，具体求解式如下：

$$a_1=\begin{vmatrix} x_2 & y_2 \\ x_3 & y_3 \end{vmatrix}=x_2y_3-x_3y_2,\quad a_2=-\begin{vmatrix} x_1 & y_1 \\ x_3 & y_3 \end{vmatrix}=x_3y_1-x_1y_3,\quad a_3=\begin{vmatrix} x_1 & y_1 \\ x_2 & y_2 \end{vmatrix}=x_1y_2-x_2y_1$$

$$b_1=-\begin{vmatrix} 1 & y_2 \\ 1 & y_3 \end{vmatrix}=y_2-y_3,\quad b_2=\begin{vmatrix} 1 & y_1 \\ 1 & y_3 \end{vmatrix}=y_3-y_1,\quad b_3=-\begin{vmatrix} 1 & y_1 \\ 1 & y_2 \end{vmatrix}=y_1-y_2$$

$$c_1=\begin{vmatrix} 1 & x_2 \\ 1 & x_3 \end{vmatrix}=x_3-x_2,\quad c_2=-\begin{vmatrix} 1 & x_1 \\ 1 & x_3 \end{vmatrix}=x_1-x_3,\quad c_3=\begin{vmatrix} 1 & x_1 \\ 1 & x_2 \end{vmatrix}=x_2-x_1$$

从式(2.8)可知，形函数实际上描述了单元内任一点位移 $\boldsymbol{q}(x,y)$ 同节点位移 $\boldsymbol{q}^e$ 之间的插值关系，如将式(2.11)描述的形函数的表达式代入式(2.8)可得

$$\begin{aligned} u(x,y)&=N_1u_1+N_2u_2+N_3u_3 \\ &=\frac{1}{2\Delta}[(a_1+b_1x+c_1y)u_1+(a_2+b_2x+c_2y)u_2+(a_3+b_3x+c_3y)u_3] \end{aligned} \tag{2.13a}$$

$$\begin{aligned} v(x,y)&=N_1v_1+N_2v_2+N_3v_3 \\ &=\frac{1}{2\Delta}[(a_1+b_1x+c_1y)v_1+(a_2+b_2x+c_2y)v_2+(a_3+b_3x+c_3y)v_3] \end{aligned} \tag{2.13b}$$

以上我们完成了用已知单元的位移模式推导单元的形函数的过程，在推导过程中同时用了 x 及 y 方向的位移(u, v)。实际上，我们可以证明假如仅考虑 x 方向的位移 u(或仅考虑 y 方向的位移 v)，同样可以推导出单元的形函数。形函数是有限元理论中最重要的一个概念，实际上除可以作为上面所述的位移插值函数以外，还可用其进行载荷移置和等参坐标变换等，详见第 4 章及第 5 章。

3. 用节点位移表达单元内任一点的应变

平面三角形单元用于解决弹性力学平面问题，单元内任一点的应变列向量满足如下平面问题的几何方程：

$$\boldsymbol{\varepsilon}(x,y)=\begin{Bmatrix} \varepsilon_x \\ \varepsilon_y \\ \gamma_{xy} \end{Bmatrix}=\begin{Bmatrix} \dfrac{\partial u}{\partial x} \\ \dfrac{\partial v}{\partial y} \\ \dfrac{\partial u}{\partial y}+\dfrac{\partial v}{\partial x} \end{Bmatrix} \tag{2.14}$$

式中，ε_x 和 ε_y 是线应变；γ_{xy} 是剪应变。

将式(2.13)代入几何方程(2.14)即可解得各应变分量，需要注意的是 $N_i(i=1,2,3)$ 是 x、y 的函数，而节点位移在这里可视为常量。将单元应变写成矩阵形式可得

$$\boldsymbol{\varepsilon}(x,y)=\begin{bmatrix}\dfrac{\partial N_1}{\partial x} & 0 & \dfrac{\partial N_2}{\partial x} & 0 & \dfrac{\partial N_3}{\partial x} & 0\\ 0 & \dfrac{\partial N_1}{\partial y} & 0 & \dfrac{\partial N_2}{\partial y} & 0 & \dfrac{\partial N_3}{\partial y}\\ \dfrac{\partial N_1}{\partial y} & \dfrac{\partial N_1}{\partial x} & \dfrac{\partial N_2}{\partial y} & \dfrac{\partial N_2}{\partial x} & \dfrac{\partial N_3}{\partial y} & \dfrac{\partial N_3}{\partial x}\end{bmatrix}\boldsymbol{q}^e=\frac{1}{2\Delta}\begin{bmatrix}b_1 & 0 & b_2 & 0 & b_3 & 0\\ 0 & c_1 & 0 & c_2 & 0 & c_3\\ c_1 & b_1 & c_2 & b_2 & c_3 & b_3\end{bmatrix}\boldsymbol{q}^e \tag{2.15}$$

式(2.15)即描述了单元内任一点应变同节点位移的关系，可简记为

$$\boldsymbol{\varepsilon}(x,y)=\boldsymbol{B}\boldsymbol{q}^e \tag{2.16}$$

式中，$\boldsymbol{B}$ 为应变矩阵，其表达式为

$$\boldsymbol{B}=\frac{1}{2\Delta}\begin{bmatrix}b_1 & 0 & b_2 & 0 & b_3 & 0\\ 0 & c_1 & 0 & c_2 & 0 & c_3\\ c_1 & b_1 & c_2 & b_2 & c_3 & b_3\end{bmatrix} \tag{2.17}$$

平面三角形单元的应变矩阵 $\boldsymbol{B}$ 中的诸元素(Δ和 b_1、b_2、b_3、c_1、c_2、c_3等)都是常量，因而平面三角形单元中各点的应变分量也都是常量。这就意味着利用式(2.16)求解的单元内任一点的应变都是一样的，因而平面三角形单元也称为常应变单元。实际上由于物理坐标的不同，平面三角形单元内任一点的应变不应该一样，这也客观说明了平面三角形单元精度不高。因而，在针对实际平面问题结构进行静力学分析时，通常不选择平面三角形单元。

4. 用应变和节点位移表达单元内任一点的应力

对于平面应力问题，一点的应力状态 $\boldsymbol{\sigma}(x,y)$ 可以用 σ_x、σ_y 和 τ_{xy} 这三个应力分量来表示，应力-应变关系为

$$\boldsymbol{\sigma}(x,y)=\boldsymbol{D}\boldsymbol{\varepsilon}(x,y) \tag{2.18}$$

式中，$\boldsymbol{D}$ 为弹性矩阵，其表达式为

$$\boldsymbol{D}=\frac{E}{1-\mu^2}\begin{bmatrix}1 & \mu & 0\\ \mu & 1 & 0\\ 0 & 0 & \dfrac{1-\mu}{2}\end{bmatrix} \tag{2.19}$$

式中，E 为杨氏模量；μ 为泊松比。

把式(2.16)代入式(2.18)，可得用单元节点位移表示的单元内任一点的应力，即

$$\boldsymbol{\sigma}(x,y)=\boldsymbol{D}\boldsymbol{B}\boldsymbol{q}^e \tag{2.20}$$

令 $\boldsymbol{S}$ 为应力矩阵，它是

$$\boldsymbol{S}=\boldsymbol{D}\boldsymbol{B} \tag{2.21}$$

弹性矩阵 $\boldsymbol{D}$ 为常数，应变矩阵 $\boldsymbol{B}$ 也为常数，因而平面三角形单元的应力矩阵也为常数，平面三角形单元也可称为常应力单元。

5. 单元刚度矩阵的形成

利用虚位移原理对图 2.2 所示的一个平面三角形单元建立节点力和节点位移之间的关系，即形成单元刚度矩阵表达的节点力和节点位移关系。

设该平面三角形单元在等效节点力的作用下处于平衡状态。单元节点载荷列向量为 $\boldsymbol{R}^e$，相应的三个节点虚位移为 $\boldsymbol{q}^{*e}$，作用在单元体上的外力所做的虚功为

$$U=\boldsymbol{q}^{*e\mathrm{T}}\boldsymbol{R}^e \tag{2.22}$$

设单元内任一点的虚位移也具有与真实位移相同的位移模式，即

$$\boldsymbol{q}^*=\boldsymbol{N}\boldsymbol{\delta}^{*e} \tag{2.23}$$

因此，由式(2.16)可知，单元内的虚应变 $\boldsymbol{\varepsilon}^*$ 为

$$\boldsymbol{\varepsilon}^*=\boldsymbol{B}\boldsymbol{\delta}^{*e} \tag{2.24}$$

于是，单元的应变能为

$$W=\iint\boldsymbol{\varepsilon}^{*\mathrm{T}}\boldsymbol{\sigma}t\mathrm{d}x\mathrm{d}y \tag{2.25}$$

式中，t 为单元的厚度，在这里假定 t 为常量。式(2.25)中应力 $\boldsymbol{\sigma}$ 可用应变来表达(参见式(2.20))，而虚应变用式(2.24)代入，注意到虚位移的任意性，可将 $\boldsymbol{q}^{*e\mathrm{T}}$ 提到积分号的前面，有

$$W=\boldsymbol{q}^{*e\mathrm{T}}\iint\boldsymbol{B}^{\mathrm{T}}\boldsymbol{D}\boldsymbol{B}\boldsymbol{q}^e t\mathrm{d}x\mathrm{d}y \tag{2.26}$$

根据虚位移原理，$U=W$，可以得到任一个单元都满足如下关系：

$$\boldsymbol{q}^{*e\mathrm{T}}\boldsymbol{R}^e=\boldsymbol{q}^{*e\mathrm{T}}\iint\boldsymbol{B}^{\mathrm{T}}\boldsymbol{D}\boldsymbol{B}\boldsymbol{q}^e t\mathrm{d}x\mathrm{d}y \tag{2.27}$$

对应去掉等号两边的 $\boldsymbol{q}^{*e\mathrm{T}}$，得到单元节点力矢量与单元节点位移矢量之间的关系：

$$\boldsymbol{R}^e=\left(\iint\boldsymbol{B}^{\mathrm{T}}\boldsymbol{D}\boldsymbol{B}t\mathrm{d}x\mathrm{d}y\right)\boldsymbol{q}^e \tag{2.28}$$

将式(2.28)写成用单元刚度矩阵表达的方式，即

$$\boldsymbol{R}^e=\boldsymbol{k}^e\boldsymbol{q}^e \tag{2.29}$$

式中，$\boldsymbol{k}^e$ 就是单元刚度矩阵，其表达式为

$$\boldsymbol{k}^e=\iint\boldsymbol{B}^{\mathrm{T}}\boldsymbol{D}\boldsymbol{B}t\mathrm{d}x\mathrm{d}y \tag{2.30}$$

上述单元刚度矩阵可以进一步化简。对于材料是均质的单元，弹性矩阵 $\boldsymbol{D}$ 的元素就是常量，并且对于平面三角形单元，$\boldsymbol{B}$ 矩阵中的元素也是常量。单元的面积是 $\iint\mathrm{d}x\mathrm{d}y=\varDelta$，这样，式(2.30)所示的平面三角形单元的单元刚度矩阵具有如下形式：

$$\boldsymbol{k}^e=\boldsymbol{B}^{\mathrm{T}}\boldsymbol{D}\boldsymbol{B}t\varDelta \tag{2.31}$$

单元刚度矩阵的物理意义是，其任一列的元素分别等于该单元的某个节点沿坐标方向发生单位位移时，在各节点上所引起的节点力。单元的刚度取决于单元的大小、方向和弹性常数，而与单元的位置无关，即不随单元或坐标轴的平行移动而改变。单元刚度矩阵一般具有如下三个特性：对称性、奇异性和具有分块形式。对于平面三角形单元，按照每个节点具有

两个自由度的构成方式，可以将单元刚度矩阵列写成 3×3 个子块、每个子块为 2 阶分块矩阵的形式，即

$$\boldsymbol{k}^e = \begin{bmatrix} \boldsymbol{k}_{11}^e & \boldsymbol{k}_{12}^e & \boldsymbol{k}_{13}^e \\ \boldsymbol{k}_{21}^e & \boldsymbol{k}_{22}^e & \boldsymbol{k}_{23}^e \\ \boldsymbol{k}_{31}^e & \boldsymbol{k}_{32}^e & \boldsymbol{k}_{33}^e \end{bmatrix} \tag{2.32}$$

以上描述了针对平面三角形单元推导其单元刚度矩阵的过程。需要说明的是，在后续利用平面三角形单元进行力学分析时，可直接利用式(2.31)计算单元的刚度矩阵，而不必再进行具体的推导。在自编有限元程序解决实际问题时，除非是自己创建的单元，一般均不用进行单元分析来推导单元的刚度矩阵，获得单元刚度矩阵的方式大致可包含以下三种：①直接利用单元刚度矩阵求解式进行计算，对于很多单元是积分计算；②一些简单单元的刚度矩阵的每个元素均给出了具体的表达式，可代入计算；③可利用工程有限元软件，如 ANSYS，导出单元的刚度矩阵。

[附注] 形函数矩阵 $\boldsymbol{N}$ 和应变矩阵 $\boldsymbol{B}$ 的程序推导(利用 MATLAB 软件)如下：

```
Clear
syms x y x1 y1 x2 y2 x3 y3;
F=[1 x y];
A=[1 x1 y1; 1 x2 y2; 1 x3 y3];
N=f*inv(A);
simplify(factor(N));
N1=N(1,1);
N2=N(1,2);
N3=N(1,3);
b1=diff(N1,x);
b2=diff(N2,x);
b3=diff(N3,x);
c1=diff(N1,y);
c2=diff(N2,y);
c3=diff(N3,y);
B=[b1 0 b2 0 b3 0
   0 c1 0 c2 0 c3
   c1 b1 c2 b2 c3 b3]
```

2.2　单元的组集

在完成单元分析后，需要将各单元组集在一起，形成总的有限元分析方程，对于静力学问题，整体有限元方程为

$$\boldsymbol{Kq}=\boldsymbol{R} \tag{2.33}$$

式中，$\boldsymbol{K}$ 为结构的总刚度矩阵；$\boldsymbol{q}$ 为总的节点位移向量；$\boldsymbol{R}$ 为总的节点载荷列向量。可见组集后总的静力学方程是与式(2.3)所示的单元的静力学平衡方程相对应的，因而单元的组集涉及单元刚度、节点位移以及节点力的组集。

在组集之前需明确组集后系统总的自由度。对于本章研究的平面三角形单元，每个节点有 2 个自由度(x 和 y 两个方向的位移)，假如结构被划分为 n 个节点，则系统总的自由度为 $2n$。其他单元可基于此计算系统总的自由度数。

有限元法是一种位移法，最终就是要获得各节点位移，因而严格地说位移量并不需要进行组集处理，只需将所有节点位移按节点整体编号顺序从小到大排列即可形成待求解的总的节点位移向量，对于平面三角形单元有

$$\boldsymbol{q}_{2n\times1}=\{\boldsymbol{q}_1^{\mathrm{T}}\quad \boldsymbol{q}_2^{\mathrm{T}}\quad \cdots\quad \boldsymbol{q}_n^{\mathrm{T}}\}^{\mathrm{T}} \tag{2.34}$$

节点 i 的位移分量为

$$\boldsymbol{q}_i=\{u_i\quad v_i\}^{\mathrm{T}}\qquad (i=1,2,\cdots,n) \tag{2.35}$$

所以在对结构进行静力学分析时，需要组集的仅包括节点载荷列向量和单元的刚度矩阵，以下分别讨论。

2.2.1　单元载荷列向量的组集

仍以平面三角形单元为例描述单元载荷列向量的组集。假设结构被划分为 N 个单元，包含 n 个节点，某单元三个节点(1、2、3 节点)对应的整体编号分别为 i、j、m(次序从小到大排列)，每个单元三个节点的等效节点力分别记为 $\boldsymbol{R}_i^e$、$\boldsymbol{R}_j^e$、$\boldsymbol{R}_m^e$，其中 $\boldsymbol{R}_i^e=\{F_{xi}^e\quad F_{yi}^e\}^{\mathrm{T}}$，于是每个单元的节点力 $\boldsymbol{R}^e$ 为 6×1 的列向量。将结构的所有单元节点力列向量加以扩充，使之成为 $2n$×1 的列向量，即

$$\boldsymbol{R}_{2n\times1}^e=\left\{\overset{1}{\cdots}\quad \overset{i}{\boldsymbol{R}_i^{e\mathrm{T}}}\quad \cdots\quad \overset{j}{\boldsymbol{R}_j^{e\mathrm{T}}}\quad \cdots\quad \overset{m}{\boldsymbol{R}_m^{e\mathrm{T}}}\quad \overset{n}{\cdots}\right\}^{\mathrm{T}} \tag{2.36}$$

各单元的节点力列向量经过扩充之后就可以进行相加。把全部单元的节点力列向量叠加在一起，便可得到整个结构的载荷列向量 $\boldsymbol{R}$。结构整体载荷列向量记为

$$\boldsymbol{R}_{2n\times1}=\sum_{e=1}^{N}\boldsymbol{R}_{2n\times1}^e=\{\boldsymbol{R}_1^{\mathrm{T}}\quad \boldsymbol{R}_2^{\mathrm{T}}\quad \cdots\quad \boldsymbol{R}_n^{\mathrm{T}}\}^{\mathrm{T}} \tag{2.37}$$

节点 i 上的等效节点载荷是

$$\boldsymbol{R}_i=\left\{F_{xi}\quad F_{yi}\right\}^{\mathrm{T}}\qquad (i=1,2,\cdots,n) \tag{2.38}$$

由于结构整体载荷列向量是由移置节点上的等效节点载荷按节点号码对应叠加而成的，相邻单元公共边内力引起的等效节点力在叠加过程中必然会全部相互抵消，所以结构整体载荷列向量只会剩下外载荷所引起的等效节点力，在结构整体载荷列向量中大量元素一般都为 0 值。因而，针对一个分网后的结构，获取其总的节点载荷列向量时，通常只需关注结构各节点所受的外载荷，具体操作如下：按节点编号排列，在有外载荷的节点处将外载荷值按对应的自由度放在指定位置上，无外载荷时在指定位置处赋值 0。

例 2-1　试确定如图 2.3 所示平面应力结构总的节点载荷列向量。该结构共划分了 4 个平面三角形单元，共有 6 个节点，所有平面三角形单元的直角边长度相等，分别在节点 3、4、5 上作用有幅值相等的载荷 F。

求解思路：要确定结构总的节点载荷列向量，首先需要确定划分网格后的结构载荷向量

的维数，总载荷向量维数与结构总的自由度数相同；其次需要关注结构中受到外载荷作用的节点编号，将该节点处所受外载荷的数值按照自由度方向写在对应节点载荷位置处，对其他无外载荷节点所对应的载荷赋值 0 即可。

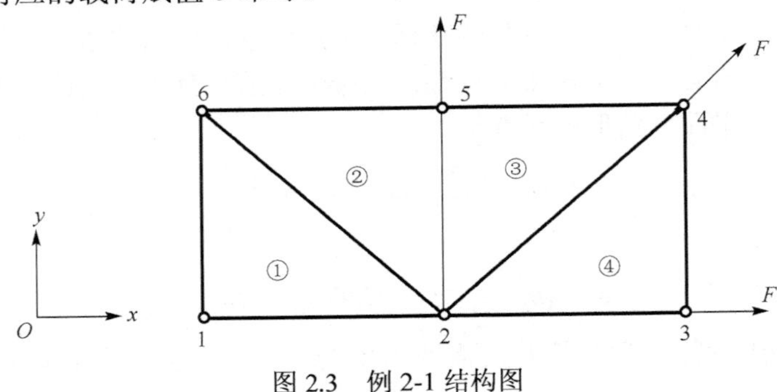

图 2.3　例 2-1 结构图

解　该平面应力结构共包括 4 个平面三角形单元，共有 6 个节点，每个节点有 2 个自由度，因此该结构总的自由度数为 12，该结构的载荷列向量维数为 12，由式(2.36)可知其表示形式为

$$\boldsymbol{R}=\left\{F_{x1}\ F_{y1}\ F_{x2}\ F_{y2}\ F_{x3}\ F_{y3}\ F_{x4}\ F_{y4}\ F_{x5}\ F_{y5}\ F_{x6}\ F_{y6}\right\}^{\mathrm{T}}$$

各节点对应自由度方向的外载荷情况如表 2.1 所示。因此，本例所示结构的载荷向量为

$$\boldsymbol{R}=\left\{0\quad 0\quad 0\quad 0\quad F\quad 0\quad \frac{\sqrt{2}F}{2}\quad \frac{\sqrt{2}F}{2}\quad 0\quad F\quad 0\quad 0\right\}^{\mathrm{T}}$$

表 2.1　各节点所受外载荷情况表

节点	1	2	3	4	5	6
外载荷 F_{xi}	0	0	F	$F\cos45°$	0	0
外载荷 F_{yi}	0	0	0	$F\sin45°$	F	0

2.2.2　单元刚度矩阵的组集

在有限元基本原理中，对刚度矩阵的组集的学习至关重要。目前，有很多方法适用于将单元的刚度矩阵组集在一起形成总刚度矩阵，例如，为了提升计算效率，有些方法首先引入约束条件进而按照节点编号将单元组装在一起。本书仅介绍两种方法：一种是直接组集法，另一种是转换矩阵法。其中直接组集法的原理便于理解，但是编制有限元程序需要技巧；而转换矩阵法的组集原理可能难以理解，但是易于编程。对同一结构应用这两种方法组集形成的总刚度矩阵必须是一样的。

在组集之前，还需明确以下两个问题：一是每个单元的刚度矩阵已经求得，例如，结构共有 N 个单元，每个单元的刚度矩阵 $\boldsymbol{k}^e(e=1,2,\cdots,N)$ 是已知的；二是需明确组集后总刚度矩阵的维数，以平面三角形单元为例，假如有 n 个节点，则系统总刚度矩阵的维数为 $2n\times 2n$ 。

1. 直接组集法

以下以平面三角形单元为例描述直接组集法的实施原理。首先，把平面三角形单元的 6 阶单元刚度矩阵 $\boldsymbol{k}^e$ 进行扩充，使之成为一个 $2n\times 2n$ 的方阵 $\boldsymbol{k}_{\mathrm{ext}}^e$ 。单元三个节点(内部编号 1、

2、3 节点)分别对应整体编号 i、j 和 m，即单元刚度矩阵 $\boldsymbol{k}^e$ 中 2×2 的子矩阵 $\boldsymbol{k}_{ij}$ 将处于扩展矩阵中的第 i 双行、第 j 双列中。扩充后的单元刚度矩阵 $\boldsymbol{k}_{\text{ext}}^e$ 为

$$\boldsymbol{k}_{\text{ext}}^e = \begin{array}{c} \begin{matrix} 1 & & i & & j & & m & & n \end{matrix} \\ \left[\begin{matrix} \cdots & \cdots & \cdots & \cdots & \cdots & \cdots & \cdots & \cdots & \cdots \\ \vdots & & \vdots & & \vdots & & \vdots & & \vdots \\ \cdots & \cdots & \boldsymbol{k}_{ii} & \cdots & \boldsymbol{k}_{ij} & \cdots & \boldsymbol{k}_{im} & \cdots & \cdots \\ \vdots & & \vdots & & \vdots & & \vdots & & \vdots \\ \cdots & \cdots & \boldsymbol{k}_{ji} & \cdots & \boldsymbol{k}_{jj} & \cdots & \boldsymbol{k}_{jm} & \cdots & \cdots \\ \vdots & & \vdots & & \vdots & & \vdots & & \vdots \\ \cdots & \cdots & \boldsymbol{k}_{mi} & \cdots & \boldsymbol{k}_{mj} & \cdots & \boldsymbol{k}_{mm} & \cdots & \cdots \\ \vdots & & \vdots & & \vdots & & \vdots & & \vdots \\ \cdots & \cdots & \cdots & \cdots & \cdots & \cdots & \cdots & \cdots & \cdots \end{matrix}\right]_{(2n\times 2n)} \end{array} \begin{matrix} 1 \\ \\ i \\ \\ j \\ \\ m \\ \\ n \end{matrix} \tag{2.39}$$

单元刚度矩阵经过扩充以后，除对应的 i、j 和 m 双行和双列上的 9 个子矩阵之外，其余元素均为零。

其次，对其他单元也进行类似的扩充。最后，对 N 个单元进行求和叠加，则可得到结构总刚度矩阵，记为

$$\boldsymbol{K} = \sum_{e=1}^{N} \boldsymbol{k}_{\text{ext}}^e \tag{2.40}$$

2. 转换矩阵法

用转换矩阵法进行单元组集的基本思想可描述为：面向划分完网格的结构，针对每个单元构造单元的转换矩阵；利用这个转换矩阵对每个单元刚度矩阵做变换，将其变为与总刚度矩阵维数一致的矩阵；将各单元变换后的刚度矩阵叠加进而形成总刚度矩阵。其中构造转换矩阵是该方法的核心内容。

以下同样以平面三角形单元为例描述构造转换矩阵的过程，设结构的节点总数为 n，某平面三角形单元对应的整体节点序号为 i、j、m，则对应该单元节点的转换矩阵 $\boldsymbol{G}$ 为

$$\boldsymbol{G}_{6\times 2n}^e = \begin{array}{c} \begin{matrix} 1, & 2, & \cdots, & (2i-1), & 2i, & \cdots, & (2j-1), & 2j, & \cdots, & (2m-1), & 2m, & \cdots, & (2n-1), & 2n \end{matrix} \\ \left[\begin{array}{ccc|cc|c|cc|c|cc|c|cc} 0 & 0 & \cdots & 1 & 0 & \cdots & 0 & 0 & \cdots & 0 & 0 & \cdots & 0 & 0 \\ 0 & 0 & \cdots & 0 & 1 & \cdots & 0 & 0 & \cdots & 0 & 0 & \cdots & 0 & 0 \\ 0 & 0 & \cdots & 0 & 0 & \cdots & 1 & 0 & \cdots & 0 & 0 & \cdots & 0 & 0 \\ 0 & 0 & \cdots & 0 & 0 & \cdots & 0 & 1 & \cdots & 0 & 0 & \cdots & 0 & 0 \\ 0 & 0 & \cdots & 0 & 0 & \cdots & 0 & 0 & \cdots & 1 & 0 & \cdots & 0 & 0 \\ 0 & 0 & \cdots & 0 & 0 & \cdots & 0 & 0 & \cdots & 0 & 1 & \cdots & 0 & 0 \end{array}\right] \end{array} \tag{2.41}$$

构造转换矩阵需要具体操作两项内容：一是确定转换矩阵的维数，二是进行恰当的赋值。观察式(2.41)可知，平面三角形单元转换矩阵的维数为 $6\times 2n$，实际上其行数为单元自由度数，其列数为系统总的自由度。若对转换矩阵进行恰当的赋值，可进行如下操作：找到单元三个节点对应的整体编号位置 (i, j, m) 所在的子块，将所在的子块设为 2 阶单位矩阵，其他均为 0。

构造完转换矩阵$\boldsymbol{G}^e$，可以直接求和得到结构的总刚度矩阵：

$$\boldsymbol{K}=\sum_{e=1}^{N}\boldsymbol{G}^{e\mathrm{T}}\boldsymbol{k}^e\boldsymbol{G}^e \tag{2.42}$$

例 2-2　试利用直接组集法和转换矩阵法求解如图 2.4 所示的平面应力结构的总刚度矩阵。该结构共划分了 4 个平面三角形单元，6 个节点，所有平面三角形单元的直角边长度相等。

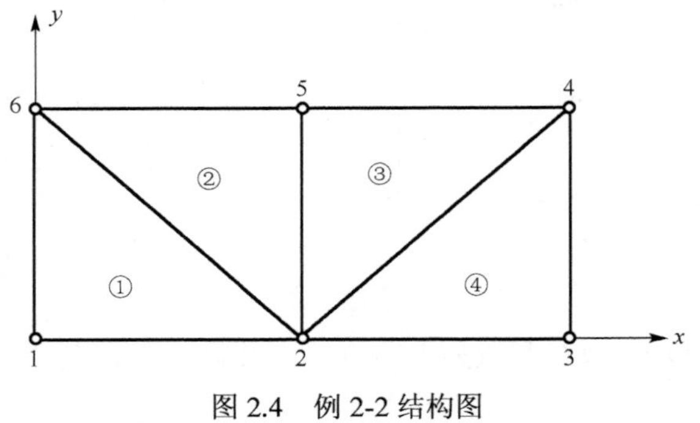

图 2.4　例 2-2 结构图

解　(1)采用直接组集法进行总刚度矩阵的组集。

整个系统中共有 6 个节点，每个节点有两个自由度，则总刚度矩阵的维数为 6×2=12。平面三角形单元刚度矩阵的维数为 6×6，因而需要将每个单元扩展成 12×12 的矩阵再进行叠加。用分块矩阵表示，扩展完成的单元①、单元②、单元③和单元④的刚度矩阵可表示为

$$\boldsymbol{k}^{(1)}=\begin{bmatrix}\boldsymbol{k}_{11}^{(1)} & \boldsymbol{k}_{12}^{(1)} & 0 & 0 & 0 & \boldsymbol{k}_{16}^{(1)}\\ \boldsymbol{k}_{21}^{(1)} & \boldsymbol{k}_{22}^{(1)} & 0 & 0 & 0 & \boldsymbol{k}_{26}^{(1)}\\ 0&0&0&0&0&0\\ 0&0&0&0&0&0\\ 0&0&0&0&0&0\\ \boldsymbol{k}_{61}^{(1)} & \boldsymbol{k}_{62}^{(1)} & 0 & 0 & 0 & \boldsymbol{k}_{66}^{(1)}\end{bmatrix},\quad \boldsymbol{k}^{(2)}=\begin{bmatrix}0&0&0&0&0&0\\ 0 & \boldsymbol{k}_{22}^{(2)} & 0 & 0 & \boldsymbol{k}_{25}^{(2)} & \boldsymbol{k}_{26}^{(2)}\\ 0&0&0&0&0&0\\ 0&0&0&0&0&0\\ 0 & \boldsymbol{k}_{52}^{(2)} & 0 & 0 & \boldsymbol{k}_{55}^{(2)} & \boldsymbol{k}_{56}^{(2)}\\ 0 & \boldsymbol{k}_{62}^{(2)} & 0 & 0 & \boldsymbol{k}_{65}^{(2)} & \boldsymbol{k}_{66}^{(2)}\end{bmatrix}$$

$$\boldsymbol{k}^{(3)}=\begin{bmatrix}0&0&0&0&0&0\\ 0 & \boldsymbol{k}_{22}^{(3)} & 0 & \boldsymbol{k}_{24}^{(3)} & \boldsymbol{k}_{25}^{(3)} & 0\\ 0&0&0&0&0&0\\ 0 & \boldsymbol{k}_{42}^{(3)} & 0 & \boldsymbol{k}_{44}^{(3)} & \boldsymbol{k}_{45}^{(3)} & 0\\ 0 & \boldsymbol{k}_{52}^{(3)} & 0 & \boldsymbol{k}_{54}^{(3)} & \boldsymbol{k}_{55}^{(3)} & 0\\ 0&0&0&0&0&0\end{bmatrix},\quad \boldsymbol{k}^{(4)}=\begin{bmatrix}0&0&0&0&0&0\\ 0 & \boldsymbol{k}_{22}^{(4)} & \boldsymbol{k}_{23}^{(4)} & \boldsymbol{k}_{24}^{(4)} & 0 & 0\\ 0 & \boldsymbol{k}_{32}^{(4)} & \boldsymbol{k}_{33}^{(4)} & \boldsymbol{k}_{34}^{(4)} & 0 & 0\\ 0 & \boldsymbol{k}_{42}^{(4)} & \boldsymbol{k}_{43}^{(4)} & \boldsymbol{k}_{44}^{(4)} & 0 & 0\\ 0&0&0&0&0&0\\ 0&0&0&0&0&0\end{bmatrix}$$

矩阵中各元素的下标表示整体节点编号，$\boldsymbol{k}^{(1)}$、$\boldsymbol{k}^{(2)}$、$\boldsymbol{k}^{(3)}$、$\boldsymbol{k}^{(4)}$则表示单元①、单元②、单元③和单元④对整个系统刚度矩阵的贡献。各单元矩阵相加则得到总刚度矩阵，表示为

$$\boldsymbol{K}=\begin{bmatrix}\boldsymbol{k}_{11}^{(1)} & \boldsymbol{k}_{12}^{(1)} & 0 & 0 & 0 & \boldsymbol{k}_{16}^{(1)}\\ \boldsymbol{k}_{21}^{(1)} & \boldsymbol{k}_{22}^{(1)}+\boldsymbol{k}_{22}^{(2)}+\boldsymbol{k}_{22}^{(3)}+\boldsymbol{k}_{22}^{(4)} & \boldsymbol{k}_{23}^{(4)} & \boldsymbol{k}_{24}^{(3)}+\boldsymbol{k}_{24}^{(4)} & \boldsymbol{k}_{25}^{(2)}+\boldsymbol{k}_{25}^{(3)} & \boldsymbol{k}_{26}^{(1)}+\boldsymbol{k}_{26}^{(2)}\\ 0 & \boldsymbol{k}_{32}^{(4)} & \boldsymbol{k}_{33}^{(4)} & \boldsymbol{k}_{34}^{(4)} & 0 & 0\\ 0 & \boldsymbol{k}_{42}^{(3)}+\boldsymbol{k}_{42}^{(4)} & \boldsymbol{k}_{43}^{(4)} & \boldsymbol{k}_{44}^{(3)}+\boldsymbol{k}_{44}^{(4)} & \boldsymbol{k}_{45}^{(3)} & 0\\ 0 & \boldsymbol{k}_{52}^{(2)}+\boldsymbol{k}_{52}^{(3)} & 0 & \boldsymbol{k}_{54}^{(3)} & \boldsymbol{k}_{55}^{(2)}+\boldsymbol{k}_{55}^{(3)} & \boldsymbol{k}_{56}^{(2)}\\ \boldsymbol{k}_{61}^{(1)} & \boldsymbol{k}_{62}^{(1)}+\boldsymbol{k}_{62}^{(2)} & 0 & 0 & \boldsymbol{k}_{65}^{(2)} & \boldsymbol{k}_{66}^{(1)}+\boldsymbol{k}_{66}^{(2)}\end{bmatrix}$$

(2)采用转换矩阵法进行总刚度矩阵的组集。

采用转换矩阵法进行总刚度矩阵组集的关键是获得每个单元的转换矩阵。单元转换矩阵的行数为单元自由度数，单元转换矩阵的列数为总刚度矩阵的维数。对于上述结构，每个转

换矩阵的维数为 6×12，四个单元的转换矩阵分别为

$$G_{6\times12}^{(1)}=\begin{bmatrix}1&0&0&0&0&0&0&0&0&0&0&0\\0&1&0&0&0&0&0&0&0&0&0&0\\0&0&1&0&0&0&0&0&0&0&0&0\\0&0&0&1&0&0&0&0&0&0&0&0\\0&0&0&0&0&0&0&0&0&0&1&0\\0&0&0&0&0&0&0&0&0&0&0&1\end{bmatrix}=\begin{bmatrix}\boldsymbol{I}&\boldsymbol{0}&\boldsymbol{0}&\boldsymbol{0}&\boldsymbol{0}&\boldsymbol{0}\\\boldsymbol{0}&\boldsymbol{I}&\boldsymbol{0}&\boldsymbol{0}&\boldsymbol{0}&\boldsymbol{0}\\\boldsymbol{0}&\boldsymbol{0}&\boldsymbol{0}&\boldsymbol{0}&\boldsymbol{0}&\boldsymbol{I}\end{bmatrix}$$

$$G_{6\times12}^{(2)}=\begin{bmatrix}0&0&1&0&0&0&0&0&0&0&0&0\\0&0&0&1&0&0&0&0&0&0&0&0\\0&0&0&0&0&0&0&0&1&0&0&0\\0&0&0&0&0&0&0&0&0&1&0&0\\0&0&0&0&0&0&0&0&0&0&1&0\\0&0&0&0&0&0&0&0&0&0&0&1\end{bmatrix}=\begin{bmatrix}\boldsymbol{0}&\boldsymbol{I}&\boldsymbol{0}&\boldsymbol{0}&\boldsymbol{0}&\boldsymbol{0}\\\boldsymbol{0}&\boldsymbol{0}&\boldsymbol{0}&\boldsymbol{0}&\boldsymbol{I}&\boldsymbol{0}\\\boldsymbol{0}&\boldsymbol{0}&\boldsymbol{0}&\boldsymbol{0}&\boldsymbol{0}&\boldsymbol{I}\end{bmatrix}$$

$$G_{6\times12}^{(3)}=\begin{bmatrix}0&0&1&0&0&0&0&0&0&0&0&0\\0&0&0&1&0&0&0&0&0&0&0&0\\0&0&0&0&0&0&1&0&0&0&0&0\\0&0&0&0&0&0&0&1&0&0&0&0\\0&0&0&0&0&0&0&0&1&0&0&0\\0&0&0&0&0&0&0&0&0&1&0&0\end{bmatrix}=\begin{bmatrix}\boldsymbol{0}&\boldsymbol{I}&\boldsymbol{0}&\boldsymbol{0}&\boldsymbol{0}&\boldsymbol{0}\\\boldsymbol{0}&\boldsymbol{0}&\boldsymbol{0}&\boldsymbol{I}&\boldsymbol{0}&\boldsymbol{0}\\\boldsymbol{0}&\boldsymbol{0}&\boldsymbol{0}&\boldsymbol{0}&\boldsymbol{I}&\boldsymbol{0}\end{bmatrix}$$

$$G_{6\times12}^{(4)}=\begin{bmatrix}0&0&1&0&0&0&0&0&0&0&0&0\\0&0&0&1&0&0&0&0&0&0&0&0\\0&0&0&0&1&0&0&0&0&0&0&0\\0&0&0&0&0&1&0&0&0&0&0&0\\0&0&0&0&0&0&1&0&0&0&0&0\\0&0&0&0&0&0&0&1&0&0&0&0\end{bmatrix}=\begin{bmatrix}\boldsymbol{0}&\boldsymbol{I}&\boldsymbol{0}&\boldsymbol{0}&\boldsymbol{0}&\boldsymbol{0}\\\boldsymbol{0}&\boldsymbol{0}&\boldsymbol{I}&\boldsymbol{0}&\boldsymbol{0}&\boldsymbol{0}\\\boldsymbol{0}&\boldsymbol{0}&\boldsymbol{0}&\boldsymbol{I}&\boldsymbol{0}&\boldsymbol{0}\end{bmatrix}$$

每个单元刚度矩阵分别表示为

$$\boldsymbol{k}^{(1)}=\begin{bmatrix}\boldsymbol{k}_{11}^{(1)}&\boldsymbol{k}_{12}^{(1)}&\boldsymbol{k}_{16}^{(1)}\\\boldsymbol{k}_{21}^{(1)}&\boldsymbol{k}_{22}^{(1)}&\boldsymbol{k}_{26}^{(1)}\\\boldsymbol{k}_{61}^{(1)}&\boldsymbol{k}_{62}^{(1)}&\boldsymbol{k}_{66}^{(1)}\end{bmatrix},\quad \boldsymbol{k}^{(2)}=\begin{bmatrix}\boldsymbol{k}_{22}^{(2)}&\boldsymbol{k}_{25}^{(2)}&\boldsymbol{k}_{26}^{(2)}\\\boldsymbol{k}_{52}^{(2)}&\boldsymbol{k}_{55}^{(2)}&\boldsymbol{k}_{56}^{(2)}\\\boldsymbol{k}_{62}^{(2)}&\boldsymbol{k}_{65}^{(2)}&\boldsymbol{k}_{66}^{(2)}\end{bmatrix}$$

$$\boldsymbol{k}^{(3)}=\begin{bmatrix}\boldsymbol{k}_{22}^{(3)}&\boldsymbol{k}_{24}^{(3)}&\boldsymbol{k}_{25}^{(3)}\\\boldsymbol{k}_{42}^{(3)}&\boldsymbol{k}_{44}^{(3)}&\boldsymbol{k}_{45}^{(3)}\\\boldsymbol{k}_{52}^{(3)}&\boldsymbol{k}_{54}^{(3)}&\boldsymbol{k}_{55}^{(3)}\end{bmatrix},\quad \boldsymbol{k}^{(4)}=\begin{bmatrix}\boldsymbol{k}_{22}^{(4)}&\boldsymbol{k}_{23}^{(4)}&\boldsymbol{k}_{24}^{(4)}\\\boldsymbol{k}_{32}^{(4)}&\boldsymbol{k}_{33}^{(4)}&\boldsymbol{k}_{34}^{(4)}\\\boldsymbol{k}_{42}^{(4)}&\boldsymbol{k}_{43}^{(4)}&\boldsymbol{k}_{44}^{(4)}\end{bmatrix}$$

获得每个单元的转换矩阵后，则可按式(2.42)进行组集，其中 N=4，进行结构总刚度矩阵的求解，得总刚度矩阵为

$$
\boldsymbol{K}=\begin{bmatrix}
\boldsymbol{k}_{11}^{(1)} & \boldsymbol{k}_{12}^{(1)} & 0 & 0 & 0 & \boldsymbol{k}_{16}^{(1)} \\
\boldsymbol{k}_{21}^{(1)} & \boldsymbol{k}_{22}^{(1)}+\boldsymbol{k}_{22}^{(2)}+\boldsymbol{k}_{22}^{(3)}+\boldsymbol{k}_{22}^{(4)} & \boldsymbol{k}_{23}^{(4)} & \boldsymbol{k}_{24}^{(3)}+\boldsymbol{k}_{24}^{(4)} & \boldsymbol{k}_{25}^{(2)}+\boldsymbol{k}_{25}^{(3)} & \boldsymbol{k}_{26}^{(1)}+\boldsymbol{k}_{26}^{(2)} \\
0 & \boldsymbol{k}_{32}^{(4)} & \boldsymbol{k}_{33}^{(4)} & \boldsymbol{k}_{34}^{(4)} & 0 & 0 \\
0 & \boldsymbol{k}_{42}^{(3)}+\boldsymbol{k}_{42}^{(4)} & \boldsymbol{k}_{43}^{(4)} & \boldsymbol{k}_{44}^{(3)}+\boldsymbol{k}_{44}^{(4)} & \boldsymbol{k}_{45}^{(3)} & 0 \\
0 & \boldsymbol{k}_{52}^{(2)}+\boldsymbol{k}_{52}^{(3)} & 0 & \boldsymbol{k}_{54}^{(3)} & \boldsymbol{k}_{55}^{(2)}+\boldsymbol{k}_{55}^{(3)} & \boldsymbol{k}_{56}^{(2)} \\
\boldsymbol{k}_{61}^{(1)} & \boldsymbol{k}_{62}^{(1)}+\boldsymbol{k}_{62}^{(2)} & 0 & 0 & \boldsymbol{k}_{65}^{(2)} & \boldsymbol{k}_{66}^{(1)}+\boldsymbol{k}_{66}^{(2)}
\end{bmatrix}
$$

2.3　边界条件的处理

式(2.33)所描述的有限元方程尚不能直接用于求解，这是由总刚度矩阵的性质所决定的，而为了求解则必须引入边界条件。以下首先介绍总刚度矩阵的性质，进一步叙述在有限元方程中引入边界条件的方法。

2.3.1　总刚度矩阵的性质

弹性体有限元的总刚度矩阵具有如下性质。

(1)总刚度矩阵 $\boldsymbol{K}$ 中每一列元素的物理意义为：欲使弹性体的某一节点在坐标轴方向发生单位位移，而其他节点位移都保持为零的变形状态，在各节点上所需要施加的节点力。

令节点 1 在坐标 x 方向的位移 $u_1=1$，而其余的节点位移 $v_1=u_2=v_2=u_3=v_3=\cdots=u_n=v_n=0$，可得到节点载荷列向量，具体值等于 $\boldsymbol{K}$ 的第一列元素组成的列向量，即

$$
\begin{aligned}
&\left\{R_{1x}\quad R_{1y}\quad R_{2x}\quad R_{2y}\quad \cdots\quad R_{nx}\quad R_{ny}\right\}^{\mathrm{T}} \\
&=\left\{k_{11}\quad k_{21}\quad k_{31}\quad k_{41}\quad \cdots\quad k_{2n-1,1}\quad k_{2n,1}\right\}^{\mathrm{T}}
\end{aligned}
$$

(2)总刚度矩阵中主对角元素总是正的。

例如，总刚度矩阵中的元素 k_{33} 表示节点 2 在 x 方向产生单位位移，而其他位移均为零时，在节点 2 的 x 方向上必须施加的力，很显然，力的方向应该与位移方向一致，故应为正号。

(3)总刚度矩阵是一个对称矩阵，即 $\boldsymbol{K}_{rs}=\boldsymbol{K}_{sr}^{\mathrm{T}}$。

(4)总刚度矩阵是一个稀疏矩阵。如果遵守一定的节点编号规则，就可使矩阵的非零元素都集中在主对角线附近，呈带状。

如前所述，总刚度矩阵中第 r 双行的子矩阵 $\boldsymbol{K}_{rs}$ 很多位置上的元素都等于零，只有当第二个下标 s 等于 r 或者 s 与 r 同属于一个单元的节点号码时才不为零，这就说明，在第 r 双行中非零子矩阵的块数，应该等于节点 r 周围直接相邻的节点数目加一。可见，$\boldsymbol{K}$ 的元素一般都不是填满的，而是呈稀疏状(带状)。

若第 r 双行的第一个非零元素子矩阵是 $\boldsymbol{K}_{rl}$，则从 $\boldsymbol{K}_{rl}$ 到 $\boldsymbol{K}_{rr}$ 共有 $r-l+1$ 个子矩阵，于是 $\boldsymbol{K}$ 的第 $2r$ 行从第一个非零元素到对角元素共有 $2(r-l+1)$ 个元素。显然，带状刚度矩阵的带宽取决于单元网格中相邻节点号码的最大差值 D。把半个斜带形区域中各行所具有的非零元素的最大个数称为总刚度矩阵的半带宽(包括主对角元素)，用 B 表示，即 $B=2(D+1)$。

(5)总刚度矩阵是一个奇异矩阵，在排除刚体位移之后，它是一个正定矩阵。

2.3.2 边界条件的引入

只有在消除了总刚度矩阵的奇异性之后，才能联立方程组并求解出节点位移。一般情况下，对于所要求解的问题，其边界往往具有一定的位移约束条件，本身已排除了刚体运动的可能性。总刚度矩阵的奇异性需要通过引入边界约束条件、消除结构的刚体位移来实现。这里介绍两种引入已知节点位移的方法，这两种方法都可以保持原矩阵的稀疏、带状和对称等特性。

方法一： 保持方程组为 $2n$ 阶不变，仅对 $\boldsymbol{K}$ 和 $\boldsymbol{R}$ 进行修正。例如，若指定节点 i 在方向 y 的位移为 v_i，则令 $\boldsymbol{K}$ 中的元素 $k_{2i,2i}$ 为 1，而第 $2i$ 行和第 $2i$ 列的其余元素都为 0。$\boldsymbol{R}$ 中的第 $2i$ 个元素则用位移 v_i 的已知值代入，$\boldsymbol{R}$ 中的其他各行元素均减去已知节点位移的指定值和原来 $\boldsymbol{K}$ 中该行的相应列元素的乘积。

一个只有 4 个方程的简单例子如下：

$$\begin{bmatrix} K_{11} & K_{12} & K_{13} & K_{14} \\ K_{21} & K_{22} & K_{23} & K_{24} \\ K_{31} & K_{32} & K_{33} & K_{34} \\ K_{41} & K_{42} & K_{43} & K_{44} \end{bmatrix} \begin{Bmatrix} u_1 \\ v_1 \\ u_2 \\ v_2 \end{Bmatrix} = \begin{Bmatrix} R_1 \\ R_2 \\ R_3 \\ R_4 \end{Bmatrix} \tag{2.43}$$

假定该系统中节点位移 u_1 和 u_2 分别被指定为

$$u_1 = \beta_1,\quad u_2 = \beta_2 \tag{2.44}$$

当引入这些节点的已知位移之后，方程(2.43)就变成

$$\begin{bmatrix} 1 & 0 & 0 & 0 \\ 0 & K_{22} & 0 & K_{24} \\ 0 & 0 & 1 & 0 \\ 0 & K_{42} & 0 & K_{44} \end{bmatrix} \begin{Bmatrix} u_1 \\ v_1 \\ u_2 \\ v_2 \end{Bmatrix} = \begin{Bmatrix} \beta_1 \\ R_2 - K_{21}\beta_1 - K_{23}\beta_2 \\ \beta_2 \\ R_4 - K_{41}\beta_1 - K_{43}\beta_2 \end{Bmatrix} \tag{2.45}$$

利用这组维数不变的方程来求解所有的节点位移，显然，其解仍为方程(2.43)的解。

如果在总刚度矩阵、位移列向量和节点力向量中对应去掉边界条件中位移为 0 的行和列，将会获得新的减少了阶数的矩阵，达到消除总刚度矩阵奇异性的目的，这样处理与上述方法在原理和最终结果等方面都是一致的。

例如，$\beta_1=\beta_2=0$，则式(2.45)可进一步变为

$$\begin{bmatrix} K_{22} & K_{24} \\ K_{42} & K_{44} \end{bmatrix} \begin{Bmatrix} v_1 \\ v_2 \end{Bmatrix} = \begin{Bmatrix} R_2 \\ R_4 \end{Bmatrix} \tag{2.46}$$

这种位移为 0 的边界条件在实际工程问题中最为常见，因而形如式(2.46)的这种降维处理边界条件的方法是最常用的方法。

方法二： 将总刚度矩阵 $\boldsymbol{K}$ 中与指定的节点位移有关的主对角元素乘上一个大数，如 10^{15}，将 $\boldsymbol{R}$ 中的对应元素换成指定的节点位移值与该大数的乘积。实际上，这种方法就是使 $\boldsymbol{K}$ 中相应行的修正项远大于非修正项。

把此方法用于上面的例子，则方程(2.43)就变成

$$\begin{bmatrix} K_{11}\times10^{15} & K_{12} & K_{13} & K_{14} \\ K_{21} & K_{22} & K_{23} & K_{24} \\ K_{31} & K_{32} & K_{33}\times10^{15} & K_{34} \\ K_{41} & K_{42} & K_{43} & K_{44} \end{bmatrix} \begin{Bmatrix} u_1 \\ v_1 \\ u_2 \\ v_2 \end{Bmatrix} = \begin{Bmatrix} \beta_1 K_{11}\times10^{15} \\ R_2 \\ \beta_2 K_{33}\times10^{15} \\ R_4 \end{Bmatrix} \tag{2.47}$$

该方程组的第一个方程为

$$K_{11}\times10^{15}u_1 + K_{12}v_1 + K_{13}u_2 + K_{14}v_2 = \beta_1 K_{11}\times10^{15} \tag{2.48}$$

由于

$$K_{11}\times10^{15} >> K_{1j} \qquad (j=2, 3, 4) \tag{2.49}$$

故有

$$u_1 = \beta_1 \tag{2.50}$$

以此类推。由于很大的数都是比较而来的，因而第 2 种引入边界的方法是一种近似的方法，应用较少。

引入边界后，原来的静力学方程得到了修正，总刚度矩阵的奇异性得以消除，因而可计算获得节点的位移，求解式可表达为

$$\bar{\boldsymbol{q}} = \bar{\boldsymbol{K}}^{-1}\bar{\boldsymbol{R}} \tag{2.51}$$

式中，$\bar{\boldsymbol{q}}$、$\bar{\boldsymbol{K}}$、$\bar{\boldsymbol{R}}$ 分别为引入边界条件修正后的节点位移列向量、总刚度矩阵和节点载荷列向量。

例 2-3　试利用符号表示如图 2.5 所示的平面应力结构的原始有限元方程，并引入边界条件，列出修正后的有限元方程。该结构共划分了 4 个平面三角形单元、6 个节点，所有平面三角形单元的直角边长度相等，节点 3、节点 4、节点 5 受到如图所示载荷，图 2.5(a)中 1-6 边受固定约束，图 2.5(b)中 1-2-3 边受固定约束。

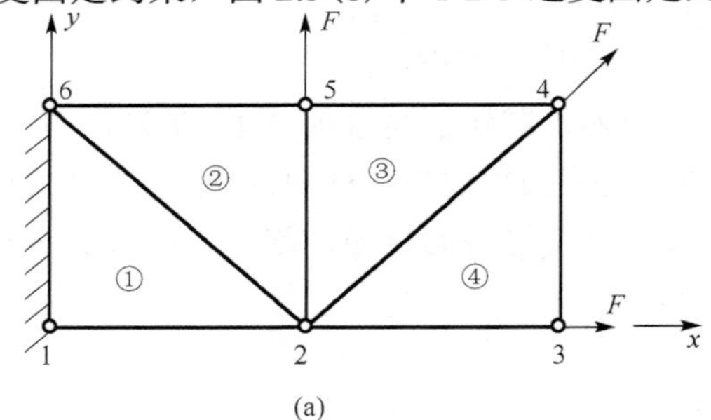

(a)

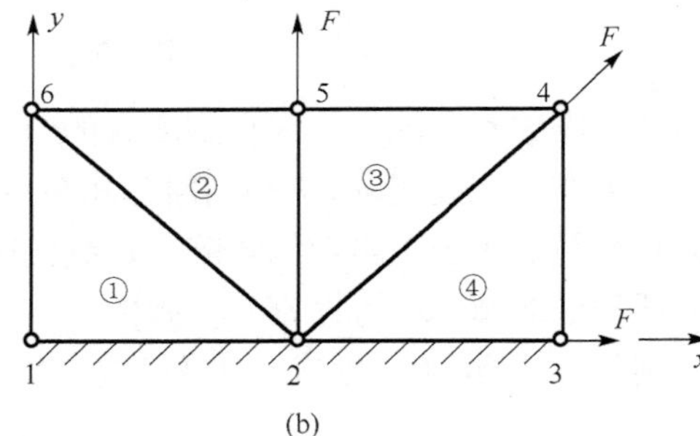

(b)

图 2.5　例 2-3 结构图

解　如图 2.5 所示结构的有限元模型引入约束前的有限元方程可表示为

$$\begin{bmatrix} \boldsymbol{k}_{11}^{(1)} & \boldsymbol{k}_{12}^{(1)} & 0 & 0 & 0 & \boldsymbol{k}_{16}^{(1)} \\ \boldsymbol{k}_{21}^{(1)} & \boldsymbol{k}_{22}^{(1)}+\boldsymbol{k}_{22}^{(2)}+\boldsymbol{k}_{22}^{(3)}+\boldsymbol{k}_{22}^{(4)} & \boldsymbol{k}_{23}^{(4)} & \boldsymbol{k}_{24}^{(3)}+\boldsymbol{k}_{24}^{(4)} & \boldsymbol{k}_{25}^{(2)}+\boldsymbol{k}_{25}^{(3)} & \boldsymbol{k}_{26}^{(1)}+\boldsymbol{k}_{26}^{(2)} \\ 0 & \boldsymbol{k}_{32}^{(4)} & \boldsymbol{k}_{33}^{(4)} & \boldsymbol{k}_{34}^{(4)} & 0 & 0 \\ 0 & \boldsymbol{k}_{42}^{(3)}+\boldsymbol{k}_{42}^{(4)} & \boldsymbol{k}_{43}^{(4)} & \boldsymbol{k}_{44}^{(3)}+\boldsymbol{k}_{44}^{(4)} & \boldsymbol{k}_{45}^{(3)} & 0 \\ 0 & \boldsymbol{k}_{52}^{(2)}+\boldsymbol{k}_{52}^{(3)} & 0 & \boldsymbol{k}_{54}^{(3)} & \boldsymbol{k}_{55}^{(2)}+\boldsymbol{k}_{55}^{(3)} & \boldsymbol{k}_{56}^{(2)} \\ \boldsymbol{k}_{61}^{(1)} & \boldsymbol{k}_{62}^{(1)}+\boldsymbol{k}_{62}^{(2)} & 0 & 0 & \boldsymbol{k}_{65}^{(2)} & \boldsymbol{k}_{66}^{(1)}+\boldsymbol{k}_{66}^{(2)} \end{bmatrix} \begin{Bmatrix} \boldsymbol{q}_1 \\ \boldsymbol{q}_2 \\ \boldsymbol{q}_3 \\ \boldsymbol{q}_4 \\ \boldsymbol{q}_5 \\ \boldsymbol{q}_6 \end{Bmatrix} = \begin{Bmatrix} \boldsymbol{R}_1 \\ \boldsymbol{R}_2 \\ \boldsymbol{R}_3 \\ \boldsymbol{R}_4 \\ \boldsymbol{R}_5 \\ \boldsymbol{R}_6 \end{Bmatrix}$$

将方程展开成 12×12 的形式为

$$\begin{bmatrix} k_{11} & k_{12} & k_{13} & k_{14} & 0 & 0 & 0 & 0 & 0 & 0 & k_{1,11} & k_{1,12} \\ k_{21} & k_{22} & k_{23} & k_{24} & 0 & 0 & 0 & 0 & 0 & 0 & k_{2,11} & k_{2,12} \\ k_{31} & k_{32} & k_{33} & k_{34} & k_{35} & k_{36} & k_{37} & k_{38} & k_{39} & k_{3,10} & k_{3,11} & k_{3,12} \\ k_{41} & k_{42} & k_{43} & k_{44} & k_{45} & k_{46} & k_{47} & k_{48} & k_{49} & k_{4,10} & k_{4,11} & k_{4,12} \\ 0 & 0 & k_{53} & k_{54} & k_{55} & k_{56} & k_{57} & k_{58} & 0 & 0 & 0 & 0 \\ 0 & 0 & k_{63} & k_{64} & k_{65} & k_{66} & k_{67} & k_{68} & 0 & 0 & 0 & 0 \\ 0 & 0 & k_{73} & k_{74} & k_{75} & k_{76} & k_{77} & k_{78} & k_{79} & k_{7,10} & 0 & 0 \\ 0 & 0 & k_{83} & k_{84} & k_{85} & k_{86} & k_{87} & k_{88} & k_{89} & k_{8,10} & 0 & 0 \\ 0 & 0 & k_{93} & k_{94} & 0 & 0 & k_{97} & k_{98} & k_{99} & k_{9,10} & k_{9,11} & k_{9,12} \\ 0 & 0 & k_{10,3} & k_{10,4} & 0 & 0 & k_{10,7} & k_{10,8} & k_{10,9} & k_{10,10} & k_{10,11} & k_{10,12} \\ k_{11,1} & k_{11,2} & k_{11,3} & k_{11,4} & 0 & 0 & 0 & 0 & k_{11,9} & k_{11,10} & k_{11,11} & k_{11,12} \\ k_{12,1} & k_{12,2} & k_{12,3} & k_{12,4} & 0 & 0 & 0 & 0 & k_{12,9} & k_{12,10} & k_{12,11} & k_{12,12} \end{bmatrix} \begin{Bmatrix} u_1 \\ v_1 \\ u_2 \\ v_2 \\ u_3 \\ v_3 \\ u_4 \\ v_4 \\ u_5 \\ v_5 \\ u_6 \\ v_6 \end{Bmatrix} = \begin{Bmatrix} R_{1x} \\ R_{1y} \\ R_{2x} \\ R_{2y} \\ R_{3x} \\ R_{3y} \\ R_{4x} \\ R_{4y} \\ R_{5x} \\ R_{5y} \\ R_{6x} \\ R_{6y} \end{Bmatrix}$$

图 2.5(a)的边界状态为：节点 1、6 为固定约束，位移边界条件为 $u_1=v_1=u_6=v_6=0$。于是，在结构原始有限元方程中去掉边界条件位移为 0 的行和列，并引入节点载荷，则最终引入边界条件的有限元方程为

$$\begin{bmatrix} k_{33} & k_{34} & k_{35} & k_{36} & k_{37} & k_{38} & k_{39} & k_{3,10} \\ k_{43} & k_{44} & k_{45} & k_{46} & k_{47} & k_{48} & k_{49} & k_{4,10} \\ k_{53} & k_{54} & k_{55} & k_{56} & k_{57} & k_{58} & 0 & 0 \\ k_{63} & k_{64} & k_{65} & k_{66} & k_{67} & k_{68} & 0 & 0 \\ k_{73} & k_{74} & k_{75} & k_{76} & k_{77} & k_{78} & k_{79} & k_{7,10} \\ k_{83} & k_{84} & k_{85} & k_{86} & k_{87} & k_{88} & k_{89} & k_{8,10} \\ k_{93} & k_{94} & 0 & 0 & k_{97} & k_{98} & k_{99} & k_{9,10} \\ k_{10,3} & k_{10,4} & 0 & 0 & k_{10,7} & k_{10,8} & k_{10,9} & k_{10,10} \end{bmatrix} \begin{Bmatrix} u_2 \\ v_2 \\ u_3 \\ v_3 \\ u_4 \\ v_4 \\ u_5 \\ v_5 \end{Bmatrix} = \begin{Bmatrix} 0 \\ 0 \\ 1 \\ 0 \\ \sqrt{2}/2 \\ \sqrt{2}/2 \\ 0 \\ 1 \end{Bmatrix} F$$

图 2.5(b)的边界状态为：节点 1、2、3 为固定约束，位移边界条件为 $u_1 = v_1 = u_2 = v_2 = u_3 = v_3 = 0$。于是，在结构原始有限元方程中去掉边界条件位移为 0 的行和列，并引入节点载荷，则最终引入边界条件的有限元方程为

$$\begin{bmatrix} k_{77} & k_{78} & k_{79} & k_{7,10} & 0 & 0 \\ k_{87} & k_{88} & k_{89} & k_{8,10} & 0 & 0 \\ k_{97} & k_{98} & k_{99} & k_{9,10} & k_{9,11} & k_{9,12} \\ k_{10,7} & k_{10,8} & k_{10,9} & k_{10,10} & k_{10,11} & k_{10,12} \\ 0 & 0 & k_{11,9} & k_{11,10} & k_{11,11} & k_{11,12} \\ 0 & 0 & k_{12,9} & k_{12,10} & k_{12,11} & k_{12,12} \end{bmatrix} \begin{Bmatrix} u_4 \\ v_4 \\ u_5 \\ v_5 \\ u_6 \\ v_6 \end{Bmatrix} = \begin{Bmatrix} \sqrt{2}/2 \\ \sqrt{2}/2 \\ 0 \\ 1 \\ 0 \\ 1 \end{Bmatrix} F$$

引入边界条件后，结构的有限元方程消除了总刚度矩阵的奇异性，可直接进行求解。

2.4　有限元分析的基本流程

以下简要描述通过自行研发有限元程序来解决实际工程问题的分析步骤，需要说明的

是，如果利用工程有限元分析软件(如 ANSYS)，其分析步骤与此不同。相对于自编有限元程序，利用工程有限元软件的分析步骤较为简便。总结机械结构有限元法分析的主要步骤，主要包括以下几点。

1. 结构的离散化

将分析的对象划分为有限个单元体，并在单元上选定一定数量的点作为节点，各单元体之间仅在指定的节点处相连。在实际操作时，需要将以下信息：节点编号及坐标值，以及单元对应的节点编号，输入有限元程序中。单元的划分通常需要考虑分析对象的结构形状和受载情况。

为了提高有限元分析计算的效率、达到一定的精度，在进行结构离散化时，还应该注意以下几个方面的问题。

首先，在划分单元之前，有必要研究计算对象的对称或反对称情况，以便确定是取整个结构，还是取部分结构作为计算模型。例如，结构关于 x、y 轴是几何对称的，而所受的载荷关于 y 轴对称，关于 x 轴反对称，可见结构的应力和变形也将具有同样的对称特性，所以只需取结构的 1/4 部分进行计算即可。对于其他部分结构对此分离体的影响，可以作相应的处理，即对处于 y 轴对称面内各节点的 x 方向位移都设置为零，而对于在 x 轴反对称面上各节点的 x 方向位移也都设置为零。这些处理等价于在相应节点位置处施加约束，如图 2.6 所示。

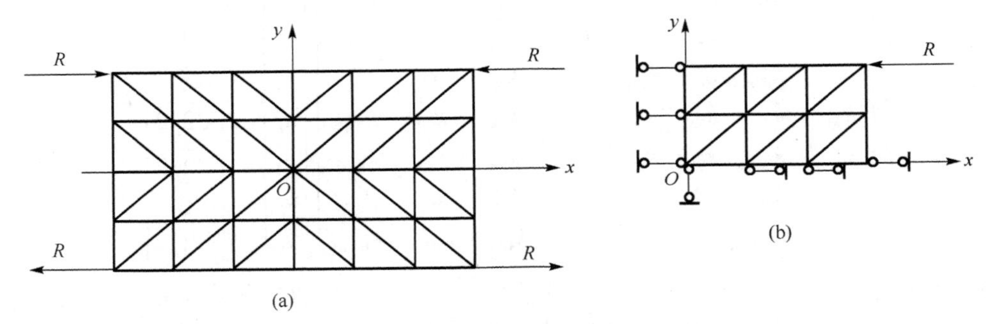

图 2.6　结构的对称性利用

此外，节点的布置是与单元的划分互相联系的。通常集中载荷的作用点、分布载荷强度的突变点、分布载荷与自由边界的分界点、支承点等都应该取为节点。此外，当结构由不同的材料组成时，厚度不同或材料不同的部分也应该划分为不同的单元。

另外，节点的多少及其分布的疏密程度(单元的大小)，一般要根据所要求的计算精度等方面来综合考虑。从计算结果的精度上讲，当然是单元越小越好，但计算所需要的时间也会大大增加。另外，在计算机上进行有限元分析时，还要考虑计算机的容量。因此，在保证计算精度的前提下，应力求采用较少的单元。为了减少单元，在划分单元时，对于应力变化梯度较大的部位，单元可小一些，而在应力变化比较平缓的区域可以划分得粗一些。单元各边的长度不要相差太大，以免出现过大的计算误差。在进行节点编号时，应该注意使同一单元的相邻节点的号码差尽可能小，以便最大限度地缩小刚度矩阵的带宽，节省存储内存、提高计算效率。

2. 单元分析

根据分块近似的思想，选择一个简单的函数来近似地构造每一个单元内的近似解。例如，若以节点位移为基本未知量，为了能用节点位移表示单元体的位移、应变和应力，在分析求解时，必须对单元中位移的分布做出一定的假设，即选择一个简单的函数来近似地表示单元位移分量随坐标变化的分布规律，这种函数称为位移模式。位移模式的选择是有限元法分析中的关键。由于多项式的数学运算比较简单、易于处理，所以通常选用多项式作为位移模式。多项式的项数和阶数的选择一般要考虑单元的自由度和解答的收敛性要求等。

通过分析单元的力学特性，建立单元刚度矩阵。首先利用几何方程建立单元应变与节点位移的关系式，然后利用物理方程导出单元应力与节点位移的关系式，最后由虚功原理或最小势能原理推出作用于单元上的节点力与节点位移之间的关系式，即单元刚度矩阵。需要说明的是，在大多数有限元编程实践中，通常不必自行推导单元的刚度矩阵，而是利用相关公式或者数值计算方法直接获得。

3. 等效节点力计算

分析对象经过离散化以后，单元之间仅通过节点进行力的传递，但实际上力是从单元的公共边界上传递的。为此，必须把作用在单元边界上的面力，以及作用在单元上的体积力、集中力等，根据静力等效的原则全都移置节点上，移置后的力称为等效节点力。关于载荷移置问题，详见第4章。

4. 整体结构平衡方程建立

建立整体结构的平衡方程也叫结构的整体分析(或单元的组集)，也就是把所有的单元刚度矩阵集合并形成一个总刚度矩阵，同时还将作用于各单元的等效节点力向量组集成整体结构的节点载荷列向量。从单元到整体的组集过程主要依据两点：一是所有相邻的单元在公共节点处的位移相等；二是所有节点必须满足平衡条件。在本书中，组集总刚度矩阵的方法包括直接组集法与转换矩阵法。

5. 引入边界约束条件

在上述组集总刚度矩阵时，没有考虑整体结构的平衡条件，所以组集得到的总刚度矩阵是一个奇异矩阵，尚不能对平衡方程直接进行求解。只有在引入边界约束条件、对所建立的平衡方程加以适当的修改之后才能求解。具体引入边界条件的方法可参照2.3.2节。

6. 求解未知的节点位移及单元应力

引入边界条件，得到消除了总刚度矩阵奇异性的有限元方程组，根据方程组的具体特点选择恰当的计算方法来求得节点位移。静力学有限元分析的计算结果主要包括位移和应力两方面。位移已经获得，而对于应力计算结果则需要进行如下整理，以平面三角形单元为例加以说明。如前所述，平面三角形单元是常应变单元，也就是常应力单元。计算得到的单元应力通常视为单元形心处的应力，而要求得节点应力还需进一步处理，本书对此不做介绍。

2.5　平面三角形单元举例

具体而言，对于本章所介绍的三角形常应变单元，应用有限元法求解弹性力学平面问题的步骤可简单概括如下：

(1) 将计算对象进行离散化，即把结构划分为许多平面三角形单元，并对节点进行编号，确定全部节点的坐标值；

(2) 对单元进行编号，并列出各单元三个节点的节点号；

(3) 计算外载荷的等效节点力，列写结构节点载荷列向量；

(4) 计算各单元的常数 b_1、c_1、b_2、c_2、b_3、c_3 及行列式 2Δ，计算单元刚度矩阵；

(5) 组集结构总刚度矩阵；

(6) 引入边界条件，处理约束，消除刚体位移；

(7) 求解线性方程组，得到节点位移；

(8) 整理计算结果，计算应力矩阵，求得单元应力，并根据需要计算主应力和主方向。

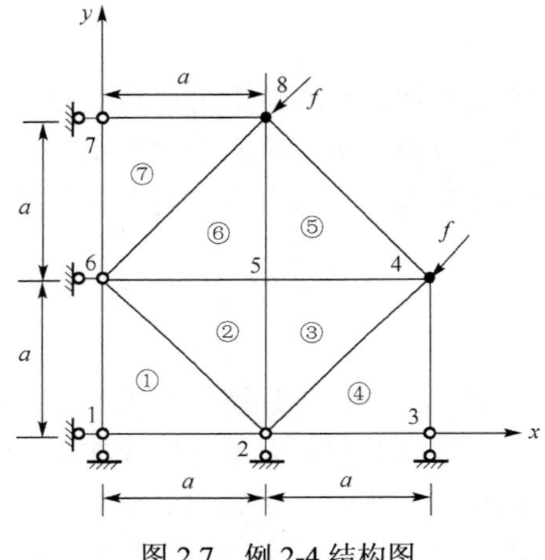

图 2.7　例 2-4 结构图

以下用一个具体实例来描述应用平面三角形单元进行求解的过程。

例 2-4　处于平面应力状态的结构根据图 2.7 所示的划分方式分为 7 个单元、8 个节点，具体结构尺寸 a=4cm，单元厚度 t=1mm。弹性模量 $E=2.06\times10^{11}$Pa，泊松比 μ=0.3。节点 1 受 x 和 y 两个方向约束，节点 2 和节点 3 受 y 方向约束，节点 6 和节点 7 受 x 方向约束，节点 4 和节点 8 受到垂直于 4-8 边的集中载荷 f=100N，求解各节点位移、单元应力、单元应变。

解　该平面应力结构分成 7 个平面三角形单元，共有 8 个节点。首先在如图 2.7 所示坐标系下，列出各节点坐标值，如表 2.2 所示，各单元所对应节点编号如表 2.3 所示。

表 2.2　节点坐标值

节点号	1	2	3	4	5	6	7	8
x 坐标值/m	0	0.04	0.08	0.08	0.04	0	0	0.04
y 坐标值/m	0	0	0	0.04	0.04	0.04	0.08	0.08

表 2.3　单元编码

单元号	①	②	③	④	⑤	⑥	⑦
节点 1	1	2	2	2	5	6	6
节点 2	2	5	4	3	4	5	8
节点 3	6	6	5	4	8	8	7

根据如图 2.7 所示的单元划分形式，所有单元的面积均相同，由式(2.12)可得具体值为

$$2\Delta=\begin{vmatrix}1 & x_1 & y_1\\1 & x_2 & y_2\\1 & x_3 & y_3\end{vmatrix}=\begin{vmatrix}1 & 0 & 0\\1 & 0.08 & 0\\1 & 0 & 0.04\end{vmatrix}=0.0032$$

在本例所示的结构中，单元①(1→2→6)和单元⑤(5→4→8)的单元形状相同，节点编号顺序相同，位置不影响单元刚度矩阵，因此单元①和单元⑤具有相同的单元刚度矩阵；同理，单元④和单元⑥、单元③和单元⑦也具有相同的单元刚度矩阵，而单元②的单元刚度矩阵与其他单元都不相同。虽然各单元刚度矩阵不尽相同，但具体求解方法和过程是一致的，本例中以单元①为例，列出计算过程，并给出所有单元的单元刚度矩阵：

$$b_1=-0.04\text{，}\ b_2=0.04\text{，}\ b_3=0\text{，}\ c_1=-0.08\text{，}\ c_2=0\text{，}\ c_3=0.08$$

利用式(2.17)、式(2.19)和式(2.31)可分别求得应变矩阵、弹性矩阵以及单元①的刚度矩阵，具体为：

$$\boldsymbol{B}=\begin{bmatrix}-12.5 & 0 & 12.5 & 0 & 0 & 0\\ 0 & -25 & 0 & 0 & 0 & 25\\ -25 & -12.5 & 0 & 12.5 & 25 & 0\end{bmatrix},\quad \boldsymbol{D}=\frac{2.06\times10^{11}}{1-0.3^2}\times\begin{bmatrix}1 & 0.3 & 0\\ 0.3 & 1 & 0\\ 0 & 0 & \dfrac{1-0.3}{2}\end{bmatrix}$$

$$\boldsymbol{k}^{①}=\boldsymbol{B}^{\mathrm{T}}\boldsymbol{D}\boldsymbol{B}t\varDelta=\begin{bmatrix}1.528 & 0.7357 & -1.1319 & -0.3962 & -0.0.3962 & -0.3396\\ & 1.528 & -0.3396 & -0.3962 & -0.3962 & -1.1319\\ & & 1.1319 & 0 & 0 & 0.3396\\ & & & 0.3962 & 0.3962 & 0\\ & & & & 0.3962 & 0\\ & & & & & 1.1319\end{bmatrix}\times10^8$$

同理可求得

$$\boldsymbol{k}^{⑤}=\boldsymbol{k}^{①};\quad \boldsymbol{k}^{②}=\begin{bmatrix}0.3962 & 0 & -0.3962 & -0.3962 & 0 & 0.3962\\ & 1.1319 & -0.3396 & -1.1319 & 0.3396 & 0\\ & & 1.528 & 0.7357 & -1.1319 & -0.3962\\ & & & 1.528 & -0.3396 & -0.3962\\ & & & & 1.1319 & 0\\ & & & & & 0.3962\end{bmatrix}\times10^8$$

$$\boldsymbol{k}^{④}=\boldsymbol{k}^{⑥}=\begin{bmatrix}1.1319 & 0 & -1.1319 & 0.3396 & 0 & -0.3396\\ & 0.3962 & 0.3962 & -0.3962 & -0.3962 & 0\\ & & 1.528 & -0.7357 & -0.3962 & 0.3396\\ & & & 1.528 & 0.3962 & -1.1319\\ & & & & 0.3962 & 0\\ & & & & & 1.1319\end{bmatrix}\times10^8$$

$$\boldsymbol{k}^{③}=\boldsymbol{k}^{⑦}=\begin{bmatrix}0.3962 & 0 & 0 & -0.3962 & -0.3962 & 0.3962\\ & 1.1319 & -0.3396 & 0 & 0.3396 & -1.1319\\ & & 1.1319 & 0 & -1.1319 & 0.3396\\ & & & 0.3962 & 0.3962 & -0.3962\\ & & & & 1.528 & -0.7357\\ & & & & & 1.528\end{bmatrix}\times10^8$$

将各单元的单元刚度矩阵进行扩展，得到一个 16×16 的方阵 $\boldsymbol{k}_{\text{ext}}$。将 7 个单元的单元刚度矩阵进行组集，得到该结构的总刚度矩阵为

$$
\begin{bmatrix}
1.528 & 0.7357 & -1.1319 & -0.3962 & 0 & 0 & 0 & 0 & 0 & 0 & -0.3962 & -0.3396 & 0 & 0 & 0 & 0 \\
0.7357 & 1.5280 & -0.3396 & -0.3962 & 0 & 0 & 0 & 0 & 0 & 0 & -0.3962 & -1.1319 & 0 & 0 & 0 & 0 \\
-1.1319 & -0.3396 & 3.0560 & 0 & -1.1319 & 0.3396 & 0 & -0.7357 & -0.7923 & 0 & 0 & 0.7357 & 0 & 0 & 0 & 0 \\
-0.3962 & -0.3962 & 0 & 3.560 & 0.3962 & -0.3962 & -0.7357 & 0 & 0 & -2.2637 & 0.7357 & 0 & 0 & 0 & 0 & 0 \\
0 & 0 & -1.1319 & 0.3962 & 1.5280 & -0.7357 & -0.3962 & 0.3396 & 0 & 0 & 0 & 0 & 0 & 0 & 0 & 0 \\
0 & 0 & 0.3396 & -0.3962 & -0.7357 & 1.5280 & 0.3962 & -1.1319 & 0 & 0 & 0 & 0 & 0 & 0 & 0 & 0 \\
0 & 0 & 0 & -0.7357 & -0.3962 & 0.3962 & 2.6599 & 0 & -2.2637 & 0 & 0 & 0 & 0 & 0 & 0 & 0.3396 \\
0 & 0 & -0.7357 & 0 & -0.3396 & 2.6599 & 0 & 1.9242 & 0 & -0.7923 & 0 & 0 & 0 & 0 & 0.3962 & 0 \\
0 & 0 & -0.7923 & 0 & 0 & 0 & -2.2637 & 0 & 6.1121 & 0 & -2.2637 & 0 & 0 & 0 & -0.7923 & 0 \\
0 & 0 & 0 & -2.2637 & 0 & -2.2637 & 0 & -0.7923 & 0 & 6.1121 & 0 & -0.7923 & 0 & 0 & 0 & -2.2637 \\
-0.3962 & -0.3962 & 0 & 0.7357 & 0 & 0 & 0 & 0 & -2.2637 & 0 & 3.0560 & 0 & -0.3396 & 0.3962 & 0 & -0.7357 \\
-0.3396 & -1.1319 & 0.7357 & 0 & 0 & 0 & 0 & 0 & 0 & -0.7923 & 0 & 3.0560 & 0.3396 & -1.1319 & -0.7357 & 0 \\
0 & 0 & 0 & 0 & 0 & 0 & 0 & 0 & 0 & 0 & -0.3962 & 0.3396 & 1.5280 & -0.7357 & -1.1319 & 0.3962 \\
0 & 0 & 0 & 0 & 0 & 0 & 0 & 0 & 0 & 0 & 0.3962 & -1.1319 & -0.7357 & 1.5280 & 0.3396 & -0.3962 \\
0 & 0 & 0 & 0 & 0 & 0 & 0 & 0.3962 & -0.7923 & 0 & 0 & -0.7357 & -1.1319 & 0.3396 & 1.9242 & 0 \\
0 & 0 & 0 & 0 & 0 & 0.3396 & 0.3396 & 0 & 0 & -2.2637 & -0.7357 & 0 & 0.3962 & -0.3962 & 0 & 2.6599
\end{bmatrix} \times 10^8
$$

引入约束条件，节点 1 处均为全约束，即节点 1 的 x、y 方向对应的位移分量为 0，节点 2、3 处约束了 y 方向的位移，节点 6、7 处约束了 x 方向的位移，则结构整体位移列向量为

$$
\boldsymbol{q}_{16\times1} = \{0 \quad 0 \quad u_2 \quad 0 \quad u_3 \quad 0 \quad u_4 \quad v_4 \quad u_5 \quad v_5 \quad 0 \quad v_6 \quad 0 \quad v_7 \quad u_8 \quad v_8\}^{\mathrm{T}}
$$

构造结构载荷列向量，节点 4 和节点 8 处均受到载荷 f 作用，则结构整体载荷列向量为

$$
\boldsymbol{R}_{16\times1} = \left\{0 \quad 0 \quad 0 \quad 0 \quad 0 \quad 0 \quad \frac{-100}{\sqrt{2}} \quad \frac{-100}{\sqrt{2}} \quad 0 \quad 0 \quad 0 \quad 0 \quad 0 \quad 0 \quad \frac{-100}{\sqrt{2}} \quad \frac{-100}{\sqrt{2}}\right\}^{\mathrm{T}}
$$

引入边界条件修正后的有限元方程为

$$
\begin{bmatrix}
3.05 & -1.13 & 0 & -0.73 & -0.79 & 0 & 0.73 & 0 & 0 & 0 \\
-1.13 & 1.52 & -0.39 & 0.33 & 0 & 0 & 0 & 0 & 0 & 0 \\
0 & -0.39 & 2.65 & 0 & -2.26 & 0 & 0 & 0 & 0 & 0.33 \\
-0.73 & -0.33 & 0 & 1.92 & 0 & -0.79 & 0 & 0 & 0.39 & 0 \\
-0.79 & 0 & -2.26 & 0 & 6.11 & 0 & 0 & 0 & -0.79 & 0 \\
0 & 0 & 0 & -0.79 & 0 & 6.11 & -0.79 & 0 & 0 & -2.26 \\
0.73 & 0 & 0 & 0 & 0 & -0.79 & 3.05 & -1.13 & -0.73 & 0 \\
0 & 0 & 0 & 0 & 0 & 0 & -1.13 & 1.52 & 0.33 & -0.39 \\
0 & 0 & 0 & 0.39 & -0.79 & 0 & -0.73 & 0.33 & 1.92 & 0 \\
0 & 0 & 0.33 & 0 & 0 & -2.26 & 0 & -0.39 & 0 & 2.65
\end{bmatrix} \times 10^8
\begin{Bmatrix} u_2 \\ u_3 \\ u_4 \\ v_4 \\ u_5 \\ v_5 \\ v_6 \\ v_7 \\ u_8 \\ v_8 \end{Bmatrix}
=
\begin{Bmatrix} 0 \\ 0 \\ \dfrac{-100}{\sqrt{2}} \\ \dfrac{-100}{\sqrt{2}} \\ 0 \\ 0 \\ 0 \\ 0 \\ \dfrac{-100}{\sqrt{2}} \\ \dfrac{-100}{\sqrt{2}} \end{Bmatrix}
$$

对上述结构的有限元方程进行求解，得到所有节点的位移向量，最后根据式(2.16)和式(2.18)可求解得到单元应变和单元应力。

将上述求解过程利用 MATLAB 编写成程序，可以快速求解得到节点位移和单元应力、应变。当结构发生改变时，只需要修改基本参数、边界条件和载荷列向量程序便可求解出新结构的位移等结果。

```
clear
% 基本数据
```

```
NJ=8          %节点总数
Ne=7          %单元总数
XY=...        %节点坐标
[0  0
0.04  0
0.08  0
0.08  0.04
0.04  0.04
0  0.04
0  0.08
0.04  0.08]
Code=...      %单元编码
[1,2,6
2,5,6
2,4,5
2,3,4
5,4,8
6,5,8
6,8,7];
E=2.06e11    %材料参数
Nu=0.3
t=0.001

% 计算单元刚度矩阵
D=E/(1-Nu*Nu)*[1 Nu 0;Nu 1 0;0 0 (1-Nu)/2];
Kz=zeros(2*NJ,2*NJ);

for e=1:Ne
    I=Code(e,1);
    J=Code(e,2);
    M=Code(e,3);
    x1=XY(I,1);
    x2=XY(J,1);
    x3=XY(M,1);
    y1=XY(I,2);
    y2=XY(J,2);
    y3=XY(M,2);
A=0.5*det([1 x1 y1;1 x2 y2;1 x3 y3]);
b1=y2-y3;b2=y3-y1;b3=y1-y2;
c1=-(x2-x3); c2=x1-x3;c3=x2-x1;
B=...
[b1 0 b2 0 b3 0
0 c1 0 c2 0 c3
c1 b1 c2 b2 c3 b3]/(2*A);
Ke=t*A*B'*D*B;

% 单元刚度矩阵的扩展与叠加
Kz(2*I-1:2*I,2*I-1:2*I)=Kz(2*I-1:2*I,2*I-1:2*I)+Ke(1:2,1:2);
```

```
Kz(2*I-1:2*I,2*J-1:2*J)=Kz(2*I-1:2*I,2*J-1:2*J)+Ke(1:2,3:4);
Kz(2*I-1:2*I,2*M-1:2*M)=Kz(2*I-1:2*I,2*M-1:2*M)+Ke(1:2,5:6);
%========================
Kz(2*J-1:2*J,2*I-1:2*I)=Kz(2*J-1:2*J,2*I-1:2*I)+Ke(3:4,1:2);
Kz(2*J-1:2*J,2*J-1:2*J)=Kz(2*J-1:2*J,2*J-1:2*J)+Ke(3:4,3:4);
Kz(2*J-1:2*J,2*M-1:2*M)=Kz(2*J-1:2*J,2*M-1:2*M)+Ke(3:4,5:6);
%========================
Kz(2*M-1:2*M,2*I-1:2*I)=Kz(2*M-1:2*M,2*I-1:2*I)+Ke(5:6,1:2);
Kz(2*M-1:2*M,2*J-1:2*J)=Kz(2*M-1:2*M,2*J-1:2*J)+Ke(5:6,3:4);
Kz(2*M-1:2*M,2*M-1:2*M)=Kz(2*M-1:2*M,2*M-1:2*M)+Ke(5:6,5:6);
end

% 引入约束条件: u1=v1=0;v2=0;v3=0;u6=0;u7=0 相当于
Kz(1,:)=0;Kz(:,1)=0;Kz(1,1)=1;
Kz(2,:)=0;Kz(:,2)=0;Kz(2,2)=1;
Kz(4,:)=0;Kz(:,4)=0;Kz(4,4)=1;
Kz(6,:)=0;Kz(:,6)=0;Kz(6,6)=1;
Kz(11,:)=0;Kz(:,11)=0;Kz(11,11)=1;
Kz(13,:)=0;Kz(:,13)=0;Kz(13,13)=1;
Kz=vpa(Kz,9)   %新的总刚度矩阵

% 新的载荷列向量
F=zeros(2*NJ,1);
F=[0;0;0;0;0;0;-100/(2^(0.5));-100/(2^(0.5));0;0;0;0;0;0;-100/(2^(0.5));
-100/(2^(0.5))];

% 求解节点位移
U=inv(Kz)*F
U=vpa(U,3)

% 后处理，计算单元应变应力
Strain=[];
Stress=[];
for e=1:Ne
    I=Code(e,1);
    J=Code(e,2);
    M=Code(e,3);
    x1=XY(I,1);
    x2=XY(J,1);
    x3=XY(M,1);
    y1=XY(I,2);
    y2=XY(J,2);
    y3=XY(M,2);
    A=0.5*det([1 x1 y1;1 x2 y2;1 x3 y3]);
     b1=y2-y3;
     b2=y3-y1;
     b3=y1-y2;
```

```
    c1=-(x2-x3);
    c2=x1-x3;
    c3=x2-x1;
B=...
[b1 0 b2 0 b3 0
0 c1 0 c2 0 c3
c1 b1 c2 b2 c3 b3]/(2*A);

% 把当前单元的节点位移从整体位移列向量中提取出来
dlta=[U(2*I-1),U(2*I),U(2*J-1),U(2*J),U(2*M-1),U(2*M)]';
Strain_e=B*dlta;
Stress_e=D*Strain_e;
Strain=[Strain Strain_e];
Stress=[Stress Stress_e];
end

Stress;
Stress=vpa(Stress ,3)      % Sx Sy Txy
Strain;
Strain=vpa(Strain ,3)
```

利用该程序求得结构各节点位移与各单元应力、应变情况如表 2.4 和表 2.5 所示。

表 2.4　各节点位移变化情况(MATLAB)

节点编号	1	2	3	4	5	6	7	8
$u/10^{-6}$m	0	−0.176	−0.150	−0.436	−0.239	0	0	−0.420
$v/10^{-6}$m	0	0	0	−0.420	−0.239	−0.176	−0.150	−0.436

表 2.5　各单元应力与应变(MATLAB)

单元编号	σ_x/MPa	σ_y/MPa	τ_{xy}/MPa	$\varepsilon_x/10^{-5}$	$\varepsilon_y/10^{-5}$	$\gamma_{xy}/10^{-5}$
①	−1.3	−1.3	0	−0.441	−0.441	0
②	−1.76	−1.76	−0.247	−0.597	−0.597	−0.312
③	−1.52	−1.69	−0.483	−0.493	−0.597	−0.61
④	−0.566	−2.33	−0.566	−0.0652	−0.105	−0.714
⑤	−1.45	−1.45	−0.719	−0.493	−0.493	−0.907
⑥	−1.69	−1.52	−0.483	−0.597	−0.493	−0.61
⑦	−2.33	−0.566	−0.566	−0.105	−0.0652	−0.714

作为对照，利用 ANSYS 对该例题进行同样的分析计算。ANSYS 的命令流如下：

```
/PREP7
ET,1,PLANE42,,,3      !选择单元类型
MP,EX,1,2.06E11       !定义材料属性
MP,PRXY,1,0.3
TYPE,1
R,1,0.001,
N,1,0,0               !建立节点位置
N,2, 0.04,0
```

```
N,3, 0.08,0
N,4, 0.08,0.04
N,5, 0.04,0.04
N,6, 0,0 .04
N,7, 0,0.08
N,8, 0.04,0.08

E,1,2,6             !将节点连接成单元
E,2,5,6
E,2,5,4
E,2,3,4
E,5,4,8
E,6,5,8
E,6,8,7

D,1,ALL             !约束条件
D,2,UY
D,3,UY
D,6,UX
D,7,UX

F,4,FX,-100/(2**(0.5))          !载荷
F,4,FY,-100/(2**(0.5))
F,8,FX,-100/(2**(0.5))
F,8,FY,-100/(2**(0.5))

/SOLU               !求解
SOLVE
/POST1
PRNSOL,DOF
PRESOL,S
PRESOL,EPEL
```

ANSYS 计算结果如下：

(1)节点位移。

```
   NODE       UX                UY
     1      0.0000            0.0000
     2    -0.17620E-006       0.0000
     3    -0.15012E-006      0.0000
     4    -0.43571E-006    -0.42015E-006
     5    -0.23868E-006    -0.23868E-006
     6      0.0000         -0.17620E-006
     7      0.0000         -0.15012E-006
     8    -0.42015E-006    -0.43571E-006
```

(2)单元应变。

```
ELEMENT=        1            PLANE42
```

```
    NODE      EPELX           EPELY           EPELXY
      1   -0.44051E-005  -0.44051E-005      0.0000
      2   -0.44051E-005  -0.44051E-005      0.0000
      6   -0.44051E-005  -0.44051E-005      0.0000
ELEMENT=       2                PLANE42
    NODE      EPELX           EPELY           EPELXY
      2   -0.59669E-005  -0.59669E-005   -0.31236E-005
      5   -0.59669E-005  -0.59669E-005   -0.31236E-005
      6   -0.59669E-005  -0.59669E-005   -0.31236E-005
ELEMENT=       3                PLANE42
    NODE     EPELX            EPELY           EPELXY
      2   -0.49257E-005  -0.59669E-005   -0.60985E-005
      5   -0.49257E-005  -0.59669E-005   -0.60985E-005
      4   -0.49257E-005  -0.59669E-005   -0.60985E-005
ELEMENT=       4               PLANE42
    NODE     EPELX            EPELY           EPELXY
      2     0.65219E-006  -0.10504E-004  -0.71397E-005
      3     0.65219E-006  -0.10504E-004  -0.71397E-005
      4     0.65219E-006  -0.10504E-004  -0.71397E-005
ELEMENT=       5                PLANE42
    NODE      EPELX           EPELY           EPELXY
      5     -0.49257E-005  -0.49257E-005  -0.90734E-005
      4     -0.49257E-005  -0.49257E-005  -0.90734E-005
      8     -0.49257E-005  -0.49257E-005  -0.90734E-005
ELEMENT=       6                PLANE42
    NODE      EPELX           EPELY           EPELXY
      6     -0.59669E-005  -0.49257E-005  -0.60985E-005
      5     -0.59669E-005  -0.49257E-005  -0.60985E-005
      8     -0.59669E-005  -0.49257E-005  -0.60985E-005
ELEMENT=       7                PLANE42
    NODE      EPELX           EPELY           EPELXY
      6     -0.10504E-004   0.65219E-006  -0.71397E-005
      8     -0.10504E-004   0.65219E-006  -0.71397E-005
      7     -0.10504E-004   0.65219E-006  -0.71397E-005
```

(3)单元应力。

```
ELEMENT=       1               PLANE42
NODE      SX               SY          SZ         SXY        SYZ       SXZ
 1   -0.12964E+007  -0.12964E+007  0.0000     0.0000     0.0000    0.0000
 2   -0.12964E+007  -0.12964E+007  0.0000     0.0000     0.0000    0.0000
 6   -0.12964E+007  -0.12964E+007  0.0000     0.0000     0.0000    0.0000
ELEMENT=       2               PLANE42
NODE      SX              SY          SZ          SXY           SYZ       SXZ
 2   -0.17560E+007  -0.17560E+007  0.0000  -0.24749E+0.06  0.0000    0.0000
 5   -0.17560E+007  -0.17560E+007  0.0000  -0.24749E+0.06  0.0000    0.0000
 6   -0.17560E+007  -0.17560E+007  0.0000  -0.24749E+0.06  0.0000    0.0000
```

```
ELEMENT=       3         PLANE42
NODE     SX              SY           SZ           SXY           SYZ         SXZ
 2   -0.15203E+007  -0.16853E+007  0.0000 -0.48319E+0.06 0.0000     0.0000
 5   -0.15203E+007  -0.16853E+007  0.0000 -0.48319E+0.06 0.0000     0.0000
 4   -0.15203E+007  -0.16853E+007  0.0000 -0.48319E+0.06 .0000      0.0000
ELEMENT=       4         PLANE42
NODE     SX                 SY           SZ           SXY          SYZ         SXZ
 2   -0.56569E+0.06 -0.23335E+007  0.0000 -0.56569E+0.06 0.0000     0.0000
 3   -0.56569E+0.06 -0.23335E+007  0.0000 -0.56569E+0.06 0.0000     0.0000
 4   -0.56569E+0.06 -0.23335E+007  0.0000 -0.56569E+0.06 0.0000     0.0000
ELEMENT=       5         PLANE42
NODE     SX                 SY           SZ            SXY         SYZ         SXZ
 5   -0.14496E+007  -0.14496E+007  0.0000 -0.71889E+0.06 0.0000    0.0000
 4   -0.14496E+007  -0.14496E+007  0.0000 -0.71889E+0.06 0.0000    0.0000
 8   -0.14496E+007  -0.14496E+007  0.0000 -0.71889E+0.06 0.0000    0.0000
ELEMENT=       6         PLANE42
NODE      SX                SY           SZ            SXY         SYZ         SXZ
 6   -0.16853E+007  -0.15203E+007  0.0000 -0.48319E+0.06 0.0000    0.0000
 5   -0.16853E+007  -0.15203E+007  0.0000 -0.48319E+0.06 0.0000    0.0000
 8   -0.16853E+007  -0.15203E+007  0.0000 -0.48319E+0.06 0.0000    0.0000
ELEMENT=       7         PLANE42
NODE     SX                 SY           SZ            SXY          SYZ        SXZ
 6   -0.23335E+007 -0.56569E+0.06  0.0000 -0.56569E+0.06 0.0000     0.0000
 8   -0.23335E+007 -0.56569E+0.06  0.0000 -0.56569E+0.06 0.0000     0.0000
 7   -0.23335E+007 -0.56569E+0.06  0.0000 -0.56569E+0.06 0.0000     0.0000
```

将 MATLAB 和 ANSYS 分析结果列于表 2.6 和表 2.7。从表中可以看出，两种分析工具的分析结果是基本一致的，说明利用常应变平面三角形单元对二维问题进行有限元分析的方法和程序是准确的，在复杂或者其他多变的情况下，可以采用这种分析思路进行有限元求解，具有较强的灵活性及可控性。

表 2.6　MATLAB 和 ANSYS 节点位移对比表

节点	1		2		3		4		5		6		7		8	
位移/10^{-6}m	u	v	u	v	u	v	u	v	u	v	u	v	u	v	u	v
MATLAB	0	0	−0.176	0	−0.150	0	−0.436	−0.420	−0.239	0.239	0	−0.176	0	−0.150	−0.420	−0.436
ANSYS	0	0	−0.176	0	−0.150	0	−0.436	−0.420	−0.239	0.239	0	−0.176	0	−0.150	−0.420	−0.436

表 2.7　MATLAB 和 ANSYS 单元应力与应变对比表

单元号	应力/MPa	MATLAB	ANSYS	应变/10^{-5}m	MATLAB	ANSYS
单元①	σ_x	−1.3	−1.2964	ε_x	−0.441	−0.44051
	σ_y	−1.3	−1.2964	ε_y	−0.441	−0.44051
	τ_{xy}	0	0	γ_{xy}	0	0
单元②	σ_x	−1.76	−1.7560	ε_x	−0.597	−0.59669
	σ_y	−1.76	−1.7560	ε_y	−0.597	−0.59669
	τ_{xy}	−0.247	−0.24749	γ_{xy}	−0.312	−0.31236

续表

单元号	应力/MPa	MATLAB	ANSYS	应变/10^{-5}m	MATLAB	ANSYS
单元③	σ_x	−1.52	−1.5203	ε_x	−0.493	−0.49257
	σ_y	−1.69	−1.6853	ε_y	−0.597	−0.59669
	τ_{xy}	−0.483	−0.48319	γ_{xy}	−0.61	−0.60985
单元④	σ_x	−0.566	−0.56569	ε_x	−0.0652	−0.065219
	σ_y	−2.33	−2.3335	ε_y	−0.105	−1.0504
	τ_{xy}	−0.566	−0.56569	γ_{xy}	−0.714	−0.71397
单元⑤	σ_x	−1.45	−1.4496	ε_x	−0.493	−0.49257
	σ_y	−1.45	−1.4496	ε_y	−0.493	−0.49257
	τ_{xy}	−0.719	−0.71889	γ_{xy}	−0.907	−0.90734
单元⑥	σ_x	−1.69	−1.6853	ε_x	−0.597	−0.59669
	σ_y	−1.52	−1.5203	ε_y	−0.493	−0.49257
	τ_{xy}	−0.483	−0.48319	γ_{xy}	−0.61	−0.60985
单元⑦	σ_x	−2.33	−2.3335	ε_x	−0.105	−1.0504
	σ_y	−0.566	−0.56569	ε_y	−0.0652	−0.065219
	τ_{xy}	−0.566	−0.56569	γ_{xy}	−0.714	−0.71397

习　题

2.1　如题 2.1 图所示的平面三角形单元，厚度 $t=1\,\text{cm}$，弹性模量 $E=2.0\times10^5\,\text{MPa}$，泊松比 $\mu=0.3$。试求该单元的形函数矩阵、应变矩阵、应力矩阵、单元刚度矩阵，并验证单元刚度矩阵的奇异性。

2.2　在如题 2.2 图所示的参考坐标系下的平面三角形单元，假如平移到 I 位置，单元刚度矩阵有无变化？又假如分别绕 z 轴旋转 90°、180°，单元刚度矩阵有无变化？试用数值说明。

3(2, 6)
1(2, 2)
2(10, 2)
y/cm
x/cm
O

题 2.1 图

2.3　分别以直接组集法及转换矩阵法，组集如题 2.3 图所示的总刚度矩阵。在应用直接组集法时，用分块矩阵表示分块矩阵元素，如 $\boldsymbol{k}_{11}^{①}$ 表示单元①的分块矩阵元素。在采用转换矩阵法时，只需写出各单元的转换矩阵，并写出组集公式即可。

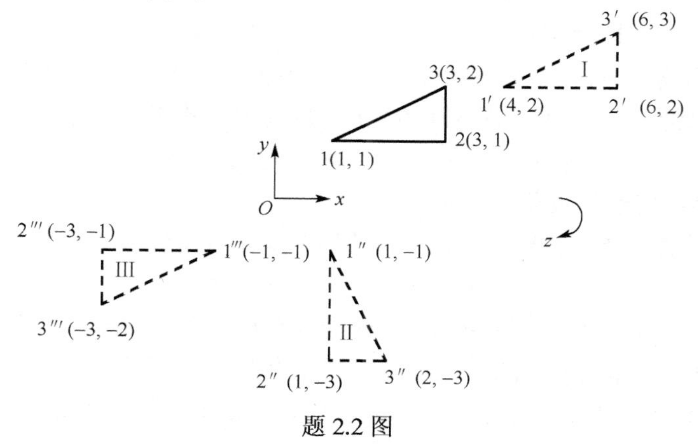

题 2.2 图

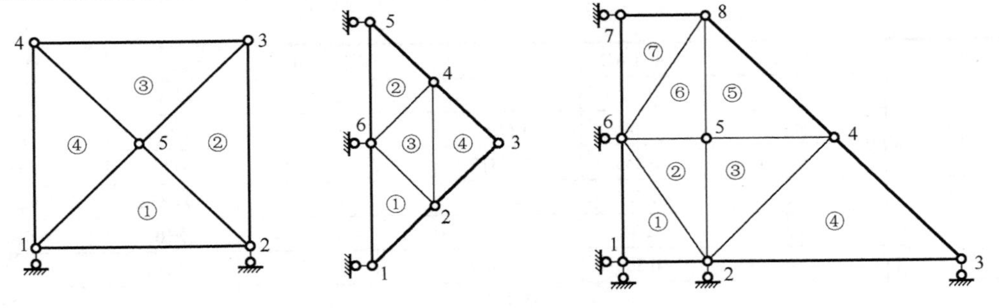

题 2.3 图

2.4　如题 2.4 图所示的结构，列出其经单元组集后形成的整体有限元方程，试引入边界条件，将原有限元方程变换为可用于直接求解的方程。

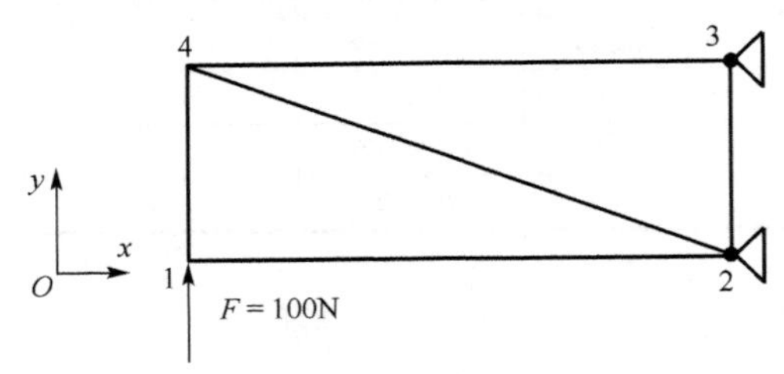

题 2.4 图

2.5　列出题 2.5 图中各常应变平面三角形单元的载荷向量。

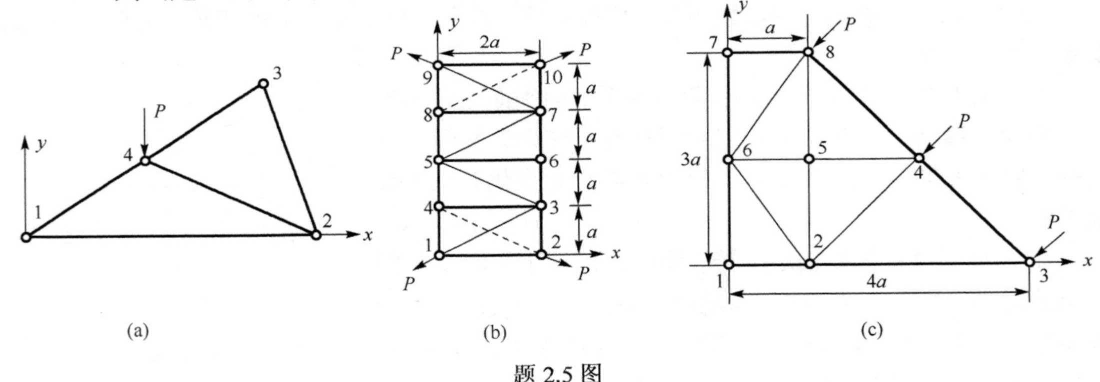

题 2.5 图

2.6　直角三角形薄板结构尺寸如下，板厚度 t=0.01m，下直角边固定，受力如题 2.6 图所示，F_1=F_2=F_3=300N，划分为如图所示的有限元网格，材料弹性模量为 E，泊松比为 μ，试求：单元④的单元刚度矩阵(3→6→5)；以子块矩阵的形式组集出结构总刚度矩阵(单元①：1→3→2；单元②：2→3→5；单元③：2→5→4；单元④：3→6→5)；写出有限元模型的位移约束条件；写出结构整体载荷列向量。

2.7　利用符号表示题 2.3 图中平面应力结构的原始有限元方程，并引入边界条件，列出修正后的有限元方程。

2.8　一长方形薄板如题 2.8 图所示，a=5mm，单元厚度 t=1mm，弹性模量 E=2.0×10^{11}Pa，泊松比 μ=0.3，划分为如图所示的 5 个单元，共 7 个节点，薄板一端节点 1、3、5、7 固定，另一端在节点 2、4、6 受到集中载荷 P=100N，且 P 与 x 轴正向夹角 60°（单元①：1→3→2；

单元②：2→3→4；单元③：3→4→5；单元④：4→5→6；单元⑤：7→5→6）。试求单元①和单元②的单元刚度矩阵；组集出结构总刚度矩阵；列出有限元模型引入边界条件后的方程；求解薄板结构的节点位移及单元应力和应变。

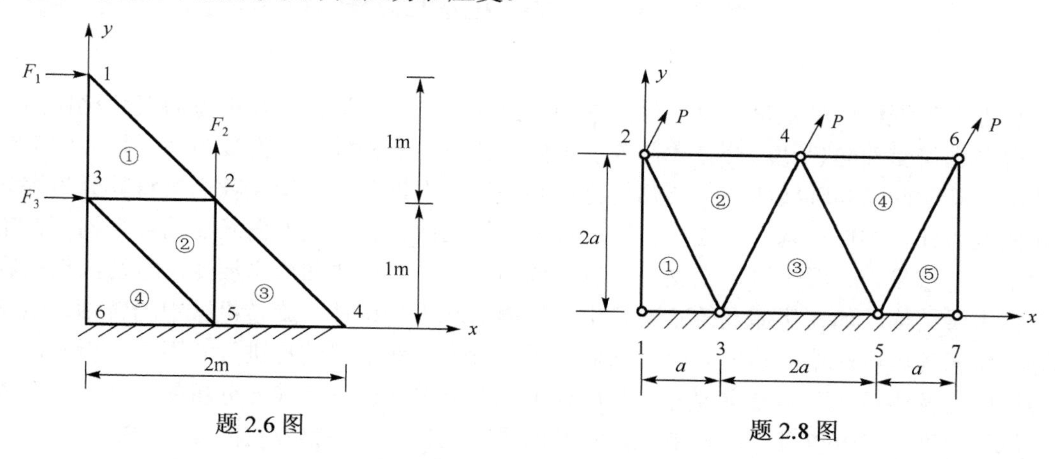

题 2.6 图　　　　题 2.8 图

2.9　如题 2.9 图所示的平面应力问题，a=4cm，单元厚度 t=1mm，弹性模量 $E=2.0\times10^5$MPa，泊松比 μ=0.3。F_x=100N，F_y=50N，求各节点位移、单元应力、单元应变、约束处的支反力。列出 MATLAB 和 ANSYS 分析程序。

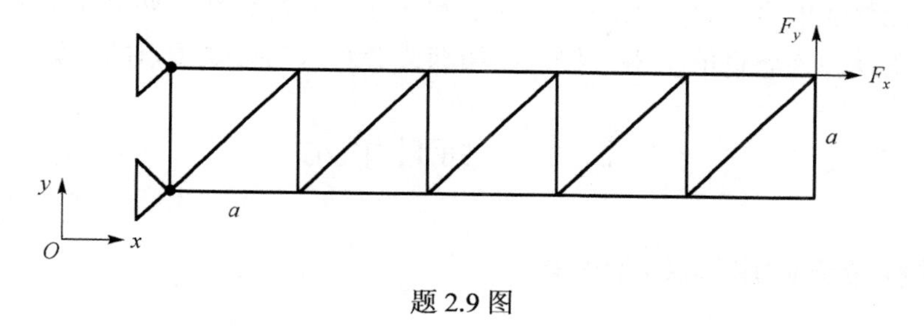

题 2.9 图

第 3 章　杆单元和梁单元

杆件在工程结构中是最常见、最简单的一类受力结构。通常，长度方向尺寸比横向尺寸要大得多且仅受轴向(长度方向)载荷或绕轴向扭转载荷的构件，我们称为杆。杆件的形状和尺寸可由其横截面和轴线两个主要几何特征来描述，根据截面的变化我们可将其分为等截面杆和变截面杆。类似活塞杆、连杆、压力杆等受轴向或扭转单一方向载荷的杆形构件在工程应用中十分常见。一般来讲，承受外力以横向力为主，且以弯曲为主要变形特征的细长物体可以称为梁结构，如在房屋及桥梁建筑中常使用的水平长构件、旋转机械中的转轴、细长叶片等，我们都可以从梁的角度来分析它们的受力行为。对细长结构进行有限元分析时，通常选用杆单元及梁单元。本章主要介绍利用杆单元及梁单元进行有限元分析的方法，涉及的杆单元包括一维、二维以及空间杆单元，涉及的梁单元包括平面梁及空间(或三维)梁等。

利用杆单元或梁单元对结构进行静力学有限元分析同样包含结构离散、单元分析、单元组集(有限元方程建立)、边界条件的引入、求解等主要步骤。本章在理论部分着重描述杆单元及梁单元的分析(即单元刚度矩阵的形成)，因为单元组集、边界条件引入的方法同第 2 章平面三角形单元描述的方法是一致的。而在实例部分，本章会结合杆单元及梁单元详细描述这些单元的组集及边界条件的引入过程，以加深读者对这部分知识点的理解。

3.1　一维杆单元

3.1.1　一维杆单元刚度矩阵的推导

1. 一维杆单元的描述

对于任意一个一维杆单元，都可取其杆单元的左端点为坐标原点，建立一维的局部坐标系。如图 3.1 所示，该一维杆单元共有两个节点，在局部坐标系 x 中，节点 1 的 x 坐标为 0，节点 2 的 x 坐标为 L。另外还有单元横截面积为 A^e，材料参数弹性模量为 E^e。一般情况下，认为一维杆结构只承受轴向力，即只有一个方向受力且产生相应的变形。

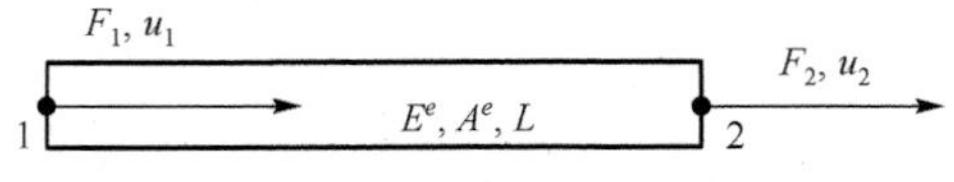

图 3.1　一维杆单元示意图

该一维杆单元的位移变量为：节点 1 的位移为 u_1，节点 2 的位移为 u_2。

该一维杆单元的载荷参数为：节点 1 的载荷力为 F_1，节点 2 的载荷力为 F_2。

这样，该一维杆单元的节点力和节点位移的关系可以用如下形式来表示：

$$\begin{Bmatrix} F_1 \\ F_2 \end{Bmatrix} = \boldsymbol{K}^e \begin{Bmatrix} u_1 \\ u_2 \end{Bmatrix} \tag{3.1}$$

式中，$\boldsymbol{F}^e=\begin{Bmatrix}F_1\\F_2\end{Bmatrix}$ 为杆单元节点力向量；$\boldsymbol{q}^e=\begin{Bmatrix}u_1\\u_2\end{Bmatrix}$ 为杆单元节点位移向量；$\boldsymbol{K}^e$ 为单元刚度矩阵，这是在单元分析中需要获得的。

2. 确定位移模式

可以假设单元内任一点的位移场具有多项式形式，即 $u(x)=\alpha_1+\alpha_2 x+\alpha_3 x^2+\cdots$。对于上述两节点一维杆单元而言，可只取其线性部分，即其位移插值函数(即位移模式)取如下形式：

$$u(x)=\alpha_1+\alpha_2 x \tag{3.2}$$

式中，系数 α_1、α_2 可由节点坐标和节点位移 $\boldsymbol{q}^e=\begin{Bmatrix}u_1\\u_2\end{Bmatrix}$ 来确定。

3. 形函数矩阵的推导

将单元的节点坐标条件，两个节点坐标分别为 x_1、x_2，两个节点位移为 $u(x)|_{x=x_1}=u_1$，$u(x)|_{x=x_2}=u_2$，代入式(3.2)得

$$\alpha_1+\alpha_2 x_1=u_1$$
$$\alpha_1+\alpha_2 x_2=u_2$$

求解得到

$$\alpha_1=u_1-x_1(u_1-u_2)/(x_1-x_2)$$
$$\alpha_2=(u_1-u_2)/(x_1-x_2)$$

或者，推导过程可以写成如下矩阵形式：

$$u(x)=\{1\quad x\}\begin{Bmatrix}\alpha_1\\\alpha_2\end{Bmatrix},\quad \begin{Bmatrix}u_1\\u_2\end{Bmatrix}=\begin{bmatrix}1 & x_1\\1 & x_2\end{bmatrix}\begin{Bmatrix}\alpha_1\\\alpha_2\end{Bmatrix}$$

$$\begin{Bmatrix}\alpha_1\\\alpha_2\end{Bmatrix}=\begin{bmatrix}1 & x_1\\1 & x_2\end{bmatrix}^{-1}\begin{Bmatrix}u_1\\u_2\end{Bmatrix}$$

导出

$$u(x)=\{1\quad x\}\begin{Bmatrix}\alpha_1\\\alpha_2\end{Bmatrix}=\{1\quad x\}\begin{bmatrix}1 & x_1\\1 & x_2\end{bmatrix}^{-1}\begin{Bmatrix}u_1\\u_2\end{Bmatrix}$$

上式描述了杆单元内任一点的位移与单元节点位移的关系，可以进一步采用形函数矩阵 $\boldsymbol{N}(x)$ 的形式来表示，即

$$u(x)=\boldsymbol{N}(x)\begin{Bmatrix}u_1\\u_2\end{Bmatrix}=\boldsymbol{N}(x)\boldsymbol{q}^e \tag{3.3}$$

式中，形函数矩阵 $\boldsymbol{N}(x)$ 为

$$\boldsymbol{N}(x)=\{1\quad x\}\begin{bmatrix}1 & x_1\\1 & x_2\end{bmatrix}^{-1}=\begin{bmatrix}1-\dfrac{x-x_1}{x_2-x_1} & \dfrac{x-x_1}{x_2-x_1}\end{bmatrix} \tag{3.4}$$

式中，形函数矩阵的两个元素分别为 $N_1(x)=1-\dfrac{x-x_1}{x_2-x_1}$，$N_2(x)=\dfrac{x-x_1}{x_2-x_1}$，即 $\boldsymbol{N}(x)=[N_1(x),\ N_2(x)]$。

4. 应变

由弹性力学的几何方程可知，一维杆单元满足如下应变位移关系：

$$\varepsilon(x)=\frac{\partial u(x)}{\partial x}=\frac{\mathrm{d}\boldsymbol{N}(x)}{\mathrm{d}x}\begin{Bmatrix}u_1\\u_2\end{Bmatrix}=\begin{bmatrix}-\dfrac{1}{L} & \dfrac{1}{L}\end{bmatrix}\begin{Bmatrix}u_1\\u_2\end{Bmatrix}=\boldsymbol{B}\begin{Bmatrix}u_1\\u_2\end{Bmatrix} \tag{3.5}$$

式中，$\boldsymbol{B}$ 为应变矩阵；$L=x_2-x_1$ 为杆单元长度。

5. 应力

由弹性力学的物理方程可知：

$$\sigma(x)=D^e\boldsymbol{B}\boldsymbol{q}^e=\boldsymbol{S}\boldsymbol{q}^e=\begin{bmatrix}-\dfrac{E^e}{L} & \dfrac{E^e}{L}\end{bmatrix}\begin{Bmatrix}u_1\\u_2\end{Bmatrix} \tag{3.6}$$

式中，$\boldsymbol{S}$ 为应力矩阵。这里的 D^e 为杆单元的弹性矩阵，由于为一维单元，D^e 是一个常量，即材料的弹性模量 E^e。

6. 利用最小势能原理导出单元刚度矩阵

杆单元的势能具有如下形式：

$$\begin{aligned}\varPi^e&=U^e-W^e\\&=\frac{1}{2}\int_{V^e}\boldsymbol{\varepsilon}^{\mathrm{T}}\boldsymbol{\sigma}\mathrm{d}V-\frac{1}{2}\begin{Bmatrix}u_1\\u_2\end{Bmatrix}^{\mathrm{T}}\begin{Bmatrix}F_1\\F_2\end{Bmatrix}\\&=\frac{1}{2}\int_0^L(\boldsymbol{B}\boldsymbol{q}^e)^{\mathrm{T}}(\boldsymbol{S}\boldsymbol{q}^e)A^e\mathrm{d}x-\frac{1}{2}\begin{Bmatrix}u_1\\u_2\end{Bmatrix}^{\mathrm{T}}\begin{Bmatrix}F_1\\F_2\end{Bmatrix}\\&=\frac{1}{2}\boldsymbol{q}^{e\mathrm{T}}\left(\int_0^L\boldsymbol{B}^{\mathrm{T}}E^e\boldsymbol{B}A^e\mathrm{d}x\right)\boldsymbol{q}^e-\frac{1}{2}\boldsymbol{q}^{e\mathrm{T}}\boldsymbol{F}^e\end{aligned}$$

上式可记作如下矩阵形式：

$$\varPi^e=\frac{1}{2}\boldsymbol{q}^{e\mathrm{T}}\boldsymbol{K}^e\boldsymbol{q}^e-\frac{1}{2}\boldsymbol{q}^{e\mathrm{T}}\boldsymbol{F}^e \tag{3.7}$$

根据最小势能原理：$\dfrac{\partial\varPi^e}{\partial\boldsymbol{q}^e}=0$，可以得到

$$\boldsymbol{K}^e\boldsymbol{q}^e=\boldsymbol{F}^e \tag{3.8}$$

式中，杆单元刚度矩阵具有如下形式：

$$\boldsymbol{K}^e=\int_0^L\boldsymbol{B}^{\mathrm{T}}E^e\boldsymbol{B}A^e\mathrm{d}x=\frac{E^eA^e}{L}\begin{bmatrix}1 & -1\\-1 & 1\end{bmatrix} \tag{3.9}$$

需要说明的是，在利用杆单元对结构进行静力学有限元分析时可以直接利用式(3.9)描述单元刚度矩阵，而不必再进行一遍推导。

3.1.2　一维杆单元举例

例 3-1　轴力杆举例：图 3.2 为一非等截面杆结构模型，在其右端施加一个集中力载荷 F，大小为 200N。可将变截面杆件离散为一个阶梯轴模型，离散后得到 5 个单元、6 个节点的有限元模型，见图 3.3。不考虑其自身重力的影响，试分析各节点的位移变化情况。其单元长度均为 0.1m，单元①～⑤的横截面积分别为 $3\times10^{-4}\,\mathrm{m}^2$、$2.5\times10^{-4}\,\mathrm{m}^2$、$2\times10^{-4}\,\mathrm{m}^2$、$1.5\times10^{-4}\,\mathrm{m}^2$、$1\times10^{-4}\,\mathrm{m}^2$。弹性模量 E 为 200GPa。

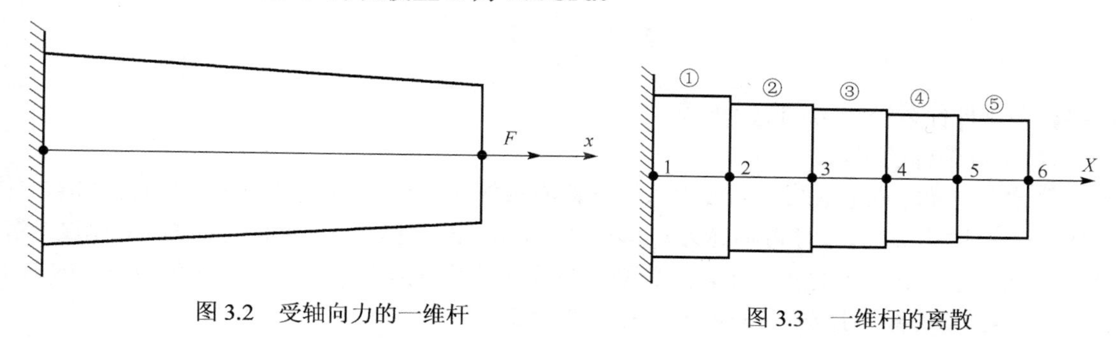

图 3.2　受轴向力的一维杆　　图 3.3　一维杆的离散

解　以下简要描述采用有限元法对上述结构进行静力学分析的过程。

(1) 单元及节点编号。

在表 3.1 中给出了图 3.3 所描述的杆结构的单元及节点编号。

表 3.1　编号信息表

	局部编号	整体编号				
单元编号	i	①	②	③	④	⑤
节点编号	1	1	2	3	4	5
	2	2	3	4	5	6

在表 3.1 中，单元 i 的节点 1、2 指的是单元局部坐标的节点编号，而单元①～⑤下方相应的节点编号称为整体坐标系中的整体编号。上述的每个单元都是一个标准的杆单元，因而均可以按照式(3.9)计算单元的刚度矩阵，而不必像第 2 章平面三角形单元那样关注节点坐标信息。

(2) 单元刚度矩阵的求解。

参见图 3.3，由于要分析的杆结构为非等截面杆，即每个单元的横截面积不同，因而每个单元的刚度矩阵是不一样的。结构中共有 5 个单元，因而需要利用式(3.9)分别求解这 5 个单元的刚度矩阵。

(3) 单元的组集。

单元的组集目标是形成结构的整体有限元方程，对于图 3.3 所描述的结构，整体位移列向量可表示为 $\boldsymbol{q}=\{u_1\quad u_2\quad u_3\quad u_4\quad u_5\quad u_6\}^{\mathrm{T}}$，这是有限元分析所要求解的量值。由于仅有节点 6 受到外载荷作用，因而整体载荷列向量可表示为 $\boldsymbol{F}=\{0\quad 0\quad 0\quad 0\quad 0\quad 200\}^{\mathrm{T}}$。

单元刚度矩阵可采用直接组集法或者转换矩阵法，这里采用转换矩阵法。采用转换矩阵法对单元进行组集时，最关键的是基于单元节点整体编号科学构建每个单元的转换矩阵。对于本例所描述的结构，转换矩阵的行数为2(即单元自由度数)，转换矩阵的列数为6(即系统总的维数)。这里以单元①为例，给出单元①的转换矩阵。由于单元①的节点整体编号为1、2，则对应的转换矩阵为

$$\boldsymbol{G}^1=\begin{bmatrix}1 & 0 & 0 & 0 & 0 & 0\\ 0 & 1 & 0 & 0 & 0 & 0\end{bmatrix}$$

进一步，可利用转换矩阵对原始的单元刚度矩阵进行变换并依次叠加，计算式为

$$\boldsymbol{K}_z=\sum_{i=1}^{5}\boldsymbol{G}^{i\mathrm{T}}\boldsymbol{K}^1\boldsymbol{G}^i$$

最终获得该杆件系统6×6的总刚度矩阵。

(4)边界条件的引入。

整体有限元方程形成后，需要引入位移边界条件(即消除总刚度矩阵的奇异性)才能具体求解。对于本例，边界条件可描述为$u_1=0$，即节点1的位移为0，因而需要去掉总刚度矩阵对应于第1行及第1列的所有元素，总刚度矩阵的维数变为5×5，同时载荷列向量中的第1个元素也需要去掉。对应的待求解的位移也变为5个。

(5)求解。

消除了总刚度矩阵的奇异性后可直接求解，求解式表达为

$$\hat{\boldsymbol{q}}=\hat{\boldsymbol{K}}_z^{-1}\hat{\boldsymbol{F}}$$

式中，$\hat{\boldsymbol{q}}$为待求解的位移；$\hat{\boldsymbol{K}}_z$为修正的刚度矩阵；$\hat{\boldsymbol{F}}$为修正的载荷向量。

具体的计算过程可参见以下MATLAB程序：

```
clear all
E=2e11;                                      %弹性模量
A=[3  2.5 2 1.5 1]*1e-4;                     %单元截面积
L=[0.1 0.1 0.1 0.1 0.1];                     %单元长度
%
numberElements=5;                            %单元个数
numberNodes=6;                               %节点个数
elementNodes=[1 2;2 3;3 4;4 5;5 6];          %单元编码
%
GDof=1*numberNodes;                          %总自由度数
displacements=zeros(GDof,1);                 %位移向量
force=zeros(GDof,1);                         %载荷向量
% 在节点 6 处加载荷 200N
force(6)=200;
% 总刚度矩阵的组集
Ge=zeros(2,GDof,numberElements);             %单元转换矩阵
%Ge=zeros(6,GDof,numberElements);            %单元转换矩阵 第 2 种思路
ke=zeros(2,2,numberElements);                %单元刚度矩阵
%Ke=zeros(GDof,GDof,numberElements);         %扩展之后的单元刚度矩阵
K=zeros(GDof);                               %总刚度矩阵
```

```
for i=1:numberElements
    ke(:,:,i)=E*A(i)/L(i)*[1 -1;-1 1];    %单元刚度矩阵
    pos_1=elementNodes(i,1);
    pos_2=elementNodes(i,2);               %节点位置
    %Ke(pos_1:pos_2,pos_1:pos_2,i)=ke(:,:,i);
    Ge(pos_1,pos_1,i)=1;
    Ge(pos_2,pos_2,i)=1;
    K=K+Ge(:,:,i)'*ke(:,:,i)*Ge(:,:,i);
    %K=K+Ge(:,:,i)'*Ke(:,:,i)*Ge(:,:,i);
end
% 引入边界条件
K_s=K(2:6,2:6);                            %节点 1 位移为 0，所以去掉第 1 行及第 1 列
force=force(2:6);
% 得到位移结果
x=inv(K_s)*force;
x=[0 x']'                                  %扩展成完整的节点位移
```

作为对照，利用 ANSYS 对该例进行同样的分析计算。ANSYS 的命令流如下：

```
FINISH
/CLEAR
/PREP7                                     !进入前处理器
ET,1,LINK180                               !定义杆单元类型
R,1,3e-4, ,0 $ R,2,2.5e-4, ,0 $ R,3,2e-4, ,0$ R,4,1.5e-4, ,0 $ R,5,1e-4, ,0
                                           !定义第 1～5 段杆的实常数
MP,EX,1,2e11                               !定义弹性模量
N,1,0,0,0 $ N,2,0.1,0,0 $ N,3,0.2,0,0 $ N,4,0.3,0,0$ N,5,0.4,0,0$ N,6,0.5,0,0
                                           !创建节点 1～6
REAL, 1 $ E,1,2                            !选择实常数号 1, 创建节点 1、2 形成线
REAL, 2 $ E,2,3                            !选择实常数号 2, 创建节点 2、3 形成线
REAL, 3 $ E,3,4                            !选择实常数号 3, 创建节点 3、4 形成线
REAL, 4 $ E,4,5                            !选择实常数号 4, 创建节点 4、5 形成线
REAL, 5 $ E,5,6                            !选择实常数号 5, 创建节点 5、6 形成线
D,1 ,ALL                                   !约束节点 1 全位移
F,6,FX,200                                 !在节点 6 施加 x 正方向为 200N 的力
FINISH                                     !求解

/SOLU
/STATUS,SOLU                               !进入求解阶段
SOLVE
FINISH
/POST1                                     !进入通用后处理器
/VSCALE,1,1,0                              !进入查看位移矢量图模式
PLVECT,U, , , ,VECT,ELEM,ON,0              !显示节点总位移矢量图
PRNSOL,U,COMP                              !列表显示节点位移值
```

MATLAB 与 ANSYS 所求得的节点位移对比如表 3.2 所示。

表 3.2 各节点位移变化情况 （单位：m）

节点编号	1	2	3	4	5	6
MATLAB	0	0.0333×10^{-5}	0.0733×10^{-5}	0.1233×10^{-5}	0.1900×10^{-5}	0.2900×10^{-5}
ANSYS	0	0.0333×10^{-5}	0.0733×10^{-5}	0.1233×10^{-5}	0.1900×10^{-5}	0.2900×10^{-5}

3.2 二维杆单元

在工程实际当中，不可能所有的杆件受力都在一个方向上，因此，有时需要将实际问题转化为平面桁架问题来分析。一维结构和平面桁架(平面杆单元)之间所存在的主要区别在于：桁架的单元有不同方向的自由度。这里从坐标变换(整体坐标和局部坐标)的角度出发来描述二维杆单元的分析方法。

3.2.1 二维杆单元刚度矩阵的推导

图 3.4 给出的是一个典型的二维(或平面)杆单元，其中 XOY 为整体坐标系，xOy 为局部坐标系(一维杆单元仅用 x 轴来描述)，α 为局部坐标系与整体坐标系间的夹角。平面杆单元是一个典型的两节点单元，在整体坐标系下，每个节点上都具有两个位移，即 X 方向和 Y 方向位移，单元节点的位移列向量可表示为

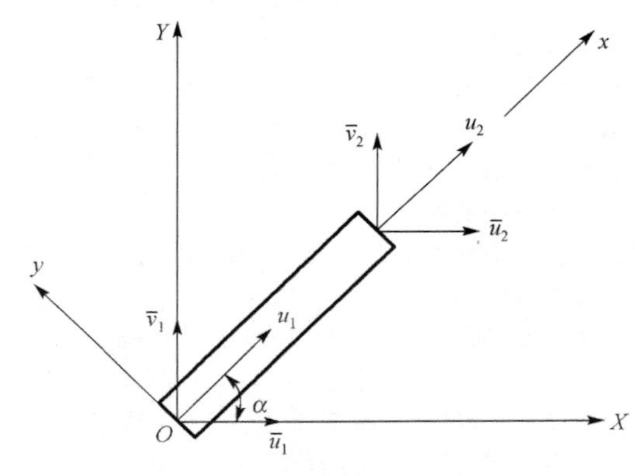

图 3.4 平面杆单元示意图

$$\bar{\boldsymbol{q}}^e=\{\bar{u}_1\quad \bar{v}_1\quad \bar{u}_2\quad \bar{v}_2\}^{\mathrm{T}} \tag{3.10}$$

式中，$\bar{u}_i$、$\bar{v}_i$ 为节点 i 沿整体坐标方向的位移。

从能量法的角度来看，杆单元不会因坐标系变换而产生势能的变化。如图 3.4 所示，局部坐标系中杆单元位移 u_1 和 u_2，可以投影到整体坐标系中，变成 $\{\bar{u}_1\quad \bar{v}_1\quad \bar{u}_2\quad \bar{v}_2\}^{\mathrm{T}}$；两个节点的坐标变为 (X_1,Y_1)、(X_2,Y_2)。

整体坐标系中位移和局部坐标系中位移的变换关系为

$$\begin{Bmatrix} u_1 \\ u_2 \end{Bmatrix}=\begin{bmatrix} \cos\alpha & \sin\alpha & 0 & 0 \\ 0 & 0 & \cos\alpha & \sin\alpha \end{bmatrix}\begin{Bmatrix} \bar{u}_1 \\ \bar{v}_1 \\ \bar{u}_2 \\ \bar{v}_2 \end{Bmatrix}=\boldsymbol{T}^e\begin{Bmatrix} \bar{u}_1 \\ \bar{v}_1 \\ \bar{u}_2 \\ \bar{v}_2 \end{Bmatrix} \tag{3.11}$$

式中，$\boldsymbol{T}^e$ 为坐标变换矩阵，其表达式为

$$\boldsymbol{T}^e=\begin{bmatrix} \cos\alpha & \sin\alpha & 0 & 0 \\ 0 & 0 & \cos\alpha & \sin\alpha \end{bmatrix} \tag{3.12}$$

因此，平面杆单元节点位移矢量的变换关系记为

$$\boldsymbol{q}^e=\boldsymbol{T}^e\bar{\boldsymbol{q}}^e \tag{3.13}$$

单元势能是一个标量，不会因坐标系的不同而改变。导出整体坐标系下的单元势能函数为

$$
\begin{aligned}
\Pi^e &= \frac{1}{2}\boldsymbol{q}^{e\mathrm{T}}\boldsymbol{K}^e\boldsymbol{q}^e - \frac{1}{2}\boldsymbol{q}^{e\mathrm{T}}\boldsymbol{F}^e = \frac{1}{2}\overline{\boldsymbol{q}}^{e\mathrm{T}}\boldsymbol{T}^{e\mathrm{T}}\boldsymbol{K}^e\boldsymbol{T}^e\overline{\boldsymbol{q}}^e - \frac{1}{2}\overline{\boldsymbol{q}}^{e\mathrm{T}}\boldsymbol{T}^{e\mathrm{T}}\boldsymbol{F}^e \\
&= \frac{1}{2}\overline{\boldsymbol{q}}^{e\mathrm{T}}(\boldsymbol{T}^{e\mathrm{T}}\boldsymbol{K}^e\boldsymbol{T}^e)\overline{\boldsymbol{q}}^e - \frac{1}{2}\overline{\boldsymbol{q}}^{e\mathrm{T}}(\boldsymbol{T}^{e\mathrm{T}}\boldsymbol{F}^e) \\
&= \frac{1}{2}\overline{\boldsymbol{q}}^{e\mathrm{T}}\overline{\boldsymbol{K}}^e\overline{\boldsymbol{q}}^e - \frac{1}{2}\overline{\boldsymbol{q}}^{e\mathrm{T}}\overline{\boldsymbol{F}}^e
\end{aligned}
\tag{3.14}
$$

从式(3.14)我们可以推导出在整体坐标系下平面杆单元的刚度矩阵为

$$
\overline{\boldsymbol{K}}^e = \boldsymbol{T}^{e\mathrm{T}}\boldsymbol{K}^e\boldsymbol{T}^e \tag{3.15}
$$

具体而言，在转换矩阵 $\boldsymbol{T}^e$ 中，有

$$
\cos\alpha = \frac{X_1 - X_2}{L}, \quad \sin\alpha = \frac{Y_1 - Y_2}{L} \tag{3.16}
$$

式中，L 为单元的长度，$L = \sqrt{(X_1 - X_2)^2 + (Y_1 - Y_2)^2}$。

因此，整体坐标系下的平面杆单元的刚度矩阵为

$$
\overline{\boldsymbol{K}}^e = \frac{E^e A^e}{L}\begin{bmatrix}
\cos^2\alpha & \cos\alpha\sin\alpha & -\cos^2\alpha & -\cos\alpha\sin\alpha \\
\cos\alpha\sin\alpha & \sin^2\alpha & -\cos\alpha\sin\alpha & -\sin^2\alpha \\
-\cos^2\alpha & -\cos\alpha\sin\alpha & \cos^2\alpha & \cos\alpha\sin\alpha \\
-\cos\alpha\sin\alpha & -\sin^2\alpha & \cos\alpha\sin\alpha & \sin^2\alpha
\end{bmatrix} \tag{3.17}
$$

这样，就可以推导出整体坐标系下平面杆单元的刚度矩阵表达式。在此基础上，针对一个特定结构，可以进一步推导出总刚度矩阵并建立整体系统方程，进而求解整体结构各节点的位移分量。

3.2.2　平面桁架问题举例

例 3-2　如图 3.5 所示的平面桁架结构，每个杆的长度一样，均为 L=2.5m。在 A 点处承受力 $F_x = 1.2\times10^5\,\mathrm{N}$，$F_y = -2.4\times10^5\,\mathrm{N}$。假如结构系统只分成 3 个杆单元，并分配如图所示的节点编号，具体参数如下。

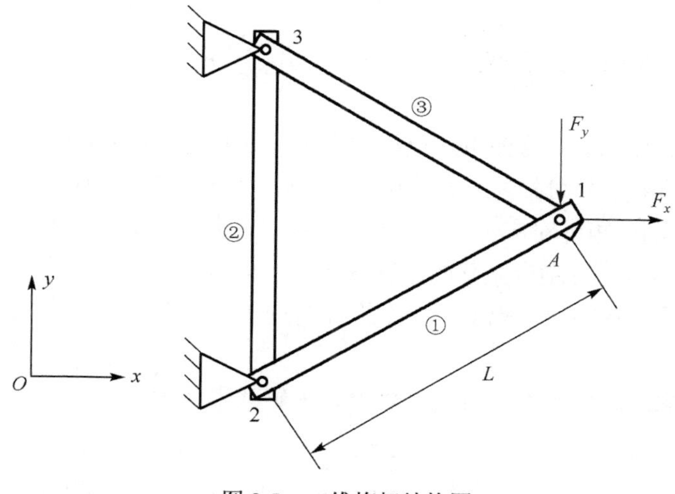

图 3.5　二维桁架结构图

单元①：截面积 A_1=30cm^2，弹性模量 E_1=20.7×10^7 kPa。

单元②：截面积 A_2=35cm^2，弹性模量 E_2=6.9×10^7 kPa。

单元③：截面积 A_3=28cm^2，弹性模量 E_3=20.7×10^7 kPa。

试采用有限元法求解 A 点的位移。

解 以下简要描述采用有限元法对上述结构进行静力学分析的过程。

(1) 单元及节点编号。

已知该结构共分为 3 个杆单元，单元①的节点编号为 1、2；单元②的节点编号为 2、3；单元③的节点编号为 1、3。

(2) 单元刚度矩阵的求解。

由于该桁架结构是二维问题，因而需要按照式(3.15)求解单元的刚度矩阵，求解的关键就是要确定各杆的轴线同 x 轴的夹角。由于三个杆的长度相等，最终确定每个杆对应的夹角为：$\alpha_1 = \pi/6$；$\alpha_2 = \pi/2$；$\alpha_3 = 5\pi/6$。

(3) 单元的组集。

单元的组集目标是形成结构的整体有限元方程，对于图 3.5 所描述的结构，整体位移列向量可表示为 $\boldsymbol{q} = \{u_1 \quad v_1 \quad u_2 \quad v_2 \quad u_3 \quad v_3\}^{\mathrm{T}}$，这是有限元分析所要求解的量值。由于仅有节点 1 受到外载荷作用，因而整体载荷列向量可表示为 $\boldsymbol{F} = \{F_x \quad F_y \quad 0 \quad 0 \quad 0 \quad 0\}^{\mathrm{T}}$。

这里同样采用转换矩阵法对单元进行组集，对于本例所描述的结构，转换矩阵的行数为 4(即单元自由度数)，转换矩阵的列数为 6(即系统总的维数)。这里以单元①为例，给出单元①的转换矩阵。由于单元①的节点整体编号为 1、2，则对应的转换矩阵为

$$\boldsymbol{G}^1 = \begin{bmatrix} 1 & 0 & 0 & 0 & 0 & 0 \\ 0 & 1 & 0 & 0 & 0 & 0 \\ 0 & 0 & 1 & 0 & 0 & 0 \\ 0 & 0 & 0 & 1 & 0 & 0 \end{bmatrix}$$

进一步，可利用转换矩阵对原始的单元刚度矩阵进行变换并依次叠加，计算式为

$$\boldsymbol{K}_z = \sum_{i=1}^{3} \boldsymbol{G}^{i\mathrm{T}} \boldsymbol{K}^1 \boldsymbol{G}^i$$

最终获得该杆件系统 6×6 的总刚度矩阵。

(4) 边界条件的引入。

整体有限元方程形成后，需要引入位移边界条件(即消除总刚度矩阵的奇异性)才能具体求解。对于本例，边界条件可描述为 $u_2 = 0, v_2 = 0, u_3 = 0, v_3 = 0$，即第 2、3 个节点的位移为 0，因而需要去掉总刚度矩阵对应于第 3～6 行及第 3～6 列的所有元素(也就是保留第 1、2 行和第 1、2 列的元素)，总刚度矩阵的维数变为 2×2，同时载荷列向量中第 3～6 行元素也需要去掉。对应的待求解的位移也变为 2 个，即对应于 A 点位移。

(5) 求解。

消除了总刚度矩阵的奇异性后可直接求解，求解式表达为

$$\hat{\boldsymbol{q}} = \hat{\boldsymbol{K}}_z^{-1} \hat{\boldsymbol{F}}$$

式中，$\hat{\boldsymbol{q}}$ 为待求解的位移；$\hat{\boldsymbol{K}}_z$ 为修正的刚度矩阵；$\hat{\boldsymbol{F}}$ 为修正的载荷向量。

具体的计算过程可参见以下 MATLAB 程序：

```
clear all
format short e
E=[20.7 6.9 20.7]*1e10;                              %弹性模量
A=[30 35 28]*1e-4;                                   %单元截面积
L=[2.5 2.5 2.5];                                     %单元长度
theta=[pi/6 pi/2 5*pi/6];                            %(角度问题)
%
numberElements=3;                                    %单元个数
numberNodes=3;                                       %节点个数
elementNodes=[1 2;2 3;1 3];                          %单元编码
%
GDof=2*numberNodes;                                  %总自由度数
displacements=zeros(GDof,1);                         %位移向量
force=zeros(GDof,1);                                 %载荷向量
%在节点 1 处加载荷
force(1)=1.2e5;
force(2)=-2.4e5;
%总刚度矩阵的组集
Ge=zeros(4,GDof,numberElements);                     %单元转换矩阵
ke=zeros(2,2,numberElements);                        %单元刚度矩阵
Te=[];                                               %坐标变换矩阵
Ke=zeros(4,4,numberElements);                        %扩展之后的单元刚度矩阵
K=zeros(GDof, GDof);                                 %总刚度矩阵
for i=1:numberElements
    ke(:,:,i)=E(i)*A(i)/L(i)*[1 -1;-1 1];            %单元刚度矩阵
    Te(:,:,i)=[cos(theta(i)) sin(theta(i)) 0 0;0 0 cos(theta(i)) sin(theta(i))];
    pos_1=elementNodes(i,1);
    pos_2=elementNodes(i,2);                         %节点位置
    Ke(:,:,i)=Te(:,:,i)'*ke(:,:,i)*Te(:,:,i);        %整体坐标系下的单元刚度矩阵
    Ge(1,2*pos_1-1,i)=1;
    Ge(2,2*pos_1,i)=1;
    Ge(3,2*pos_2-1,i)=1;
    Ge(4,2*pos_2,i)=1;
    K=K+Ge(:,:,i)'*Ke(:,:,i)*Ge(:,:,i);              %总刚度矩阵的组集
end
% 引入边界条件
K_s=K(1:2,1:2);                                      %节点 2、3 位移为 0
force=force(1:2);
%得到位移结果
x=inv(K_s)*force;
x=[x' 0 0 0 0]'                                      %扩展成完整的节点位移
```

作为对照，利用 ANSYS 对该例进行同样的分析计算。ANSYS 的命令流如下：

```
FINISH
/CLEAR
/PREP7                                               !进入前处理器
```

```
ET,1,LINK180                                  !定义杆单元类型
R,1,0.3e-2, ,0                                !定义第一段杆的实常数
R,2,0.35e-2, ,0                               !定义第二段杆的实常数
R,3,0.28e-2, ,0                               !定义第三段杆的实常数
MP,EX,1,20.7e10                               !定义第一种材料的弹性模量
MP,EX,2,6.9e10                                !定义第二种材料的弹性模量
N,1, 2.5*sin(60*3.1415926 /180),0,0           !创建节点 1
N,2,0,-1.25,0                                 !创建节点 2
N,3,0,1.25,0                                  !创建节点 3
MAT,1                                         !选择材料号 1
REAL, 1                                       !选择实常数号 1
E,1,2                                         !创建节点 1、2 形成线
MAT,2                                         !选择材料号 2
REAL, 2                                       !选择实常数号 2
E,2,3                                         !创建节点 2、3 形成线
MAT,1                                         !选择材料号 1
REAL, 3                                       !选择实常数号 3
E,3,1                                         !创建节点 3、1 形成线
D,2,ALL                                       !约束节点 2 全位移
D,3,ALL                                       !约束节点 3 全位移
F,1,FX,1.2e5                                  !在节点 1 施加 x 正方向为 120000N 的力
F,1,FY,-2.4e5                                 !在节点 1 施加 Y 负方向为 240000N 的力
FINISH                                        !求解
/SOLU
/STATUS,SOLU                                  !进入求解阶段
SOLVE
FINISH
/POST1                                        !进入通用后处理器
/VSCALE,1,1,0                                 !进入查看位移矢量图模式
PLVECT,U, , , ,VECT,ELEM,ON,0                 !显示节点总位移矢量图
PRNSOL,U,COMP                                 !列表显示节点位移值
```

MATLAB 与 ANSYS 所求得的 A 点位移结果如表 3.3 所示。

表 3.3　*A* 点位移结果对比　　(单位：m)

位移	u_1	v_1
MATLAB	0.37340×10^{-3}	-2.0213×10^{-3}
ANSYS	0.37341×10^{-3}	-2.0213×10^{-3}

3.3　三维杆单元

空间桁架又称为三维桁架，空间桁架结构是有限元法中的重要结构形式，也是工程上常见的结构类型。对于空间桁架问题，可以将桁架结构离散为若干个三维杆单元，进而应用有限元法的思路来进行求解。

3.3.1　三维杆单元刚度矩阵的推导

三维杆单元仅受 x、y 或 z 方向上的压力或拉力，且合力方向和杆的轴线一致。在 3.1 节

和 3.2 节中，我们介绍了一维及平面杆单元的推导建模过程，接下来考虑空间杆单元的问题，三维桁架单元可直观地认为是二维桁架单元的扩展。如图 3.6 所示，局部坐标系中杆单元的一维位移 u_1 和 u_2，可以投影到三维整体坐标系中，变换为 $[\bar{u}_1 \quad \bar{v}_1 \quad \bar{w}_1 \quad \bar{u}_2 \quad \bar{v}_2 \quad \bar{w}_2]^{\mathrm{T}}$，两个节点的坐标转变为 (X_1,Y_1,Z_1)、(X_2,Y_2,Z_2)。

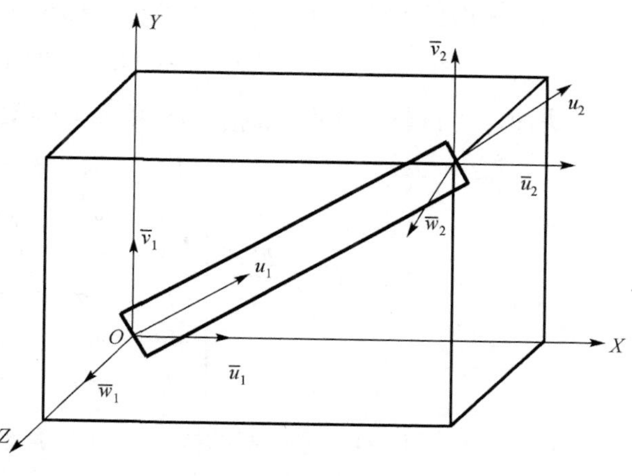

图 3.6　空间杆单元

空间杆单元坐标转换的原理与平面杆单元的坐标转换相同，只要分别写出局部坐标系和整体坐标系中位移向量的等效关系则可得到坐标转换矩阵，进而实现坐标转换。

假设局部坐标系下空间杆单元的节点位移列向量为

$$\boldsymbol{q}^e = \{u_1 \quad u_2\}^{\mathrm{T}} \tag{3.18}$$

整体坐标系下的节点位移列向量为

$$\bar{\boldsymbol{q}}^e = \{\bar{u}_1 \quad \bar{v}_1 \quad \bar{w}_1 \quad \bar{u}_2 \quad \bar{v}_2 \quad \bar{w}_2\}^{\mathrm{T}} \tag{3.19}$$

局部坐标与整体坐标系之间的转换关系式为

$$\begin{Bmatrix} u_1 \\ u_2 \end{Bmatrix} = \begin{bmatrix} \cos\alpha & \cos\beta & \cos\chi & 0 & 0 & 0 \\ 0 & 0 & 0 & \cos\alpha & \cos\beta & \cos\chi \end{bmatrix} \begin{Bmatrix} \bar{u}_1 \\ \bar{v}_1 \\ \bar{w}_1 \\ \bar{u}_2 \\ \bar{v}_2 \\ \bar{w}_2 \end{Bmatrix} \tag{3.20}$$

式中，α、β、χ 分别为在整体坐标系中杆单元与坐标轴 x、y、z 方向的夹角。

在式(3.20)中，转换矩阵 $\boldsymbol{T}^e$ 为

$$\boldsymbol{T}^e = \begin{bmatrix} \cos\alpha & \cos\beta & \cos\chi & 0 & 0 & 0 \\ 0 & 0 & 0 & \cos\alpha & \cos\beta & \cos\chi \end{bmatrix} \tag{3.21}$$

为了书写方便可令

$$\cos\alpha = \frac{X_1 - X_2}{L} = l,\quad \cos\beta = \frac{Y_1 - Y_2}{L} = m,\quad \cos\chi = \frac{Z_1 - Z_2}{L} = n \tag{3.22}$$

式中，L 为三维杆单元的长度，由下式给出：

$$L = \sqrt{(x_1 - x_2)^2 + (y_1 - y_2)^2 + (z_1 - z_2)^2}$$

则 $\boldsymbol{T}^e = \begin{bmatrix} l & m & n & 0 & 0 & 0 \\ 0 & 0 & 0 & l & m & n \end{bmatrix}$。

参考前面的方法，可以推导出整体坐标系下空间杆单元的刚度矩阵的求解式：

$$\overline{\boldsymbol{K}}^e = \boldsymbol{T}^{e\mathrm{T}} \boldsymbol{K}^e \boldsymbol{T}^e \tag{3.23}$$

进而，可得整体坐标系下空间杆单元的刚度矩阵为

$$\overline{\boldsymbol{K}}^e = \frac{E^e A^e}{L} \begin{bmatrix} l^2 & lm & ln & -l^2 & -lm & -ln \\ lm & m^2 & mn & -lm & -m^2 & -mn \\ ln & mn & n^2 & -ln & -mn & -n^2 \\ -l^2 & -lm & -ln & l^2 & lm & ln \\ -lm & -m^2 & -mn & lm & m^2 & mn \\ -ln & -mn & -n^2 & ln & mn & n^2 \end{bmatrix} \tag{3.24}$$

对于一个具体的三维桁架结构，可以在确定三维杆单元刚度矩阵的基础上，进一步推导出总刚度矩阵和系统力学平衡方程，接着通过引入边界条件、施加载荷，进而求解出系统各节点位移。

3.3.2　空间桁架问题举例

例 3-3　如图 3.7 所示的空间桁架结构，在 A 点处承受力 $F_y=-2000\text{N}$ 的作用，假设分成了三个杆单元，这里定义模型的 4 个节点的编号 1、2、3、4，如图 3.7 所示。

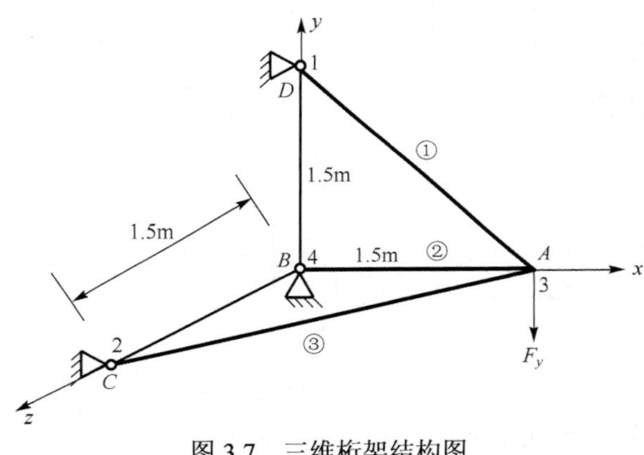

图 3.7　三维桁架结构图

杆单元的具体参数如下。

单元①：截面积 $A_1=20\text{cm}^2$，弹性模量 $E_1=2\times10^8\,\text{kPa}$。

单元②：截面积 $A_2=17\text{cm}^2$，弹性模量 $E_2=2\times10^8\,\text{kPa}$。

单元③：截面积 $A_3=15\text{cm}^2$，弹性模量 $E_3=2\times10^8\,\text{kPa}$。

试通过有限元法求解 A 点的位移。

解　以下简要描述采用有限元法对上述结构进行静力学分析的过程。

(1) 单元及节点编号。

已知该结构共分为 3 个杆单元，单元①的节点编号为 1、3；单元②的节点编号为 3、4；单元③的节点编号为 2、3。

(2) 单元刚度矩阵的求解。

由于该杆结构是三维问题，因而需要按照式(3.23)求解单元的刚度矩阵，求解的关键就是要确定各杆单元与坐标轴 x、y、z 方向的夹角，进而确定转换矩阵 $\boldsymbol{T}^e$。由于是三维问题，直接确定各个角度值具有一定的困难，因而可按照式(3.22)由节点坐标值直接确定计算转换矩阵所需的各方向余弦值。参照图 3.7，各节点的坐标值很容易得到，由节点的坐标值也很容易得到各单元的长度。

(3) 单元的组集。

单元的组集目标是形成结构的整体有限元方程，对于图 3.7 所描述的结构，整体位移列向量可表示为 $\boldsymbol{q}=\{u_1 \quad v_1 \quad w_1 \quad u_2 \quad v_2 \quad w_2 \quad u_3 \quad v_3 \quad w_3 \quad u_4 \quad v_4 \quad w_4\}^{\mathrm{T}}$，这是有限元分析所要

求解的量值。由于仅有节点 3 受到外载荷作用，因而整体载荷列向量可表示为 $\boldsymbol{F}=\{0\ \ 0\ \ 0\ \ 0\ \ 0\ \ 0\ \ 0\ \ F_y\ \ 0\ \ 0\ \ 0\ \ 0\}^{\mathrm{T}}$。

这里同样采用转换矩阵法对单元进行组集，对于本例所描述的结构，转换矩阵的行数为 6(即单元自由度数)，转换矩阵的列数为 12(即系统总的维数)。这里以单元①为例，给出单元①的转换矩阵。由于单元①的节点整体编号为 1、3，则对应的转换矩阵为

$$\boldsymbol{G}^1=\begin{bmatrix}1&0&0&0&0&0&0&0&0&0&0&0\\0&1&0&0&0&0&0&0&0&0&0&0\\0&0&1&0&0&0&0&0&0&0&0&0\\0&0&0&0&0&0&1&0&0&0&0&0\\0&0&0&0&0&0&0&1&0&0&0&0\\0&0&0&0&0&0&0&0&1&0&0&0\end{bmatrix}$$

进一步，可利用转换矩阵对原始的单元刚度矩阵进行变换并依次叠加，计算式为

$$\boldsymbol{K}_z=\sum_{i=1}^{3}\boldsymbol{G}^{i\mathrm{T}}\boldsymbol{K}^1\boldsymbol{G}^i$$

最终获得该杆件系统 12×12 的总刚度矩阵。

(4)边界条件的引入。

整体有限元方程形成后，需要引入位移边界条件(即消除总刚度矩阵的奇异性)才能具体求解。对于本例，边界条件可描述为 $u_1=0, v_1=0, w_1=0$；$u_2=0, v_2=0, w_2=0$；$u_4=0,\ v_4=0,\ w_4=0$，即第 1、2、4 节点的位移为 0，因而需要去掉总刚度矩阵对应于第 1～6 行、10～12 行及第 1～6 列、10～12 列的所有元素(也就是保留第 7～9 行和第 7～9 列的元素)，总刚度矩阵的维数变为 3×3，同时载荷列向量中第 1～6 行、10～12 行的元素也需要去掉。对应的待求解的位移也变为 3 个，即对应于 A 点位移。

(5)求解。

消除了总刚度矩阵的奇异性后可直接求解，求解式表达为

$$\hat{\boldsymbol{q}}=\hat{\boldsymbol{K}}_z^{-1}\hat{\boldsymbol{F}}$$

式中，$\hat{\boldsymbol{q}}$ 为待求解的位移；$\hat{\boldsymbol{K}}_z$ 为修正的刚度矩阵；$\hat{\boldsymbol{F}}$ 为修正的载荷向量。

具体的计算过程可参见以下 MATLAB 程序：

```
clear all
E=[2 2 2 ]*1e11;                                    %弹性模量
A=[20 17 15]*1e-4;                                  %单元截面积
X=[0  0  1.5 0];
Y=[1.5  0  0 0];
Z=[0  1.5  0 0];                                    %节点坐标
L1=sqrt((X(3)-X(1))^2+(Y(3)-Y(1))^2+(Z(3)-Z(1))^2);
L2=sqrt((X(4)-X(3))^2+(Y(4)-Y(3))^2+(Z(4)-Z(3))^2);
L3=sqrt((X(2)-X(3))^2+(Y(2)-Y(3))^2+(Z(2)-Z(3))^2);
L=[L1 L2 L3];                                       %单元长度
CX=[(X(3)-X(1))/L(1)  (X(3)-X(4))/L(2)  (X(2)-X(3))/L(3)];
CY=[(Y(3)-Y(1))/L(1)  (Y(3)-Y(4))/L(2)  (Y(2)-Y(3))/L(3)];
```

```
CZ=[(Z(3)-Z(1))/L(1) (Z(3)-Z(4))/L(2) (Z(2)-Z(3))/L(3)];
%
numberElements=3;                                              %单元个数
numberNodes=4;                                                 %节点个数
elementNodes=[1 3;3 4;2 3];                                    %单元编码
%
GDof=3*numberNodes;                                            %总自由度数
displacements=zeros(GDof,1);                                   %位移向量
force=zeros(GDof,1);                                           %载荷向量
force(8)=-2000;                                                %在节点 3 处加载荷
% 总刚度矩阵的组集
Ge=zeros(6,GDof,numberElements);                               %单元转换矩阵
ke=zeros(2,2,numberElements);                                  %单元刚度矩阵
Te=[];                                                         %坐标变换矩阵
K=zeros(GDof);                                                 %总刚度矩阵
for i=1:numberElements
    ke(:,:,i)=E(i)*A(i)/L(i)*[1 -1;-1 1];                      %单元刚度矩阵
    Te(:,:,i)=[CX(i) CY(i) CZ(i) 0 0 0; 0 0 0 CX(i) CY(i) CZ(i)];
    pos_1=elementNodes(i,1);
    pos_2=elementNodes(i,2);                                   %节点位置
    Ke(:,:,i)=Te(:,:,i)'*ke(:,:,i)*Te(:,:,i);                  %整体坐标系下的单元刚度矩阵
    Ge(1,3*pos_1-2,i)=1;
    Ge(2,3*pos_1-1,i)=1;
    Ge(3,3*pos_1,i)=1;
    Ge(4,3*pos_2-2,i)=1;
    Ge(5,3*pos_2-1,i)=1;
    Ge(6,3*pos_2,i)=1;
    K=K+Ge(:,:,i)'*Ke(:,:,i)*Ge(:,:,i);                        %总刚度矩阵的组集
end
% 引入边界条件
K_s=K(7:9,7:9);                                                %节点 1、2、4 位移为 0
force=force(7:9);
% 得到位移结果
x=inv(K_s)*force;
x=[0 0 0 0 0 0 x' 0 0 0]'                                      %扩展成完整的节点位移
```

作为对照，利用 ANSYS 对该例进行同样的分析计算。ANSYS 的命令流如下：

```
FINISH
/CLEAR
/PREP7                                    !进入前处理器
ET,1,LINK180                              !定义杆单元类型
R,1,0.2e-2, ,0                            !定义第一段杆的实常数
R,2,0.17e-2, ,0                           !定义第二段杆的实常数
R,3,0.15e-2, ,0                           !定义第三段杆的实常数
MP,EX,1,2e11                              !定义弹性模量
N,1,0,1.5,0                               !创建节点 1
N,2,0,0,1.5                               !创建节点 2
```

```
N,3,1.5,0,0                          !创建节点 3
N,4,0,0,0                            !创建节点 4
REAL, 1                              !选择实常数号 1
E,1,3                                !创建节点 1、3 形成线
REAL, 2                              !选择实常数号 2
E,3,4                                !创建节点 3、4 形成线
REAL, 3                              !选择实常数号 3
E,2,3                                !创建节点 2、3 形成线
D,1 ,ALL                             !约束节点 1 全位移
D,2 ,ALL                             !约束节点 2 全位移
D,4 ,ALL                             !约束节点 4 全位移
F,3,FY,-2000                         !在节点 3 施加 Y 负方向为 2000N 的力
FINISH                               !求解
/SOLU
/STATUS,SOLU                         !进入求解阶段
SOLVE
FINISH
/POST1                               !进入通用后处理器
/VSCALE,1,1,0                        !进入查看位移矢量图模式
PLVECT,U, , , ,VECT,ELEM,ON,0        !显示节点总位移矢量图
PRNSOL,U,COMP                        !列表显示节点位移值
```

MATLAB 与 ANSYS 所求得的 A 点位移结果如表 3.4 所示。

表 3.4　A 点位移结果对比　（单位：m）

位移	u_3	v_3	w_3
MATLAB	-0.88235×10^{-5}	-0.30037×10^{-5}	-0.88235×10^{-5}
ANSYS	-0.88235×10^{-5}	-0.30037×10^{-5}	-0.88235×10^{-5}

3.4　平面梁单元

对于受力在某一平面内或者说各方向完全独立，可以在某一平面内进行受力分析的梁问题，我们可用平面梁单元理论进行分析。本节介绍利用平面梁单元进行有限元分析的方法。

3.4.1　平面梁单元刚度矩阵的推导

1. 平面梁单元的描述

图 3.8 为一典型的平面梁单元，可以用一个坐标轴 x 来描述，共有两个节点，忽略了轴向位移 u 后，每个节点有两个自由度 v_i、$\theta_i(i=1,2)$，可以称为弯曲变形(挠度)及转角，则整个单元具有如下 4 个自由度：

$$\boldsymbol{q}^e=\{v_1\quad \theta_1\quad v_2\quad \theta_2\}^{\mathrm{T}} \tag{3.25}$$

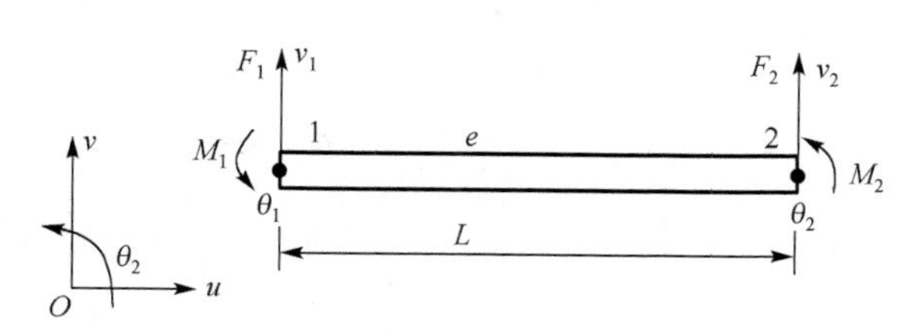

图 3.8　任意单元的局部节点与整体节点关系

值得注意的是，这里的梁单元与前面所学的平面三角形单元和杆单元在节点自由度上有一个明显的不同点，即梁单元在节点位移上不仅考虑平动位移，还考虑转角位移。对应的，每个节点除可能受到与平动位移对应的作用力(对于梁称为剪力 F)外，还可能受到与转角位移对应的作用力(对于梁称为弯矩 M)，则单元的节点作用力可描述为

$$\boldsymbol{F}^e = \{F_1 \quad M_1 \quad F_2 \quad M_2\}^{\mathrm{T}} \tag{3.26}$$

待求的平面梁单元的刚度矩阵 $\boldsymbol{K}^e$ 描述了节点力同节点位移之间的关系，由式(3.25)和式(3.26)可知，其为一个 4×4 的矩阵。为了方便，对平面梁单元刚度矩阵的推导也可借助于局部坐标系，例如，设节点 1 的坐标为 0，节点 2 的坐标为 L(梁单元的长度)。

2. 平面梁单元的位移模式

假设不考虑梁的剪切变形，那么可以采用 Euler-Bernoulli(欧拉-伯努利)梁假设：变形前垂直于梁中心线的截面在变形后仍垂直于梁的中心线，并且有转角 $\theta = \mathrm{d}v/\mathrm{d}x$。

平面梁单元的弯曲变形的位移场 $v(x)$ 可以用如下位移插值函数来表示：

$$v(x) = \alpha_1 + \alpha_2 x + \alpha_3 x^2 + \alpha_4 x^3 \tag{3.27}$$

则转角可表示为

$$\theta(x) = \frac{\mathrm{d}v}{\mathrm{d}x} = \alpha_2 + 2\alpha_3 x + 3\alpha_4 x^2 \tag{3.28}$$

因此，平面梁单元的位移模式可表示为如下形式：

$$\begin{Bmatrix} v(x) \\ \theta(x) \end{Bmatrix} = \begin{bmatrix} 1 & x & x^2 & x^3 \\ 0 & 1 & 2x & 3x^2 \end{bmatrix} \begin{Bmatrix} \alpha_1 \\ \alpha_2 \\ \alpha_3 \\ \alpha_4 \end{Bmatrix} \tag{3.29}$$

3. 推导形函数矩阵

将梁单元的每个节点的位移 $\{v_i \quad \theta_i\}^{\mathrm{T}} (i=1,2)$ 和节点的坐标 x_i，其中 $\{x_1 = 0 \quad x_2 = L\}^{\mathrm{T}}$，分别代入式(3.29)中，有

$$\begin{cases} v_1 = \alpha_1 \\ \theta_1 = \alpha_2 \\ v_2 = \alpha_1 + \alpha_2 L + \alpha_3 L^2 + \alpha_4 L^3 \\ \theta_2 = \alpha_2 + 2\alpha_3 L + 3\alpha_4 L^2 \end{cases} \tag{3.30}$$

通过式(3.30)中的 4 个方程，求解出待定系数 α_1、α_2、α_3、α_4 的表达式为

$$\begin{cases} \alpha_1 = v_1 \\ \alpha_2 = \theta_1 \\ \alpha_3 = -\dfrac{3}{L^2} v_1 - \dfrac{2}{L}\theta_1 + \dfrac{3}{L^2} v_2 - \dfrac{1}{L}\theta_2 \\ \alpha_4 = \dfrac{2}{L^3} v_1 + \dfrac{1}{L^2}\theta_1 - \dfrac{2}{L^3} v_2 + \dfrac{1}{L^2}\theta_2 \end{cases} \tag{3.31}$$

上面的推导公式同时也可以写成如下的矩阵形式：

$$\begin{Bmatrix} v_1 \\ \theta_1 \\ v_2 \\ \theta_2 \end{Bmatrix} = \begin{bmatrix} 1 & x_1 & x_1^2 & x_1^3 \\ 0 & 1 & 2x_1 & 3x_1^2 \\ 1 & x_2 & x_2^2 & x_2^3 \\ 0 & 1 & 2x_2 & 3x_2^2 \end{bmatrix} \begin{Bmatrix} \alpha_1 \\ \alpha_2 \\ \alpha_3 \\ \alpha_4 \end{Bmatrix} = \begin{bmatrix} 1 & 0 & 0 & 0 \\ 0 & 1 & 0 & 0 \\ 1 & L & L^2 & L^3 \\ 0 & 1 & 2L & 3L^2 \end{bmatrix} \begin{Bmatrix} \alpha_1 \\ \alpha_2 \\ \alpha_3 \\ \alpha_4 \end{Bmatrix} \tag{3.32}$$

求得

$$\begin{Bmatrix} \alpha_1 \\ \alpha_2 \\ \alpha_3 \\ \alpha_4 \end{Bmatrix} = \begin{bmatrix} 1 & 0 & 0 & 0 \\ 0 & 1 & 0 & 0 \\ 1 & L & L^2 & L^3 \\ 0 & 1 & 2L & 3L^2 \end{bmatrix}^{-1} \begin{Bmatrix} v_1 \\ \theta_1 \\ v_2 \\ \theta_2 \end{Bmatrix} = \begin{bmatrix} v_1 \\ \theta_1 \\ -\dfrac{3}{L^2}v_1 - \dfrac{2}{L}\theta_1 + \dfrac{3}{L^2}v_2 - \dfrac{1}{L}\theta_2 \\ \dfrac{2}{L^3}v_1 + \dfrac{1}{L^2}\theta_1 - \dfrac{2}{L^3}v_2 + \dfrac{1}{L^2}\theta_2 \end{bmatrix} \tag{3.33}$$

将式(3.33)代入式(3.29)中，由于转角θ同弯曲变形 v 具有如下函数关系：$\theta = \mathrm{d}v/\mathrm{d}x$，因而这里仅整理出单元内任一点弯曲变形位移场的表达式：

$$v(x) = \left[1 - 3\left(\frac{x}{L}\right)^2 + 2\left(\frac{x}{L}\right)^3\right]v_1 + \left[x - 2\frac{x^2}{L} + \frac{x^3}{L^2}\right]\theta_1 + \left[3\left(\frac{x}{L}\right)^2 - 2\left(\frac{x}{L}\right)^3\right]v_2 + \left[-\frac{x^2}{L} + \frac{x^3}{L^2}\right]\theta_2 \tag{3.34}$$

将式(3.34)用矩阵形式表示为

$$v(x) = \begin{bmatrix} N_{v1} & N_{\theta1} & N_{v2} & N_{\theta2} \end{bmatrix} \begin{Bmatrix} v_1 \\ \theta_1 \\ v_2 \\ \theta_2 \end{Bmatrix} = \boldsymbol{N}(x)\boldsymbol{q}^e \tag{3.35}$$

式中，$\boldsymbol{N}(x)$为平面梁单元的形函数矩阵，其中：

$$\begin{cases} N_{v1} = 1 - 3\left(\dfrac{x}{L}\right)^2 + 2\left(\dfrac{x}{L}\right)^3 \\ N_{\theta1} = x - 2\dfrac{x^2}{L} + \dfrac{x^3}{L^2} \\ N_{v2} = 3\left(\dfrac{x}{L}\right)^2 - 2\left(\dfrac{x}{L}\right)^3 \\ N_{\theta2} = -\dfrac{x^2}{L} + \dfrac{x^3}{L^2} \end{cases} \tag{3.36}$$

4. 根据最小势能原理导出单元刚度矩阵

最小势能原理可描述为：在给定的外力作用下，在满足位移边界条件的所有可能的位移中，能满足平衡条件的位移应使总势能成为极小值，即

$$\Pi = W - U = 0 \tag{3.37}$$

式中，W 为外力对梁所做的功；U 为梁的应变能。最小势能原理也可理解为外力功等于应变能。

根据材料力学知识，可导出平面梁单元的弯曲应变能：

$$U = W = \frac{1}{2}\int_L M\mathrm{d}\theta = \frac{1}{2}\int_L \frac{M^2}{EI}\mathrm{d}x = \frac{1}{2}\int_L EI\left(\frac{\mathrm{d}^2 v}{\mathrm{d}x^2}\right)^2 \mathrm{d}x \tag{3.38}$$

式中，E 为弹性模量；I 为惯性矩；$\mathrm{d}\theta \approx \frac{M}{EI}\mathrm{d}x$，$\frac{M}{EI} = \frac{\mathrm{d}^2 v}{\mathrm{d}x^2}$。

在式(3.35)中已经给出了用形函数表示任一点位移的表达式，那么式(3.38)中关于位移的二阶导数可表示为

$$\frac{\mathrm{d}^2 v}{\mathrm{d}x^2} = \begin{bmatrix} \frac{\mathrm{d}^2 N_{v1}}{\mathrm{d}x^2} & \frac{\mathrm{d}^2 N_{\theta 1}}{\mathrm{d}x^2} & \frac{\mathrm{d}^2 N_{v2}}{\mathrm{d}x^2} & \frac{\mathrm{d}^2 N_{\theta 2}}{\mathrm{d}x^2} \end{bmatrix} \begin{Bmatrix} v_1 \\ \theta_1 \\ v_2 \\ \theta_2 \end{Bmatrix} = \begin{bmatrix} B_1 & B_2 & B_3 & B_4 \end{bmatrix} \begin{Bmatrix} v_1 \\ \theta_1 \\ v_2 \\ \theta_2 \end{Bmatrix} = \boldsymbol{B}\boldsymbol{q}^e \tag{3.39}$$

式中，$\boldsymbol{B}$ 为应变矩阵，$\boldsymbol{B} = \begin{bmatrix} B_1 & B_2 & B_3 & B_4 \end{bmatrix}$，具体有

$$B_1 = -\frac{6}{L^2} + 12\frac{x}{L^3},\quad B_2 = -\frac{4}{L} + 6\frac{x}{L^2},\quad B_3 = \frac{6}{L^2} - 12\frac{x}{L^3},\quad B_4 = -\frac{2}{L} + 6\frac{x}{L^2} \tag{3.40}$$

将式(3.39)代入梁单元的应变能公式，得到单元应变能：

$$U = \frac{1}{2}EI\int_L \boldsymbol{q}^{e\mathrm{T}}\boldsymbol{B}^{\mathrm{T}}\boldsymbol{B}\boldsymbol{q}^e \mathrm{d}x = \frac{1}{2}\boldsymbol{q}^{e\mathrm{T}}\left(EI\int_L \boldsymbol{B}^{\mathrm{T}}\boldsymbol{B}\mathrm{d}x\right)\boldsymbol{q}^e \tag{3.41}$$

考虑到单元应变能的一般形式可以表达成

$$U = \frac{1}{2}\boldsymbol{q}^{e\mathrm{T}}\boldsymbol{K}^e\boldsymbol{q}^e \tag{3.42}$$

式中，$\boldsymbol{K}^e$ 为平面梁单元的单元刚度矩阵，其表达式为

$$\boldsymbol{K}^e = EI\int_L \boldsymbol{B}^{\mathrm{T}}\boldsymbol{B}\mathrm{d}x \tag{3.43}$$

应变矩阵 $\boldsymbol{B}$ 是关于 x 的函数，对式(3.43)进行积分后，便得到局部坐标系下的平面梁单元的单元刚度矩阵的具体表达式：

$$\boldsymbol{K}^e = \frac{EI}{L^3}\begin{bmatrix} 12 & 6L & -12 & 6L \\ 6L & 4L^2 & -6L & 2L^2 \\ -12 & -6L & 12 & -6L \\ 6L & 2L^2 & -6L & 4L^2 \end{bmatrix} \tag{3.44}$$

可以看出，$\boldsymbol{K}^e$ 是一个 4×4 的对称矩阵，同样可按照每个节点两个自由度的构成方式，将单元刚度矩阵写成 2×2 个子块、每个子块为 2×2 的分块矩阵的形式。

3.4.2　平面梁单元举例

例 3-4　一悬臂梁模型结构如图 3.9 所示，将其划分为由 6 个单元、7 个节点组成的有限元模型，每个单元的长度相等，在其右端(即第 7 个节点处)施加一个集中力载荷 F，大小为

500N，在第 4 个节点处施加一个弯矩 M，大小为 70N·m，试分析各节点的位移变化情况。已知几何参数：单元长度为 0.15m，截面边长分别为 0.06m 和 0.007m；材料参数：弹性模量为 200GPa，密度为 7850kg/m^3，泊松比为 0.3。

解　以下简要描述采用有限元法对上述结构进行静力学分析的过程。

(1)单元及节点编号。

已知该结构共均分为 6 个平面梁单元，各单元节点编号如表 3.5 所示。

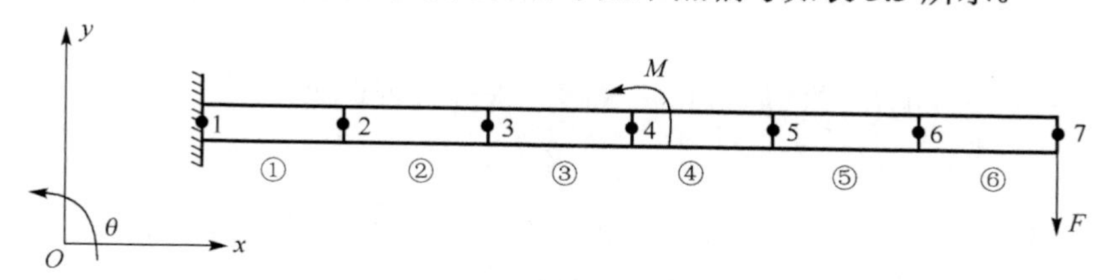

图 3.9　悬臂梁有限元模型及受力示意图

表 3.5　梁结构单元及节点编号

单元	①	②	③	④	⑤	⑥
节点 1	1	2	3	4	5	6
节点 2	2	3	4	5	6	7

由于梁单元的刚度矩阵求解式(3.44)是基于局部坐标系推导的，因而同样不需要该有限元模型中的节点坐标信息。

(2)单元刚度矩阵的求解。

由于每个单元的长度及材料参数一致，因而每个单元的刚度矩阵是一样的，可以按照式(3.44)求解出单元的刚度矩阵。

(3)单元的组集。

单元的组集目标是形成结构的整体有限元方程，对于图 3.9 所描述的结构，整体位移列向量可表示为 $\boldsymbol{q}=\{v_1\quad \theta_1\quad v_2\quad \theta_2\quad v_3\quad \theta_3\quad v_4\quad \theta_4\quad v_5\quad \theta_5\quad v_6\quad \theta_6\quad v_7\quad \theta_7\}^{\mathrm{T}}$，这是有限元分析所要求解的量值。这里节点 4 及节点 7 受到外载荷作用，因而整体载荷列向量可表示为 $\boldsymbol{F}=\{0\quad 0\quad 0\quad 0\quad 0\quad 0\quad 0\quad M\quad 0\quad 0\quad 0\quad 0\quad F\quad 0\}^{\mathrm{T}}$。

这里同样采用转换矩阵法对单元进行组集，对于本例所描述的结构，转换矩阵的行数为 4(即单元自由度数)，转换矩阵的列数为 14(即系统总的维数)。这里以单元①为例，给出单元①的转换矩阵。由于单元①的节点整体编号为 1、2，则对应的转换矩阵为

$$\boldsymbol{G}^1=\begin{bmatrix}1&0&0&0&0&0&0&0&0&0&0&0&0&0\\0&1&0&0&0&0&0&0&0&0&0&0&0&0\\0&0&1&0&0&0&0&0&0&0&0&0&0&0\\0&0&0&1&0&0&0&0&0&0&0&0&0&0\end{bmatrix}$$

进一步，可利用转换矩阵对原始的单元刚度矩阵进行变换并依次叠加，计算式为

$$\boldsymbol{K}_z=\sum_{i=1}^{6}\boldsymbol{G}^{i\mathrm{T}}\boldsymbol{K}^1\boldsymbol{G}^i$$

最终获得该杆件系统14×14的总刚度矩阵。

(4) 边界条件的引入。

整体有限元方程形成后，需要引入位移边界条件(即消除总刚度矩阵的奇异性)才能具体求解。本例为悬臂梁结构，节点 1 完全固定，边界条件可描述为 $v_1 = 0, \theta_1 = 0$，即节点 1 的平动及角位移全部为 0，因而需要去掉总刚度矩阵对应于第 1、2 行及第 1、2 列的所有元素(也就是保留第 3～14 行和第 3～14 列的元素)，总刚度矩阵的维数变为 12×12，同时载荷列向量中第 1、2 行的元素也需要去掉。对应的待求解的位移也变为 12 个。

(5) 求解。

消除了总刚度矩阵的奇异性后可直接求解，求解式表达为

$$\hat{\boldsymbol{q}} = \hat{\boldsymbol{K}}_z^{-1}\hat{\boldsymbol{F}}$$

式中，$\hat{\boldsymbol{q}}$ 为待求解的位移；$\hat{\boldsymbol{K}}_z$ 为修正的刚度矩阵；$\hat{\boldsymbol{F}}$ 为修正的载荷向量。

具体的计算过程可参见以下 MATLAB 程序：

```
clear
E=2e11; L=0.15; n=6; l=L/n; rho=7850;
miu=0.3; b=0.06; h=0.007;
A=b*h; I=b*h*h*h/12; sdof=2*(n+1);                 %参数赋值
k=[12, 6*l, -12, 6*l;
   6*l, 4*l*l, -6*l,2*l*l;
   -12, -6*l, 12,-6*l;
   6*l, 2*l*l,-6*l,4*l*l];
k0=E*I*k/(l*l*l);                                  %单元刚度矩阵
K_e=zeros(sdof,sdof);
for i=1:n
    T=eye(4,4);   Ke=T*k0*T';                      %坐标转换矩阵
    G=zeros(4,sdof); G(1:4,2*i-1:2*i+2)=eye(4,4);  %转换矩阵
K1=G'*Ke*G;  K_e=K_e+K1;
end
K=K_e;                                             %总刚度矩阵
F=zeros(sdof,1);                                   %外力载荷列阵；重力载荷列阵；
F(sdof-1)=-500;     F(4*2)=70;                     %外力
K=K(3:end,3:end);     F=F(3:end,1);
R=F;
format long
X=double(K\R)                                      %各节点位移
```

利用该程序求得悬臂梁的各节点位移如表 3.6 所示。

表 3.6　各节点位移变化情况(MATLAB)

节点编号	1	2	3	4	5	6	7
v/mm	0	-0.7592×10^{-6}	0.1215×10^{-4}	0.6150×10^{-4}	0.10629×10^{-3}	0.1055×10^{-3}	0.8200×10^{-4}
θ/rad	0	0.9111×10^{-4}	0.1093×10^{-2}	0.3007×10^{-2}	0.7289×10^{-3}	-0.6378×10^{-3}	-0.1093×10^{-2}

作为对照，利用 ANSYS 对该例进行同样的分析计算。ANSYS 的命令流如下：

```
FINISH
/CLEAR
```

```
L=0.15 $ B=0.06 $ H=0.007 $ AREA=B*H
IZZ=B*H*H*H/12
IYY=H*B*B*B/12
IXX=IZZ+IYY
/PREP7
K,1,0,0,0                              !创建关键点 1
K,2,L,0,0                              !创建关键点 2
LSTR,1,2                               !创建直线
ET,1,BEAM4                             !定义单元类型
R,1,AREA,IZZ,IYY,,,,,IXX,,,,           !定义实常数
MP,EX,1,2E11                           !定义弹性模量
MP,PRXY,1,0.3                          !定义泊松比
MP,DENS,1,7850                         !定义密度
ESIZE,0,6                              !定义单元个数
LMESH,1                                !划分单元
/ESHAPE,1                              !显示单元
/SOL                                   !进入求解器
ANTYPE,0                               !定义分析类型，静态分析
F,2,FY,-500                            !施加外载荷 F
F,5,MZ,70
D,1,ALL                                !节点 1 全约束，悬臂梁
SOLVE                                  !求解
FINISH
ALLS
/POST1                                 !进入后处理
PRNSOL,U,Y                             !显示节点位移
PRNSOL,ROT,Z                           !显示节点旋转角度
```

经 ANSYS 计算所得到该悬臂梁模型各节点位移如表 3.7 所示。

表 3.7　各节点位移变化情况(ANSYS)

节点编号	1	2	3	4	5	6	7
v/mm	0	-0.7592×10^{-6}	0.1215×10^{-4}	0.6150×10^{-4}	0.10629×10^{-3}	0.1055×10^{-3}	0.8200×10^{-4}
θ/rad	0	0.9111×10^{-4}	0.1093×10^{-2}	0.3007×10^{-2}	0.7289×10^{-3}	-0.6378×10^{-3}	-0.1093×10^{-2}

3.5　三维梁单元

三维梁单元除承受轴力和弯矩外，还可能承受扭矩的作用，而且弯矩可能同时在两个坐标面内存在。图 3.10 为一局部坐标系下的空间梁单元，假设其长度为 L，材料的弹性模量为 E，剪切模量为 G，横截面的惯性矩为 I_z （绕平行于 z 轴的中性轴)和 I_y (绕平行于 y 轴的中性轴)，横截面的扭转惯性矩为 J。

图 3.10 中的空间梁单元有 2 个节点，每个节点有 6 个自由度，因而单元共有 12 个自由度，即 $\boldsymbol{q}^e=\{\boldsymbol{q}_1^{\mathrm{T}}\quad \boldsymbol{q}_2^{\mathrm{T}}\}^{\mathrm{T}}$，其中，$\boldsymbol{q}_i=[u_i\quad v_i\quad w_i\quad \theta_{xi}\quad \theta_{yi}\quad \theta_{zi}]^{\mathrm{T}}$ ($i=1,2$)。式中，u_i、v_i、w_i 为节点 i 在局部坐标系中 3 个方向的线位移；θ_{xi} 代表截面的扭转，θ_{yi}、θ_{zi} 分别代表截面在 xOz 和 xOy 坐标平面内的转角。三个线位移分别对应节点 i 的轴向力、xOy 和 xOz 面内的剪力，

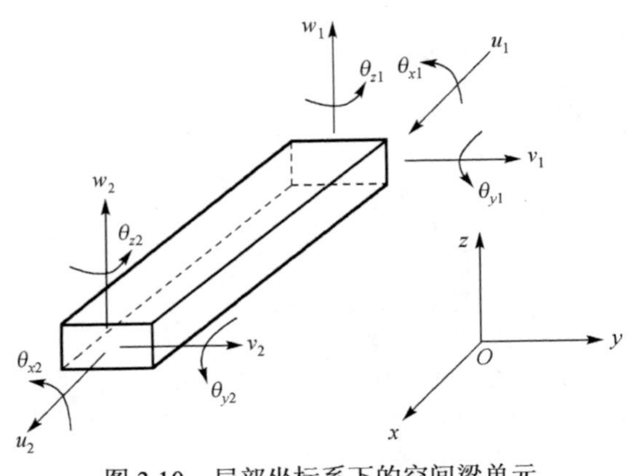

图 3.10　局部坐标系下的空间梁单元

三个转角对应节点 i 的扭转、xOz 和 xOy 面内的扭转。

下面分别基于前面杆单元和平面梁单元的刚度矩阵，并利用材料力学中的扭转理论写出图 3.10 中对应节点位移的刚度矩阵，然后进行组合以形成完整的刚度矩阵。

(1) 对应于节点位移 (u_1, u_2)。

这是轴向位移，该位移形式与杆单元类似，参见式(3.9)，对应于杆单元的刚度矩阵为

$$\underset{(2\times2)}{\boldsymbol{K}^e_{u_1u_2}} = \frac{EA}{L}\begin{bmatrix} 1 & -1 \\ -1 & 1 \end{bmatrix} \tag{3.45}$$

(2) 对应于节点位移 $(\theta_{x1}, \theta_{x2})$。

这是杆扭转的形式，如果将扭转角位移类似于拉伸杆的轴向位移，则它的分析结果与拉伸杆类似(见材料力学的扭转问题)，即

$$\underset{(2\times2)}{\boldsymbol{K}^e_{\theta_{x1}\theta_{x2}}} = \frac{GJ}{L}\begin{bmatrix} 1 & -1 \\ -1 & 1 \end{bmatrix} \tag{3.46}$$

(3) 对应于 xOy 平面内的节点位移 $(v_1, \theta_{z1}, v_2, \theta_{z2})$。

在该平面内，各节点的位移情况与平面梁单元在该平面内的纯弯曲情况相同。那么根据式(3.44)得到 xOy 平面内对应的刚度矩阵为

$$\underset{(4\times4)}{\boldsymbol{K}^e_{xOy}} = \frac{EI_z}{L^3}\begin{bmatrix} 12 & 6L & -12 & 6L \\ 6L & 4L^2 & -6L & 2L^2 \\ -12 & -6L & 12 & -6L \\ 6L & 2L^2 & -6L & 4L^2 \end{bmatrix} \tag{3.47}$$

(4) 对应于 xOz 平面内的节点位移 $(w_1, \theta_{y1}, w_2, \theta_{y2})$。

在该平面内，各节点的位移情况与在平面 xOy 内的相同，也是平面梁单元在该平面内的纯弯曲情况，所以可以得到与式(3.47)类似的刚度矩阵，只是所对应的节点位移是不同的。因此，在该平面内所对应的刚度矩阵为

$$\underset{(4\times4)}{\boldsymbol{K}^e_{xOz}} = \frac{EI_y}{L^3}\begin{bmatrix} 12 & -6L & -12 & -6L \\ -6L & 4L^2 & 6L & 2L^2 \\ -12 & 6L & 12 & 6L \\ -6L & 2L^2 & 6L & 4L^2 \end{bmatrix} \tag{3.48}$$

(5) 将各部分的刚度矩阵进行组合以形成完整的三维梁单元刚度矩阵。

按照三维梁单元中各节点位移的次序，将上面求出的各部分的刚度矩阵的元素分别进行组合，便可形成局部坐标系下的三维梁单元的完整刚度矩阵 $\boldsymbol{K}^e$。

$$
\underset{(12\times12)}{\boldsymbol{K}^e}=\begin{bmatrix}
\frac{EA}{L} & 0 & 0 & 0 & 0 & 0 & -\frac{EA}{L} & 0 & 0 & 0 & 0 & 0 \\
0 & \frac{12EI_z}{L^3} & 0 & 0 & 0 & \frac{6EI_z}{L^2} & 0 & -\frac{12EI_z}{L^3} & 0 & 0 & 0 & \frac{6EI_z}{L^2} \\
0 & 0 & \frac{12EI_y}{L^3} & 0 & -\frac{6EI_y}{L^2} & 0 & 0 & 0 & -\frac{12EI_y}{L^3} & 0 & -\frac{6EI_y}{L^2} & 0 \\
0 & 0 & 0 & \frac{GJ}{L} & 0 & 0 & 0 & 0 & 0 & -\frac{GJ}{L} & 0 & 0 \\
0 & 0 & -\frac{6EI_y}{L^2} & 0 & \frac{4EI_y}{L} & 0 & 0 & 0 & \frac{6EI_y}{L^2} & 0 & \frac{2EI_y}{L} & 0 \\
0 & \frac{6EI_z}{L^2} & 0 & 0 & 0 & \frac{4EI_z}{L} & 0 & -\frac{6EI_z}{L^2} & 0 & 0 & 0 & \frac{2EI_z}{L} \\
-\frac{EA}{L} & 0 & 0 & 0 & 0 & 0 & \frac{EA}{L} & 0 & 0 & 0 & 0 & 0 \\
0 & -\frac{12EI_z}{L^3} & 0 & 0 & 0 & -\frac{6EI_z}{L^2} & 0 & \frac{12EI_z}{L^3} & 0 & 0 & 0 & -\frac{6EI_z}{L^2} \\
0 & 0 & -\frac{12EI_y}{L^3} & 0 & \frac{6EI_y}{L^2} & 0 & 0 & 0 & \frac{12EI_y}{L^3} & 0 & \frac{6EI_y}{L^2} & 0 \\
0 & 0 & 0 & -\frac{GJ}{L} & 0 & 0 & 0 & 0 & 0 & \frac{GJ}{L} & 0 & 0 \\
0 & 0 & -\frac{6EI_y}{L^2} & 0 & \frac{2EI_y}{L} & 0 & 0 & 0 & \frac{6EI_y}{L^2} & 0 & \frac{4EI_y}{L} & 0 \\
0 & \frac{6EI_z}{L^2} & 0 & 0 & 0 & \frac{2EI_z}{L} & 0 & -\frac{6EI_z}{L^2} & 0 & 0 & 0 & \frac{4EI_z}{L}
\end{bmatrix} \tag{3.50}
$$

在机械工程领域中三维梁单元是一种十分重要的单元，根据实际需要也可忽略节点的某些自由度，从而降低三维梁单元总的自由度数。

习　　题

3.1　求解如题 3.1 图所示的杆单元模型的编号信息表，并用直接叠加法与转换矩阵法分别对其进行组集。已知各单元参数相同：弹性模量 E、横截面积 A、单元长度 L。

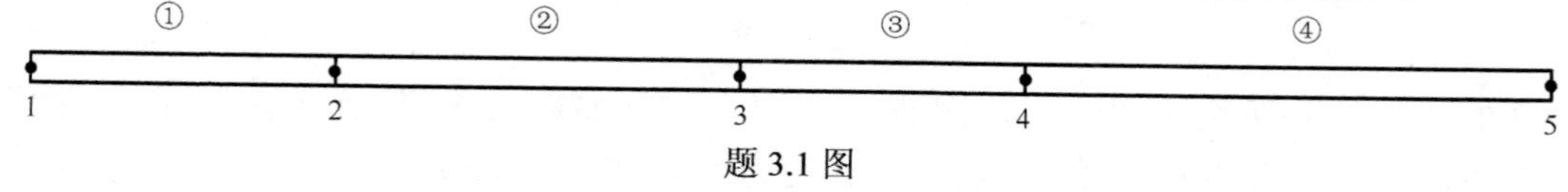

题 3.1 图

3.2　杆件的尺寸如题 3.2 图所示，求各节点位移、单元应力和支反力。已知：弹性模量 E=200GPa。

3.3　如题 3.3 图所示，设结构由三个等截面杆件①、②、③所组成，写出四个节点 1、2、3、4 的节点轴向力 F_1、F_2、F_3、F_4 与节点轴向位移 u_1、u_2、u_3、u_4 之间的总刚度矩阵 $\boldsymbol{K}$。

3.4　如题 3.4 图所示，平面桁架结构两侧固支，其所有杆件均由同一种材料构成，弹性模量 E=200GPa，截面积均为 $1\times10^{-4}\,\text{m}^2$，试求解 A 点处的变形量。

3.5　一平面桁架如题 3.5 图所示，桁架上 B 点与 D 点固支，A 点承受力 F=800N，力的方向与杆 AB 的延长线方向一致，杆 AC、BC、CD 的长度为 0.5m，截面积均为 $0.16\times10^{-4}\text{m}^2$，弹性模量 E=200GPa，试求解桁架各点的节点位移。

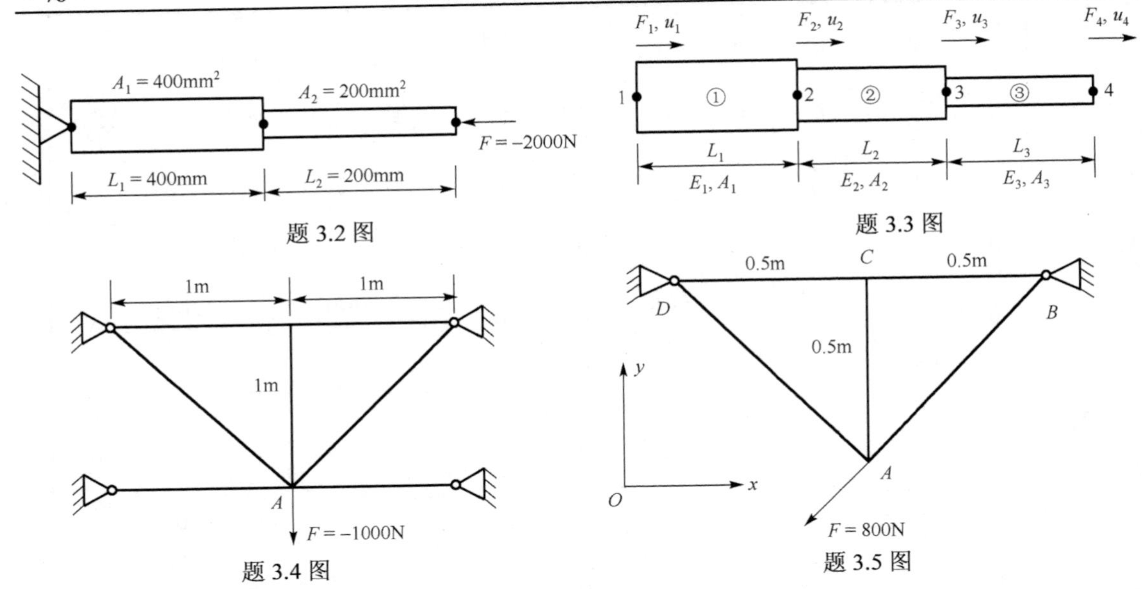

题 3.2 图

题 3.3 图

题 3.4 图

题 3.5 图

3.6　矩形横截面连续梁如题 3.6 图所示，b=20mm, h=30mm, M=500N·m，试求出单元节点位移和支反力。已知：弹性模量 E=2.1×10^{11}Pa，泊松比 $\mu = 0.3$ 。

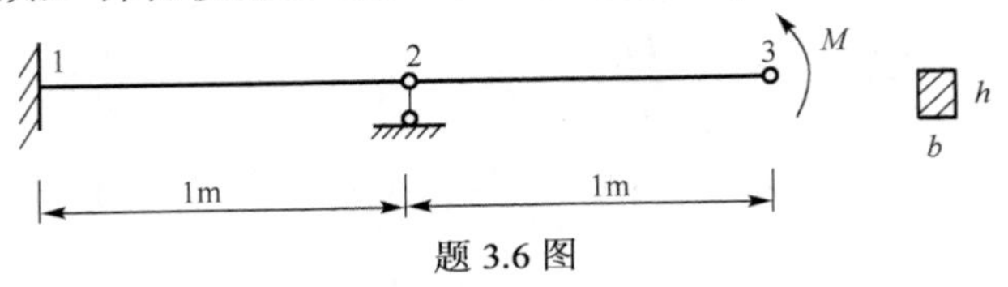

题 3.6 图

3.7　简支梁如题 3.7 图所示，梁的长度为 3m，横截面积为 $0.3 \times 0.4(\text{m}^2)$ ，梁的弹性模量为 $2.1 \times 10^{11}\text{Pa}$ ，密度为 7850kg/m^3 。采用有限元法来对该简支梁进行分析，将其均匀离散为 3 个梁单元，节点 2 和节点 3 上作用向下载荷 500N，试计算各节点的变形。

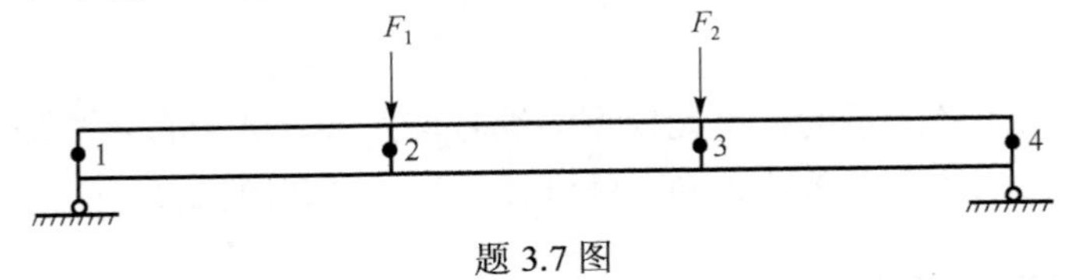

题 3.7 图

3.8　一个平面梁系统（一端固支，一端简支）如题 3.8 图所示，梁的弹性模量 $E = 2.06 \times 10^{11}\text{Pa}$，梁的截面见图中标示，作用力 $F = 70\text{N}$ ，总长度为 1.5m，等分为 15 个轴段。试编制有限元程序求解各节点的挠度，并绘制平面梁变形曲线。

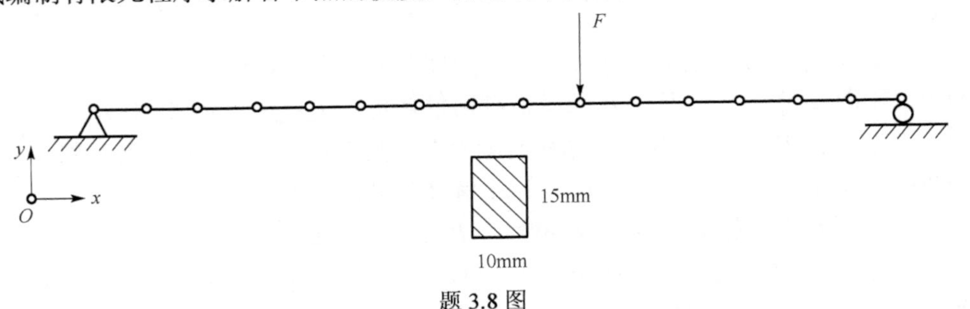

题 3.8 图

第 4 章　单元的形函数与载荷移置

在有限元基本理论中，形函数是一个十分重要的概念。它不仅可以用作单元的位移插值函数，把单元内任一点的位移用节点位移来表示，而且可作为加权余量法中的加权函数来处理外载荷，将分布力等效为作用在节点上的集中力或力矩。此外，形函数还可用于等参元的等参坐标变换(见第 5 章)。因而，可以说理解并成功运用形函数是学习有限元基本理论的一个重要环节。本章前半部分重点讨论形函数的构造原理，然后以平面三角形单元为例讨论形函数的性质。接着重点介绍利用形函数进行载荷移置的原理，给出单元上作用不同载荷情况下的载荷移置公式以及通过静力学平行力分解快速进行载荷移置的方法。最后给出用形函数理论进行三维实体有限元分析的一个综合实例。

4.1　形函数的构造原理

形函数主要取决于单元的形状、节点类型和单元的节点数目。单元从形状上可分为一维、二维和三维单元。这里单元节点类型是指节点自由度的种类，其可以只包含平动位移，也可能包含角位移。若节点自由度只包含平动位移，称为 C0 型单元，其形函数为 Lagrange 型；若节点自由度不仅包含平动位移还包含角位移，则称为 C1 型单元，其形函数为 Hermite 型。

在平面三角形单元、杆单元以及梁单元的学习过程中，应该注意到形函数是基于单元的位移插值函数(位移模式)，通过一系列的数学变换而产生，形函数描述了单元内任一点的位移与节点位移的关系。因而，弄清楚单元位移模式的构造原理也就是明确了形函数的构造原理，二者是一致的。本节所述的形函数构造原理实质上就是单元位移模式的构造原理，而位移模式均采用不同阶次的幂函数多项式形式来表达，可能具有一次、二次、三次或更高次等。本节在介绍几种常见单元形函数形成过程的基础上，接着给出利用帕斯卡三角形确定不同类型单元位移模式的方法(即位移模式的构造原理也是形函数的构造原理)。

4.1.1　常见单元的形函数

1. 一维一次两节点单元(一维杆单元)

如图 4.1 所示，设单元内的一维位移场函数 $u(x)$ 沿着 x 轴呈线性变化，即

$$u(x) = \alpha_1 + \alpha_2 x \tag{4.1}$$

转换成向量形式为

$$u(x) = \{1\quad x\}\begin{Bmatrix}\alpha_1\\ \alpha_2\end{Bmatrix} \tag{4.2}$$

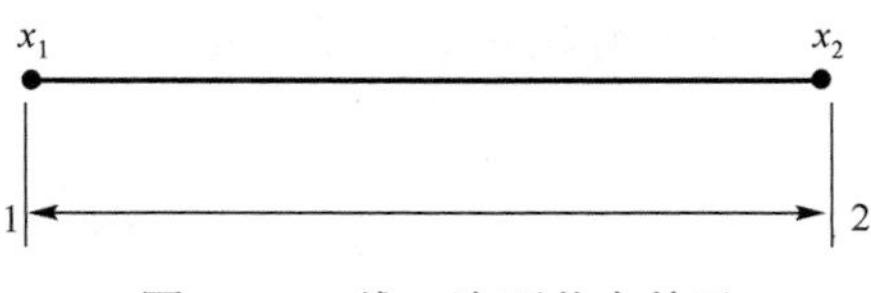

图 4.1　一维一次两节点单元

设两个节点的坐标为 x_1、x_2，两节点的位移分别为 u_1、u_2。代入式(4.1)可以解出 α_1、α_2，即

$$\begin{Bmatrix} \alpha_1 \\ \alpha_2 \end{Bmatrix} = \begin{bmatrix} 1 & x_1 \\ 1 & x_2 \end{bmatrix}^{-1} \begin{Bmatrix} u_1 \\ u_2 \end{Bmatrix} \tag{4.3}$$

这样，位移场函数 $u(x)$ 可以写成形函数与节点参数乘积的形式：

$$u(x) = \{1 \quad x\} \begin{bmatrix} 1 & x_1 \\ 1 & x_2 \end{bmatrix}^{-1} \begin{Bmatrix} u_1 \\ u_2 \end{Bmatrix} \tag{4.4}$$

得到形函数矩阵为

$$\boldsymbol{N} = \{1 \quad x\} \begin{bmatrix} 1 & x_1 \\ 1 & x_2 \end{bmatrix}^{-1} = \begin{bmatrix} N_1 & N_2 \end{bmatrix} \tag{4.5}$$

其中形函数的各元素为

$$N_1 = \frac{x_2 - x}{x_2 - x_1}, \quad N_2 = \frac{x - x_1}{x_2 - x_1} \tag{4.6}$$

利用 MATLAB 软件编写程序，可以很方便地推导出上述单元形函数。代码如下：

```
clear
x1=sym('x1');
x2=sym('x2');
x=sym('x');
j=0:1;
v=x.^j;  % v=[1 x];
m=[1,x1;1,x2]
mm=inv(m)
N=v*mm
simplify(factor(N))
```

2. 二维一次三节点单元(平面三角形单元)

对于如图 4.2 所示的二维一次三节点单元，在整体坐标系下，单元内任一点的 x 方向的位移是

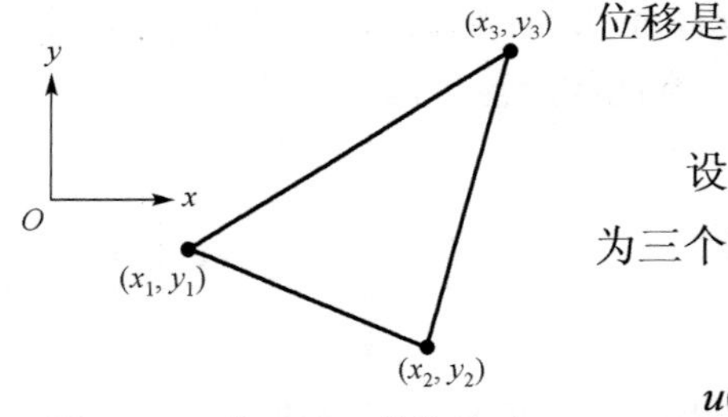

图 4.2　二维一次三节点单元

$$u(x,y) = \alpha_1 + \alpha_2 x + \alpha_3 y \tag{4.7}$$

设三个节点的坐标是 (x_1,y_1)、(x_2,y_2)、(x_3,y_3)，u_1、u_2、u_3 为三个节点在 x 方向上的位移，具有如下关系：

$$u(x,y) = \{1 \ x \ y\} \begin{Bmatrix} \alpha_1 \\ \alpha_2 \\ \alpha_3 \end{Bmatrix} \Rightarrow \begin{Bmatrix} \alpha_1 \\ \alpha_2 \\ \alpha_3 \end{Bmatrix} = \begin{bmatrix} 1 & x_1 & y_1 \\ 1 & x_2 & y_2 \\ 1 & x_3 & y_3 \end{bmatrix}^{-1} \begin{Bmatrix} u_1 \\ u_2 \\ u_3 \end{Bmatrix} \tag{4.8}$$

则位移场函数 $u(x,y)$ 可以进一步表达为

$$u(x,y) = \{1 \ x \ y\} \begin{bmatrix} 1 & x_1 & y_1 \\ 1 & x_2 & y_2 \\ 1 & x_3 & y_3 \end{bmatrix}^{-1} \begin{Bmatrix} u_1 \\ u_2 \\ u_3 \end{Bmatrix} \tag{4.9}$$

式(4.9)描述了单元内任一点的位移同节点位移之间的关系，基于此可得到形函数矩阵如下：

$$
\boldsymbol{N}=\{1\ x\ y\}\begin{bmatrix}1 & x_1 & y_1\\ 1 & x_2 & y_2\\ 1 & x_3 & y_3\end{bmatrix}^{-1}=\begin{bmatrix}N_1 & N_2 & N_3\end{bmatrix} \tag{4.10}
$$

这里形函数的每一个元素与第 2 章平面三角形单元是一致的。不同的是第 2 章分别给出了 x 及 y 方向的位移模式来推导形函数，而这里仅给出了 x 方向的位移模式(当然，也可仅给出 y 方向的位移模式来推导形函数)。

上述推导可用如下 MATLAB 程序：

```
clear
v=sym('[1, x,y]')
m=sym('[1,x1,y1;1,x2,y2;1,x3,y3]')
mm=inv(m)
N=v*mm
simplify(factor(N))
```

3. 三维一次四节点单元(三维四面体单元)

对于如图 4.3 所示的三维一次四节点单元，在整体坐标系下，任一点的 x 方向的位移是

$$
u(x,y,z)=\alpha_1+\alpha_2 x+\alpha_3 y+\alpha_4 z \tag{4.11}
$$

同理，可以得到单元内任一点的位移同节点位移之间的关系，即

$$
\begin{aligned}
u(x,y,z)&=\{1\ x\ y\ z\}\begin{Bmatrix}\alpha_1\\ \alpha_2\\ \alpha_3\\ \alpha_4\end{Bmatrix}\\
&=\{1\ x\ y\ z\}\begin{bmatrix}1 & x_1 & y_1 & z_1\\ 1 & x_2 & y_2 & z_2\\ 1 & x_3 & y_3 & z_3\\ 1 & x_4 & y_4 & z_4\end{bmatrix}^{-1}\begin{bmatrix}u_1\\ u_2\\ u_3\\ u_4\end{bmatrix}
\end{aligned} \tag{4.12}
$$

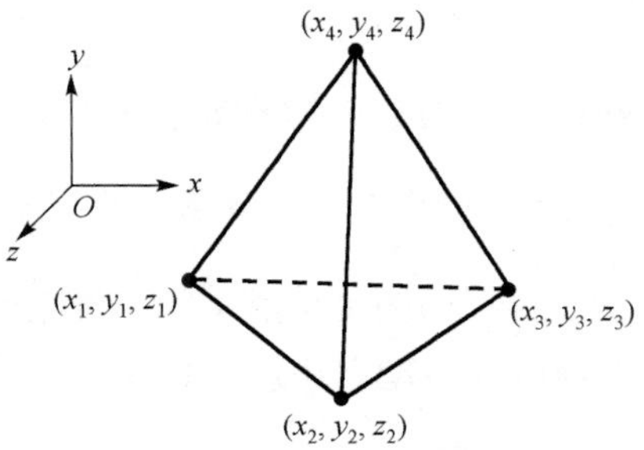

图 4.3　三维一次四节点单元

从而，得到形函数矩阵如下：

$$
\boldsymbol{N}=\{1\ x\ y\ z\}\begin{bmatrix}1 & x_1 & y_1 & z_1\\ 1 & x_2 & y_2 & z_2\\ 1 & x_3 & y_3 & z_3\\ 1 & x_4 & y_4 & z_4\end{bmatrix}^{-1}=\begin{bmatrix}N_1 & N_2 & N_3 & N_4\end{bmatrix} \tag{4.13}
$$

式(4.13)中的形函数矩阵中的每一个元素如果都用符号变量表达，将是一个非常复杂的表达式，这里就不给出了。如果节点坐标为具体数值，则相应的形函数表达较为简单。在第 5 章等参元中，母单元节点坐标均已知，且具体数值在(–1,1)之间，因而可以得到较为简洁的形函数表达式。

4. 一维二次三节点单元(高次单元)

对于如图 4.4 所示的一维二次三节点单元，设位移函数为

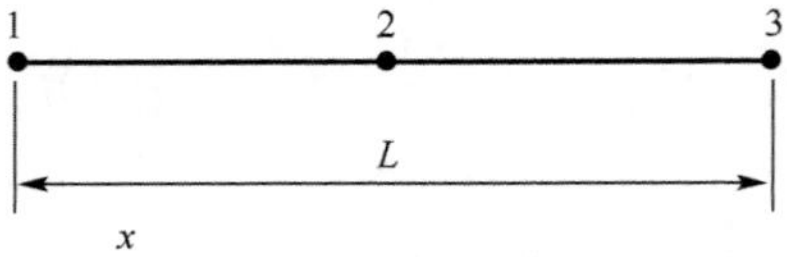

图 4.4　一维二次三节点单元

$$u(x)=\alpha_1+\alpha_2 x+\alpha_3 x^2=\{1\ \ x\ \ x^2\}\begin{Bmatrix}\alpha_1\\ \alpha_2\\ \alpha_3\end{Bmatrix} \tag{4.14}$$

将节点位移u_1、u_2、u_3和对应的节点坐标代入式(4.14)中并求解$\{\alpha_1\ \ \alpha_2\ \ \alpha_3\}^{\mathrm{T}}$，即

$$\begin{Bmatrix}\alpha_1\\ \alpha_2\\ \alpha_3\end{Bmatrix}=\begin{bmatrix}1 & x_1 & x_1^2\\ 1 & x_2 & x_2^2\\ 1 & x_3 & x_3^2\end{bmatrix}^{-1}\begin{Bmatrix}u_1\\ u_2\\ u_3\end{Bmatrix} \tag{4.15}$$

将式(4.15)代回原位移函数(4.14)中可得

$$u(x)=\{1\quad x\quad x^2\}\begin{bmatrix}1 & x_1 & x_1^2\\ 1 & x_2 & x_2^2\\ 1 & x_3 & x_3^2\end{bmatrix}^{-1}\begin{Bmatrix}u_1\\ u_2\\ u_3\end{Bmatrix} \tag{4.16}$$

因而，形函数矩阵如下：

$$\boldsymbol{N}=\{1\quad x\quad x^2\}\begin{bmatrix}1 & x_1 & x_1^2\\ 1 & x_2 & x_2^2\\ 1 & x_3 & x_3^2\end{bmatrix}^{-1}=\begin{bmatrix}N_1 & N_2 & N_3\end{bmatrix} \tag{4.17}$$

同样，形函数矩阵的每个元素这里不再继续求解。

5. 一维三次两节点单元（平面梁单元）

对于如图 4.5 所示的一维三次两节点单元，该单元为 Hermite 型单元，即同时包括平动自由度及转动自由度，该单元的位移插值函数为

$$u(x)=\{1\ \ x\ \ x^2\ \ x^3\}\begin{Bmatrix}\alpha_1\\ \alpha_2\\ \alpha_3\\ \alpha_4\end{Bmatrix} \tag{4.18}$$

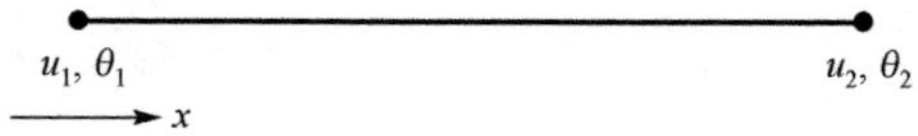

图 4.5　一维三次两节点单元

对应的转角方程为

$$\theta(x)=\frac{\mathrm{d}u(x)}{\mathrm{d}x}=\{0\quad 1\quad 2x\quad 3x^2\}\begin{Bmatrix}\alpha_1\\ \alpha_2\\ \alpha_3\\ \alpha_4\end{Bmatrix} \tag{4.19}$$

将该单元两个节点的位移$\{u_1\quad \theta_1\quad u_2\quad \theta_2\}^{\mathrm{T}}$和节点坐标代入式(4.18)和式(4.19)组成的方程组，求解$\{\alpha_1\ \alpha_2\ \alpha_3\ \alpha_4\}^{\mathrm{T}}$，即

$$\begin{Bmatrix}\alpha_1\\\alpha_2\\\alpha_3\\\alpha_4\end{Bmatrix}=\begin{bmatrix}1 & x_1 & x_1^2 & x_1^3\\0 & 1 & 2x_1 & 3x_1^2\\1 & x_2 & x_2^2 & x_2^3\\0 & 1 & 2x_2 & 3x_2^2\end{bmatrix}^{-1}\begin{Bmatrix}u_1\\\theta_1\\u_2\\\theta_2\end{Bmatrix} \tag{4.20}$$

将式(4.20)代入式(4.18)，得到单元内任一点平动位移的表达式如下：

$$u(x)=\{1\ x\ x^2\ x^3\}\begin{bmatrix}1 & x_1 & x_1^2 & x_1^3\\0 & 1 & 2x_1 & 3x_1^2\\1 & x_2 & x_2^2 & x_2^3\\0 & 1 & 2x_2 & 3x_2^2\end{bmatrix}^{-1}\begin{Bmatrix}u_1\\\theta_1\\u_2\\\theta_2\end{Bmatrix} \tag{4.21}$$

从而，可得到求解形函数矩阵的表达式：

$$\boldsymbol{N}=\{1\ x\ x^2\ x^3\}\begin{bmatrix}1 & x_1 & x_1^2 & x_1^3\\0 & 1 & 2x_1 & 3x_1^2\\1 & x_2 & x_2^2 & x_2^3\\0 & 1 & 2x_2 & 3x_2^2\end{bmatrix}^{-1}=\begin{bmatrix}N_{v1} & N_{\theta 1} & N_{v2} & N_{\theta 2}\end{bmatrix} \tag{4.22}$$

如果设 $x_1=0,\ x_2=L$，并代入式(4.22)则可到第 3 章所描述的平面梁单元的各节点的形函数表达式。

上述推导过程可用 MATLAB 程序来描述：

```
clear
x=sym('x');
j=0:3;
v=x.^j  % v=[1 x x^2 x^3];
m=sym('[1,x1,x1^2,x1^3;1, 0,1,2*x1,3*x1^2; x2,x2^2,x2^3;0,1,2*x2,3*x2^2]')
mm=inv(m)
N=v*mm;
simplify(factor(N))
```

6. 二维一次四节点单元(平面四边形单元或矩形单元)

对于如图 4.6 所示的二维一次四节点单元，参见上面描述的各种单元，其位移函数可表达为

$$u(x,y)=\{1\ x\ y\ xy\}\begin{Bmatrix}\alpha_1\\\alpha_2\\\alpha_3\\\alpha_4\end{Bmatrix}=\{1\ x\ y\ xy\}\begin{bmatrix}1 & x_1 & y_1 & x_1y_1\\1 & x_2 & y_2 & x_2y_2\\1 & x_3 & y_3 & x_3y_3\\1 & x_4 & y_4 & x_4y_4\end{bmatrix}^{-1}\begin{Bmatrix}u_1\\u_2\\u_3\\u_4\end{Bmatrix} \tag{4.23}$$

则形函数矩阵表达如下：

$$\boldsymbol{N}=\{1\ x\ y\ xy\}\begin{bmatrix}1 & x_1 & y_1 & x_1y_1\\1 & x_2 & y_2 & x_2y_2\\1 & x_3 & y_3 & x_3y_3\\1 & x_4 & y_4 & x_4y_4\end{bmatrix}^{-1} \tag{4.24}$$

7. 三维一次八节点单元(三维实体单元)

对于如图 4.7 所示的三维一次八节点单元，其位移插值函数值沿三坐标轴(x、y、z)呈线性变化。假设位移插值函数沿 x 轴的位移函数 $u=u(x,y,z)$ 可以写成如下带有 8 个系数的多项式形式：

$$u(x,y,z)=\alpha_1+\alpha_2 x+\alpha_3 y+\alpha_4 z+\alpha_5 xy+\alpha_6 xz+\alpha_7 yz+\alpha_8 xyz \tag{4.25}$$

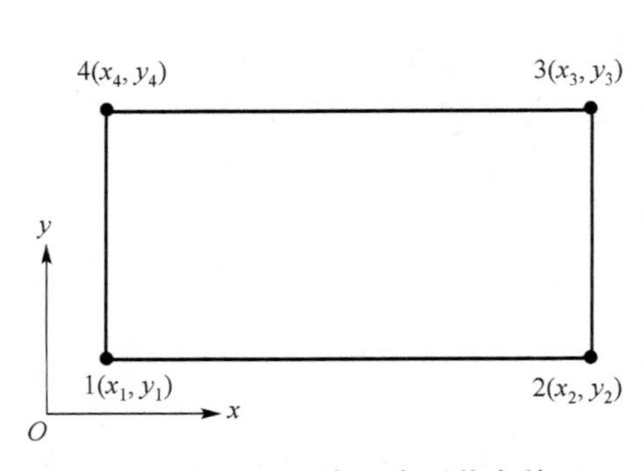

图 4.6　二维一次四节点单元

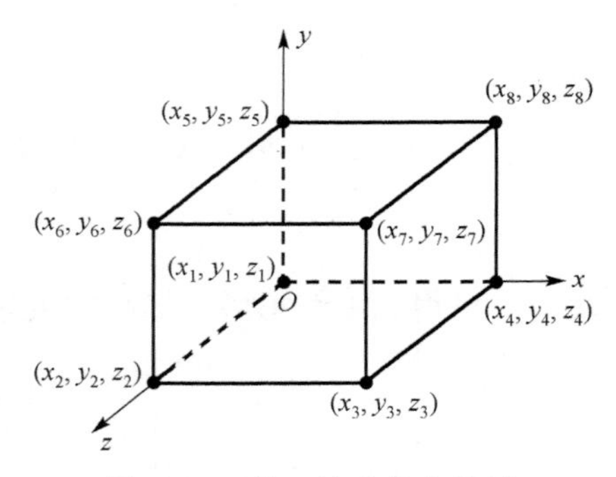

图 4.7　三维一次八节点单元

通过将各节点位移及节点坐标代入式(4.25)，可解出待定系数 $\alpha_i(i=1,2,\cdots,8)$，进一步将这些待定系数回代到位移插值函数中可得

$$u(x,y,z)=\{1\ x\ y\ z\ xy\ xz\ yz\ xyz\}\begin{bmatrix}1 & x_1 & y_1 & z_1 & x_1y_1 & x_1z_1 & y_1z_1 & x_1y_1z_1\\1 & x_2 & y_2 & z_2 & x_2y_2 & x_2z_2 & y_2z_2 & x_2y_2z_2\\1 & x_3 & y_3 & z_3 & x_3y_3 & x_3z_3 & y_3z_3 & x_3y_3z_3\\1 & x_4 & y_4 & z_4 & x_4y_4 & x_4z_4 & y_4z_4 & x_4y_4z_4\\1 & x_5 & y_5 & z_5 & x_5y_5 & x_5z_5 & y_5z_5 & x_5y_5z_5\\1 & x_6 & y_6 & z_6 & x_6y_6 & x_6z_6 & y_6z_6 & x_6y_6z_6\\1 & x_7 & y_7 & z_7 & x_7y_7 & x_7z_7 & y_7z_7 & x_7y_7z_7\\1 & x_8 & y_8 & z_8 & x_8y_8 & x_8z_8 & y_8z_8 & x_8y_8z_8\end{bmatrix}^{-1}\begin{Bmatrix}u_i\\u_j\\u_k\\u_l\\u_m\\u_n\\u_p\\u_q\end{Bmatrix} \tag{4.26}$$

因而形函数矩阵可表示为

$$\boldsymbol{N}=\{1\ x\ y\ z\ xy\ xz\ yz\ xyz\}\begin{bmatrix}1 & x_1 & y_1 & z_1 & x_1y_1 & x_1z_1 & y_1z_1 & x_1y_1z_1\\1 & x_2 & y_2 & z_2 & x_2y_2 & x_2z_2 & y_2z_2 & x_2y_2z_2\\1 & x_3 & y_3 & z_3 & x_3y_3 & x_3z_3 & y_3z_3 & x_3y_3z_3\\1 & x_4 & y_4 & z_4 & x_4y_4 & x_4z_4 & y_4z_4 & x_4y_4z_4\\1 & x_5 & y_5 & z_5 & x_5y_5 & x_5z_5 & y_5z_5 & x_5y_5z_5\\1 & x_6 & y_6 & z_6 & x_6y_6 & x_6z_6 & y_6z_6 & x_6y_6z_6\\1 & x_7 & y_7 & z_7 & x_7y_7 & x_7z_7 & y_7z_7 & x_7y_7z_7\\1 & x_8 & y_8 & z_8 & x_8y_8 & x_8z_8 & y_8z_8 & x_8y_8z_8\end{bmatrix}^{-1} \tag{4.27}$$

总结：以上罗列了 7 种单元的形函数的推导过程，我们从中可发现并总结出求解形函数的基本流程，可概括为：①给定单元的位移插值函数(位移模式)；②将位移插值函数中的待

定系数 $\alpha_i(i=1,2,\cdots)$ 设定为变量，提取变量的系数组成一个行向量，如对应平面三角形单元有 $\{1\ x\ y\}$；③将各节点的坐标代入这个行向量，形成一个系数方阵，如对应平面三角形单元有 $\begin{bmatrix} 1 & x_1 & y_1 \\ 1 & x_2 & y_2 \\ 1 & x_3 & y_3 \end{bmatrix}$；④用行向量乘以系数矩阵的逆，即可获得单元的形函数矩阵，同样对应平面三角形单元有 $[N_1\quad N_2\quad N_3]=\{1\ x\ y\}\begin{bmatrix} 1 & x_1 & y_1 \\ 1 & x_2 & y_2 \\ 1 & x_3 & y_3 \end{bmatrix}^{-1}$。

4.1.2　位移插值函数的构造方法

4.1.1 节介绍了单元形函数的推导过程，其中给定合理的位移插值函数(位移模式)是确定单元形函数的先决条件。本节描述利用帕斯卡三角形确定不同类型单元位移插值函数的方法。实践已经证明利用帕斯卡三角形确定的位移模式能够满足有限元的收敛性要求。

以下具体描述利用帕斯卡三角形对几种典型单元的位移插值函数进行构造的过程。

(1) 一维一次两节点单元的情况如图 4.8 所示。

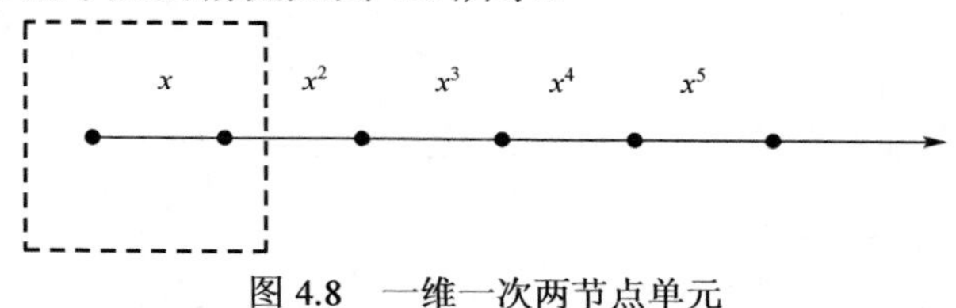

图 4.8　一维一次两节点单元

(2) 一维二次三节点单元的情况如图 4.9 所示。

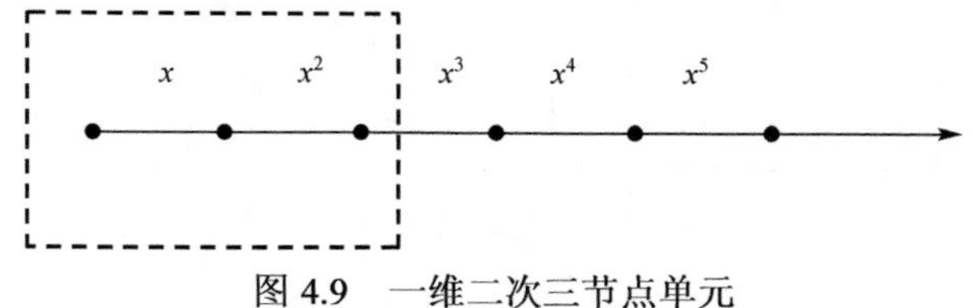

图 4.9　一维二次三节点单元

(3) 二维一次、二维二次单元的情况见图 4.10～图 4.12。

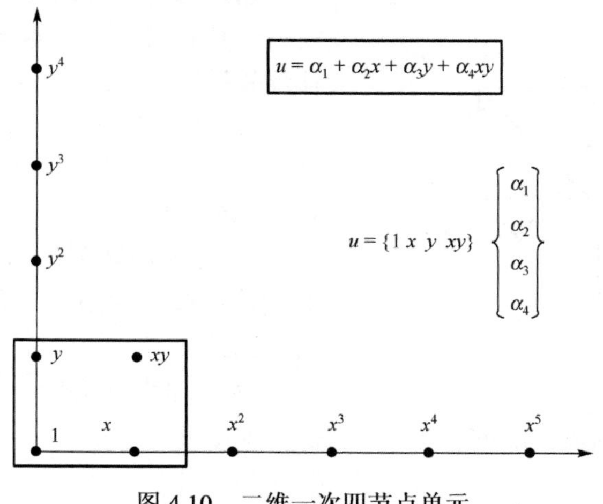

图 4.10　二维一次四节点单元

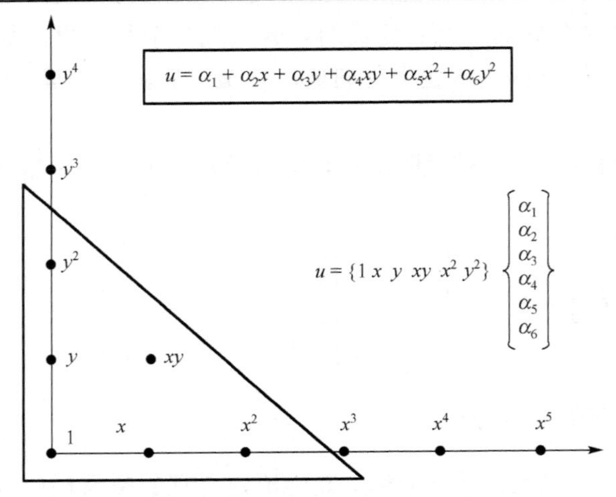

图 4.11　二维二次六节点单元

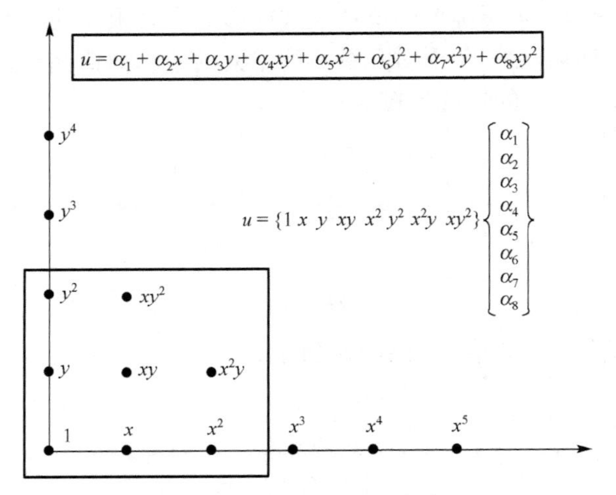

图 4.12　二维二次八节点单元

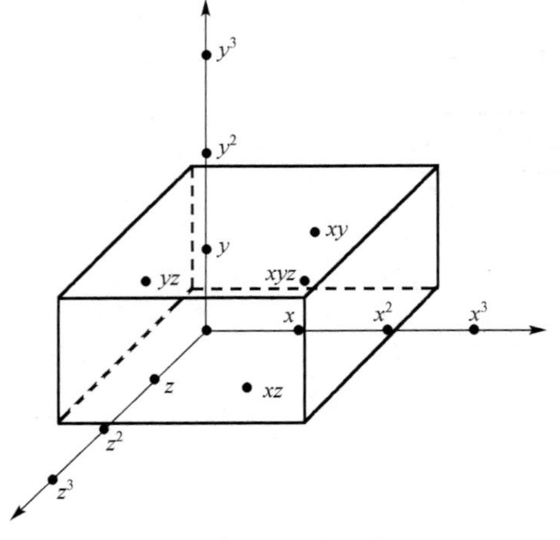

图 4.13　三维一次八节点单元

(4) 三维一次八节点单元的情况见图 4.13。

位移插值函数按照帕斯卡三角形构造的具体步骤描述如下。

(1) 按照所研究问题的维数绘制坐标轴，一维对应一个坐标轴，二维对应两个坐标轴，三维对应三个坐标轴。

(2) 按照所选单元的节点数，用三角形、矩形或长方体在帕斯卡三角形上对称地圈定相应的区域。

(3) 从低阶到高阶对应地写出位移函数的插值公式。

4.2　形函数的性质

下面我们以平面三角形单元为例讨论形函数的一些性质。为了对形函数的性质进行有效证明，在讨论形函数的性质之前，首先描述用面积坐标表示的形函数。

4.2.1　形函数与面积坐标

首先回顾一下平面三角形单元的形函数，图 4.14 为两个相邻的平面三角形单元，该平面三角形单元的形函数为

$$N_i = \frac{1}{2\varDelta}(a_i + b_i x + c_i y) \quad (i = 1, 2, 3) \tag{4.28}$$

实际上，式(4.28)可理解为式(4.10)展开后的具体表达式。其中，$2\varDelta = \begin{vmatrix} 1 & x_1 & y_1 \\ 1 & x_2 & y_2 \\ 1 & x_3 & y_3 \end{vmatrix}$，$\varDelta$ 为平面三角形单元的面积；a_i、b_i、c_i 为与节点坐标有关的系数，它们分别等于 $2\varDelta$ 公式中的行列式的有关代数余子式，即 a_1、b_1、c_1、a_2、b_2、c_2 和 a_3、b_3、c_3 分别是行列式 $2\varDelta$ 中的第一行、第二行和第三行各元素的代数余子式。

平面三角形单元的形函数也可以用面积坐标系来描述。面积坐标系是利用平面三角形单元面积比的关系，来描述平面三角形单元中任一点在单元中的位置。在如图 4.15 所示的平面三角形单元 IJM 中，任意一点 $P(x，y)$ 的位置可以用以下三个比值来确定：

$$\varLambda_I = \frac{\varDelta_I}{\varDelta}，\varLambda_J = \frac{\varDelta_J}{\varDelta}，\varLambda_M = \frac{\varDelta_M}{\varDelta} \tag{4.29}$$

式中，$\varDelta_I$、$\varDelta_J$、$\varDelta_M$ 分别为三角形 PJM、PMI、PIJ 的面积，则 $\varLambda_I$、$\varLambda_J$、$\varLambda_M$ 称为 P 点的面积坐标。

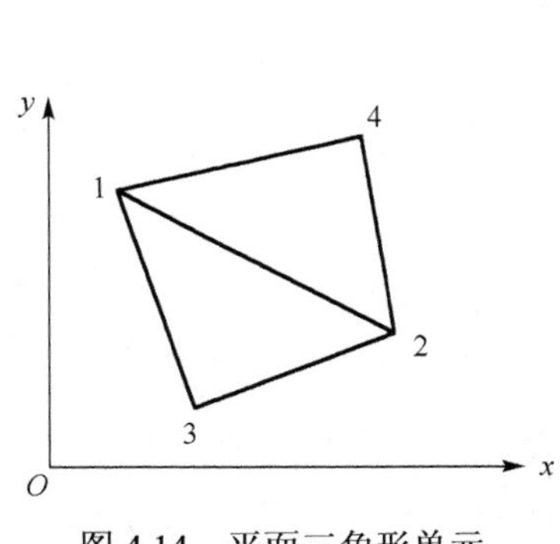

图 4.14　平面三角形单元

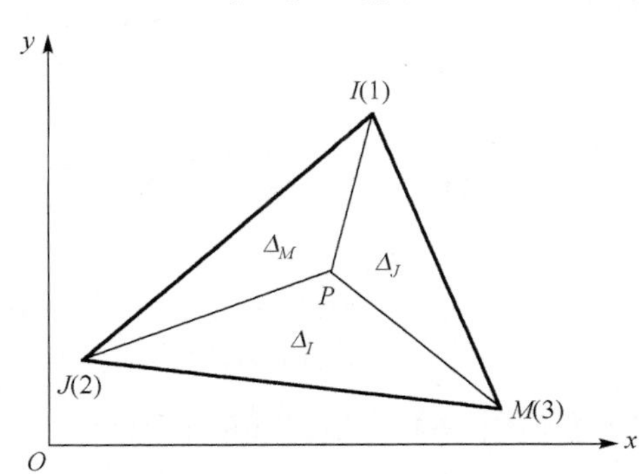

图 4.15　平面三角形单元的面积坐标系

对于三角形 PJM，其面积为

$$\varDelta_I = \frac{1}{2}\begin{vmatrix} 1 & x & y \\ 1 & x_2 & y_2 \\ 1 & x_3 & y_3 \end{vmatrix} = \frac{1}{2}(a_1 + b_1 x + c_1 y) \tag{4.30}$$

式(4.30)主要基于线性代数的理论：对于任意一个行列式，其任一行(或列)的元素与其相应

的代数余子式的乘积之和等于行列式的值。

故有

$$\Lambda_I = \frac{\Delta_I}{\Delta} = \frac{1}{2\Delta}(a_1 + b_1 x + c_1 y) = N_1 \tag{4.31}$$

类似地有

$$\Lambda_J = \frac{\Delta_J}{\Delta} = \frac{1}{2\Delta}(a_2 + b_2 x + c_2 y) = N_2 \tag{4.32}$$

$$\Lambda_M = \frac{\Delta_M}{\Delta} = \frac{1}{2\Delta}(a_3 + b_3 x + c_3 y) = N_3 \tag{4.33}$$

可见，单元形函数 N_1、N_2、N_3 与面积坐标 Λ_I、Λ_J、Λ_M 的形式一样的，因而可以用面积坐标表达各节点的形函数。

4.2.2 形函数的基本性质

可以说形函数是有限元法的灵魂，因而理解形函数的性质也是至关重要的，假如节点坐标已知，有时可以仅通过形函数的性质就能反推出形函数的表达式。本节以平面三角形单元为例，描述了形函数的基本性质，另外针对每个性质给予了必要的证明。形函数的性质具体描述如下。

(1)形函数在各单元节点上的值，具有“本点是 1、它点为零”的性质，即在单元节点 1 上，满足

$$N_1(x_1, y_1) = \frac{1}{2\Delta}(a_1 + b_1 x_1 + c_1 y_1) = 1 \tag{4.34}$$

在节点 2、3 上，有

$$N_1(x_2, y_2) = \frac{1}{2\Delta}(a_1 + b_1 x_2 + c_1 y_2) = 0 \tag{4.35}$$

$$N_1(x_3, y_3) = \frac{1}{2\Delta}(a_1 + b_1 x_3 + c_1 y_3) = 0 \tag{4.36}$$

类似地有

$$\begin{aligned} &N_2(x_1, y_1) = 0, \quad N_2(x_2, y_2) = 1, \quad N_2(x_3, y_3) = 0 \\ &N_3(x_1, y_1) = 0, \quad N_3(x_2, y_2) = 0, \quad N_3(x_3, y_3) = 1 \end{aligned} \tag{4.37}$$

这个性质用图 4.15 所描述的面积坐标很容易证明，假如 P 点移动到节点 1(即 I 点)，那么有 $\Lambda_I = \Delta,\ \Lambda_J = 0,\ \Lambda_M = 0$，显然可以得到 $N_1(x_1, y_1) = 1, N_1(x_2, y_2) = 0, N_1(x_3, y_3) = 0$。

(2)在单元内任一位置上，三个形函数之和等于 1，即

$$\begin{aligned} &N_1(x, y) + N_2(x, y) + N_3(x, y) \\ &= \frac{1}{2\Delta}(a_1 + b_1 x + c_1 y + a_2 + b_2 x + c_2 y + a_3 + b_3 x + c_3 y) \\ &= \frac{1}{2\Delta}\left[(a_1 + a_2 + a_3) + (b_1 + b_2 + b_3)x + (c_1 + c_2 + c_3)y\right] \\ &= 1 \end{aligned} \tag{4.38}$$

简记为

$$N_1 + N_2 + N_3 = 1 \tag{4.39}$$

这说明，三个形函数中只有两个是独立的。

这个性质用图 4.15 所描述的面积坐标更容易证明，我们将任一点 P 用面积坐标表达的形函数进行相加有

$$N_1 + N_2 + N_3 = \varLambda_I + \varLambda_J + \varLambda_M = \frac{\varDelta_I + \varDelta_J + \varDelta_M}{\varDelta} = 1 \tag{4.40}$$

(3)平面三角形单元任意一条边上的形函数，仅与该边的两端节点坐标有关，而与其他节点坐标无关。例如，在图 4.14 所描述的平面三角形单元 1-2 边上有

$$N_1(x, y) = 1 - \frac{x - x_1}{x_2 - x_1}, \quad N_2(x, y) = \frac{x - x_1}{x_2 - x_1}, \quad N_3(x, y) = 0 \tag{4.41}$$

根据形函数的这一性质可以证明，相邻单元的位移分别进行线性插值之后，在其公共边上将是连续的。例如，单元 1-3-2 和 1-2-4 具有公共边 1-2。由式(4.41)可知，在 1-2 边上两个单元的第三个形函数都等于 0，即

$$N_3(x, y) = N_4(x, y) = 0 \tag{4.42}$$

无论按哪个单元来计算，公共边 1-2 上的位移均由式(4.43)表示：

$$\begin{cases} u = N_1 u_1 + N_2 u_2 + 0 \times u_3 \\ v = N_1 v_1 + N_2 v_2 + 0 \times v_4 \end{cases} \tag{4.43}$$

可见，公共边上的位移 u、v 将完全由公共边上的两个节点 1、2 的位移所确定，因而相邻单元的位移是保持连续的。

形函数的这个性质同样可以用面积坐标表达的形函数加以证明，参见图 4.16，假如 P 点移动到 1-2 边上的任一点，线段 PI 的长度为 s，1-2 边的长度为 l，则对应的第 1 个节点的形函数可表示为

$$N_1(x, y) = \varLambda_I = \frac{\varDelta_I}{\varDelta} = \frac{l - s}{l} = \frac{x_2 - x}{x_2 - x_1} = 1 - \frac{x - x_1}{x_2 - x_1} \tag{4.44}$$

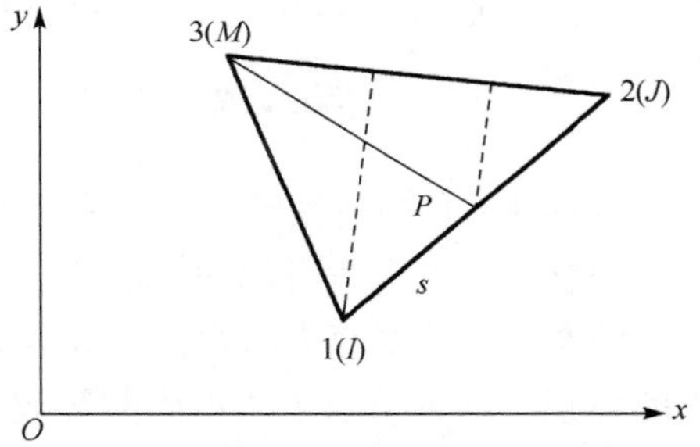

图 4.16　单元边界上的点形函数证明辅助图

类似的第 2 个节点的形函数可表示为

$$N_2(x, y) = \varLambda_J = \frac{\varDelta_J}{\varDelta} = \frac{s}{l} = \frac{x - x_1}{x_2 - x_1} \tag{4.45}$$

很明显当 P 点在 1-2 边上时，$\varDelta_M = 0$，因而有 $N_3(x, y) = 0$。对于式(4.44)和式(4.45)，假如把 x 坐标换成 y 坐标，我们可以证明等式也是成立的。

4.3　载荷移置

在运用有限元法求解问题时，单元上的各种载荷都应移置单元节点上才能进行后续计算，因而在有限元基本原理中，载荷移置是一个重要的问题。载荷类型包括体积力、面力和

集中力等。在对结构进行有限元分网时，通常将集中力的作用点划分为节点，因而在实际问题中，集中力通常不涉及载荷移置，那么涉及载荷移置的外载荷仅包括分布的面力和体积力。本节主要介绍利用形函数对作用在非节点上的载荷进行移置的原理及方法，同时也简要描述用静力学平行力分解进行载荷移置的适用条件和方法。

4.3.1 用形函数对单元进行载荷移置

载荷移置的原则是静力等效原则，对于给定的位移模式，移置的结果应是唯一的。这里以平面三角形单元为例描述载荷移置的原理。

1. *载荷移置的原理*

设单元非节点上作用有集中力 $\boldsymbol{F}_C$、面力 $\boldsymbol{F}_A$ 和体积力 $\boldsymbol{F}_V$。根据虚位移原理，移置后等效节点力所做的功应与作用在单元非节点上的集中力、面力和体积力在任何虚位移上所做的功相等。针对平面三角形单元，可得

$$\delta \boldsymbol{q}^e \boldsymbol{R}^e = (\delta \boldsymbol{d})^{\mathrm{T}} \boldsymbol{F}_C + \int (\delta \boldsymbol{d})^{\mathrm{T}} \boldsymbol{F}_A t \mathrm{d}s + \iint (\delta \boldsymbol{d})^{\mathrm{T}} \boldsymbol{F}_V t \mathrm{d}x \mathrm{d}y \tag{4.46}$$

式中，$\delta \boldsymbol{q}^e$ 为单元节点虚位移列向量；$\delta \boldsymbol{d}$ 为单元内任一点的虚位移列向量；等号左边表示移置后单元的等效节点力 $\boldsymbol{R}^e$ 所做的虚功；等号右边第一项是集中力 $\boldsymbol{F}_C$ 所做的虚功；等号右边第二项是面力 $\boldsymbol{F}_A$ 所做的虚功，积分沿着单元的边界进行；等号右边第三项表示体积力 $\boldsymbol{F}_V$ 所做的虚功，积分遍及整个单元；t 为单元的厚度。

用形函数矩阵表示的单元内任一点的虚位移同节点位移的关系为

$$\delta \boldsymbol{d} = \boldsymbol{N} \delta \boldsymbol{q}^e \tag{4.47}$$

将式(4.47)代入式(4.46)，将节点虚位移列向量 $\delta \boldsymbol{q}^e$ 提到积分号的外面，于是有

$$(\delta \boldsymbol{q}^e)^{\mathrm{T}} \boldsymbol{R}^e = (\delta \boldsymbol{q}^e)^{\mathrm{T}} \left(\boldsymbol{N}^{\mathrm{T}} \boldsymbol{F}_C + \int \boldsymbol{N}^{\mathrm{T}} \boldsymbol{F}_A t \mathrm{d}s + \iint \boldsymbol{N}^{\mathrm{T}} \boldsymbol{F}_V t \mathrm{d}x \mathrm{d}y \right) \tag{4.48}$$

式(4.48)右端括号中的第一项与节点虚位移相乘等于集中力所做的虚功，它是单元上的集中力移置节点上所得到的等效节点力，记为 $\boldsymbol{F}_C^e$。同理，式(4.48)右端括号中的第二项是单元上的面力移置节点上所得到的等效节点力，记为 $\boldsymbol{F}_A^e$；求(4.48)右端括号中的第三项是单元上的体积力移置节点上所得到的等效节点力，记为 $\boldsymbol{F}_V^e$。以上力移置节点上后都是一个 6×1 的列向量。

2. *载荷移置的公式*

前面已述，载荷移置问题通常只涉及面力和体积力，以下给出本书重点描述的平面三角形单元、平面梁单元的载荷移置的公式。

1) 平面三角形单元

面力的移置公式为

$$\boldsymbol{F}_A^e = \int \boldsymbol{N}^{\mathrm{T}} \boldsymbol{F}_A t \mathrm{d}s = \int \boldsymbol{N}^{\mathrm{T}} \begin{Bmatrix} F_{Ax} \\ F_{Ay} \end{Bmatrix} t \mathrm{d}s \tag{4.49}$$

或

$$\boldsymbol{F}_A^e=\begin{Bmatrix}\boldsymbol{F}_{A1}^e\\ \boldsymbol{F}_{A2}^e\\ \boldsymbol{F}_{A3}^e\end{Bmatrix}=\begin{Bmatrix}\int N_1\boldsymbol{F}_A t\mathrm{d}s\\ \int N_2\boldsymbol{F}_A t\mathrm{d}s\\ \int N_3\boldsymbol{F}_A t\mathrm{d}s\end{Bmatrix}\tag{4.50}$$

需要说明的是，这里的积分是沿着平面三角形单元的一条边进行的，在实际计算时尚需要获得沿 x 及 y 方向的节点力。

体积力的移置公式为

$$\boldsymbol{F}_V^e=\iint\boldsymbol{N}^{\mathrm{T}}\boldsymbol{F}_V t\mathrm{d}x\mathrm{d}y=\iint\boldsymbol{N}^{\mathrm{T}}\begin{Bmatrix}F_{Ax}\\ F_{Ay}\end{Bmatrix}t\mathrm{d}x\mathrm{d}y\tag{4.51}$$

或

$$\boldsymbol{F}_V^e=\begin{Bmatrix}\boldsymbol{F}_{V1}^e\\ \boldsymbol{F}_{V2}^e\\ \boldsymbol{F}_{V3}^e\end{Bmatrix}=\begin{Bmatrix}\iint N_1\boldsymbol{F}_V t\mathrm{d}x\mathrm{d}y\\ \iint N_2\boldsymbol{F}_V t\mathrm{d}x\mathrm{d}y\\ \iint N_3\boldsymbol{F}_V t\mathrm{d}x\mathrm{d}y\end{Bmatrix}\tag{4.52}$$

另外，需要说明的是，按照平面应力问题的描述，作用在平面三角形单元上的面力及体积力必须在 xOy 平面内，而不能垂直于 xOy 平面。

2) 平面梁单元

对于我们所学习的仅有两个自由度(挠度 v 和转角 θ)的平面梁单元，可以引入的面力通常是垂直于梁的轴线的，因而面力的移置公式可表示为

$$\boldsymbol{F}_A^e=\begin{Bmatrix}\boldsymbol{F}_{A1}^e\\ \boldsymbol{F}_{A2}^e\end{Bmatrix}=\begin{Bmatrix}\int N_{1v}F_A\mathrm{d}x\\ \int N_{1\theta}F_A\mathrm{d}x\\ \int N_{2v}F_A\mathrm{d}x\\ \int N_{2\theta}F_A\mathrm{d}x\end{Bmatrix}\tag{4.53}$$

这里面力 F_A 的单位为 N/m。移置后每个节点会有等效的剪力及弯矩。

对于所学习的平面梁单元，可引入的体积力同样需要与梁的轴线垂直，则体积力的移置公式可表示为

$$\boldsymbol{F}_V^e=\begin{Bmatrix}\boldsymbol{F}_{V1}^e\\ \boldsymbol{F}_{V2}^e\end{Bmatrix}=\begin{Bmatrix}\int N_{1v}F_V A\mathrm{d}x\\ \int N_{1\theta}F_V A\mathrm{d}x\\ \int N_{2v}F_V A\mathrm{d}x\\ \int N_{2\theta}F_V A\mathrm{d}x\end{Bmatrix}\tag{4.54}$$

这里的 A 为梁的横截面积，F_V 的单位为 $\mathrm{N/m^3}$。

以上仅给出平面三角形单元及平面梁单元的载荷移置公式，对于其他常用的单元(如平面四边形单元、三维实体单元)，读者完全可基于上面两个单元的描述自行写出相关载荷移置公式。

例 4-1　如图 4.17 所示的结构系统，在节点 1 及 2 的边界上作用有非均布力 $q(x)$，单元的厚度为 0.1，进行载荷移置，试确定节点 1、2 处的等效节点力。

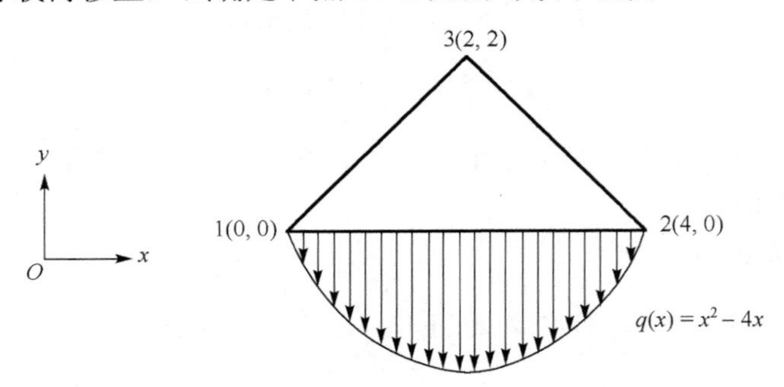

图 4.17　边界作用有分布面力的平面三角形单元

解　根据前面形函数的性质第三条中公式(4.41)，可得在 1-2 边上的形函数：

$$N_1(x,y)=1-\frac{x-x_1}{x_2-x_1}=1-\frac{x}{4}$$

$$N_2(x,y)=\frac{x-x_1}{x_2-x_1}=\frac{x}{4}$$

依据公式(4.50)，将 $q(x)$ 代入，则可得节点 1、2 处的等效节点力分别为

节点 1:　　$F_{1x}=0$；　$F_{1y}=\int_0^4 N_1 q(x)t\mathrm{d}s=-\frac{8}{15}$

节点 2:　　$F_{2x}=0$；　$F_{2y}=\int_0^4 N_2 q(x)t\mathrm{d}s=-\frac{8}{15}$

例 4-2　如图 4.18 所示的平面梁系统，由 2 个单元、3 个节点组成，其中在单元②上作用有均匀分布面力，集度为 q(N/m)，另外考虑重力(体积力)，重力方向如图 4.18 所示，试用梁单元的形函数对分布载荷及重力进行载荷移置，求解等效节点力。梁的密度为 ρ，横截面积为 A。

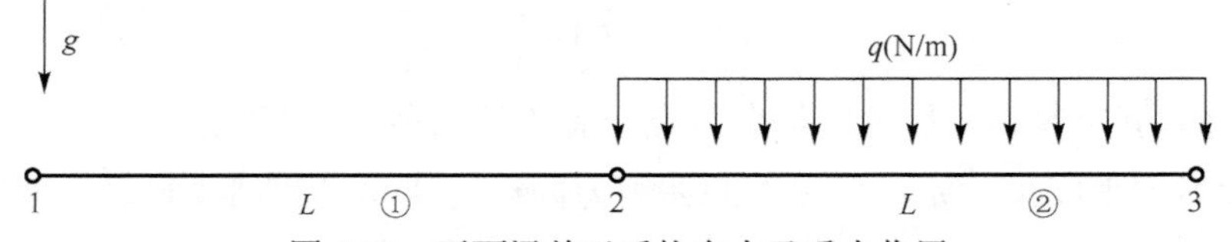

图 4.18　平面梁单元受均布力及重力作用

解　平面梁单元的各节点的形函数表达式为

$$\begin{cases} N_{1v}=1-3\left(\dfrac{x}{L}\right)^2+2\left(\dfrac{x}{L}\right)^3 \\ N_{1\theta}=x-2\dfrac{x^2}{L}+\dfrac{x^3}{L^2} \\ N_{2v}=3\left(\dfrac{x}{L}\right)^2-2\left(\dfrac{x}{L}\right)^3 \\ N_{2\theta}=-\dfrac{x^2}{L}+\dfrac{x^3}{L^2} \end{cases}$$

首先对面力进行载荷移置，由图 4.18 可知仅单元②作用有分布面力，利用式(4.53)所描述的移置公式进行载荷移置，移置单元②的节点载荷为(对于剪力，这里规定重力的方向即向下的方向为正；对于弯矩，这里规定顺时针为正)

$$
\boldsymbol{F}_A^2=\begin{Bmatrix}\boldsymbol{F}_{A1}^2\\ \boldsymbol{F}_{A2}^2\end{Bmatrix}=\begin{Bmatrix}\int_0^L\left[1-3\left(\dfrac{x}{L}\right)^2+2\left(\dfrac{x}{L}\right)^3\right]q\mathrm{d}x\\ \int_0^L\left(x-2\dfrac{x^2}{L}+\dfrac{x^3}{L^2}\right)q\mathrm{d}x\\ \int_0^L\left[3\left(\dfrac{x}{L}\right)^2-2\left(\dfrac{x}{L}\right)^3\right]q\mathrm{d}x\\ \int_0^L\left(-\dfrac{x^2}{L}+\dfrac{x^3}{L^2}\right)q\mathrm{d}x\end{Bmatrix}=\begin{Bmatrix}\dfrac{qL}{2}\\ \dfrac{qL^2}{12}\\ \dfrac{qL}{2}\\ \dfrac{-qL^2}{12}\end{Bmatrix}
$$

接下来考虑对体积力(重力)进行载荷移置，这里单元①及单元②均受重力作用，对于单元①，参照式(4.54)重力移置后对于单元①的等效节点力为

$$
\boldsymbol{F}_V^1=\begin{Bmatrix}\boldsymbol{F}_{V1}^1\\ \boldsymbol{F}_{V2}^1\end{Bmatrix}=\begin{Bmatrix}\int_0^L\left[1-3\left(\dfrac{x}{L}\right)^2+2\left(\dfrac{x}{L}\right)^3\right]\rho gA\mathrm{d}x\\ \int_0^L\left(x-2\dfrac{x^2}{L}+\dfrac{x^3}{L^2}\right)\rho gA\mathrm{d}x\\ \int_0^L\left[3\left(\dfrac{x}{L}\right)^2-2\left(\dfrac{x}{L}\right)^3\right]\rho gA\mathrm{d}x\\ \int_0^L\left(-\dfrac{x^2}{L}+\dfrac{x^3}{L^2}\right)\rho gA\mathrm{d}x\end{Bmatrix}=\begin{Bmatrix}\dfrac{Ag\rho L}{2}\\ \dfrac{Ag\rho L^2}{12}\\ \dfrac{Ag\rho L}{2}\\ -\dfrac{Ag\rho L^2}{12}\end{Bmatrix}
$$

由于单元②的长度与单元①一致，我们也可以预知对于单元②，重力移置每个节点的等效载荷与单元①是一样的。

接下来将对面力及重力移置节点的载荷进行叠加以得到最终的各节点的等效载荷，叠加前需要把单元节点载荷列向量的维数扩充到与整个系统的维数一致，叠加过程如下：

$$
\boldsymbol{F}=\boldsymbol{F}_V^1+\boldsymbol{F}_V^2+\boldsymbol{F}_A^2=\begin{Bmatrix}\dfrac{Ag\rho L}{2}\\ \dfrac{Ag\rho L^2}{12}\\ \dfrac{Ag\rho L}{2}\\ -\dfrac{Ag\rho L^2}{12}\\ 0\\ 0\end{Bmatrix}+\begin{Bmatrix}0\\ 0\\ \dfrac{Ag\rho L}{2}\\ \dfrac{Ag\rho L^2}{12}\\ \dfrac{Ag\rho L}{2}\\ -\dfrac{Ag\rho L^2}{12}\end{Bmatrix}+\begin{Bmatrix}0\\ 0\\ \dfrac{qL}{2}\\ \dfrac{qL^2}{12}\\ \dfrac{qL}{2}\\ -\dfrac{qL^2}{12}\end{Bmatrix}=\begin{Bmatrix}\dfrac{Ag\rho L}{2}\\ \dfrac{Ag\rho L^2}{12}\\ Ag\rho L+\dfrac{qL}{2}\\ \dfrac{qL^2}{12}\\ \dfrac{Ag\rho L}{2}+\dfrac{qL}{2}\\ -\dfrac{Ag\rho L^2}{12}-\dfrac{qL^2}{12}\end{Bmatrix}
$$

上述求解也可借助 MATLAB 推导，相关程序如下：

```
clear;
syms x L q A rho g
x1=0;x2=L;
v=[1 x x^2 x^3];
m=[1,x1,x1^2,x1^3;0,1,2*x1,3*x1^2; 1 x2,x2^2,x2^3;0,1,2*x2,3*x2^2];
N=v*inv(m);                                            %单元形函数
F_A_e=int(N'*q,x,0,L);                                 %单元 2 上的面力
F_V_e=int(N'*rho*A*g,x,0,L); %任一单元上的体积力
F_A=[0 0 F_A_e(1) F_A_e(2) F_A_e(3) F_A_e(4)]; %整体面载荷 单元 1 上无面力，载荷为 0
F_V1=[F_V_e(1) F_V_e(2) F_V_e(3) F_V_e(4) 0 0];       %单元 1 上的体积力
F_V2=[0 0 F_V_e(1) F_V_e(2) F_V_e(3) F_V_e(4)];       %单元 2 上的体积力
F_V=F_V1+F_V2;                                         %整体体积力载荷
F=F_A+F_V;                                             %整体载荷
```

4.3.2 用静力学平行力分解进行载荷移置

用形函数对分布面力及体积力进行载荷移置是一种通用的方法，但是对于一些特定的受力情况，有时可以按照静力学平行力分解的原理快速得到分布面力及体积力对应的等效节点力。

例如，如图 4.19 所示的单元，在 1-2 边上作用有均布面力，集度为 F_A。假设 1-2 边的长度为 L，其上任一点 P 与节点 1 的距离为 s。在 4.2.2 节已经证明，有

$$N_1 = \Lambda_1 = \frac{L-s}{L} = 1-\frac{s}{L},\ N_2 = \Lambda_2 = \frac{s}{L},\ N_3 = \Lambda_3 = 0 \tag{4.55}$$

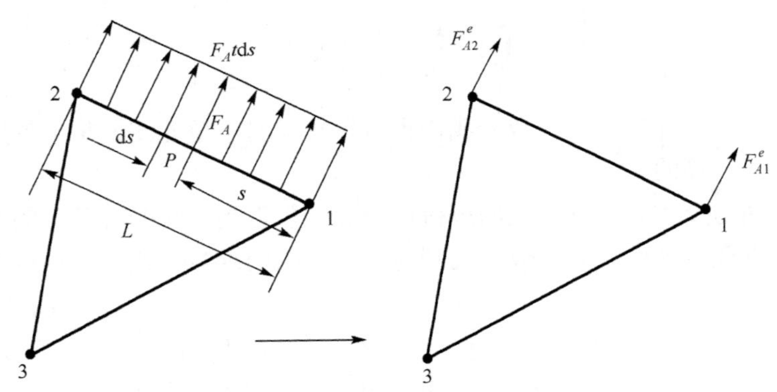

图 4.19　面力等效示意

将式(4.55)代入式(4.50)，求得单元面力的等效节点力：

$$\boldsymbol{F}_A^e = \begin{Bmatrix} \boldsymbol{F}_{A1}^e \\ \boldsymbol{F}_{A2}^e \\ \boldsymbol{F}_{A3}^e \end{Bmatrix} = \begin{Bmatrix} \int N_1 \boldsymbol{F}_A t\mathrm{d}s \\ \int N_2 \boldsymbol{F}_A t\mathrm{d}s \\ \int N_3 \boldsymbol{F}_A t\mathrm{d}s \end{Bmatrix} = \begin{Bmatrix} \int_0^L \left(1-\frac{s}{L}\right)\boldsymbol{F}_A t\mathrm{d}s \\ \int_0^L \frac{s}{L}\boldsymbol{F}_A t\mathrm{d}s \\ 0 \end{Bmatrix} = \begin{Bmatrix} \frac{\boldsymbol{F}_A tL}{2} \\ \frac{\boldsymbol{F}_A tL}{2} \\ 0 \end{Bmatrix} \tag{4.56}$$

可见，对于平面三角形单元，当 1-2 边受均布载荷面力作用时，只要求出总的作用力 $\boldsymbol{F}_A tL$，再平行力分解(均分)到两个节点上就可以快速得到等效的节点载荷。

由此，我们可以得出一般性结论：假如任何单元边界上作用有均布的面力，都可以在求出总的作用力的基础上，再均分到与面力作用区域相关的各节点上，而不必再利用形函数做载荷移置，这样可以加速载荷移置的过程。另外，值得注意的是，上述适用的单元为 Lagrange 型单元(不含转角自由度)，假如是 Hermite 型单元(含有转角自由度)，节点等效作用力可以利用平行力分解得到，而力矩还是要利用形函数进行积分得到(详见例 4-2)。还需注意，当表面作用有非均匀分布面力时，是不能进行平行力分解的，而需要利用 4.3.1 节描述的载荷移置公式进行处理。

以上是针对面力利用平行力分解进行快速载荷移置的讨论，下面讨论体积力，而最常用的体积力是重力，从图 4.20 所示的单元 e 中 A 点处取体积微元 $t\mathrm{d}x\mathrm{d}y$，作用在其上的体积力为 $\boldsymbol{F}_V t\mathrm{d}x\mathrm{d}y$，根据式(4.51)可得 $\boldsymbol{F}_{Vi}^e = \boldsymbol{F}_{Vj}^e = \boldsymbol{F}_{Vm}^e = \iint N_i \boldsymbol{F}_V t\mathrm{d}x\mathrm{d}y = \dfrac{\Delta}{3}\boldsymbol{F}_V t$。可见对重力进行载荷移置时，可以回避利用形函数的积分运算，而直接将平面三角形单元每个节点的等效作用力取为总重力的 1/3。进一步解释如下：重力可以认为成施加在质心的集中力，即 $F_G = \Delta F_V t$。对于均匀质量物体，其重心也为形心，形心所分成的三角形面积相等，即形心处的三个形函数都为 1/3。

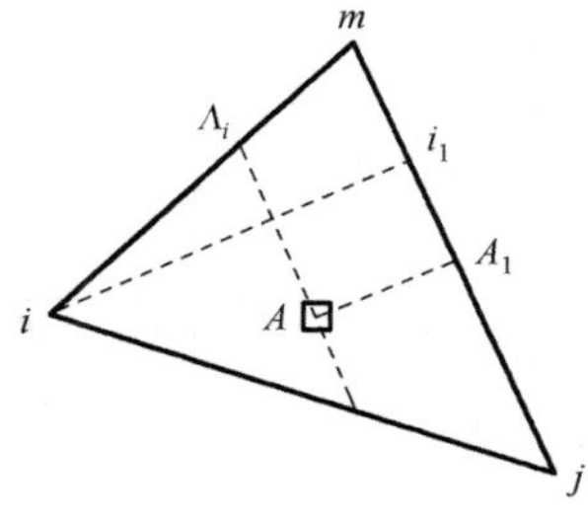

图 4.20　体积力等效示意

4.4　三维实体单元分析实例

例 4-3　如图 4.21 所示的一个长方体，长、宽、高分别为 120mm、40mm、10mm，分成 3 个单元，每个单元有 8 个节点且几何尺寸相同，都为 40mm×40mm×10mm。长方体左平面约束，顶部沿$-Y$ 方向受到 $q=5\times10^6\,\mathrm{N/m^2}$ 的均布力作用，ρ=7850kg/m^3，$g=9.81\mathrm{m/s^2}$，$E=2.06\times10^{11}\mathrm{Pa}$，$\mu=0.3$。试在考虑重力的前提下，用有限元法求节点 13～16 的位移。

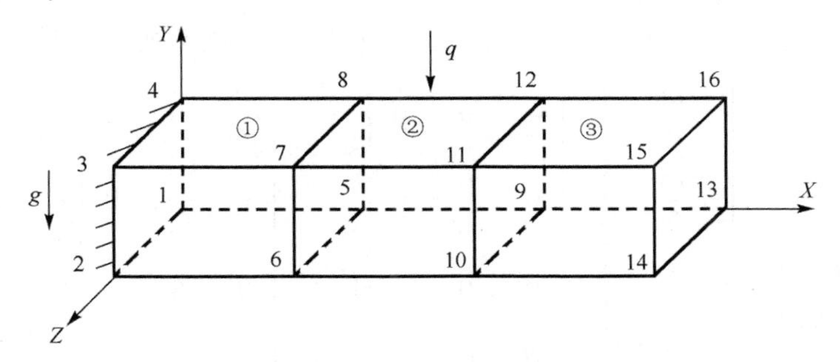

图 4.21　三维实体实例

解　以下简要描述采用有限元法对上述结构进行静力学分析的过程。

(1)划分单元，给定坐标值。

选择三维一次 8 节点单元，将结构分为 3 个单元，如图 4.21 所示。不同单元局部节点编号对应总节点编号如表 4.1 所示。

表 4.1　单元局部节点编号对应总节点编号

单元号	单元节点编号							
	1	2	3	4	5	6	7	8
①	1	2	6	5	4	3	7	8
②	5	6	10	9	8	7	11	12
③	9	10	14	13	12	11	15	16

(2) 求解单元的形函数。

4.1.1 节已经对三维实体单元形函数进行了推导，这里直接写出单元形函数，即

$$
\boldsymbol{N}=\{N_1\quad N_2\quad N_3\quad N_4\quad N_5\quad N_6\quad N_7\quad N_8\}
$$

$$
=\{1\ x\ y\ z\ xy\ xz\ yz\ xyz\}\begin{bmatrix} 1 & x_1 & y_1 & z_1 & x_1y_1 & x_1z_1 & y_1z_1 & x_1y_1z_1 \\ 1 & x_2 & y_2 & z_2 & x_2y_2 & x_2z_2 & y_2z_2 & x_2y_2z_2 \\ 1 & x_3 & y_3 & z_3 & x_3y_3 & x_3z_3 & y_3z_3 & x_3y_3z_3 \\ 1 & x_4 & y_4 & z_4 & x_4y_4 & x_4z_4 & y_4z_4 & x_4y_4z_4 \\ 1 & x_5 & y_5 & z_5 & x_5y_5 & x_5z_5 & y_5z_5 & x_5y_5z_5 \\ 1 & x_6 & y_6 & z_6 & x_6y_6 & x_6z_6 & y_6z_6 & x_6y_6z_6 \\ 1 & x_7 & y_7 & z_7 & x_7y_7 & x_7z_7 & y_7z_7 & x_7y_7z_7 \\ 1 & x_8 & y_8 & z_8 & x_8y_8 & x_8z_8 & y_8z_8 & x_8y_8z_8 \end{bmatrix}^{-1}
$$

(3) 求解单元的刚度矩阵。

求得单元的形函数后，单元内任意点的位移都可以用节点位移来表示，即

$$
\boldsymbol{\delta}=\begin{Bmatrix} u \\ v \\ w \end{Bmatrix}
$$

$$
=\begin{bmatrix} N_1 & 0 & 0 & N_2 & 0 & 0 & N_3 & 0 & 0 & N_4 & 0 & 0 & N_5 & 0 & 0 & N_6 & 0 & 0 & N_7 & 0 & 0 & N_8 & 0 & 0 \\ 0 & N_1 & 0 & 0 & N_2 & 0 & 0 & N_3 & 0 & 0 & N_4 & 0 & 0 & N_5 & 0 & 0 & N_6 & 0 & 0 & N_7 & 0 & 0 & N_8 & 0 \\ 0 & 0 & N_1 & 0 & 0 & N_2 & 0 & 0 & N_3 & 0 & 0 & N_4 & 0 & 0 & N_5 & 0 & 0 & N_6 & 0 & 0 & N_7 & 0 & 0 & N_8 \end{bmatrix}
$$

$$
\cdot\{u_1\ v_1\ w_1\ u_2\ v_2\ w_2\ u_3\ v_3\ w_3\ u_4\ v_4\ w_4\ u_5\ v_5\ w_5\ u_6\ v_6\ w_6\ u_7\ v_7\ w_7\ u_8\ v_8\ w_8\}
$$

三维实体中有 6 个应变分量，其中有 3 个正应变、3 个剪应变，按照几何方程，有

$$
\boldsymbol{\varepsilon}=\begin{Bmatrix} \varepsilon_x \\ \varepsilon_y \\ \varepsilon_z \\ \gamma_{xy} \\ \gamma_{yz} \\ \gamma_{zx} \end{Bmatrix}=\begin{Bmatrix} \dfrac{\partial u}{\partial x} \\ \dfrac{\partial v}{\partial y} \\ \dfrac{\partial w}{\partial z} \\ \dfrac{\partial u}{\partial y}+\dfrac{\partial v}{\partial x} \\ \dfrac{\partial v}{\partial z}+\dfrac{\partial w}{\partial y} \\ \dfrac{\partial u}{\partial z}+\dfrac{\partial w}{\partial x} \end{Bmatrix}=\begin{bmatrix} \dfrac{\partial}{\partial x} & 0 & 0 \\ 0 & \dfrac{\partial}{\partial y} & 0 \\ 0 & 0 & \dfrac{\partial}{\partial z} \\ \dfrac{\partial}{\partial y} & \dfrac{\partial}{\partial x} & 0 \\ 0 & \dfrac{\partial}{\partial z} & \dfrac{\partial}{\partial y} \\ \dfrac{\partial}{\partial z} & 0 & \dfrac{\partial}{\partial x} \end{bmatrix}\begin{Bmatrix} u \\ v \\ w \end{Bmatrix}=\begin{bmatrix} \dfrac{\partial}{\partial x} & 0 & 0 \\ 0 & \dfrac{\partial}{\partial y} & 0 \\ 0 & 0 & \dfrac{\partial}{\partial z} \\ \dfrac{\partial}{\partial y} & \dfrac{\partial}{\partial x} & 0 \\ 0 & \dfrac{\partial}{\partial z} & \dfrac{\partial}{\partial y} \\ \dfrac{\partial}{\partial z} & 0 & \dfrac{\partial}{\partial x} \end{bmatrix}\boldsymbol{N}_{3\times 24}\boldsymbol{\delta}^{e}_{24\times 1}
$$

设

$$\boldsymbol{B}_{6\times24}=\begin{bmatrix}\dfrac{\partial}{\partial x} & 0 & 0\\ 0 & \dfrac{\partial}{\partial y} & 0\\ 0 & 0 & \dfrac{\partial}{\partial z}\\ \dfrac{\partial}{\partial y} & \dfrac{\partial}{\partial x} & 0\\ 0 & \dfrac{\partial}{\partial z} & \dfrac{\partial}{\partial y}\\ \dfrac{\partial}{\partial z} & 0 & \dfrac{\partial}{\partial x}\end{bmatrix}\boldsymbol{N}_{3\times24}$$

$\boldsymbol{B}$ 为单元的应变矩阵，而单元的弹性矩阵为

$$\boldsymbol{D}=\frac{E}{(1+\mu)(1-2\mu)}\begin{bmatrix}1-\mu & \mu & \mu & 0 & 0 & 0\\ \mu & 1-\mu & \mu & 0 & 0 & 0\\ \mu & \mu & 1-\mu & 0 & 0 & 0\\ 0 & 0 & 0 & \dfrac{1}{2}-\mu & 0 & 0\\ 0 & 0 & 0 & 0 & \dfrac{1}{2}-\mu & 0\\ 0 & 0 & 0 & 0 & 0 & \dfrac{1}{2}-\mu\end{bmatrix}$$

由此可以确定单元的刚度矩阵，求解式为

$$\boldsymbol{k}=\int_V \boldsymbol{B}^{\mathrm{T}}\boldsymbol{D}\boldsymbol{B}\mathrm{d}V$$

$\boldsymbol{k}$ 是一个 24×24 的方阵，由于涉及的数据太多这里不列出。

在本例中，三个单元的几何形状尺寸均相同，有

$$\boldsymbol{k}^1=\boldsymbol{k}^2=\boldsymbol{k}^3$$

即三个单元的单元刚度矩阵相同。

(4) 单元刚度矩阵的组集。

组集单元刚度矩阵可以利用直接组集法，也可以利用转换矩阵法，因为本例中共有 16 个节点，而每个节点有 3 个自由度，这里采用 2.2.2 节的转换矩阵法，组集成的总刚度矩阵 $\boldsymbol{K}$ 为 48×48 的方阵。

(5) 载荷移置(重力及分布载荷的组集)。

单元重力载荷为

$$\boldsymbol{F}_V^e=\int_V \boldsymbol{N}^{\mathrm{T}}\rho g\mathrm{d}V$$

分布载荷为

$$F_A^e = \int_A N^{\mathrm{T}} q \mathrm{d}A$$

然后对每个单元载荷进行扩展，再对重力载荷和分布载荷进行叠加，即

$$F_{48\times1} = F_V + F_A$$

(6)形成求解方程式。

对于静力学问题，求解方程式为

$$F_{48\times1} = K_{48\times48}\delta_{48\times1}$$

(7)引入约束条件进行求解。

节点 1～4 为固定约束，因此，对应的每个节点 x、y、z 方向的位移为 0，按此可以对总刚度矩阵进行修正，只取总刚度矩阵中第 13～48 行、第 13～48 列的元素，形成新的刚度矩阵 $K'_{36\times36}$。对应于总刚度矩阵，这里也减去总载荷列向量的第 13～48 行的元素，形成新的载荷列阵 $F'_{36\times1}$。按以上分析，可以求得节点 5～16 的位移列阵 $\delta'_{36\times1}$，即

$$\delta'_{36\times1} = (K'_{36\times36})^{-1} F'_{36\times1}$$

进而提取出节点 13～16 的位移。

(8)求各节点外力、应力和应变。

求出了各节点位移，紧接着可以求出各节点力。利用几何方程求出应变，利用物理方程求出应力，从而完成静力学分析，这里不再继续求解。

相应的 MATLAB 程序如下：

```
clear;
clc;
% 3D-solid elements
%
%%%(x1 y1 z1...)
format short
E=2.06e11;Nu=0.3;q=5e6;rho=7850;g=9.81;
%(1)求形函数矩阵
x1=0;y1=0;z1=0;
x2=0;y2=0;z2=0.04;
x3=0.04;y3=0;z3=0.04;
x4=0.04;y4=0;z4=0;
x5=0;y5=0.01;z5=0;
x6=0;y6=0.01;z6=0.04;
x7=0.04;y7=0.01;z7=0.04;
x8=0.04;y8=0.01;z8=0;
syms x y z
v=[1 x y z x*y x*z y*z x*y*z];
m=[1 x1 y1 z1 x1*y1 x1*z1 y1*z1 x1*y1*z1;
   1 x2 y2 z2 x2*y2 x2*z2 y2*z2 x2*y2*z2;
   1 x3 y3 z3 x3*y3 x3*z3 y3*z3 x3*y3*z3;
   1 x4 y4 z4 x4*y4 x4*z4 y4*z4 x4*y4*z4;
   1 x5 y5 z5 x5*y5 x5*z5 y5*z5 x5*y5*z5;
```

```
    1 x6 y6 z6 x6*y6 x6*z6 y6*z6 x6*y6*z6;
    1 x7 y7 z7 x7*y7 x7*z7 y7*z7 x7*y7*z7;
    1 x8 y8 z8 x8*y8 x8*z8 y8*z8 x8*y8*z8;
    ];
mm=inv(m);
N=v*mm;
% u=[u1 v1 w1.....u8 v8 w8]
uN=[N(1) 0 0 N(2) 0 0 N(3) 0 0 N(4) 0 0 N(5) 0 0 N(6) 0 0 N(7) 0 0 N(8) 0 0];
vN=[0 N(1) 0 0 N(2) 0 0 N(3) 0 0 N(4) 0 0 N(5) 0 0 N(6) 0 0 N(7) 0 0 N(8) 0];
wN=[0 0 N(1) 0 0 N(2) 0 0 N(3) 0 0 N(4) 0 0 N(5) 0 0 N(6) 0 0 N(7) 0 0 N(8)];
%(2)求单元的刚度矩阵
B1=diff(uN,x);
B2=diff(vN,y);
B3=diff(wN,z);
B4=diff(uN,y)+diff(vN,x);
B5=diff(vN,z)+diff(wN,y);
B6=diff(wN,x)+diff(uN,z);
B=[B1;B2;B3;B4;B5;B6];
BT=transpose(B);
D=E/((1+Nu)*(1-2*Nu))*[1-Nu Nu Nu 0 0 0;
    Nu 1-Nu Nu 0 0 0;
    Nu Nu 1-Nu 0 0 0;
    0 0 0 1/2-Nu 0 0;
    0 0 0 0 1/2-Nu 0;
    0 0 0 0 0 1/2-Nu;
    ];
K_e=BT*D*B;
KI=int(K_e,x,x1,x7);KI=int(KI,y,y1,y7);KI=int(KI,z,z1,z7);
KI=vpa(KI);                                          %三个单元的刚度矩阵一样
%(3)应用转换矩阵法对单元刚度矩阵进行组集
Ndof=4*4*3;
K=zeros(48,48);
for i=1:3                                            %单元号
    j=4*(i-1)+1;                                     %单元最开始的节点号
    G=zeros(24,Ndof);
    G(1:3,3*j-2:3*j)=eye(3,3);G(4:6,3*(j+1)-2:3*(j+1))=eye(3,3);
    G(7:9,3*(j+5)-2:3*(j+5))=eye(3,3);G(10:12,3*(j+4)-2:3*(j+4))=eye(3,3);
    G(13:15,3*(j+3)-2:3*(j+3))=eye(3,3);G(16:18,3*(j+2)-2:3*(j+2))=eye(3,3);
    G(19:21,3*(j+6)-2:3*(j+6))=eye(3,3);G(22:24,3*(j+7)-2:3*(j+7))=eye(3,3);
    Ke=G'*KI*G;
    K=K+Ke;                                          %总刚度矩阵
end
%(4)重力和面力等效载荷移置
F_V_e=int(vN'*rho*g,x,x1,x7);F_V_e=int(F_V_e,y,y1,y7);
F_V_e=-int(F_V_e,z,z1,z7);                           %单元重力等效载荷
```

```
y=0.01;                                                   %顶面 y=0.01m
vN=subs(vN);                                              %顶面的形函数
F_A_e=-int(vN'*q,x,x1,x7);F_A_e=int(F_A_e,z,z1,z7);
                                 %单元等效面力载荷，因为是 xz 面上的面力，y 取定值
F_V=zeros(48,1);F_A=zeros(48,1);
for i=1:3
    j=4*(i-1)+1;                                          %单元最开始的节点号
    F_Ve=zeros(48,1);
    F_Ve(3*j-2:3*j,1)=F_V_e(1:3,1);F_Ve(3*(j+1)-2:3*(j+1),1)=F_V_e(4:6,1);
   F_Ve(3*(j+5)-2:3*(j+5),1)=F_V_e(7:9,1);F_Ve(3*(j+4)-2:3*(j+4),1)=F_V_e(10:12,1);
   F_Ve(3*(j+3)-2:3*(j+3),1)=F_V_e(13:15,1);F_Ve(3*(j+2)-2:3*(j+2),1)=F_V_e(16:18,1);
   F_Ve(3*(j+6)-2:3*(j+6),1)=F_V_e(19:21,1);F_Ve(3*(j+7)-2:3*(j+7),1)=F_V_e(22:24,1);
   F_V=F_V+F_Ve;                                          %对单元重力载荷进行叠加

    F_Ae=zeros(48,1);
    F_Ae(3*j-2:3*j,1)=F_A_e(1:3,1);F_Ae(3*(j+1)-2:3*(j+1),1)=F_A_e(4:6,1);
  F_Ae(3*(j+5)-2:3*(j+5),1)=F_A_e(7:9,1);F_Ae(3*(j+4)-2:3*(j+4),1)=F_A_e(10:12,1);
  F_Ae(3*(j+3)-2:3*(j+3),1)=F_A_e(13:15,1);F_Ae(3*(j+2)-2:3*(j+2),1)=F_A_e(16:18,1);
  F_Ae(3*(j+6)-2:3*(j+6),1)=F_A_e(19:21,1);F_Ae(3*(j+7)-2:3*(j+7),1)=F_A_e(22:24,1);
    F_A=F_A+F_Ae;                                         %对单元面力载荷进行叠加
end
F=F_V+F_A;                                                %总载荷
%(5)引入约束条件
F=F(13:48,1);
K=K(13:48,13:48);
%(6)进行求解
u=inv(K)*F;
double(u);
vpa(u(25:36),4)    %显示节点13～16的位移[u13 v13 w13 ...u16 v16 w16]保留四位有效数字
```

运算求得的计算结果如表 4.2 所示。

表 4.2　节点 13～16 的位移　　（单位：m）

自由度	节点号			
	13	14	15	16
u	-5.892×10^{-5}	-5.892×10^{-5}	5.970×10^{-5}	5.970×10^{-5}
v	-1.056×10^{-3}	-1.056×10^{-3}	-1.056×10^{-3}	-1.056×10^{-3}
w	-1.906×10^{-7}	1.906×10^{-7}	-4.036×10^{-8}	4.036×10^{-8}

作为对照，利用 ANSYS 对该例进行同样的分析计算。ANSYS 的命令流如下：

```
FINISH
/CLEAR
/PREP7                                  !进入前处理器
L=0.12$W=0.04$H=0.01                    !定义模型长、宽、高参数
```

```
Q=5E6$G=9.81                                         !定义面载荷、重力加速度
ET,1,SOLID185                                        !定义单元类型
MP,EX,1,2.06E11$MP,PRXY,1,0.3$MP,DENS,1,7850         !定义材料性质(弹性模量、泊松比、密度)
BLC4,,,L,H,W                                         !画出模型
VSEL,S,,,1,1,1$VATT,1,,1$ALLS                        !选择体1，赋予属性(材料属性和单元类型)
LESIZE,2,,,3$LESIZE,7,,,3$LESIZE,4,,,3$LESIZE,5,,,3      !划分不同线段
LESIZE,9,,,1$LESIZE,10,,,1$LESIZE,11,,,1$LESIZE,12,,,1
LESIZE,3,,,1$LESIZE,6,,,1$LESIZE,8,,,1$LESIZE,1,,,1
VMESH,ALL                                            !划分体、生成体单元
ALLS                                                 !选择所有实体
DA,5,ALL                                             !固定左侧面
ASEL,S,,,4,4,1$SFA,ALL,1,PRES,Q$ALLS                 !选择面并施加面载荷
ACEL,,G,                                             !施加重力加速度
FINISH                                               !求解
/SOLU
/STATUS,SOLU                                         !进入求解阶段
SOLVE
FINISH
/POST1                                               !进入通用后处理器
/VSCALE,1,1,0                                        !进入查看位移矢量图模式
PLVECT,U, , , ,VECT,ELEM,ON,0                        !显示节点总位移矢量图
PRNSOL,U,COMP                                        !列表显示节点位移值
```

经 ANSYS 计算得到该实体模型节点 13～16 的位移如表 4.3 所示。

表 4.3　节点 13～16 的位移　（单位：m）

自由度	节点号			
	13	14	15	16
u	-6.607×10^{-5}	-6.661×10^{-5}	6.691×10^{-5}	6.691×10^{-5}
v	-1.179×10^{-3}	-1.179×10^{-3}	-1.179×10^{-3}	-1.179×10^{-3}
w	1.096×10^{-8}	-1.096×10^{-8}	1.1807×10^{-7}	-1.181×10^{-7}

对比表 4.2 和表 4.3 的结果，可以发现两种方法的结果具有一定的差异，但已经非常接近，差异的原因主要在于：两种算法所用的实体单元的类型不一致，在很少单元数量的前提下，两者计算的结果均未收敛，因而不能精确比较。

习　题

4.1　题 4.1 图(a)、(b)分别为具有中节点的平面三角形单元和平面四边形单元，试利用帕斯卡三角形写出这两种单元的位移插值函数，并借助于 MATLAB 软件写出对应于每个节点的形函数表达式。

4.2　平面四边形单元如题 4.2 图所示，试借助于 MATLAB 软件推导出各节点的形函数，并用数值说明形函数的重要性质。

4.3　平面三角形单元如题 4.3 图所示，其 1-2 边上作用有均布载荷 $q(\mathrm{N/m^2})$，单元的厚度为 t，1-2 边的长度为 L，进行载荷移置，确定节点 1 及节点 2 处的等效节点力。

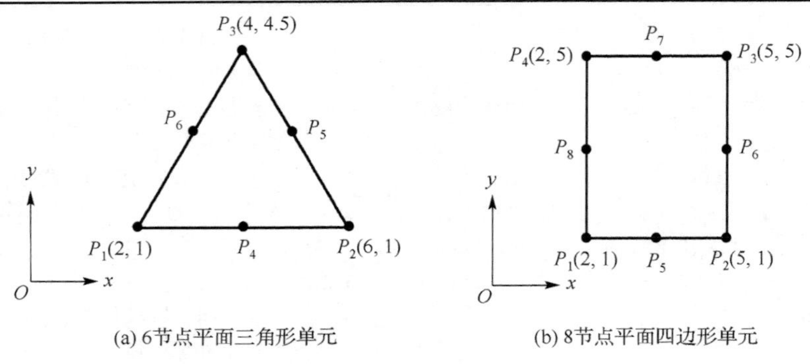

(a) 6节点平面三角形单元　　(b) 8节点平面四边形单元

题 4.1 图

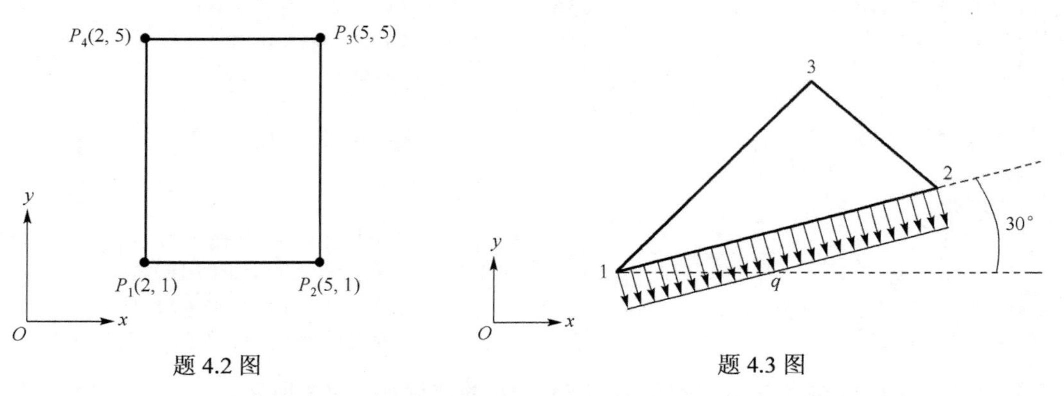

题 4.2 图　　题 4.3 图

4.4　结构系统如题 4.4 图所示，在单元②及④的边界上作用有均布力 $q(\mathrm{N/m^2})$，单元的厚度为 t，进行载荷移置，试确定节点 1～3 处的等效节点力。

4.5　计算如题 4.5 图中所示平面三角形单元的等效节点力。

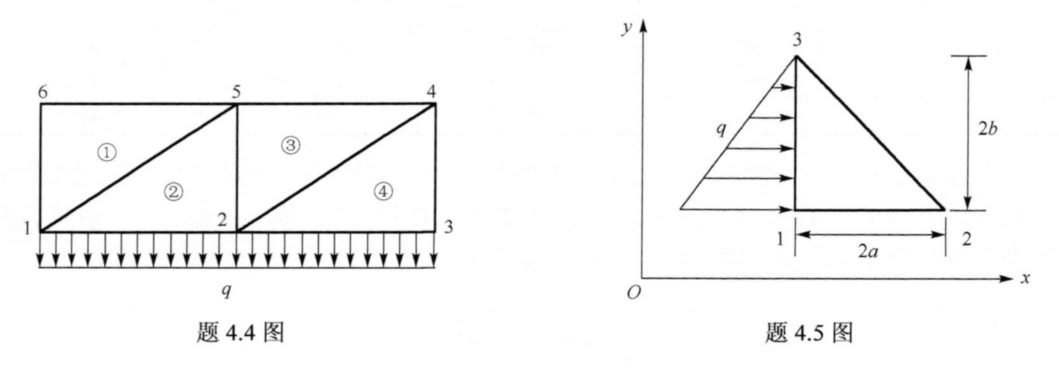

题 4.4 图　　题 4.5 图

4.6　如题 4.6 图所示的平面梁，由 2 个单元、3 个节点组成，其中在单元②上作用有分布面力函数，最大值为 q(N/m)，另外该梁受到惯性加速度 a 作用，方向如图所示，试用梁单元的形函数对分布载荷及重力进行载荷移置，求解等效节点力。梁的密度为 ρ，横截面积为 A。

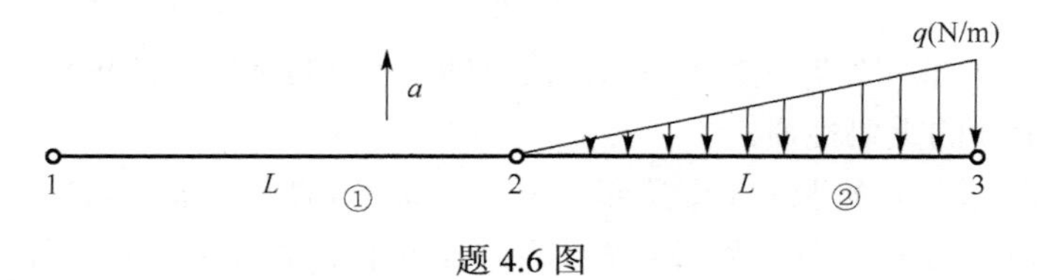

题 4.6 图

第 5 章　等参数单元

等参数单元(isoparametric element)也称等参元，是有限元基础理论中最重要的一个概念，在各种工程软件中(如 ANSYS)，实际上都是利用等参元来完成单元分析的。本章主要介绍等参数单元的基本概念及应用方法。主要讨论 4 节点四边形等参元、8 节点二次四边形等参元的单元分析方法。针对等参元积分计算的需求，对高斯数值积分法也进行简要介绍。

5.1　等参元的基本概念

等参数单元是根据特定方法设定的一大类单元，不一定具有相同的几何形状。等参元具有规范的定义和较强的适应复杂几何形状的能力，在有限元理论中占有重要的地位。采用等参元，一方面能够很好地适应曲线边界和曲面边界，准确地模拟结构形状；另一方面等参元一般具有高阶位移模式，能够较好地反映复杂结构的应力分布情况，即使单元网格划分比较稀疏，也可以得到比较好的计算精度。

等参元的基本思想是：首先导出关于局部坐标系(local coordinate，或称自然坐标系，natural coordinate)下的规整形状的单元(母单元)位移模式，然后利用形函数进行坐标变换，得到整体坐标系(global coordinate)下的复杂形状的单元(子单元)位移模式，其中子单元的插值节点数与其位置坐标变换的节点数相等，位移函数插值公式与位置坐标变换式都采用相同的形函数与节点参数，这样的单元称为等参元。

下面以平面四边形单元为例说明等参元的基本概念。

1．*局部坐标系下的位移模式*

在局部坐标系中，建立起几何形状简单且规整的单元，称为母单元。母单元是(ξ,η)平面中的 2×2 正方形，$-1\leqslant\xi\leqslant1$，$-1\leqslant\eta\leqslant1$，如图 5.1 所示，坐标原点在单元形心上。单元边界是四条直线：$\xi=\pm1$，$\eta=\pm1$。

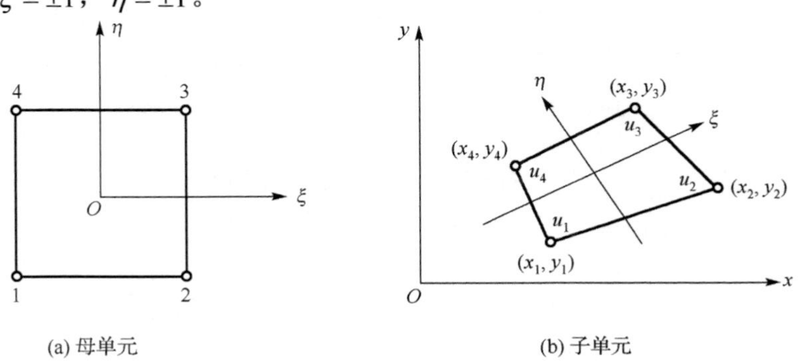

图 5.1　线性矩形单元及其平面坐标变换

根据形函数的定义，为保证用形函数定义的未知量在相邻单元之间的连续性，单元节点数目应与形函数阶次相适应。具有线性位移模式的四边形单元共有 4 个节点，如图 5.1 所示。

对于如图 5.1 所示的线性 4 节点四边形等参元(bilinear isoparametric element)，可按照第 4 章相关知识点确定形函数，求解式可表示为

$$\boldsymbol{N}(\xi,\eta)=\begin{bmatrix}1 & \xi & \eta & \xi\eta\end{bmatrix}\begin{bmatrix}1 & \xi_1 & \eta_1 & \xi_1\eta_1 \\ 1 & \xi_2 & \eta_2 & \xi_2\eta_2 \\ 1 & \xi_3 & \eta_3 & \xi_3\eta_3 \\ 1 & \xi_4 & \eta_4 & \xi_4\eta_4\end{bmatrix}^{-1} \tag{5.1}$$

式中，ξ_i、$\eta_i(i=1,2,3,4)$ 是 4 个节点对应的局部坐标值，分别为

$$\xi_1=-1,\eta_1=-1;\quad \xi_2=1,\eta_2=-1;\quad \xi_3=1,\eta_3=1;\quad \xi_4=-1,\eta_4=1$$

最终求得的局部坐标系下的形函数可表示为

$$N_i=\frac{(1+\xi_0)(1+\eta_0)}{4}\quad (i=1,\ 2,\ 3,\ 4) \tag{5.2}$$

式中，$\xi_0=\xi_i\xi$，$\eta_0=\eta_i\eta$。该形函数是定义在自然坐标下的归一化变量ξ、η的函数。

由于按照等参元的理念是采用规整形状的母单元来构造单元的形函数的，在局部坐标系下母单元的节点坐标是已知的，且较为简单，因而对于等参元一般都可以写出较为简洁的形函数表达式。这是非常重要的，一方面可以简化最终的单元分析过程，另一方面便于对某一具体单元的理解以及研究者之间的交流。

同理，如果采用二次形函数的四边形单元，单元每边的节点数为三个，如图 5.2 所示。对于图 5.2 所示的 8 节点二次四边形等参元，节点的形函数为

$$N_i=\frac{1}{4}(1+\xi_0)(1+\eta_0)(\xi_0+\eta_0-1)\qquad (i=1,\ 2,\ 3,\ 4) \tag{5.3a}$$

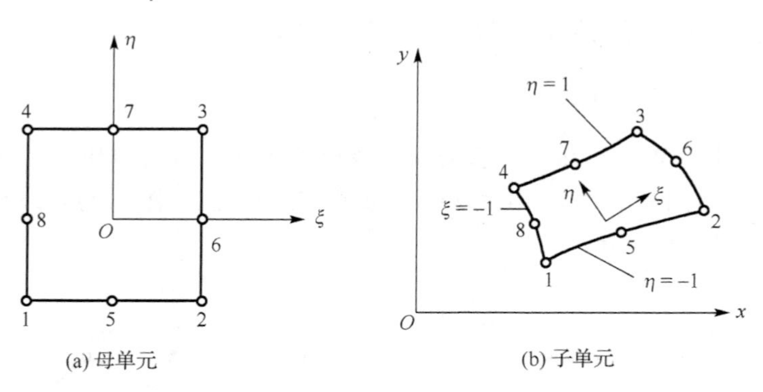

图 5.2　二次矩形平面四边形单元

边中点的形函数为

$$N_i=\frac{1}{2}(1-\xi^2)(1+\eta_0)\qquad (i=5,\ 7) \tag{5.3b}$$

$$N_i=\frac{1}{2}(1-\eta^2)(1+\xi_0)\qquad (i=6,\ 8) \tag{5.3c}$$

可见，线性四边形单元和 8 节点二次四边形单元用局部坐标形函数表达的位移模式如下：

$$u=\sum_{i=1}^{n}N_i(\xi,\eta)u_i,\quad v=\sum_{i=1}^{n}N_i(\xi,\eta)v_i\qquad(n=4,8)\tag{5.4}$$

需要说明的是，这里利用等参元思想构造的形函数进行位移插值与前面章节的含义是一致的，单元内任一点的位移 u、v，以及各节点位移 u_i、v_i 对应的是子单元，参考坐标系为整体坐标系。

2. 等参坐标变换

等参元需要用坐标变换把形状规整的母单元转换成具有曲线(面)边界的、形状复杂的单元。转换后的单元即子单元。子单元在几何上可以较方便地适应实际结构的复杂几何形状。也就是可以采用各种形状复杂的子单元在整体坐标系中对实际结构进行网格划分。

子单元通过坐标变换映射成一个局部坐标系下的规整的母单元。坐标变换是指在局部坐标 (ξ,η,ζ) 和整体坐标 (x,y,z) 之间建立一一对应关系。在这里，可以利用形函数建立坐标变换关系。例如，对于上述线性 4 节点四边形单元，有

$$\begin{cases}x=\sum_{i=1}^{4}N_i(\xi,\eta)x_i=N_1(\xi,\eta)x_1+N_2(\xi,\eta)x_2+N_3(\xi,\eta)x_3+N_4(\xi,\eta)x_4\\ y=\sum_{i=1}^{4}N_i(\xi,\eta)y_i=N_1(\xi,\eta)y_1+N_2(\xi,\eta)y_2+N_3(\xi,\eta)y_3+N_4(\xi,\eta)y_4\end{cases}\tag{5.5a}$$

对于上述 8 节点二次四边形单元，有

$$\begin{cases}x=\sum_{i=1}^{8}N_i(\xi,\eta)x_i=N_1(\xi,\eta)x_1+N_2(\xi,\eta)x_2+\cdots+N_8(\xi,\eta)x_8\\ y=\sum_{i=1}^{8}N_i(\xi,\eta)y_i=N_1(\xi,\eta)y_1+N_2(\xi,\eta)y_2+\cdots+N_8(\xi,\eta)y_8\end{cases}\tag{5.5b}$$

式中，$N_i(\xi,\eta)$ 是用局部坐标表示的形函数；(x_i,y_i) 是节点 i 的整体坐标，式(5.5b)即平面坐标等参变换公式。

二维单元的平面坐标变换如图 5.1 和图 5.2 所示，其中母单元是正方形，子单元变换成曲边四边形，相邻子单元在公共边上的整体坐标是连续的，且在公共节点上具有相同的坐标，即相邻单元是连续的。

读者应对上述等参坐标变换有较为深入的理解，例如，在子单元形状确定的前提下，如果已知母单元上任意一点的坐标，则通过形如式(5.5)的多项式可以计算得到子单元上对应点的坐标；同样的，如果已知子单元上任一点的坐标，则可通过解方程组的方式获得母单元对应点的坐标。

3. 局部坐标系与整体坐标系之间的关系——雅可比矩阵

在前面章节针对平面三角形单元、杆单元及梁单元的单元分析中，需要利用形如式(5.4)的位移插值函数求得相应的应变及应力。但是，在式(5.4)中，形函数是建立在局部坐标系基础上推导出来的，这个形函数与整体坐标不存在直接的函数关系。因而，为了利用等参元完成单元分析，必须建立起局部坐标系同整体坐标系之间的关系。

局部坐标系和整体坐标系之间具有如下偏导数的关系。对于平面问题，根据复合函数的求导法则，有

$$\begin{cases} \dfrac{\partial}{\partial \xi} = \dfrac{\partial x}{\partial \xi}\dfrac{\partial}{\partial x} + \dfrac{\partial y}{\partial \xi}\dfrac{\partial}{\partial y} \\ \dfrac{\partial}{\partial \eta} = \dfrac{\partial x}{\partial \eta}\dfrac{\partial}{\partial x} + \dfrac{\partial y}{\partial \eta}\dfrac{\partial}{\partial y} \end{cases} \tag{5.6}$$

式(5.6)写成矩阵形式：

$$\begin{Bmatrix} \dfrac{\partial}{\partial \xi} \\ \dfrac{\partial}{\partial \eta} \end{Bmatrix} = \begin{bmatrix} \dfrac{\partial x}{\partial \xi} & \dfrac{\partial y}{\partial \xi} \\ \dfrac{\partial x}{\partial \eta} & \dfrac{\partial y}{\partial \eta} \end{bmatrix} \begin{Bmatrix} \dfrac{\partial}{\partial x} \\ \dfrac{\partial}{\partial y} \end{Bmatrix} = \boldsymbol{J} \begin{Bmatrix} \dfrac{\partial}{\partial x} \\ \dfrac{\partial}{\partial y} \end{Bmatrix} \tag{5.7}$$

式中，$\boldsymbol{J}$ 称为雅可比矩阵(Jacobian matrix)，定义为

$$\boldsymbol{J} = \begin{bmatrix} \dfrac{\partial x}{\partial \xi} & \dfrac{\partial y}{\partial \xi} \\ \dfrac{\partial x}{\partial \eta} & \dfrac{\partial y}{\partial \eta} \end{bmatrix} \tag{5.8}$$

可以将式(5.5)代入雅可比矩阵式(5.8)，求得雅可比矩阵。例如，对于式(5.5a)表示的线性 4 节点四边形单元，有

$$\frac{\partial x}{\partial \xi} = \sum_{i=1}^{4} \frac{\partial N_i(\xi,\eta)}{\partial \xi} x_i,\quad \frac{\partial y}{\partial \eta} = \sum_{i=1}^{4} \frac{\partial N_i(\xi,\eta)}{\partial \eta} y_i \tag{5.9}$$

雅可比矩阵的逆变换 $\boldsymbol{J}^{-1}$ 具有如下形式：

$$\boldsymbol{J}^{-1} = \frac{1}{|\boldsymbol{J}|} \begin{bmatrix} \dfrac{\partial y}{\partial \eta} & -\dfrac{\partial y}{\partial \xi} \\ -\dfrac{\partial x}{\partial \eta} & \dfrac{\partial x}{\partial \xi} \end{bmatrix} \tag{5.10}$$

用逆雅可比矩阵表示的偏导关系如下：

$$\begin{Bmatrix} \dfrac{\partial}{\partial x} \\ \dfrac{\partial}{\partial y} \end{Bmatrix} = \boldsymbol{J}^{-1} \begin{Bmatrix} \dfrac{\partial}{\partial \xi} \\ \dfrac{\partial}{\partial \eta} \end{Bmatrix} \tag{5.11}$$

如果把局部坐标表达的形函数 $N_i(\xi,\eta)$ 代入式(5.11)，则建立起了该形函数与整体坐标之间的关系，因而式(5.11)是利用等参元进行单元分析时的一个关键公式。

例 5-1　利用等参坐标变换，可以使局部坐标系下的母单元同整体坐标系下的子单元存在一一对应的关系。对于如图 5.3 所示的四边形单元，假如母单元上的有一点 $A(0.2,0.5)$。试求与 A 点相对应的子单元中的 A' 点的坐标值；进一步，求解描述两种坐标之间关系的雅可比矩阵。

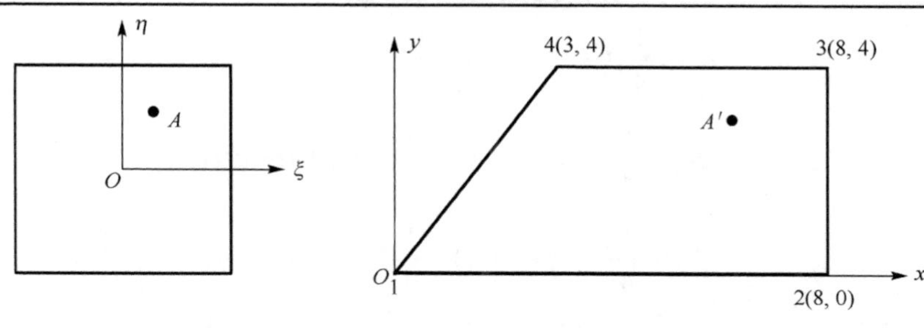

(a) 局部坐标系下的母单元　　(b) 整体坐标系下的子单元

图 5.3　母单元与子单元

解　由等参坐标变换可以得

$$\begin{cases} x = \dfrac{(1-\xi)(1-\eta)}{4}x_1 + \dfrac{(1+\xi)(1-\eta)}{4}x_2 + \dfrac{(1+\xi)(1+\eta)}{4}x_3 + \dfrac{(1-\xi)(1+\eta)}{4}x_4 \\ y = \dfrac{(1-\xi)(1-\eta)}{4}y_1 + \dfrac{(1+\xi)(1-\eta)}{4}y_2 + \dfrac{(1+\xi)(1+\eta)}{4}y_3 + \dfrac{(1-\xi)(1+\eta)}{4}y_4 \end{cases}$$

代入点 $A(0.2,0.5)$ 的坐标，即 $\xi=0.2$，$\eta=0.5$，则可得 A' 点坐标为 $(5.7, 3)$。

雅可比矩阵的表达式 $\boldsymbol{J}=\begin{bmatrix} \dfrac{\partial x}{\partial \xi} & \dfrac{\partial y}{\partial \xi} \\ \dfrac{\partial x}{\partial \eta} & \dfrac{\partial y}{\partial \eta} \end{bmatrix}$，各元素的具体值为

$$J_{11} = \frac{\partial x}{\partial \xi} = \frac{1}{4}[-x_1(1-\eta) + x_2(1-\eta) + x_3(1+\eta) - x_4(1+\eta)]$$

$$J_{12} = \frac{\partial y}{\partial \xi} = \frac{1}{4}[-y_1(1-\eta) + y_2(1-\eta) + y_3(1+\eta) - y_4(1+\eta)]$$

$$J_{21} = \frac{\partial x}{\partial \eta} = \frac{1}{4}[-x_1(1-\xi) - x_2(1+\xi) + x_3(1+\xi) + x_4(1-\xi)]$$

$$J_{22} = \frac{\partial y}{\partial \eta} = \frac{1}{4}[-y_1(1-\xi) - y_2(1+\xi) + y_3(1+\xi) + y_4(1-\xi)]$$

分别代入节点 1～4 的坐标后可得

$$\boldsymbol{J} = \begin{bmatrix} 13-3\eta & 0 \\ 3-3\xi & 8 \end{bmatrix}$$

5.2　4 节点四边形等参元分析

针对 4 节点四边形单元，利用等参元的思想进行单元分析的流程如下。

1. 母单元的形函数

对于如图 5.1 所示的线性 4 节点四边形等参元，它在局部坐标系下的形函数如下：

$$N_1 = \frac{1}{4}(1-\xi)(1-\eta) = \frac{1}{4}(1-\xi-\eta+\xi\eta)$$

$$N_2=\frac{1}{4}(1+\xi)(1-\eta)=\frac{1}{4}(1+\xi-\eta-\xi\eta) \tag{5.12}$$

$$N_3=\frac{1}{4}(1+\xi)(1+\eta)=\frac{1}{4}(1+\xi+\eta+\xi\eta)$$

$$N_4=\frac{1}{4}(1-\xi)(1+\eta)=\frac{1}{4}(1-\xi+\eta-\xi\eta)$$

进行等参坐标变换，有

$$x=\sum_{i=1}^{4}N_i(\xi,\eta)x_i=N_1(\xi,\eta)x_1+N_2(\xi,\eta)x_2+N_3(\xi,\eta)x_3+N_4(\xi,\eta)x_4$$

$$y=\sum_{i=1}^{4}N_i(\xi,\eta)y_i=N_1(\xi,\eta)y_1+N_2(\xi,\eta)y_2+N_3(\xi,\eta)y_3+N_4(\xi,\eta)y_4$$

进行位移插值，有

$$u=N_1(\xi,\eta)u_1+N_2(\xi,\eta)u_2+N_3(\xi,\eta)u_3+N_4(\xi,\eta)u_4$$

$$v=N_1(\xi,\eta)v_1+N_2(\xi,\eta)v_2+N_3(\xi,\eta)v_3+N_4(\xi,\eta)v_4$$

2. 应变矩阵

将上述等参元的位移模式代入弹性力学平面问题的几何方程中，将会得到用应变矩阵 **B** 表示的单元应变向量，其表达式如下：

$$\boldsymbol{\varepsilon}=\begin{Bmatrix}\varepsilon_x\\ \varepsilon_y\\ \gamma_{xy}\end{Bmatrix}=\begin{Bmatrix}\dfrac{\partial u}{\partial x}\\ \dfrac{\partial v}{\partial y}\\ \dfrac{\partial u}{\partial y}+\dfrac{\partial v}{\partial x}\end{Bmatrix}=\boldsymbol{B}\boldsymbol{q}^e=\begin{bmatrix}\boldsymbol{B}_1 & \boldsymbol{B}_2 & \boldsymbol{B}_3 & \boldsymbol{B}_4\end{bmatrix}\boldsymbol{q}^e \tag{5.13}$$

式中，$\boldsymbol{q}^e=\{\boldsymbol{q}_1\quad \boldsymbol{q}_2\quad \boldsymbol{q}_3\quad \boldsymbol{q}_4\}^{\mathrm{T}}$ 是单元节点位移列向量，$\boldsymbol{q}_i=\begin{Bmatrix}u_i\\ v_i\end{Bmatrix}$ (i=1, 2, 3, 4)。

$$\boldsymbol{B}=\begin{bmatrix}\dfrac{\partial N_1(\xi,\eta)}{\partial x} & 0 & \dfrac{\partial N_2(\xi,\eta)}{\partial x} & 0 & \dfrac{\partial N_3(\xi,\eta)}{\partial x} & 0 & \dfrac{\partial N_4(\xi,\eta)}{\partial x} & 0\\ 0 & \dfrac{\partial N_1(\xi,\eta)}{\partial y} & 0 & \dfrac{\partial N_2(\xi,\eta)}{\partial y} & 0 & \dfrac{\partial N_3(\xi,\eta)}{\partial y} & 0 & \dfrac{\partial N_4(\xi,\eta)}{\partial y}\\ \dfrac{\partial N_1(\xi,\eta)}{\partial y} & \dfrac{\partial N_1(\xi,\eta)}{\partial x} & \dfrac{\partial N_2(\xi,\eta)}{\partial y} & \dfrac{\partial N_2(\xi,\eta)}{\partial x} & \dfrac{\partial N_3(\xi,\eta)}{\partial y} & \dfrac{\partial N_3(\xi,\eta)}{\partial x} & \dfrac{\partial N_4(\xi,\eta)}{\partial y} & \dfrac{\partial N_4(\xi,\eta)}{\partial x}\end{bmatrix} \tag{5.14}$$

为了求应变矩阵 **B**，进行如下推导。由于形函数 $N_i(\xi,\eta)$ 是局部坐标的函数，需要进行偏导数的变换：

$$\begin{Bmatrix} \dfrac{\partial N_i}{\partial x} \\ \dfrac{\partial N_i}{\partial y} \end{Bmatrix} = \boldsymbol{J}^{-1} \begin{Bmatrix} \dfrac{\partial N_i}{\partial \xi} \\ \dfrac{\partial N_i}{\partial \eta} \end{Bmatrix} \tag{5.15}$$

式(5.15)中的雅可比矩阵的逆矩阵 $\boldsymbol{J}^{-1}$ 由式(5.10)给出，即

$$\boldsymbol{J}^{-1} = \frac{1}{|\boldsymbol{J}|} \begin{bmatrix} \dfrac{\partial y}{\partial \eta} & -\dfrac{\partial y}{\partial \xi} \\ -\dfrac{\partial x}{\partial \eta} & \dfrac{\partial x}{\partial \xi} \end{bmatrix}$$

这里

$$\boldsymbol{J} = \begin{bmatrix} \dfrac{\partial x}{\partial \xi} & \dfrac{\partial y}{\partial \xi} \\ \dfrac{\partial x}{\partial \eta} & \dfrac{\partial y}{\partial \eta} \end{bmatrix} = \begin{bmatrix} J_{11} & J_{12} \\ J_{21} & J_{22} \end{bmatrix}$$

而

$$J_{11} = \frac{\partial x}{\partial \xi} = \frac{1}{4}[-x_1(1-\eta) + x_2(1-\eta) + x_3(1+\eta) - x_4(1+\eta)]$$

$$J_{12} = \frac{\partial y}{\partial \xi} = \frac{1}{4}[-y_1(1-\eta) + y_2(1-\eta) + y_3(1+\eta) - y_4(1+\eta)]$$

$$J_{21} = \frac{\partial x}{\partial \eta} = \frac{1}{4}[-x_1(1-\xi) - x_2(1+\xi) + x_3(1+\xi) + x_4(1-\xi)]$$

$$J_{22} = \frac{\partial y}{\partial \eta} = \frac{1}{4}[-y_1(1-\xi) - y_2(1+\xi) + y_3(1+\xi) + y_4(1-\xi)]$$

可见

$$\begin{cases} \dfrac{\partial N_i(\xi,\eta)}{\partial x} = \dfrac{1}{|\boldsymbol{J}|}\left(\dfrac{\partial y}{\partial \eta}\dfrac{\partial N_i(\xi,\eta)}{\partial \xi} - \dfrac{\partial y}{\partial \xi}\dfrac{\partial N_i(\xi,\eta)}{\partial \eta}\right) = \dfrac{1}{|\boldsymbol{J}|}\left(J_{22}\dfrac{\partial N_i}{\partial \xi} - J_{12}\dfrac{\partial N_i}{\partial \eta}\right) \\ \dfrac{\partial N_i(\xi,\eta)}{\partial y} = \dfrac{1}{|\boldsymbol{J}|}\left(-\dfrac{\partial x}{\partial \eta}\dfrac{\partial N_i(\xi,\eta)}{\partial \xi} + \dfrac{\partial x}{\partial \xi}\dfrac{\partial N_i(\xi,\eta)}{\partial \eta}\right) = \dfrac{1}{|\boldsymbol{J}|}\left(-J_{21}\dfrac{\partial N_i}{\partial \xi} + J_{11}\dfrac{\partial N_i}{\partial \eta}\right) \end{cases} \tag{5.16}$$

式(5.13)应变矩阵中的每一项为

$$\boldsymbol{B}_i = \frac{1}{|\boldsymbol{J}|} \begin{bmatrix} J_{22}\dfrac{\partial N_i}{\partial \xi} - J_{12}\dfrac{\partial N_i}{\partial \eta} & 0 \\ 0 & J_{11}\dfrac{\partial N_i}{\partial \eta} - J_{21}\dfrac{\partial N_i}{\partial \xi} \\ J_{11}\dfrac{\partial N_i}{\partial \eta} - J_{21}\dfrac{\partial N_i}{\partial \xi} & J_{22}\dfrac{\partial N_i}{\partial \xi} - J_{12}\dfrac{\partial N_i}{\partial \eta} \end{bmatrix} \quad (i = 1,2,3,4) \tag{5.17}$$

3. 单元刚度矩阵

类似于平面三角形单元，应用虚位移原理也可以确定 4 节点四边形单元的刚度矩阵表达式，即

$$\boldsymbol{k}^e = t\iint \boldsymbol{B}^{\mathrm{T}}\boldsymbol{D}\boldsymbol{B}\mathrm{d}x\mathrm{d}y$$

又因为

$$\iint \mathrm{d}x\mathrm{d}y = \int_{-1}^{1}\int_{-1}^{1}\det\begin{bmatrix}\dfrac{\partial x}{\partial \xi} & \dfrac{\partial x}{\partial \eta}\\ \dfrac{\partial y}{\partial \xi} & \dfrac{\partial y}{\partial \eta}\end{bmatrix}\mathrm{d}\xi\mathrm{d}\eta = \int_{-1}^{1}\int_{-1}^{1}|\boldsymbol{J}|\,\mathrm{d}\xi\mathrm{d}\eta \tag{5.18}$$

所以，4 节点四边形单元的单元刚度矩阵的最终表达式可以写成如下形式：

$$\boldsymbol{k}^e = t\int_{-1}^{1}\int_{-1}^{1}\boldsymbol{B}^{\mathrm{T}}\boldsymbol{D}\boldsymbol{B}|\boldsymbol{J}|\,\mathrm{d}\xi\mathrm{d}\eta \tag{5.19}$$

矩形单元的位移模式比平面三角形单元的线性位移模式增添了$\xi\eta$项(相当于 xy 项)，这种位移模式称为双线性模式。在这种模式下，单元内的应变分量已经不是常量，这一点可以从应变矩阵 $\boldsymbol{B}$ 的表达式中看出。

由于矩形单元的应变分量不是常量，矩形单元中的应力分量也都不是常量。其中，正应力分量σ_x 的主要项(即不与泊松比μ相乘的项)沿 y 方向线性变化，而正应力分量σ_y 的主要项则沿 x 方向线性变化，剪应力分量τ_{xy} 沿 x 及 y 两个方向都是线性变化。因此，采用相同数目的节点时，矩形单元的精度要比平面三角形单元的精度高。但是，矩形单元存在一些明显的缺点：其一是矩形单元不能适应斜交的边界和曲线边界；其二是矩形单元不便于对不同部位采用不同大小的单元。

上述按照等参元的思想完成了 4 节点四边形单元刚度矩阵的推导。后续需进行单元组集、边界条件的引入、载荷移置等操作，这些与非等参元并无区别。

5.3　8 节点二次四边形等参元分析

针对 8 节点二次四边形单元，利用等参元的思想进行单元分析的流程如下。

1. 母单元的形函数

对于如图 5.2 所示的 8 节点二次四边形等参元，它在局部坐标系下的形函数为

$$\begin{aligned}
&N_1 = \frac{1}{4}(1-\xi)(1-\eta)(-\xi-\eta-1), && N_2 = \frac{1}{4}(1+\xi)(1-\eta)(\xi-\eta-1)\\
&N_3 = \frac{1}{4}(1+\xi)(1+\eta)(\xi+\eta-1), && N_4 = \frac{1}{4}(1-\xi)(1+\eta)(-\xi+\eta-1)\\
&N_5 = \frac{1}{2}(1-\xi^2)(1-\eta), && N_6 = \frac{1}{2}(1-\eta^2)(1+\xi)\\
&N_7 = \frac{1}{2}(1-\xi^2)(1+\eta), && N_8 = \frac{1}{2}(1-\eta^2)(1-\xi)
\end{aligned} \tag{5.20}$$

进行等参坐标变换，有

$$x=\sum_{i=1}^{8}N_i(\xi,\eta)x_i=N_1(\xi,\eta)x_1+N_2(\xi,\eta)x_2+\cdots+N_8(\xi,\eta)x_8$$

$$y=\sum_{i=1}^{8}N_i(\xi,\eta)y_i=N_1(\xi,\eta)y_1+N_2(\xi,\eta)y_2+\cdots+N_8(\xi,\eta)y_8$$

进行位移插值，获得位移模式，有

$$u=N_1(\xi,\eta)u_1+N_2(\xi,\eta)u_2+\cdots+N_8(\xi,\eta)u_8$$

$$v=N_1(\xi,\eta)v_1+N_2(\xi,\eta)v_2+\cdots+N_8(\xi,\eta)v_8$$

2. 应变矩阵

同样，将上述等参元的位移模式代入弹性力学平面问题的几何方程中，将会得到用应变矩阵 $\boldsymbol{B}$ 表示的单元应变向量，其表达式如下：

$$\boldsymbol{\varepsilon}=\begin{Bmatrix}\varepsilon_x\\ \varepsilon_y\\ \gamma_{xy}\end{Bmatrix}=\begin{Bmatrix}\dfrac{\partial u}{\partial x}\\ \dfrac{\partial v}{\partial y}\\ \dfrac{\partial u}{\partial y}+\dfrac{\partial v}{\partial x}\end{Bmatrix}=\boldsymbol{B}\boldsymbol{q}^e=\begin{bmatrix}\boldsymbol{B}_1 & \boldsymbol{B}_2 & \cdots & \boldsymbol{B}_8\end{bmatrix}\boldsymbol{q}^e \tag{5.21}$$

式中，$\boldsymbol{q}^e=\{\boldsymbol{q}_1\quad \boldsymbol{q}_2\quad \cdots\quad \boldsymbol{q}_8\}^{\mathrm{T}}$ 是单元节点位移列向量，$\boldsymbol{q}_i=\begin{Bmatrix}u_i\\ v_i\end{Bmatrix}$（$i$=1, 2, ⋯, 8）。

参照式(5.15)同样进行偏导变换，最终求得应变矩阵的各子矩阵为

$$\boldsymbol{B}_i=\frac{1}{|\boldsymbol{J}|}\begin{bmatrix}J_{22}\dfrac{\partial N_i}{\partial\xi}-J_{12}\dfrac{\partial N_i}{\partial\eta} & 0\\ 0 & J_{11}\dfrac{\partial N_i}{\partial\eta}-J_{21}\dfrac{\partial N_i}{\partial\xi}\\ J_{11}\dfrac{\partial N_i}{\partial\eta}-J_{21}\dfrac{\partial N_i}{\partial\xi} & J_{22}\dfrac{\partial N_i}{\partial\xi}-J_{12}\dfrac{\partial N_i}{\partial\eta}\end{bmatrix}\quad (i=1,2,\cdots,8) \tag{5.22}$$

对于 8 节点二次四边形单元，其雅克比矩阵 $\boldsymbol{J}$ 中的各元素分别为

$$J_{11}=\frac{\partial x}{\partial\xi}=\frac{1}{4}[x_1(2\xi+\eta)(1-\eta)+x_2(1-\eta)(2\xi-\eta)+x_3(2\xi+\eta)(1+\eta)$$
$$-x_4(1+\eta)(2\xi-\eta)-4\xi x_5(1-\eta)+2x_6(1-\eta^2)-4\xi x_7(1+\eta)-2x_8(1-\eta^2)]$$

$$J_{12}=\frac{\partial y}{\partial\xi}=\frac{1}{4}[y_1(2\xi+\eta)(1-\eta)+y_2(2\xi-\eta)(1-\eta)+y_3(2\xi+\eta)(1+\eta)$$
$$+y_4(2\xi-\eta)(1+\eta)-4\xi y_5(1-\eta)+2y_6(1-\eta^2)-4\xi y_7(1+\eta)-2y_8(1-\eta^2)]$$

$$J_{21}=\frac{\partial x}{\partial\eta}=\frac{1}{4}[x_1(1-\xi)(\xi+2\eta)-x_2(1+\xi)(\xi-2\eta)+x_3(1+\xi)(\xi+2\eta)$$
$$-x_4(1-\xi)(\xi-2\eta)-2x_5(1-\xi^2)-4\eta x_6(1+\xi)+2x_7(1-\xi^2)-4\eta x_8(1-\xi)]$$

$$J_{22}=\frac{\partial y}{\partial \eta}=\frac{1}{4}[y_1(1-\xi)(\xi+2\eta)-y_2(1+\xi)(\xi-2\eta)+y_3(1+\xi)(\xi+2\eta)-y_4(1-\xi)(\xi-2\eta)-2y_5(1-\xi^2)-4\eta y_6(1+\xi)+2y_7(1-\xi^2)-4\eta y_8(1-\xi)] \tag{5.23}$$

3. 单元刚度矩阵

如前所述，单元刚度矩阵的表达式为

$$\boldsymbol{k}^e=t\int_{-1}^{1}\int_{-1}^{1}\boldsymbol{B}^{\mathrm{T}}\boldsymbol{D}\boldsymbol{B}|\boldsymbol{J}|\mathrm{d}\xi\mathrm{d}\eta \tag{5.24}$$

上述按照等参元的思想完成了 8 节点四边形单元刚度矩阵的推导。同样，后续需进行单元组集、边界条件的引入、载荷移置等操作，这些与非等参元并无区别。

5.4　20 节点三维等参元的单元刚度矩阵

很多实际工程结构属于三维问题，在有限元分析中也广泛采用三维(空间)等参元。空间等参元的原理及推导方法与平面问题类似。空间等参元主要有 8 节点六面体单元、20 节点三维单元和 8～21 可变节点三维单元等。本节讨论一种应用较广的 20 节点三维等参元，其单元分析的过程如下。

1. 母单元的形函数

20 节点三维等参元的母单元是边长为 2 的 20 节点正方体单元，对应的是边界为曲面和曲边的六面体子单元，如图 5.4 所示。每个节点具有三个平动自由度，即 $\boldsymbol{q}_i=\begin{Bmatrix}u_i\\v_i\\w_i\end{Bmatrix}$ $(i=1, 2, \cdots, 20)$。

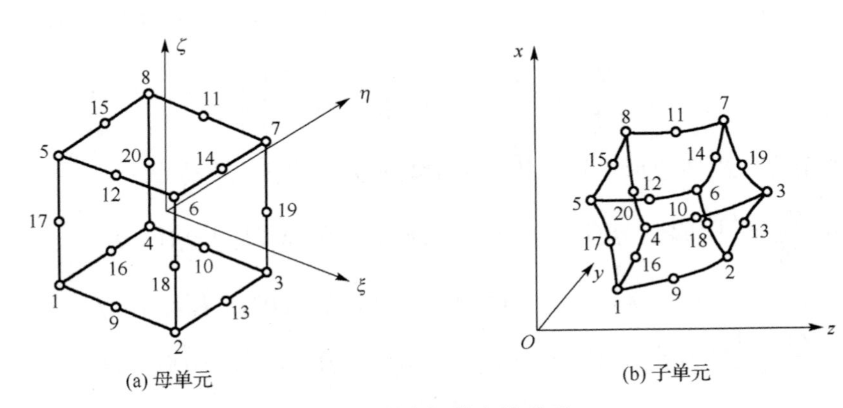

图 5.4　20 节点空间等参数单元

根据等参元的概念，位移函数和几何坐标变换式应采用相同的形函数。20 节点三维等参元的位移函数可表示为

$$
\begin{cases}
u = \sum_{i=1}^{20} N_i(\xi,\eta,\zeta)u_i \\
v = \sum_{i=1}^{20} N_i(\xi,\eta,\zeta)v_i \\
w = \sum_{i=1}^{20} N_i(\xi,\eta,\zeta)w_i
\end{cases} \tag{5.25}
$$

式中，u_i、v_i、w_i 为节点 i 的位移值。

对单元的 20 个节点分别写出 20 个形函数，具体表达式如下：

$$
\begin{aligned}
N_i &= (1+\xi_0)(1+\eta_0)(1+\zeta_0)(\xi_0+\eta_0+\zeta_0)\xi_i^2\eta_i^2\zeta_i^2/8 \\
&+(1-\xi^2)(1+\eta_0)(1+\zeta_0)(1-\xi_i^2)\eta_i^2\zeta_i^2/4 \\
&+(1-\eta^2)(1+\zeta_0)(1+\xi_0)(1-\eta_i^2)\zeta_i^2\xi_i^2/4 \\
&+(1-\xi^2)(1+\xi_0)(1+\eta_0)(1-\zeta_i^2)\xi_i^2\eta_i^2/4
\end{aligned} \tag{5.26}
$$

式中，$\xi_0=\xi_i\xi$，$\eta_0=\eta_i\eta$，$\zeta_0=\zeta_i\zeta$，ξ_i、η_i 及 ζ_i 是节点 i 在(ξ，η，ζ)局部坐标系中的坐标。例如，节点 1 的局部坐标是(−1，−1，−1)，节点 5 的坐标是(−1，−1，1)等。

坐标变换关系可表示为

$$
\begin{cases}
x = \sum_{i=1}^{20} N_i(\xi,\eta,\zeta)x_i \\
y = \sum_{i=1}^{20} N_i(\xi,\eta,\zeta)y_i \\
z = \sum_{i=1}^{20} N_i(\xi,\eta,\zeta)z_i
\end{cases} \tag{5.27}
$$

式中，x_i、y_i、z_i 为节点 i 的整体坐标值。

2. 应变矩阵

根据弹性力学几何方程可以得到单元应变列向量为

$$
\boldsymbol{\varepsilon} = \begin{Bmatrix} \varepsilon_x \\ \varepsilon_y \\ \varepsilon_z \\ \gamma_{xy} \\ \gamma_{yz} \\ \gamma_{zx} \end{Bmatrix} = \begin{Bmatrix} \dfrac{\partial u}{\partial x} \\ \dfrac{\partial v}{\partial y} \\ \dfrac{\partial w}{\partial z} \\ \dfrac{\partial u}{\partial y}+\dfrac{\partial v}{\partial x} \\ \dfrac{\partial v}{\partial z}+\dfrac{\partial w}{\partial y} \\ \dfrac{\partial w}{\partial x}+\dfrac{\partial u}{\partial z} \end{Bmatrix} = \boldsymbol{B}\boldsymbol{q}^e = \begin{bmatrix} \boldsymbol{B}_1 & \boldsymbol{B}_2 & \cdots & \boldsymbol{B}_{20} \end{bmatrix} \begin{Bmatrix} \boldsymbol{q}_1 \\ \boldsymbol{q}_2 \\ \vdots \\ \boldsymbol{q}_{20} \end{Bmatrix} \tag{5.28}
$$

式中，$\boldsymbol{B}$ 是单元的应变矩阵，其分块子矩阵的表达式如下：

$$
\boldsymbol{B}_i = \begin{bmatrix} \dfrac{\partial N_i}{\partial x} & 0 & 0 \\ 0 & \dfrac{\partial N_i}{\partial y} & 0 \\ 0 & 0 & \dfrac{\partial N_i}{\partial z} \\ \dfrac{\partial N_i}{\partial y} & \dfrac{\partial N_i}{\partial x} & 0 \\ 0 & \dfrac{\partial N_i}{\partial z} & \dfrac{\partial N_i}{\partial y} \\ \dfrac{\partial N_i}{\partial z} & 0 & \dfrac{\partial N_i}{\partial x} \end{bmatrix} \quad (i = 1, 2, \cdots, 20) \tag{5.29}
$$

式(5.29)中的形函数 N_i 是局部坐标的函数。在对整体坐标求导时，类似于平面问题，根据复合函数求导数的规则，可以得到以下表达式：

$$
\begin{Bmatrix} \dfrac{\partial N_i}{\partial \xi} \\ \dfrac{\partial N_i}{\partial \eta} \\ \dfrac{\partial N_i}{\partial \zeta} \end{Bmatrix} = \boldsymbol{J} \begin{Bmatrix} \dfrac{\partial N_i}{\partial x} \\ \dfrac{\partial N_i}{\partial y} \\ \dfrac{\partial N_i}{\partial z} \end{Bmatrix}, \quad \begin{Bmatrix} \dfrac{\partial N_i}{\partial x} \\ \dfrac{\partial N_i}{\partial y} \\ \dfrac{\partial N_i}{\partial z} \end{Bmatrix} = \boldsymbol{J}^{-1} \begin{Bmatrix} \dfrac{\partial N_i}{\partial \xi} \\ \dfrac{\partial N_i}{\partial \eta} \\ \dfrac{\partial N_i}{\partial \zeta} \end{Bmatrix} \tag{5.30}
$$

其中，三维雅可比矩阵 $\boldsymbol{J}$ 为

$$
\boldsymbol{J} = \begin{bmatrix} \dfrac{\partial x}{\partial \xi} & \dfrac{\partial y}{\partial \xi} & \dfrac{\partial z}{\partial \xi} \\ \dfrac{\partial x}{\partial \eta} & \dfrac{\partial y}{\partial \eta} & \dfrac{\partial z}{\partial \eta} \\ \dfrac{\partial x}{\partial \zeta} & \dfrac{\partial y}{\partial \zeta} & \dfrac{\partial z}{\partial \zeta} \end{bmatrix} \tag{5.31}
$$

式(5.31)中的每个元素可以分别按式(5.32)求得

$$
\frac{\partial x}{\partial \xi} = \sum_{i=1}^{20} \frac{\partial N_i}{\partial \xi} x_i, \quad \frac{\partial y}{\partial \xi} = \sum_{i=1}^{20} \frac{\partial N_i}{\partial \xi} y_i, \quad \cdots, \quad \frac{\partial z}{\partial \zeta} = \sum_{i=1}^{20} \frac{\partial N_i}{\partial \zeta} z_i \tag{5.32}
$$

例如，式(5.32)中的 $\partial N_i / \partial \xi$ 是

$$
\begin{aligned}
\partial N_i / \partial \xi = {} & \xi_i (1 + \eta_0)(1 + \zeta_0)(2\xi_0 + \eta_0 + \zeta_0 - 1)\xi_i^2 \eta_i^2 \zeta_i^2 / 8 \\
& - \xi (1 + \eta_0)(1 + \zeta_0)(1 - \xi_i^2)\eta_i^2 \zeta_i^2 / 2 \\
& + \xi_i (1 - \eta^2)(1 + \zeta_0)(1 - \eta_i^2)\zeta_i^2 \xi_i^2 / 4 \\
& + \xi_i (1 - \zeta^2)(1 + \eta_0)(1 - \zeta_i^2)\xi_i^2 \eta_i^2 / 4
\end{aligned}
$$

3. 单元刚度矩阵

利用虚功原理，经过推导得到的单元刚度矩阵为

$$\boldsymbol{K}^e = \iiint \boldsymbol{B}^{\mathrm{T}} \boldsymbol{D}\boldsymbol{B}\mathrm{d}x\mathrm{d}y\mathrm{d}z = \begin{bmatrix} \boldsymbol{k}_{1,1} & \boldsymbol{k}_{1,2} & \cdots & \boldsymbol{k}_{1,20} \\ \boldsymbol{k}_{2,1} & \boldsymbol{k}_{2,2} & \cdots & \boldsymbol{k}_{2,20} \\ \vdots & \vdots & & \vdots \\ \boldsymbol{k}_{20,1} & \boldsymbol{k}_{20,2} & \cdots & \boldsymbol{k}_{20,20} \end{bmatrix} \tag{5.33}$$

其中子块矩阵是

$$\boldsymbol{k}_{i,j}^e = \iiint \boldsymbol{B}_i^{\mathrm{T}} \boldsymbol{D}\boldsymbol{B}_j \mathrm{d}x\mathrm{d}y\mathrm{d}z = \int_{-1}^{1}\int_{-1}^{1}\int_{-1}^{1} \boldsymbol{B}_i^{\mathrm{T}} \boldsymbol{D}\boldsymbol{B}_j \left|\boldsymbol{J}\right| \mathrm{d}\xi\mathrm{d}\eta\mathrm{d}\zeta \\ (i=1,2,\cdots,20;\ j=1,2,\cdots,20) \tag{5.34}$$

上述按照等参元的思想完成了 20 节点三维等参元单元刚度矩阵的推导。同样，后续需进行单元组集、边界条件的引入、载荷移置等操作，这些与非等参元并无区别。

5.5　高斯积分法

在计算等参元单元刚度矩阵的积分表达式中，由于矩阵中的每个元素都很复杂，必须采用数值积分方法进行计算，如高斯积分法。高斯积分法是计算复杂函数定积分时通常采用的一种数值积分方法。图 5.5 简单描述了数值积分的原理。

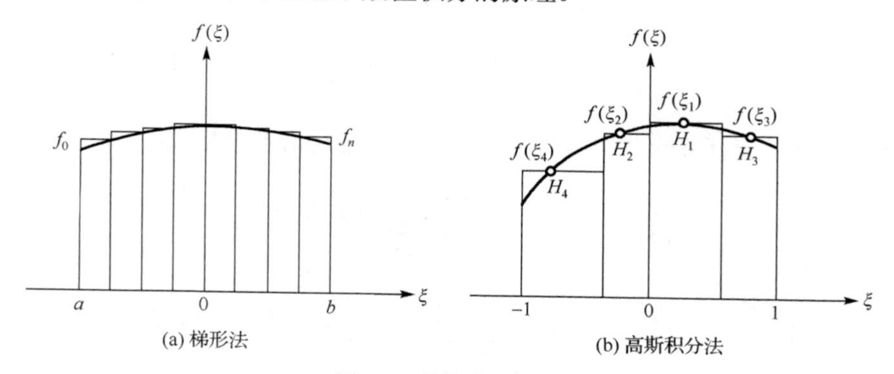

图 5.5　数值积分原理

其中，不等间距积分点是指采用不同的加权系数来改变积分点的间距，算出被积函数 f 在这些积分点处的函数值，然后将相应的加权系数乘上这些函数值的和作为近似积分值，这种方法称为高斯积分法。下面我们对高斯积分法的基本原理进行介绍。

一维定积分问题：

$$\int_{-1}^{1} f(\xi)\mathrm{d}\xi \tag{5.35}$$

可近似地化为加权求和问题。在积分区间选定某些点，称为积分点，求出积分点处的函数值，然后乘上与这些积分点相对应的求积系数(又称加权系数)，再求和，所得的结果被认为是被积函数的近似积分值。这种求积方法表达如下：

$$\int_{-1}^{1} f(\xi)\mathrm{d}\xi \approx \sum_{i=1}^{n} H_i f(\xi_i) \tag{5.36}$$

式中，ξ_i 是积分点 i 的坐标，$f(\xi_i)$ 是被积函数在 ξ_i 处的函数值；n 是积分点的个数；H_i 是加权系数。

那么，如何来确定加权系数 H_i 呢？我们通过一个简单的例子进行分析。

例如，积分点 $n=2$ 时，可得

$$\int_{-1}^{1} f(\xi)\mathrm{d}\xi = H_1 f(\xi_1)+H_2 f(\xi_2) \tag{5.37}$$

若函数 $f(\xi)$ 为 ξ 的 $2n-1$ 次多项式，则有

$$f(\xi) = c_0 + c_1\xi + c_2\xi^2 + c_3\xi^3 \tag{5.38}$$

对式(5.38)积分可得

$$\int_{-1}^{1} f(\xi)\mathrm{d}\xi = \int_{-1}^{1}(c_0 + c_1\xi + c_2\xi^2 + c_3\xi^3)\mathrm{d}\xi = 2c_0 + \frac{2}{3}c_2 \tag{5.39}$$

因此可得

$$H_1(c_0 + c_1\xi_1 + c_2{\xi_1}^2 + c_3{\xi_1}^3) + H_2(c_0 + c_1\xi_2 + c_2{\xi_2}^2 + c_3{\xi_2}^3) = 2c_0 + \frac{2}{3}c_2 \tag{5.40}$$

可以求得

$$\xi_1 = \xi_2 = -\frac{1}{\sqrt{3}} = -0.5773502692\,,\quad H_1 = H_2 = 1.0000000000$$

逐次利用一维高斯求积公式可以构造出二维和三维高斯求积公式：

$$\int_{-1}^{1}\int_{-1}^{1} f(\xi,\eta)\mathrm{d}\xi\mathrm{d}\eta \approx \sum_{i=1}^{n}\sum_{j=1}^{m} H_i H_j f(\xi_i,\eta_j) \tag{5.41}$$

$$\int_{-1}^{1}\int_{-1}^{1}\int_{-1}^{1} f(\xi,\eta,\zeta)\mathrm{d}\xi\mathrm{d}\eta\,\mathrm{d}\zeta \approx \sum_{i=1}^{n}\sum_{j=1}^{m}\sum_{k=1}^{l} H_i H_j H_k f(\xi_i,\eta_j,\zeta_k) \tag{5.42}$$

高斯积分的阶数通常根据等参元的维数和节点数来选取。例如，平面 4 节点等参元可取 2 阶，平面 8 节点等参元可取 3 阶，空间 8 节点等参元可取 2 阶，而空间 20 节点等参元可取 3 阶。

常见的高斯积分法积分点坐标 ξ_i 及其对应的加权系数 H_i 如表 5.1 所示。

表 5.1　高斯积分法中的积分点坐标和加权系数

积分点数 n	积分点坐标 ξ_i	加权系数 H_i
2	±0.5773503	1.0000000
3	0.0000000	0.8888889
	±0.7745967	0.5555556
4	±0.8611363	0.3478548
	±0.3399810	0.6521452
5	0.0000000	0.5688889
	±0.9061798	0.2369269
	±0.5384693	0.4786287

5.6 应用举例

现有一个受均匀分布载荷作用的薄板结构，几何尺寸及受力情况如图 5.6(a)所示，本节将采用 4 节点矩形等参元对其静力学问题进行求解，读者应掌握具体的求解过程。设该结构的弹性模量 E=210GPa，泊松比 $\mu=0.3$，板厚度 t=0.025m，均布载荷 $w=3000\text{kN/m}^2$。

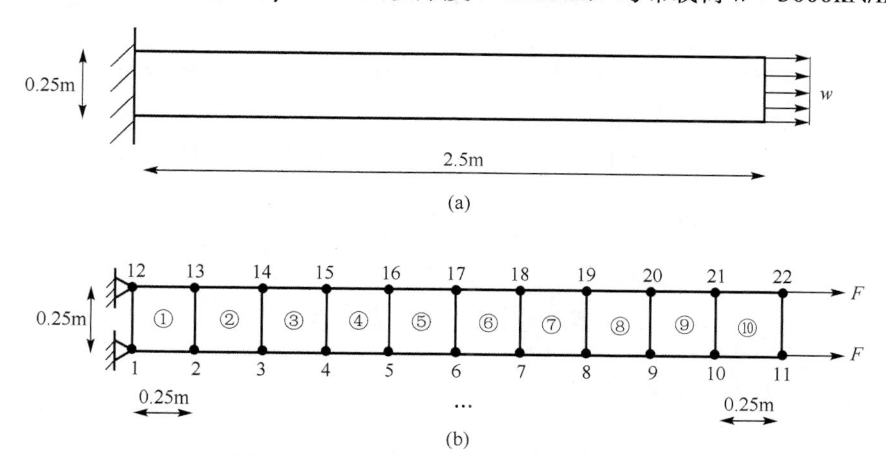

图 5.6　薄板结构力学模型及有限元模型

求解过程如下。

1. 对结构进行离散化

为了方便说明，我们将平板平均分解为 10 个单元、22 个节点，如图 5.6(b)所示。分布载荷的总作用力平均分给节点 11 和节点 22。每个节点力为

$$F=\frac{3000\times 0.025\times 0.25}{2}=9.375(\text{kN})$$

节点坐标见表 5.2。

表 5.2　节点的坐标

坐标值	节点										
	1	2	3	4	5	6	7	8	9	10	11
x	0	0.25	0.5	0.75	1	1.25	1.5	1.75	2	2.25	2.5
y	0	0	0	0	0	0	0	0	0	0	0
坐标值	节点										
	12	13	14	15	16	17	18	19	20	21	22
x	0	0.25	0.5	0.75	1	1.25	1.5	1.75	2	2.25	2.5
y	0.25	0.25	0.25	0.25	0.25	0.25	0.25	0.25	0.25	0.25	0.25

2. 求解单元的刚度矩阵

参见式(5.24)4 节点四边形单元的单元刚度矩阵的表达式为

$$\boldsymbol{k}^e=t\int_{-1}^{1}\int_{-1}^{1}\boldsymbol{B}^{\mathrm{T}}\boldsymbol{D}\boldsymbol{B}\left|\boldsymbol{J}\right|\mathrm{d}\xi\mathrm{d}\eta$$

其中

$$\boldsymbol{J}=\begin{bmatrix}J_{11} & J_{12}\\ J_{21} & J_{22}\end{bmatrix}$$

而

$$J_{11}=\frac{\partial x}{\partial \xi}=\frac{1}{4}\left[-x_1(1-\eta)+x_2(1-\eta)+x_3(1+\eta)-x_4(1+\eta)\right]$$

$$J_{12}=\frac{\partial y}{\partial \xi}=\frac{1}{4}\left[-y_1(1-\eta)+y_2(1-\eta)+y_3(1+\eta)-y_4(1+\eta)\right]$$

$$J_{21}=\frac{\partial x}{\partial \eta}=\frac{1}{4}\left[-x_1(1-\xi)-x_2(1+\xi)+x_3(1+\xi)+x_4(1-\xi)\right]$$

$$J_{22}=\frac{\partial y}{\partial \eta}=\frac{1}{4}\left[-y_1(1-\xi)-y_2(1+\xi)+y_3(1+\xi)+y_4(1-\xi)\right]$$

$$\boldsymbol{B}=\frac{1}{|\boldsymbol{J}|}\begin{bmatrix}\boldsymbol{B}_1 & \boldsymbol{B}_2 & \boldsymbol{B}_3 & \boldsymbol{B}_4\end{bmatrix}$$

参见式(5.17)应变矩阵中的每一项为

$$\boldsymbol{B}_i=\begin{bmatrix}J_{22}\dfrac{\partial N_i}{\partial \xi}-J_{12}\dfrac{\partial N_i}{\partial \eta} & 0\\ 0 & J_{11}\dfrac{\partial N_i}{\partial \eta}-J_{21}\dfrac{\partial N_i}{\partial \xi}\\ J_{11}\dfrac{\partial N_i}{\partial \eta}-J_{21}\dfrac{\partial N_i}{\partial \xi} & J_{22}\dfrac{\partial N_i}{\partial \xi}-J_{12}\dfrac{\partial N_i}{\partial \eta}\end{bmatrix}\quad (i=1,2,3,4)$$

弹性矩阵 $\boldsymbol{D}$ 为

$$\boldsymbol{D}=\frac{E}{1-\mu^2}\begin{bmatrix}1 & \mu & 0\\ \mu & 1 & 0\\ 0 & 0 & \dfrac{1-\mu}{2}\end{bmatrix}$$

由此可以求得 10 个单元的刚度矩阵，这里仅给出一个单元的刚度矩阵(其他单元刚度矩阵与此相等)，具体为

$$\boldsymbol{K}_1=$$

$$10^6\times\begin{bmatrix}2.5962 & 0.9375 & -1.5865 & -0.0721 & -1.2981 & -0.9375 & 0.2885 & 0.0721\\ 0.9375 & 2.5962 & 0.0721 & 0.2885 & -0.9375 & -1.2981 & -0.0721 & -1.5865\\ -1.5865 & 0.0721 & 2.5962 & -0.9375 & 0.2885 & -0.0721 & -1.2981 & 0.9375\\ -0.0721 & 0.2885 & -0.9375 & 2.5962 & 0.0721 & -1.5865 & 0.9375 & -1.2981\\ -1.2981 & -0.9375 & 0.2885 & 0.0721 & 2.5962 & 0.9375 & -1.5865 & -0.0721\\ -0.9375 & -1.2981 & -0.0721 & -1.5865 & 0.9375 & 2.5962 & 0.0721 & 0.2885\\ 0.2885 & -0.0721 & -1.2981 & 0.9375 & -1.5865 & 0.0721 & 2.5962 & -0.9375\\ 0.0721 & -1.5865 & 0.9375 & -1.2981 & -0.0721 & 0.2885 & -0.9375 & 2.5962\end{bmatrix}$$

3. 组集总刚度矩阵

利用直接组集法可以将上述单元组集成总刚度矩阵，由于共有 22 个节点，总刚度矩阵是一个 44×44 的方阵。

4. 引入边界条件

节点位移列向量为

$$\boldsymbol{U}=\{u_1\ v_1\ u_2\ v_2\ \cdots\ u_{21}\ v_{21}\ u_{22}\ v_{22}\}^{\mathrm{T}}$$

节点力列向量为

$$\boldsymbol{F}=\{F_{1x}\ F_{1y}\ F_{2x}\ F_{2y}\ \cdots\ F_{21x}\ F_{21y}\ F_{22x}\ F_{22y}\}^{\mathrm{T}}$$

由图 5.6(b)可知：

$$u_1=v_1=u_{12}=v_{12}=0$$
$$F_{11x}=9.375\text{kN},\quad F_{22x}=9.375\text{kN}$$

矢量 $\boldsymbol{F}$ 中的其他元素均为 0。

整体节点位移的求解方程为

$$\boldsymbol{K}_{44\times44}\cdot\boldsymbol{U}=\boldsymbol{F}$$

将边界条件代入上述方程，即引入了位移边界条件和力边界条件。因为节点 1 和节点 12 的位移为 0，提取总刚度矩阵的第 3～22 行、第 25～44 行及第 3～22 列、第 25～44 列作为子矩阵，得到新的求解方程：

$$\boldsymbol{K}'_{40\times40}\cdot\boldsymbol{U}'=\boldsymbol{F}'$$

$$\boldsymbol{F}'=\left\{\overbrace{0\ \cdots\ 0}^{18}\ 9.375\ 0\ \overbrace{0\ \cdots\ 0}^{18}\ 9.375\ 0\right\}^{\mathrm{T}}$$

5. 解方程

引入边界条件后可以进行求解，各节点沿 x 方向的位移结果见表 5.3。

表 5.3　自编有限元计算结果与 ANSYS 分析结果的比对

节点编号	MATLAB/10^{-7}m	对应节点	ANSYS/10^{-7}m
1	0	22	0
2	0.0344	13	0.0335
3	0.0703	14	0.0704
4	0.1060	15	0.1055
5	0.1417	16	0.1415
6	0.1774	17	0.1771
7	0.2132	18	0.2129
8	0.2489	19	0.2485
9	0.2846	20	0.2843
10	0.3203	21	0.3200

续表

节点编号	MATLAB/10^{-7}m	对应节点	ANSYS/10^{-7}m
11	0.3560	12	0.3557
12	0	1	0
13	0.0344	10	0.0335
14	0.0703	9	0.0704
15	0.1060	8	0.1055
16	0.1417	7	0.1415
17	0.1774	6	0.1771
18	0.2132	5	0.2129
19	0.2489	4	0.2485
20	0.2846	3	0.2843
21	0.3203	2	0.3200
22	0.3560	11	0.3557

接下来可以求出节点 1、12 的节点力，并利用几何方程及物理方程求出每个单元的应变和应力，不再叙述。

以上操作的 MATLAB 程序如下：

```
clear
format short
%(1)赋值
E=210e9;%弹性模量
NU=0.3;%泊松比
h=0.025;%单元厚度
p=1;%平面应力问题
Nd=10;%单元总数
NJ=(Nd-1)*2+4;%节点总数
w=3000;%均布载荷
L=0.25;%每个单元的长度
F=w*L*h/2;

%(2)求单元的刚度矩阵
Code=zeros(Nd,4);
y=[0 L];
y1=y(1,1);
y2=y1;
y3=y(1,2);
y4=y3;
for i=1:Nd
    Code(i,:)=[i,i+1,i+Nd+2,i+Nd+1];
    x1=(i-1)*L;
    x2=i*L;
    x3=x2;
    x4=x1;
    syms s t;%局部坐标
    a=(y1*(s-1)+y2*(-1-s)+y3*(1+s)+y4*(1-s))/4;
```

```
    b=(y1*(t-1)+y2*(1-t)+y3*(1+t)+y4*(-1-t))/4;
    c=(x1*(t-1)+x2*(1-t)+x3*(1+t)+x4*(-1-t))/4;
    d=(x1*(s-1)+x2*(-1-s)+x3*(1+s)+x4*(1-s))/4;
    B1=...
       [a*(t-1)/4-b*(s-1)/4      0
        0                    c*(s-1)/4-d*(t-1)/4
        c*(s-1)/4-d*(t-1)/4      a*(t-1)/4-b*(s-1)/4];
    B2=...
        [a*(1-t)/4-b*(-1-s)/4     0
         0                   c*(-1-s)/4-d*(1-t)/4
         c*(-1-s)/4-d*(1-t)/4    a*(1-t)/4-b*(-1-s)/4];
    B3=...
        [a*(t+1)/4-b*(s+1)/4    0
         0                    c*(s+1)/4-d*(t+1)/4
         c*(s+1)/4-d*(t+1)/4     a*(t+1)/4-b*(s+1)/4];
    B4=...
        [a*(-1-t)/4-b*(1-s)/4     0
         0                   c*(1-s)/4-d*(-1-t)/4
         c*(1-s)/4-d*(-1-t)/4    a*(-1-t)/4-b*(1-s)/4];
    Bfirst=[B1 B2 B3 B4];
    Jfirst=...
       [0   1-t  t-s  s-1
       t-1   0   s+1  -s-t
       s-t  -s-1  0   t+1
       1-s  s+t  -t-1  0];
    J=[x1 x2 x3 x4]*Jfirst*[y1;y2;y3;y4]/8;
    B=Bfirst/J; %以上求出应变矩阵
    if p==1 %平面应力问题
       D=(E/(1-NU^2))*...
         [ 1  NU  0
           NU  1   0
           0   0   (1-NU)/2];
    else
        P==2 %平面应变问题,仅D矩阵不同
       D=(E/(1+NU)/(1-2*NU))*...
           [1-NU   NU     0
           NU      1-NU   0
           0       0       (1-2*NU)/2];
   end
   BD=J*transpose(B)*D*B;
   r=int(int(BD,t,-1,1),s,-1,1);
   z=h*r;
   Kd(:,:,i)=double(z);
end

%(3)刚度矩阵的组集
Kz=zeros(2*NJ,2*NJ);
for e=1:Nd  %共两个单元
```

```
    I=Code(e,1);
    J=Code(e,2);
    M=Code(e,3);
    N=Code(e,4);
%      单元刚度矩阵的扩展
Kz(2*I-1:2*I,2*I-1:2*I)=Kz(2*I-1:2*I,2*I-1:2*I)+Kd(1:2,1:2,e);
Kz(2*I-1:2*I,2*J-1:2*J)=Kz(2*I-1:2*I,2*J-1:2*J)+Kd(1:2,3:4,e);
Kz(2*I-1:2*I,2*M-1:2*M)=Kz(2*I-1:2*I,2*M-1:2*M)+Kd(1:2,5:6,e);
Kz(2*I-1:2*I,2*N-1:2*N)=Kz(2*I-1:2*I,2*N-1:2*N)+Kd(1:2,7:8,e);
%=========================
Kz(2*J-1:2*J,2*I-1:2*I)=Kz(2*J-1:2*J,2*I-1:2*I)+Kd(3:4,1:2,e);
Kz(2*J-1:2*J,2*J-1:2*J)=Kz(2*J-1:2*J,2*J-1:2*J)+Kd(3:4,3:4,e);
Kz(2*J-1:2*J,2*M-1:2*M)=Kz(2*J-1:2*J,2*M-1:2*M)+Kd(3:4,5:6,e);
Kz(2*J-1:2*J,2*N-1:2*N)=Kz(2*J-1:2*J,2*N-1:2*N)+Kd(3:4,7:8,e);
%=========================
Kz(2*M-1:2*M,2*I-1:2*I)=Kz(2*M-1:2*M,2*I-1:2*I)+Kd(5:6,1:2,e);
Kz(2*M-1:2*M,2*J-1:2*J)=Kz(2*M-1:2*M,2*J-1:2*J)+Kd(5:6,3:4,e);
Kz(2*M-1:2*M,2*M-1:2*M)=Kz(2*M-1:2*M,2*M-1:2*M)+Kd(5:6,5:6,e);
Kz(2*M-1:2*M,2*N-1:2*N)=Kz(2*M-1:2*M,2*N-1:2*N)+Kd(5:6,7:8,e);
%=========================
Kz(2*N-1:2*N,2*I-1:2*I)=Kz(2*N-1:2*N,2*I-1:2*I)+Kd(7:8,1:2,e);
Kz(2*N-1:2*N,2*J-1:2*J)=Kz(2*N-1:2*N,2*J-1:2*J)+Kd(7:8,3:4,e);
Kz(2*N-1:2*N,2*M-1:2*M)=Kz(2*N-1:2*N,2*M-1:2*M)+Kd(7:8,5:6,e);
Kz(2*N-1:2*N,2*N-1:2*N)=Kz(2*N-1:2*N,2*N-1:2*N)+Kd(7:8,7:8,e);
end

%(4)引入边界条件
%提取出新的总刚度矩阵
Kx=[Kz(3:(Nd+1)*2,3:(Nd+1)*2) Kz(3:(Nd+1)*2,(Nd+1)*2+3:end);Kz((Nd+1)*2+3:end,
3:(Nd+1)*2) Kz((Nd+1)*2+3:end,(Nd+1)*2+3:end)];
F1=zeros((NJ-2)*2,1);
F1((Nd)*2-1,1)=F;
F1((Nd)*2*2-1,1)=F;
U=Kx\F1;
%求解出的整体位移,不包括约束位移点
```

为了校验分析的正确性，用 ANSYS 软件对上述结构也进行了分析，相关命令流如下：

```
/PREP7
ET,1,SOLID185
MPTEMP,,,,,,,,
MPTEMP,1,0
MPDATA,EX,1,,210E9
MPDATA,PRXY,1,,0.3
BLOCK,0,2.5,0,0.25,0,0.025,
FLST,5,2,4,ORDE,2
FITEM,5,5
FITEM,5,7
CM,_Y,LINE
```

```
LSEL, , , ,P51X
CM,_Y1,LINE
CMSEL,,_Y
LESIZE,_Y1, , ,10, , , , ,1
FLST,5,2,4,ORDE,2
FITEM,5,3
FITEM,5,6
CM,_Y,LINE
LSEL, , , ,P51X
CM,_Y1,LINE
CMSEL,,_Y
LESIZE,_Y1, , ,1, , , , ,1
FLST,5,2,4,ORDE,2
FITEM,5,10
FITEM,5,-11
CM,_Y,LINE
LSEL, , , ,P51X
CM,_Y1,LINE
CMSEL,,_Y
LESIZE,_Y1, , ,1, , , , ,1
CM,_Y,VOLU
VSEL, , , ,       1
CM,_Y1,VOLU
CHKMSH,'VOLU'
CMSEL,S,_Y
VSWEEP,_Y1
CMDELE,_Y
CMDELE,_Y1
CMDELE,_Y2
FINISH
/SOL
FLST,2,4,1,ORDE,4
FITEM,2,1
FITEM,2,22
FITEM,2,33
FITEM,2,44
D,P51X, , , , , ,ALL, , , , ,
FLST,2,4,1,ORDE,4
FITEM,2,11
FITEM,2,-12
FITEM,2,32
FITEM,2,43
F,P51X,FX,4.6875
/STATUS,SOLU
SOLVE
FINISH
/POST1
PRNSOL,U,COMP
```

习　题

5.1　平面四边形单元模型如题 5.1 图所示，利用四边形插值函数证明坐标点 $(x = 7.0, y = 6.0)$ 对应于局部坐标中的点 $(1,1)$。对于 $\xi = 0.5$ 和 $\eta = -0.5$，确定其在整体坐标系中的坐标。

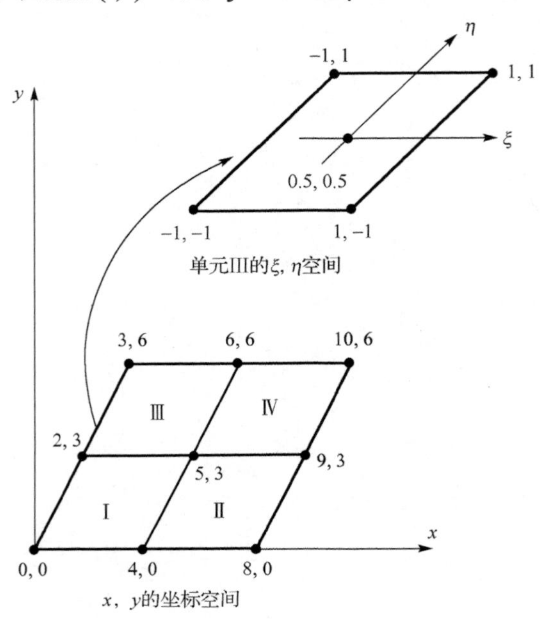

题 5.1 图

5.2　矩形单元如题 5.2 图所示，各节点位移如下：

$u_1=0, v_1=0$；

$u_2=0.005\times25.4=0.127(\text{mm}), v_2=0.0635\text{mm}$；

$u_3=0.0635\text{mm}, v_3=-0.0635\text{mm}$；

$u_4=0, v_4=0$；

$b=10\text{mm}, h=5\text{mm}$。

材料参数 $E = 2.06\times10^{11}\text{Pa}$，$\mu = 0.3$，试利用等参元的思想，确定单元中心点 A 的位移。

5.3　一个四边形单元在整体坐标系下的 4 个节点(1、2、3、4)的坐标分别是 (a, b)、(c, b)、(c, d)、(a, d)，求其雅可比矩阵及其逆矩阵。

5.4　平面问题的四边形单元如题 5.4 图所示，材料参数为 $E = 2.06\times10^{11}\text{Pa}$，$\mu = 0.3$，试通过编制程序确定单元的刚度矩阵，写出 MATLAB 程序代码。

5.5　4 节点四边形单元如题 5.5 图所示，局部坐标系下点 A' 的坐标为 $(0.5,0.5)$，试通过等参坐标变换求解点 A' 对应的整体坐标系下点 A 的坐标。进一步，假如已知整体坐标系下 4 个节点的位移分别为：$u_1=0, v_1=0$；$u_2=0.02, v_2=0.01$；$u_3=0.05, v_3=0.02$；$u_4=0.03, v_4=0$，试求解整体坐标系下点 A 的位移 (u_A, v_A)。

5.6　矩形单元如题 5.6 图所示，已知 B 点的位移为 $u_B = 0.01, v_B = 0.03$，以及 3 个节点位移，$u_1=0, v_1=0$；$u_2=0.12, v_2=0.05$；$u_3=0.06, v_3=-0.06$；试求节点 4 的位移。

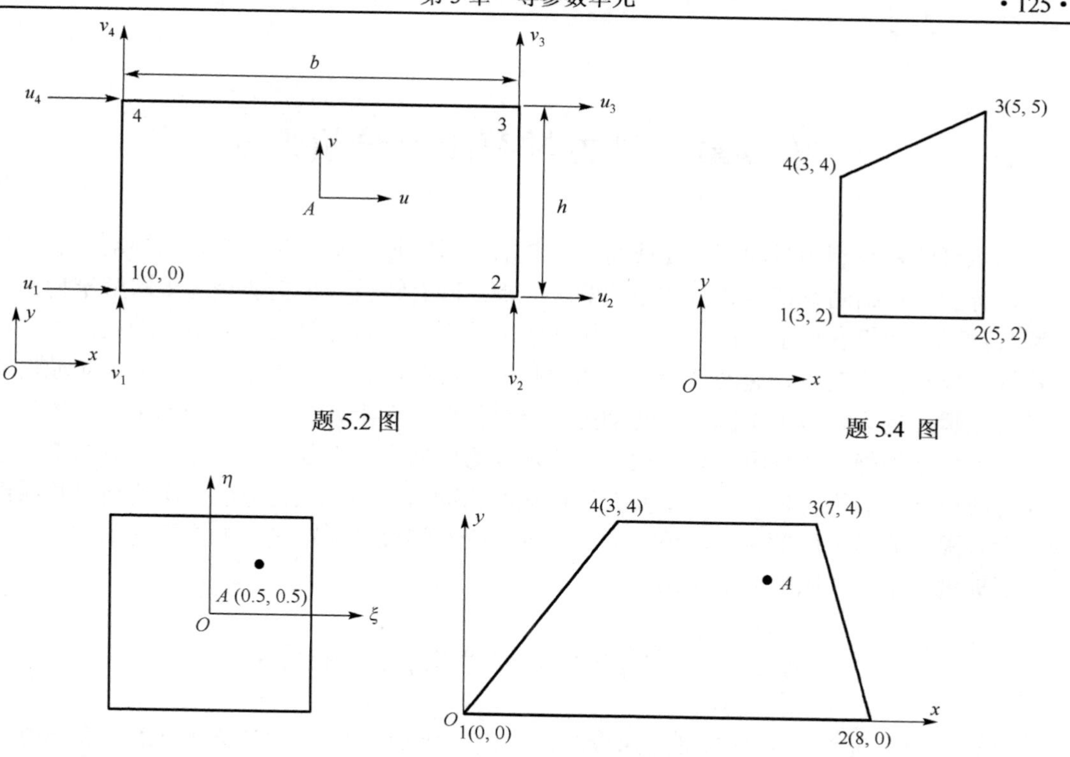

题 5.2 图

题 5.4 图

(a) 局部坐标系下的母单元

(b) 整体坐标系下的子单元

题 5.5 图

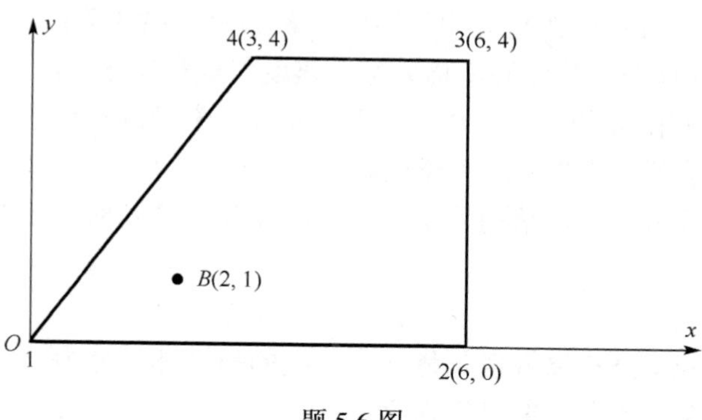

题 5.6 图

第 6 章　动力学有限元分析方法

当机械结构受到随时间变化的载荷时，就需要对其进行动力学分析。结构动力学分析的基本内容主要包括固有特性分析和振动响应分析。固有特性分析主要是为了求解结构的固有频率(特征值)和模态振型(特征向量)。振动响应分析主要是计算结构对给定动载荷的各种响应特性，包括位移响应、速度响应、加速度响应，而响应计算的类型又可以分为频域谐响应以及时域瞬态响应。对于机械结构的动力学分析问题，有限元法也是一种非常有效的计算工具。与机械结构静力学分析的有限元法一样，动力学问题的有限元法也是把要分析的对象离散为有限个单元的组合体。本章主要介绍机械结构动力学的有限元方法，主要包括机械结构动力学有限元分析一般的流程、单元质量矩阵、固有特性及振动响应的有限元求解方法，此外，还提供一个可参照的分析实例。

6.1　动力学有限元分析的一般流程

在动力学分析中由于节点具有速度和加速度，因而整个结构将受到阻尼力和惯性力作用。根据达朗贝尔原理，引入惯性力和阻尼力之后，结构仍处于平衡状态，整个运动方程为

$$\boldsymbol{M}\ddot{\boldsymbol{u}}(t)+\boldsymbol{C}\dot{\boldsymbol{u}}(t)+\boldsymbol{K}\boldsymbol{u}(t)=\boldsymbol{F} \tag{6.1}$$

式中，$\boldsymbol{M}$ 为整体质量矩阵；$\boldsymbol{C}$ 为整体阻尼矩阵；$\boldsymbol{K}$ 为总刚度矩阵；$\boldsymbol{F}$ 为节点的外载荷矢量；而 $\boldsymbol{u}(t)$、$\dot{\boldsymbol{u}}(t)$ 和 $\ddot{\boldsymbol{u}}(t)$ 分别表示节点的位移矢量、速度矢量和加速度向量。

式(6.1)为动力学有限元的基本方程，它不再是静力学问题那样的线性方程，而是一个二阶常微分方程组，其求解过程也比静力学问题难得多。

与静力学有限元分析相似，结构的动力学有限元分析可概括为如下 6 个步骤。

1. 结构离散

与静力学分析相同，结构离散也是将一个连续的弹性体划分为一定数量的单元。同样需要确定节点坐标以及单元的节点编号等内容。

2. 单元分析

在动力学有限元分析中，不仅需要确定单元的刚度矩阵，也需要确定单元的质量矩阵(具体确定单元质量矩阵的方法详见 6.2 节)和单元阻尼矩阵。单元分析的焦点是在选择合适的单元位移模式的基础上确定单元的形函数，因为无论求解单元的刚度矩阵、质量矩阵还是阻尼矩阵，均需要用到形函数。上述矩阵的求解式可表示为

$$\boldsymbol{k}^e=\int_V \boldsymbol{B}^{\mathrm{T}}\boldsymbol{D}\boldsymbol{B}\mathrm{d}V \tag{6.2a}$$

$$\boldsymbol{m}^e=\int_V \boldsymbol{N}^{\mathrm{T}}\rho\boldsymbol{N}\mathrm{d}V \tag{6.2b}$$

$$c^e = \int_V N^{\mathrm{T}} \nu N \mathrm{d}V \tag{6.2c}$$

式中，ρ 为材料的密度；ν 为黏性阻尼系数。由单元分析的计算过程可知，在动力学有限元分析中，除了要向求解程序输入杨氏模量、泊松比，还需输入密度及黏性阻尼系数。

3. 单元的组集

单元组集的目标是形成式(6.1)描述的机械结构动力学分析有限元方程。在式(6.1)中，节点的位移 $\boldsymbol{u}(t)$、速度 $\dot{\boldsymbol{u}}(t)$ 和加速度 $\ddot{\boldsymbol{u}}(t)$ 为待求的量值，外载荷矢量 $\boldsymbol{F}$ 的元素大部分为 0，只需引入外界施加在节点上的力，其引入的方法与静力学分析是一致的。因而单元的组集只剩下单元刚度矩阵、单元质量矩阵及单元阻尼矩阵的组集。

这里刚度矩阵的组集与静力学分析时的方法也完全相同，而质量矩阵、阻尼矩阵同样可以按照刚度矩阵的组集方法来实现。本书介绍的组集方法包括直接组集法及转换矩阵法，以直接组集法为例，组集公式可描述为

$$\boldsymbol{K} = \sum_{e=1}^{n_e} \boldsymbol{k}_{\mathrm{ext}}^e,\quad \boldsymbol{M} = \sum_{e=1}^{n_e} \boldsymbol{m}_{\mathrm{ext}}^e,\quad \boldsymbol{C} = \sum_{e=1}^{n_e} \boldsymbol{c}_{\mathrm{ext}}^e \tag{6.3}$$

式中，n_e 为系统中单元的总数；$\boldsymbol{k}_{\mathrm{ext}}^e$、$\boldsymbol{m}_{\mathrm{ext}}^e$、$\boldsymbol{c}_{\mathrm{ext}}^e$ 是扩展到与总刚度矩阵维数一致的单元刚度矩阵、单元质量矩阵和单元阻尼矩阵。同总刚度矩阵一样，整体质量矩阵和整体阻尼矩阵一般也是大型、对称和带状稀疏矩阵。

另外，需要知晓的是，由于阻尼机理的复杂性，通常不单独求解单元的阻尼矩阵，而是通过最终获得的总刚度矩阵及整体质量矩阵，按比例来确定整体阻尼矩阵，具体表达为

$$\boldsymbol{C} = \alpha \boldsymbol{M} + \beta \boldsymbol{K} \tag{6.4}$$

式中，α 为质量阻尼系数；β 为刚度阻尼系数。α、β 可以通过测定两阶模态阻尼比及固有频率来确定，α、β 与各阶模态阻尼比的关系可表达为

$$2\xi_r \omega_r = \alpha + \beta \omega_r^2 \tag{6.5}$$

式中，ξ_r、ω_r 表示第 r 阶模态阻尼比及固有频率。上述这种表达阻尼的方式称为瑞利阻尼，这是一种最常用的引入动力学分析系统阻尼参数的方法，使用瑞利阻尼可实现阻尼矩阵的模态解耦，从而使动力学方程求解大为简化。

4. 边界条件的引入

针对组建的动力学方程，必须引入位移约束条件才能求解。由于位移约束通常是 0 位移，即已知结构某部分边界上的位移为 0，因而实际引入位移边界条件时，只需将原动力学方程中对应已知节点位移的自由度消去。获得的新的动力学方程称为修正动力学方程，修正的动力学方程消除了刚体位移，因而能够求解。

5. 固有特性分析

固有特性分析是为了求解结构的固有频率和模态振型，后续 6.3 节将详细介绍。

6. 振动响应分析

振动响应分析是为了求解结构在外激励载荷作用下，各节点的位移、速度、加速度，将在后续 6.4 节进行详细介绍。

从以上结构动力学有限元分析的求解步骤可以看出：与静力学求解相比，在动力学分析中只需要引入质量矩阵及阻尼矩阵，其他步骤与静力学完全相同。概括地讲，利用有限元法对结构进行动力学计算，关键是解决以下两个问题：①建立结构的刚度矩阵、质量矩阵(阻尼矩阵可借助于式(6.4)由刚度矩阵和质量矩阵生成)；②求解一组与时间或者频率相关的常微分方程组。这些内容将在后续章节中进行介绍。

6.2　单元质量矩阵

在前面章节已对不同单元刚度矩阵的形成过程做了详细的介绍，因而本章重点描述单元质量矩阵的形成过程。

对于具有分布质量的连续体系统，单元质量矩阵又称为单元一致质量矩阵或单元协调质量矩阵，求解式见式(6.2b)。单元一致质量矩阵采用了与推导单元刚度矩阵一样的形函数矩阵。单元一致质量矩阵的质量分布与实际情况一致，是一个与刚度矩阵同阶的对称方阵。对于等参元，设其形函数矩阵为 $\boldsymbol{N}(\xi,\eta,\zeta)$，则单元一致质量矩阵的求解式为

$$\boldsymbol{m}^e = \int_{-1}^{1}\int_{-1}^{1}\int_{-1}^{1} \rho \boldsymbol{N}^{\mathrm{T}}\boldsymbol{N} \,|\, \boldsymbol{J} \,|\, \mathrm{d}\xi \mathrm{d}\eta \mathrm{d}\zeta \tag{6.6}$$

式中，$\boldsymbol{J}$ 为雅可比矩阵。

在实际的有限元动力学计算中，有时假定单元体的质量集中分配在它的节点上，这样某一节点的加速度将不引起其他节点产生惯性力，因而得到的质量矩阵是对角矩阵，称为集中质量矩阵。单元集中质量矩阵的定义如下：

$$\boldsymbol{m}^e = \int_V \rho \boldsymbol{\psi}^{\mathrm{T}} \boldsymbol{\psi} \mathrm{d}V \tag{6.7}$$

式中，$\boldsymbol{\psi}$ 为函数 ϕ_i 的矩阵，ϕ_i 在分配节点 i 的区域内取 1，在区域外取 0。

以下以一维杆单元、平面梁单元、平面三节点三角形单元、平面四节点四边形单元为例，说明上述两种质量矩阵的表达形式以及它们之间的区别。

1. 一维杆单元

一维杆单元的一致质量矩阵为

$$\boldsymbol{m}^e = \int_V \rho \boldsymbol{N}^{\mathrm{T}} \boldsymbol{N} \mathrm{d}V = \frac{\rho A l}{6}\begin{bmatrix} 2 & 1 \\ 1 & 2 \end{bmatrix} \tag{6.8}$$

式中，A 为杆截面的面积；l 为杆单元的长度。

将上述一致质量矩阵中各行(或各列)的元素相加后直接放在对角线元素上，非对角线元素为 0，则可生成集中质量矩阵，表示为

$$\boldsymbol{m}^e = \int_V \rho \boldsymbol{N}^{\mathrm{T}} \boldsymbol{N} \mathrm{d}V = \frac{\rho A l}{3}\begin{bmatrix} 1 & 0 \\ 0 & 1 \end{bmatrix} \tag{6.9}$$

2. 平面梁单元

平面梁单元的一致质量矩阵可表示为

$$\boldsymbol{m}^e=\frac{\rho Al}{420}\begin{bmatrix}156 & 22l & 54 & -13l\\ 22l & 4l^2 & 13l & -3l^2\\ 54 & 13l & 156 & -22l\\ -13l & -3l^2 & -22l & 4l^2\end{bmatrix}\tag{6.10}$$

将每个节点集中 1/2 的质量，并略去转动项，可得平面梁单元的集中质量矩阵，表达为

$$\boldsymbol{m}^e=\frac{\rho Al}{2}\begin{bmatrix}1 & 0 & 0 & 0\\ 0 & 1 & 0 & 0\\ 0 & 0 & 1 & 0\\ 0 & 0 & 0 & 1\end{bmatrix}\tag{6.11}$$

3. 平面 3 节点三角形单元

平面三节点三角形单元的一致质量矩阵可表示为

$$\boldsymbol{m}^e=\frac{\rho tA}{12}\begin{bmatrix}2 & 0 & 1 & 0 & 1 & 0\\ 0 & 2 & 0 & 1 & 0 & 1\\ 1 & 0 & 2 & 0 & 1 & 0\\ 0 & 1 & 0 & 2 & 0 & 1\\ 1 & 0 & 1 & 0 & 2 & 0\\ 0 & 1 & 0 & 1 & 0 & 2\end{bmatrix}\tag{6.12}$$

式中，t 为单元的厚度。

将单元的质量进行三等分并分配给每一个节点，得到平面 3 节点三角形单元的集中质量矩阵如下：

$$\boldsymbol{m}^e=\frac{\rho tA}{3}\begin{bmatrix}1 & 0 & 0 & 0 & 0 & 0\\ 0 & 1 & 0 & 0 & 0 & 0\\ 0 & 0 & 1 & 0 & 0 & 0\\ 0 & 0 & 0 & 1 & 0 & 0\\ 0 & 0 & 0 & 0 & 1 & 0\\ 0 & 0 & 0 & 0 & 0 & 1\end{bmatrix}\tag{6.13}$$

4. 平面 4 节点四边形单元

平面 4 节点四边形单元的一致质量矩阵可表示为

$$\boldsymbol{m}^e=\frac{\rho At}{36}\begin{bmatrix}4 & 0 & 2 & 0 & 1 & 0 & 2 & 0\\ 0 & 4 & 0 & 2 & 0 & 1 & 0 & 2\\ 2 & 0 & 4 & 0 & 2 & 0 & 1 & 0\\ 0 & 2 & 0 & 4 & 0 & 2 & 0 & 1\\ 1 & 0 & 2 & 0 & 4 & 0 & 2 & 0\\ 0 & 1 & 0 & 2 & 0 & 4 & 0 & 2\\ 2 & 0 & 1 & 0 & 2 & 0 & 4 & 0\\ 0 & 2 & 0 & 1 & 0 & 2 & 0 & 4\end{bmatrix}\tag{6.14}$$

将单元的质量进行四等分并分配给每一个节点，得到平面 4 节点四边形单元的集中质量矩阵如下：

$$\boldsymbol{m}^e=\frac{\rho At}{4}\begin{bmatrix}1&0&0&0&0&0&0&0\\0&1&0&0&0&0&0&0\\0&0&1&0&0&0&0&0\\0&0&0&1&0&0&0&0\\0&0&0&0&1&0&0&0\\0&0&0&0&0&1&0&0\\0&0&0&0&0&0&1&0\\0&0&0&0&0&0&0&1\end{bmatrix}\tag{6.15}$$

5. 一致质量矩阵与集中质量矩阵的区别

采用一致质量矩阵计算惯性力比集中质量矩阵准确，但是对于由一致质量矩阵生成的整体质量矩阵 $\boldsymbol{M}$，其非零元素的数量和位置较多，因而在运行方程求解时需耗费更多的机时。

集中质量矩阵的系数集中在对角线上，也就是说对应于各个自由度的质量系数相互独立、无耦合，相对于一致质量矩阵，用集中质量矩阵计算结构的振动特性更为容易。

一般来讲，采用集中质量矩阵求得的结构固有频率偏低。但位移协调单元的刚度往往偏大，从而使固有频率的计算值提高，两种相反的计算偏差可以相互抵消。因此有时采用集中质量矩阵计算的固有频率甚至比采用一致质量矩阵的计算结果更精确，然而采用集中质量矩阵计算结构的振型比采用一致质量矩阵的精度要差，因此在针对大部分结构进行动力学分析时通常采用一致质量矩阵。

6.3　机械结构固有特性的有限元分析

不考虑式(6.1)中的阻尼项和激振力项，机械结构的动力学方程变为

$$\boldsymbol{M}\ddot{\boldsymbol{u}}(t)+\boldsymbol{K}\boldsymbol{u}(t)=0\tag{6.16}$$

可以假设其解为

$$\boldsymbol{u}=\boldsymbol{\varphi}\sin\omega(t-t_0)\tag{6.17}$$

式中，$\boldsymbol{\varphi}$ 是 n 阶向量；ω 是振动圆频率；t 是时间变量；t_0 是由初始条件确定的时间常数。

将式(6.17)代入式(6.16)，得到如下特征方程(即广义特征值问题)：

$$\boldsymbol{K}\boldsymbol{\varphi}-\omega^2\boldsymbol{M}\boldsymbol{\varphi}=0\quad 或\quad [\boldsymbol{K}-\omega^2\boldsymbol{M}]\boldsymbol{\varphi}=0\tag{6.18}$$

求解方程(6.18)可以得到 n 个特征解，即 $(\omega_1^2,\boldsymbol{\varphi}_1),(\omega_2^2,\boldsymbol{\varphi}_2),\cdots,(\omega_n^2,\boldsymbol{\varphi}_n)$，其中特征值 $\omega_1,\omega_2,\cdots,\omega_n$ 代表系统的 n 个固有频率，并且有 $0\leqslant\omega_1<\omega_2<\cdots<\omega_n$。

对于结构的每个固有频率，由式(6.18)可以确定出一组各节点的振幅值，它们相互之间保持固定的比值，但绝对值可任意变化，它们所构成的向量称为特征向量，在工程上通常称为结构的固有(或模态)振型。设特征向量 $\boldsymbol{\varphi}_1,\boldsymbol{\varphi}_2,\cdots,\boldsymbol{\varphi}_n$ 代表结构的 n 个固有振型，它们的幅度可按以下比例化的方式加以确定(即正则振型)：

$$\boldsymbol{\varphi}_i^{\mathrm{T}}\boldsymbol{M}\boldsymbol{\varphi}_i=1\quad(i=1,2,\cdots,n)\tag{6.19}$$

机械结构的固有振型具有如下性质。将特征解$(\omega_i^2,\boldsymbol{\varphi}_i),(\omega_j^2,\boldsymbol{\varphi}_j)$代回方程(6.18)，得到

$$\boldsymbol{K}\boldsymbol{\varphi}_i=\omega_i^2\boldsymbol{M}\boldsymbol{\varphi}_i,\quad \boldsymbol{K}\boldsymbol{\varphi}_j=\omega_j^2\boldsymbol{M}\boldsymbol{\varphi}_j\tag{6.20}$$

式(6.20)中前一式两端前乘以$\boldsymbol{\varphi}_j^{\mathrm{T}}$，后一式两端前乘以$\boldsymbol{\varphi}_i^{\mathrm{T}}$，由$\boldsymbol{K}$和$\boldsymbol{M}$的对称性推知：

$$\boldsymbol{\varphi}_j^{\mathrm{T}}\boldsymbol{K}\boldsymbol{\varphi}_i=\boldsymbol{\varphi}_i^{\mathrm{T}}\boldsymbol{K}\boldsymbol{\varphi}_j\tag{6.21}$$

可以得到

$$(\omega_i^2-\omega_j^2)\boldsymbol{\varphi}_j^{\mathrm{T}}\boldsymbol{M}\boldsymbol{\varphi}_i=0\tag{6.22}$$

由式(6.22)可见，当$\omega_i\neq\omega_j$时，必有

$$\boldsymbol{\varphi}_j^{\mathrm{T}}\boldsymbol{M}\boldsymbol{\varphi}_i=0\tag{6.23}$$

式(6.23)表明固有振型对于矩阵$\boldsymbol{M}$是正交的。和式(6.19)一起，可将固有振型对于$\boldsymbol{M}$的正则正交性质表示为

$$\boldsymbol{\varphi}_i^{\mathrm{T}}\boldsymbol{M}\boldsymbol{\varphi}_j=\begin{cases}1 & (i=j)\\ 0 & (i\neq j)\end{cases}\tag{6.24}$$

进而可得

$$\boldsymbol{\varphi}_i^{\mathrm{T}}\boldsymbol{K}\boldsymbol{\varphi}_j=\begin{cases}\omega_i^2 & (i=j)\\ 0 & (i\neq j)\end{cases}\tag{6.25}$$

定义固有振型矩阵$\boldsymbol{\Phi}=[\boldsymbol{\varphi}_1\ \boldsymbol{\varphi}_2\cdots\boldsymbol{\varphi}_n]$，且有

$$\boldsymbol{\Omega}^2=\mathrm{diag}(\omega_1^2\quad\omega_2^2\quad\cdots\quad\omega_n^2)\tag{6.26}$$

特征解的性质还可表示成

$$\boldsymbol{\Phi}^{\mathrm{T}}\boldsymbol{M}\boldsymbol{\Phi}=\boldsymbol{I},\quad \boldsymbol{\Phi}^{\mathrm{T}}\boldsymbol{K}\boldsymbol{\Phi}=\boldsymbol{\Omega}^2\tag{6.27}$$

式中，$\boldsymbol{\Phi}$和$\boldsymbol{\Omega}^2$分别是固有振型矩阵和固有频率矩阵。因此，原特征值问题还可以表示为

$$\boldsymbol{K}\boldsymbol{\Phi}=\boldsymbol{M}\boldsymbol{\Phi}\boldsymbol{\Omega}^2\tag{6.28}$$

机械结构的固有频率和固有振型求解是模态分析的关键。求解固有频率和固有振型的方法主要有振型截断法、矩阵逆迭代法、里茨法、广义雅可比法等。对于一个连续体结构，其固有频率有无限多阶。在有限元中，结构被离散成小的单元，固有频率的阶次就是有限的。但是，对于大型复杂结构，单元的数目可能数以万计，由这些单元形成的动力学方程组的规模很庞大，其特征方程的阶次通常会很高。在有限元分析中，经常只求解结构的低阶模态。另外，对于同样规模的特征值问题，其计算量比静力问题的计算量要高出几倍。因此，如何降低特征值问题的计算规模、减少计算量是一个重要的课题。对于少自由度系统，可利用MATLAB软件的命令：

[v,d] = eig(K,M)

快速解出系统的固有频率及固有振型。式中，v、d均为方阵，方阵d的对角线元素即固有频率，方阵v的每一行对应一个特征向量。

6.4 机械结构振动响应的有限元分析

机械结构在随时间变化的节点力作用下，由于存在的各种阻尼(材料阻尼、滑移阻尼、介质黏性阻尼等)，各节点产生有阻尼的强迫振动。因此，与系统初始条件有关的自由衰减振动总是随时间增长而消失，最后只保留稳态的强迫振动。求解结构系统的稳态强迫振动解，即稳态响应，并进一步算出动应力响应，是动力有限元的重要内容之一。机械结构的振动响应分析可以分为频域谐响应分析及时域瞬态响应分析。振动响应分析的主要目标是求解结构在外激励作用下各点(有限元分析中对应节点)的振动水平。以下描述用有限元技术求解机械结构振动响应的方法。

6.4.1 频域谐响应分析

假设激励为简谐激励，则针对式(6.1)的运动方程转换为频域，可表达为

$$[\boldsymbol{K}+\mathrm{i}\omega\boldsymbol{C}-\omega^2\boldsymbol{M}]\boldsymbol{U}_0^*=\boldsymbol{F}_0 \tag{6.29}$$

式中，ω 为激振频率；$\boldsymbol{U}_0^*$、$\boldsymbol{F}_0$ 分别为复响应幅度和激振力幅度向量；$\mathrm{i}=\sqrt{-1}$；*表示复数。

频域谐响应分析的目标是获得所考虑频率范围内各频率点对应的响应值，可考虑用复模态叠加法(或称为振型叠加法)来求解。在 6.3 节已经求得了结构的实模态，复模态就是在特征方程中考虑了阻尼的影响而求解的模态。各阶模态组成了复模态矩阵 $\boldsymbol{\varphi}^*$，利用此复模态对式(6.29)对应的频域动力学方程解耦可得到 n 个相互独立的、以模态坐标 $x_{\mathrm{N}r}^*(r=1,2,\cdots,n)$ 表达的单自由度复数方程，表达为

$$(k_{\mathrm{N}r}^*+\mathrm{i}\omega c_{\mathrm{N}r}-\omega^2 m_{\mathrm{N}r}^*)x_{\mathrm{N}r}^*=f_{\mathrm{N}r}^* \quad (r=1,2,\cdots,n) \tag{6.30}$$

这里

$$k_{\mathrm{N}r}^*=\boldsymbol{\varphi}_r^{*\mathrm{T}}\boldsymbol{K}\boldsymbol{\varphi}_r^* \tag{6.31a}$$

$$m_{\mathrm{N}r}^*=\boldsymbol{\varphi}_r^{*\mathrm{T}}\boldsymbol{M}\boldsymbol{\varphi}_r^* \tag{6.31b}$$

$$f_{\mathrm{N}r}^*=\boldsymbol{\varphi}_r^{*\mathrm{T}}\boldsymbol{F}_0 \tag{6.31c}$$

$$c_{\mathrm{N}r}=\boldsymbol{\varphi}_r^{*\mathrm{T}}\boldsymbol{C}\boldsymbol{\varphi}_r^*=2\xi_r\omega_r \tag{6.31d}$$

式中，ω_r 为第 r 阶固有频率；ξ_r 为第 r 阶等效黏性阻尼产生的模态阻尼比。

由方程(6.30)可获得对应每个阶次的模态坐标的响应，表达为

$$x_{\mathrm{N}r}^*=\frac{f_{\mathrm{N}r}^*}{k_{\mathrm{N}r}^*+\mathrm{i}\omega c_{\mathrm{N}r}-\omega^2 m_{\mathrm{N}r}^*} \tag{6.32}$$

进一步可获得每个模态的贡献度 $\boldsymbol{U}_{0r}^*$ 为

$$\boldsymbol{U}_{0r}^*=x_{\mathrm{N}r}^*\boldsymbol{\varphi}_r^* \tag{6.33}$$

从而按照复模态叠加法可得到复合结构在频率为 ω 时、在外激励作用下的频域振动响应，具体为

$$U_0^* = \sum_{r=1}^{n} X_{0r}^* \tag{6.34}$$

式(6.34)中的元素为复数，可通过求模运算来得到响应值。此外，通常在模态叠加法中不必考虑所有阶次，而只需要保证引入的模态数大于所分析频率范围内包含的模态数即可。

6.4.2　基于振型叠加法的瞬态响应分析

振型叠加法也是一种计算结构瞬态响应简洁而又有效的方法，其基本思想是：在积分运动方程以前，利用系统自由振动的固有振型将几何坐标下的方程组转换为 n 个正则坐标下的相互不耦合的方程，对这种方程可以解析或数值积分。具体求解过程如下。

将节点的位移写成振型叠加的形式，即

$$\boldsymbol{u}(t) = \boldsymbol{\Phi x}(t) = \sum_{i=1}^{n} \boldsymbol{\varphi}_i x_i \tag{6.35}$$

式中，$\boldsymbol{x}(t) = [x_1\ x_2 \cdots x_n]^{\mathrm{T}}$，$x_i$ 是广义的位移值(又可称为模态贡献)。

将式(6.35)代入式(6.1)，进一步两端前乘以 $\boldsymbol{\Phi}^{\mathrm{T}}$，并注意到 $\boldsymbol{\Phi}$ 的正交性，得到新基向量空间内的运动方程：

$$\ddot{\boldsymbol{x}}(t) + \boldsymbol{\Phi}^{\mathrm{T}} \boldsymbol{C\Phi} \dot{\boldsymbol{x}}(t) + \boldsymbol{\Omega}^2 \boldsymbol{x}(t) = \boldsymbol{\Phi}^{\mathrm{T}} \boldsymbol{F}(t) = \boldsymbol{R}(t) \tag{6.36}$$

如果阻尼矩阵是振型比例阻尼矩阵，也可以由 $\boldsymbol{\Phi}$ 的正交性相应地得到

$$\boldsymbol{\varphi}_i^{\mathrm{T}} \boldsymbol{C} \boldsymbol{\varphi}_j = \begin{cases} 2\omega_i \xi_i & (i = j) \\ 0 & (i \neq j) \end{cases} \tag{6.37}$$

即

$$\boldsymbol{\varphi}_i^{\mathrm{T}} \boldsymbol{C} \boldsymbol{\varphi}_j = \begin{bmatrix} 2\omega_1\xi_1 & & & \\ & 2\omega_2\xi_2 & & 0 \\ 0 & & \ddots & \\ & & & 2\omega_n\xi_n \end{bmatrix} \tag{6.38}$$

式中，$\xi_i (i = 1, 2, \cdots, n)$ 是第 i 阶振型阻尼比。在此情况下，式(6.36)就成为 n 个互相不耦合的二阶常微分方程，其中任意一个可表达为

$$\ddot{x}_i(t) + 2\omega_i \xi_i \dot{x}_i(t) + \omega_i^2 x_i(t) = r_i(t) \quad (i = 1, 2, \cdots, n) \tag{6.39}$$

这是一个单自由度系统的振动方程，可以方便地求解。式中，$r_i(t) = \boldsymbol{\Phi}_i^{\mathrm{T}} \boldsymbol{F}(t)$，是载荷向量 $\boldsymbol{F}(t)$ 在振型 $\boldsymbol{\varphi}_i$ 上的投影。

在得到每个振型的响应以后，按式(6.35)将它们叠加起来，就得到系统的响应，即每个节点的位移值。

另外，在实际计算时，通常只要对非耦合运动方程中的一小部分进行积分。例如，只要得到对应于前 p 个特征解的响应，就能很好地近似系统的实际响应。这是由于高阶的特征解通常对系统的实际影响较小，且有限元法得到的高阶特征解和实际相差也很大(因为有限元的自由度有限，对于低阶特征解近似性较好，而对于高阶特征解近似性则较差)，因此求解高阶特征解的意义不大。而低阶特征解对结构设计则常常是必要的。另外，非线性系统通常表现

为变刚度、变质量，这样系统的特征解也将是随时间变化的，因此无法利用振型叠加法。而6.4.3节所述的直接积分法却可以很好地解决非线性振动响应求解的问题。

6.4.3　基于直接积分法的振动响应分析

直接积分法是将时间的积分区间进行离散化，计算每一段时刻的位移数值。通常的直接积分法是从两个方面解决问题，一是将在求解域 $0<t<T$ 内的任何时刻 t 都应满足运动方程的要求，代之以仅在一定条件下近似地满足运动方程，即将连续时间域内每点都满足的微分平衡方程转化为只在每个节点处满足的节点平衡方程。例如，可以仅在相隔 Δt 的离散时间点满足运动方程。二是以在单元内分片连续的已知变化规律的位移函数，代替空间域内连续的未知函数。从而将通过微分平衡方程求全域内连续的未知函数问题转化为通过节点平衡力求节点未知位移的问题。

在以下的讨论中，假设 $t=0$ 时的位移 $\boldsymbol{u}_0$、速度 $\dot{\boldsymbol{u}}_0$ 和加速度 $\ddot{\boldsymbol{u}}_0$ 已知，并假设时间求解域 $0\sim T$ 等分为 n 个时间间隔 Δt。在讨论具体算法时，假定 $0,\Delta t,2\Delta t,\cdots,t$ 时刻的解已经求得，计算的目的在于求 $t+\Delta t$ 时刻的解，由此建立求解所有离散时间点的一般算法步骤。常用的直接积分法包括中心差分法、Newmark 积分法等。

中心差分法是一种显式算法，是由上一时刻的已知计算值来直接递推下一时间步的结果，在给定的时间步中，逐步求解各个时间离散点的值。其中，加速度和速度可以用位移表示：

$$\ddot{\boldsymbol{u}}_t=\frac{1}{\Delta t^2}(\boldsymbol{u}_{t-\Delta t}-2\boldsymbol{u}_t+\boldsymbol{u}_{t+\Delta t}) \tag{6.40}$$

$$\dot{\boldsymbol{u}}_t=\frac{1}{2\Delta t}(-\boldsymbol{u}_{t-\Delta t}+\boldsymbol{u}_{t+\Delta t}) \tag{6.41}$$

时间 $t+\Delta t$ 的位移解是 $\boldsymbol{u}_{t+\Delta t}$，可由下面时刻 t 的运动方程得到，即

$$\boldsymbol{M}\ddot{\boldsymbol{u}}_t+\boldsymbol{C}\dot{\boldsymbol{u}}_t+\boldsymbol{K}\boldsymbol{u}_t=\boldsymbol{F}_t \tag{6.42}$$

将式(6.40)和式(6.41)代入式(6.42)，得到

$$\left(\frac{1}{\Delta t^2}\boldsymbol{M}+\frac{1}{2\Delta t}\boldsymbol{C}\right)\boldsymbol{u}_{t+\Delta t}=\boldsymbol{F}_t-\left(\boldsymbol{K}-\frac{2}{\Delta t^2}\boldsymbol{M}\right)\boldsymbol{u}_t-\left(\frac{1}{\Delta t^2}\boldsymbol{M}-\frac{1}{2\Delta t}\boldsymbol{C}\right)\boldsymbol{u}_{t-\Delta t} \tag{6.43}$$

如果已经求得 $\boldsymbol{u}_{t-\Delta t}$ 和 $\boldsymbol{u}_t$，则从式(6.43)可以进一步解出 $\boldsymbol{u}_{t+\Delta t}$。所以式(6.43)是求解各个离散时间点解的递推公式，这种数值积分方法又称为逐步积分法。但是，当 $t=0$ 时，为了计算 $\boldsymbol{u}_{\Delta t}$，除了有初始条件已知的 $\boldsymbol{u}_0$，还需要知道 $\boldsymbol{u}_{t-\Delta t}$，所以必须用一种专门的起步方法。为此，利用式(6.40)、式(6.41)可以得到

$$\boldsymbol{u}_{t-\Delta t}=\boldsymbol{u}_0-\Delta t\dot{\boldsymbol{u}}_0+\frac{\Delta t^2}{2}\ddot{\boldsymbol{u}}_0 \tag{6.44}$$

式中，$\boldsymbol{u}_0$ 可从给定的初始条件得到，而 $\ddot{\boldsymbol{u}}_0$ 则可以利用 $t=0$ 时的运动方程(6.1)得到。

应用中心差分法求解运动方程的算法具体步骤如下。

(1) 初始计算。

①形成刚度矩阵 $\boldsymbol{K}$、质量矩阵 $\boldsymbol{M}$ 和阻尼矩阵 $\boldsymbol{C}$。

②给定 $\boldsymbol{u}_0$、$\dot{\boldsymbol{u}}_0$ 和 $\ddot{\boldsymbol{u}}_0$。

③选择时间步长 Δt，$\Delta t < \Delta t_{\text{cr}}$，并计算积分常数 $c_0 < \frac{1}{\Delta t^2}$，$c_1 < \frac{1}{2\Delta t}$，$c_2 = 2c_0$，$c_3 = 1/c_2$。

④计算 $\boldsymbol{u}_{t-\Delta t} = \boldsymbol{u}_0 - \Delta t\dot{\boldsymbol{u}}_0 + c_3\ddot{\boldsymbol{u}}_0$。

⑤形成有效质量矩阵 $\hat{\boldsymbol{M}} = c_0\boldsymbol{M} + c_1\boldsymbol{C}$。

⑥三角分解 $\hat{\boldsymbol{M}}$：$\hat{\boldsymbol{M}} = \boldsymbol{LDL}^{\text{T}}$。

(2) 具体迭代计算。

①计算时间 t 的有效载荷 $\hat{\boldsymbol{F}}_t = \boldsymbol{F}_t - (\boldsymbol{K} - c_2\boldsymbol{M})\boldsymbol{u}_t - (c_0\boldsymbol{M} - c_1\boldsymbol{C})\boldsymbol{u}_{t-\Delta t}$。

②求解时间 $t+\Delta t$ 的位移 $\boldsymbol{LDL}^{\text{T}}\boldsymbol{u}_{t+\Delta t} = \hat{\boldsymbol{F}}_t$。

③如果需要，计算时间 t 的加速度和速度，$\ddot{\boldsymbol{u}}_t = c_0(\boldsymbol{u}_{t-\Delta t} - 2\boldsymbol{u}_t + \boldsymbol{u}_{t+\Delta t})$，$\dot{\boldsymbol{u}}_t = c_1(-\boldsymbol{u}_{t-\Delta t} + \boldsymbol{u}_{t+\Delta t})$。

中心差分法是一种显式算法，而接下来将要介绍的 Newmark 积分法则是一种隐式算法。在 Newmark 积分法中，首先假设

$$\boldsymbol{u}_{t+\Delta t} = \boldsymbol{u}_t + \dot{\boldsymbol{u}}_t\Delta t + \left[\left(\frac{1}{2} - \alpha\right)\ddot{\boldsymbol{u}}_t + \alpha\ddot{\boldsymbol{u}}_{t+\Delta t}\right]\Delta t^2 \tag{6.45}$$

$$\dot{\boldsymbol{u}}_{t+\Delta t} = \dot{\boldsymbol{u}}_t + \left[(1-\delta)\ddot{\boldsymbol{u}}_t + \delta\ddot{\boldsymbol{u}}_{t+\Delta t}\right]\Delta t \tag{6.46}$$

式中，α 和 δ 是按积分精度和稳定性要求而设定的参数。当 $\delta = 1/2$ 和 $\alpha = 1/6$ 时，式(6.45)和式(6.46)对应于线性加速度法，此时它们可以从下面的时间间隔 Δt 内线性假设的加速度表达式的积分得到

$$\ddot{\boldsymbol{u}}_{t+\tau} = \ddot{\boldsymbol{u}}_t + (\ddot{\boldsymbol{u}}_{t+\Delta t} - \ddot{\boldsymbol{u}}_t)\tau/\Delta t \tag{6.47}$$

式中，$0 \leqslant \tau \leqslant \Delta t$。

当 $\delta = 1/2$ 和 $\alpha = 1/4$ 时，对应平均加速度法。这时，Δt 内的加速度为

$$\ddot{\boldsymbol{u}}_{t+\tau} = \frac{1}{2}(\ddot{\boldsymbol{u}}_t + \ddot{\boldsymbol{u}}_{t+\Delta t}) \tag{6.48}$$

不同于中心差分法，Newmark 积分法中的时间 $t+\Delta t$ 的位移解 $\ddot{\boldsymbol{u}}_{t+\Delta t}$ 是通过满足时间 $t+\Delta t$ 的运动方程得到的，即

$$\boldsymbol{M}\ddot{\boldsymbol{u}}_{t+\Delta t} + \boldsymbol{C}\dot{\boldsymbol{u}}_{t+\Delta t} + \boldsymbol{K}\boldsymbol{u}_{t+\Delta t} = \boldsymbol{F}_{t+\Delta t} \tag{6.49}$$

$\boldsymbol{u}_{t+\Delta t}$ 和 $\dot{\boldsymbol{u}}_{t+\Delta t}$ 的表达式已知，而 $\ddot{\boldsymbol{u}}_{t+\Delta t}$ 可联立式(6.45)和式(6.46)求得

$$\ddot{\boldsymbol{u}}_{t+\Delta t} = \frac{1}{\alpha\Delta t^2}(\boldsymbol{u}_{t+\Delta t} - \boldsymbol{u}_t) - \frac{1}{\alpha\Delta t}\dot{\boldsymbol{u}}_t - \left(\frac{1}{2\alpha} - 1\right)\ddot{\boldsymbol{u}}_t \tag{6.50}$$

将式(6.45)、式(6.46)和式(6.50)一并代入式(6.49)，则可得到由 $\boldsymbol{u}_t$、$\dot{\boldsymbol{u}}_t$ 和 $\ddot{\boldsymbol{u}}_t$ 计算 $\boldsymbol{u}_{t+\Delta t}$ 的公式：

$$\begin{aligned}\left(\boldsymbol{K} + \frac{1}{\alpha\Delta t^2}\boldsymbol{M} + \frac{\delta}{\alpha\Delta t}\boldsymbol{C}\right)\boldsymbol{u}_{t+\Delta t} = \boldsymbol{F}_{t+\Delta t} &+ \boldsymbol{M}\left[\frac{1}{\alpha\Delta t^2}\boldsymbol{u}_t + \frac{1}{\alpha\Delta t}\dot{\boldsymbol{u}}_t + \left(\frac{1}{2\alpha} - 1\right)\ddot{\boldsymbol{u}}_t\right] \\ &+ \boldsymbol{C}\left[\frac{\delta}{\alpha\Delta t}\boldsymbol{u}_t + \left(\frac{\delta}{\alpha} - 1\right)\dot{\boldsymbol{u}}_t + \left(\frac{\delta}{2\alpha} - 1\right)\Delta t\ddot{\boldsymbol{u}}_t\right]\end{aligned} \tag{6.51}$$

采用 Newmark 积分法求解运动方程的具体算法步骤如下。

(1) 初始计算。

①形成刚度矩阵 $\boldsymbol{K}$ 、质量矩阵 $\boldsymbol{M}$ 和阻尼矩阵 $\boldsymbol{C}$ 。

②给定 $\boldsymbol{u}_0$ 、 $\dot{\boldsymbol{u}}_0$ 和 $\ddot{\boldsymbol{u}}_0$ 。

③选择时间步长 Δt 、参数 α 和 δ ， $\delta \geqslant 0.50, \alpha \geqslant 0.25(0.5+\delta)^2$ ，并计算积分常数：$c_0=\dfrac{1}{\alpha \Delta t^2}, c_1=\dfrac{\delta}{\alpha \Delta t}, c_2=\dfrac{1}{\alpha \Delta t}, c_3=\dfrac{1}{2\alpha}-1, c_4=\dfrac{\delta}{\alpha}-1, c_5=\dfrac{\Delta t}{2}\left(\dfrac{\delta}{\alpha}-2\right), c_6=\Delta t(1-\delta),\ c_7=\delta \Delta t$ ；

④形成有效的刚度矩阵 $\hat{\boldsymbol{K}}$ ： $\hat{\boldsymbol{K}}=\boldsymbol{K}+c_0\boldsymbol{M}+c_1\boldsymbol{C}$ 。

⑤三角分解 $\hat{\boldsymbol{K}}$ ： $\hat{\boldsymbol{K}}=\boldsymbol{LDL}^{\mathrm{T}}$ 。

(2) 具体迭代计算。

①计算时间 $t+\Delta t$ 的有效载荷：

$$\hat{\boldsymbol{F}}_{t+\Delta t}=\boldsymbol{F}_{t+\Delta t}+\boldsymbol{M}(c_0\boldsymbol{u}_t+c_2\dot{\boldsymbol{u}}_t+c_3\ddot{\boldsymbol{u}}_t)+\boldsymbol{C}(c_1\boldsymbol{u}_t+c_4\dot{\boldsymbol{u}}_t+c_5\ddot{\boldsymbol{u}}_t)$$

②求解时间 $t+\Delta t$ 的位移：

$$\boldsymbol{LDL}^{\mathrm{T}}\boldsymbol{u}_{t+\Delta t}=\hat{\boldsymbol{F}}_{t+\Delta t}$$

(3) 计算时间 $t+\Delta t$ 的加速度和速度:

$$\ddot{\boldsymbol{u}}_{t+\Delta t}=c_0(\boldsymbol{u}_{t+\Delta t}-\boldsymbol{u}_t)-c_2\dot{\boldsymbol{u}}_t-c_3\ddot{\boldsymbol{u}}_t$$

$$\dot{\boldsymbol{u}}_{t+\Delta t}=\dot{\boldsymbol{u}}_t+c_6\ddot{\boldsymbol{u}}_t+c_7\ddot{\boldsymbol{u}}_{t+\Delta t}$$

从 Newmark 积分法的循环求解方程(6.51)可见，有效刚度矩阵 $\hat{\boldsymbol{K}}$ 中包含了 $\boldsymbol{K}$ 。而一般情况下 $\boldsymbol{K}$ 总是非对角矩阵，因此在求解 $\ddot{\boldsymbol{u}}_{t+\Delta t}$ 时， $\hat{\boldsymbol{K}}$ 的求逆是必需的(而在线性分析中只需计算一次)。这是由于在导出式(6.51)时利用了 $t+\Delta t$ 时刻的运动方程。因此，这种算法称为隐式算法。

6.5　分 析 实 例

现有一个悬臂梁结构，长度为 L=950mm，截面形状如图 6.1 所示，材料常数分别为 $E=2\times10^{11}\mathrm{Pa}, \mu=0.3$ ，密度 $\rho=7850\mathrm{kg/m^3}$ 。试求该悬臂梁结构的固有频率。假如在距梁的根部 $L_1=500$ mm 的位置上作用有正弦激振 $F=500\sin(30t)$ (单位为 N)，引入瑞利阻尼($\alpha=0.03, \beta=0.004$)，试求该悬臂梁的动响应。

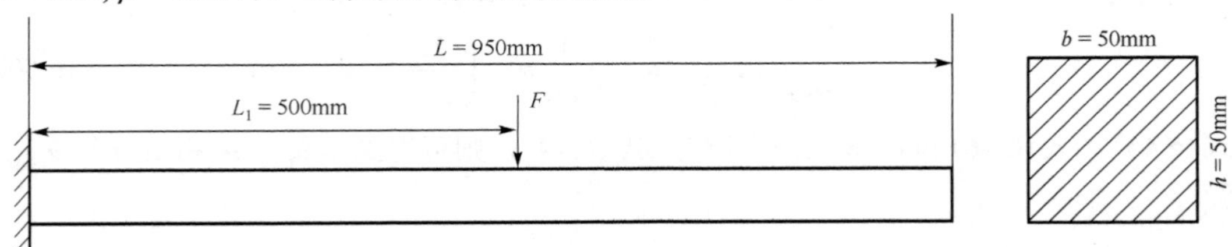

图 6.1　悬臂梁结构

这里选用每个节点只有两个自由度的平面梁单元对上述问题进行求解，整个动力学有限元的求解过程简要描述如下。

(1)划分单元，确定节点坐标及单元的节点编号。

采用 Euler-Bernoulli 梁单元来求解，每个单元 2 个节点，每个节点 2 个自由度。单元的变形为横向位移ν和转角θ。将梁划分为 19 个单元，共有 20 个节点。

(2)求解单元的质量矩阵及刚度矩阵。

由于单元的大小及方向一致，因而各单元的质量矩阵、刚度矩阵也是一致的，因而仅需要计算一次。

(3)进行单元质量矩阵及刚度矩阵的组集，并引入约束条件。

(4)利用 eig()函数进行固有特性求解。

(5)利用 Newmark 积分法求解振动响应。

采用 Newmark-β 法求解时域响应，计算 4s 内的时域响应，时间间隔为 0.01s，提取节点 20(自由端)的弯曲振动响应。

利用 MATLAB 编制的有限元程序如下：

```
%基本参数输入
clear
format long

%梁几何参数
L=950/1000;                 %梁的长度
B=50/1000;                  %梁的宽度
H=50/1000;                  %梁的厚度  单位 m
Iz=B*H^3/12;                %截面惯性矩
As=B*H;                     %梁横截面积

%梁材料参数
E=2.0e11;                   %杨氏模量 单位 Pa
Rou=7850;                   %密度 单位 kg/m^3
v=0.3;                      %泊松比
G=E/(2*(1+v));              %剪切模量
%单元的划分定义参数
Element_number=19;          %系统中单元数量
No_dof=2;                   %每个节点的自由度
No_sys=20;                  %系统节点总数
No_nel=2;                   %每个单元的节点数
dof_el=No_dof*No_nel;       %单元自由度

%求解节点编号矩阵和节点坐标矩阵
Code(1:Element_number,No_nel)=0;             %定义节点编号矩阵
gcoord(1:No_sys,1:2)=0;                      %定义节点坐标矩阵


for ni=1:Element_number
       Code(ni,1)=ni;
       Code(ni,2)=ni+1;
end
```

```
for nj=1:No_sys
      gcoord(nj,1)=L*(nj-1)/Element_number;
end

disp(1:No_sys,1:2)=1;                           %节点位移
constraints=1;                                  %constraints 为约束
disp(constraints,:)=0;
Sys_dof=0;                                      %自由度

for ni=1:No_sys
   for nj=1:2
      if disp(ni,nj)~=0
         Sys_dof=Sys_dof+1;
         disp(ni,nj)=Sys_dof;
      end
   end
end                                             %此时，Sys_dof 为系统自由度

%-----------------------------------------------------------------
%初始化
%-----------------------------------------------------------------
kk=zeros(Sys_dof,Sys_dof);                      %系统刚度矩阵
mm=zeros(Sys_dof,Sys_dof);                      %系统质量矩阵
f=zeros(Sys_dof,1);                             %系统力向量

%-----------------------------------------------------------------
% 计算系统的刚度矩阵和质量矩阵
%-----------------------------------------------------------------
%计算梁单元刚度矩阵
Le=L/Element_number;
c=E*Iz/(Le^3);
k0=[12          6*Le        -12         6*Le;
   6*Le        4*Le^2      -6*Le       2*Le^2;
   -12         -6*Le       12          -6*Le;
   6*Le        2*Le^2      -6*Le       4*Le^2];
k=c*k0;
%计算单元质量矩阵
mass=Rou*As*Le;
m0=[156         22*Le       54          -13*Le;
   22*Le       4*Le^2      13*Le       -3*Le^2;
   54          13*Le       156         -22*Le;
   -13*Le      -3*Le^2     -22*Le      4*Le^2];
m=mass/420*m0;

index(1:dof_el)=0;                              %包含每个单元节点自由度的向量
for loopi=1:Element_number                      %刚度矩阵及质量矩阵的组集
   for zi=1:2
```

```
        index((zi-1)*2+1)=disp(Code(loopi,zi),1);
        index((zi-1)*2+2)=disp(Code(loopi,zi),2);
    end
    for jx=1:4
        for jy=1:4
            if(index(jx)*index(jy)~=0)
                kk(index(jx),index(jy))=kk(index(jx),index(jy))+k(jx,jy);
                mm(index(jx),index(jy))=mm(index(jx),index(jy))+m(jx,jy);
            end
        end
    end
end

[v,d]=eig(kk,mm);  % eig求部分特征值，v和d均为方阵，d对角线即固有频率
tempd=diag(d);
[nd,sortindex]=sort(tempd);              %固有频率排序，sortindex是对应的索引
v=v(:,sortindex);                        %排成与固有频率相对应的振型
frequency=sqrt(nd)/(2*pi);               %以Hz为单位的固有频率

%%%%%%%%%%%%%%%%%%%%%%%%%%%%%%%%%
% Newmark积分法
c=0.03*mm+0.004*kk;                      %引入瑞利阻尼
f0=zeros(Sys_dof,1);                     %输入激励
x0=zeros(Sys_dof,1);                     %输入初始位移
v0=zeros(Sys_dof,1);                     %输入初始速度
aa0=inv(mm)*[f0-c*v0-kk*x0];             %计算初始加速度
t1=4;
nt=400;
dt=0.01;
alfa=0.25;
beta=0.5;
a0=1/alfa/dt/dt;
a1=beta/alfa/dt;
a2=1/alfa/dt;
a3=1/2/alfa-1;
a4=beta/alfa-1;
a5=dt/2*(beta/alfa-2);
a6=dt*(1-beta);
a7=dt*beta;

x=[x0,zeros(Sys_dof,nt)];
v=[v0,zeros(Sys_dof,nt)];
aa=[aa0,zeros(Sys_dof,nt)];
for i=2:nt+1
    t=(i-1)*dt;
    if (t<t1), f=[zeros(18,1);500*sin(30*t);zeros(19,1)]; else f=zeros (Sys_dof,1); end
    ke=kk+a0*mm+a1*c;
    fe=f+mm*(a0*x(:,i-1)+a2*v(:,i-1)+a3*aa(:,i-1))+c*(a1*x(:,i-1)+a4*v(:,i-1)+a5*aa(:,i-1));
```

```
    x(:,i)=inv(ke)*fe;
    aa(:,i)=a0*(x(:,i)-x(:,i-1))-a2*v(:,i-1)-a3*aa(:,i-1);
    v(:,i)=v(:,i-1)+a6*aa(:,i-1)+a7*aa(:,i);
end
time=0:0.01:4;
figure(1)
plot(time,x(37,:),'b-','linewidth',1.4)
```

具体的求解结果见表 6.1 和图 6.2。

表 6.1　悬臂梁结构固有频率对比　　(单位：Hz)

阶次	第一阶	第二阶	第三阶	第四阶
MATLAB	45.173	283.10	792.70	1553.5
ANSYS	45.149	282.04	785.72	1528.5
偏差	0.05%	0.38%	0.89%	1.64%

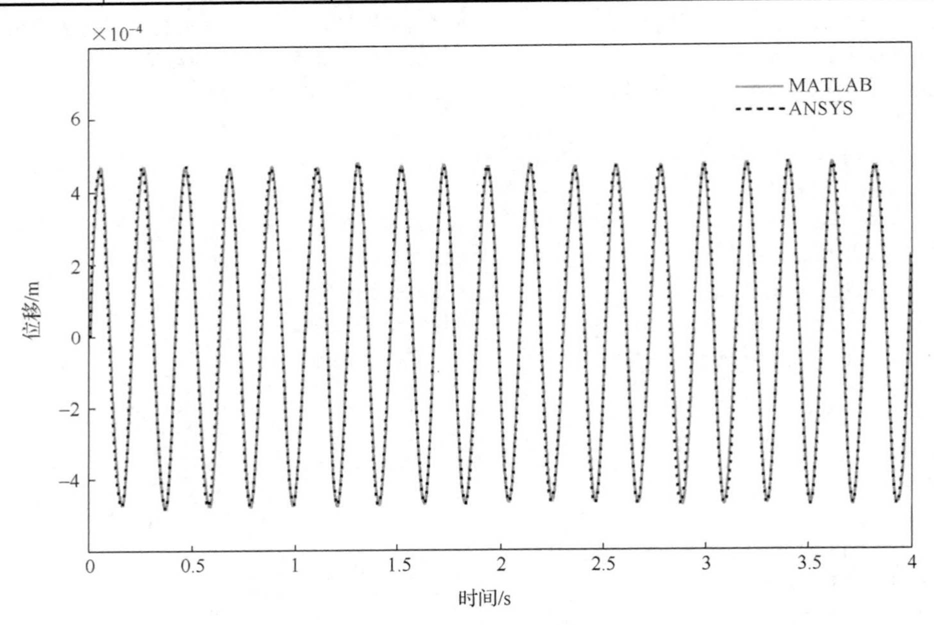

图 6.2　MATLAB 和 ANSYS 响应对比图

为了说明结果的正确性，利用工程软件 ANSYS 对上述问题也进行了同样的计算。选用的单元为 Beam3 单元，单元及节点数量与 MATLAB 分析时相一致。利用 APDL 编制计算程序，相应的计算结果也列在表 6.1 及图 6.2 中。对比可以发现两者的计算结果基本一致。

以下列出 APDL 程序，具体的，求解固有特性的命令流如下：

```
finish
/clear
/PREP7
/TITLE,modal analysis
!选单元
ET,1,beam3                          !每个节点有 3 个自由度的梁单元
!材料特性
```

```
mp,ex,1,2.0e11
mp,dens,1,7850
mp,prxy,1,0.3
!实常数设定
b=5e-2                              !截面的尺寸参数
h=b
s=b*h
I=(b*h*h*h)/12                      !截面的惯性矩
r,1,s,I,h
!绘制节点
node=20
x=0
*Do,I,1,node
N,I,x,0,0
x=x+0.05
*ENDDO
!绘制单元
*Do,I,1,node-1
E,I,I+1
*ENDDO
!添加约束
d,1,all  !加约束
/ESHAPE,1

/SOLU
ANTYPE,MODAL
MODOPT,REDUC,4,0.1                  !用模态缩减法求解
MXPAND, 4
*Do,I,1,node
M,I,UY                              !主自由度
*ENDDO
SOLVE
```

求解动响应的命令流如下：

```
finish
/clear

/PREP7
/TITLE,modal analysis
!选单元
ET,1,beam3                          !每个节点有 3 个自由度的梁单元
!材料特性
mp,ex,1,2.0e11
mp,dens,1,7850
mp,prxy,1,0.3
!实常数设定
b=5e-2                              !截面的尺寸参数
h=b
```

```
s=b*h
I=(b*h*h*h)/12                 !截面的惯性矩
r,1,s,I,h
!绘制节点
node=20
x=0
*Do,I,1,node
N,I,x,0,0
x=x+0.05
*ENDDO
!绘制单元
*Do,I,1,node-1
E,I,I+1
*ENDDO
!添加约束
d,1,all  !加约束
/ESHAPE,1

!求解瞬态响应分析
TT=0
dt=0.01
CN=400
wi=30                          !激振频率
FA=500                         !力幅
/SOLU                          !进入求解阶段
ANTYPE,TRANS                   !瞬态响应法
TRNOPT,FULL
NROPT,FULL
ALPHAD,0.03                    !定义瑞利阻尼系数
BETAD,0.004
*Do,I,1,CN
TIME, dt* I
F,11,FY,FA*SIN(wi* dt* I)
SOLVE
*ENDDO
FINISH
!观察响应结果
/POST26                        !查看响应
NSOL,2,20,U,Y,U_2,             !拾振点 20 的 y 向振幅赋给变量 2
PLCPLX,0                       !幅值 0,相位 1,实部 2,虚部 3
PLVAR,2
FINISH
```

习　　题

6.1　规整形状的母单元和整体坐标系下的子单元如题 6.1 图所示，试按照四边形母单元的形函数推导出整体坐标系下子单元的一致质量矩阵，设材料的密度为 $\rho = 7800\text{kg/m}^3$ 。

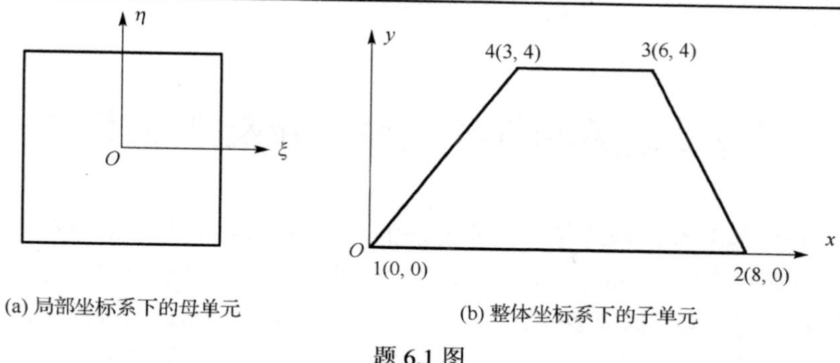

(a) 局部坐标系下的母单元　(b) 整体坐标系下的子单元

题 6.1 图

6.2　如题 6.2 图所示的平面梁结构，包含长度、材料、截面积相等的 3 个单元，具体的单元长度为 l，截面积为 A，密度为 ρ，试采用直接组集法求解该平面梁结构的一致质量矩阵和集中质量矩阵。

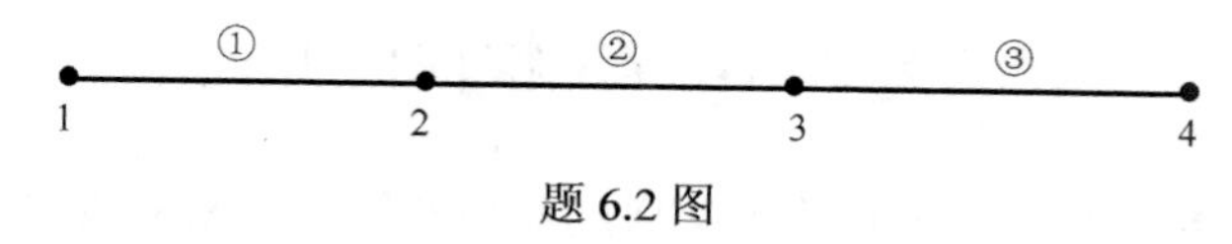

题 6.2 图

6.3　一个平面梁系统(一端固支，另一端简支)如题 6.3 图所示，梁的材料为 $E = 2.06\times 10^{11}$ Pa，梁的截面见图中描述，作用力为简谐激振 $F = 70\sin(100t)$(N)，总长度为 1.5m，等分为 15 个轴段。试用有限元法求解该梁结构的固有频率以及图中所指的响应拾取点的振动响应。注：要求写出详细的有限元分析步骤；阻尼为比例阻尼，具体系数如下：$\alpha = 0.03$，$\beta = 0.004$，泊松比 $\mu = 0.3$，密度 $\rho = 7800\text{kg/m}^3$。

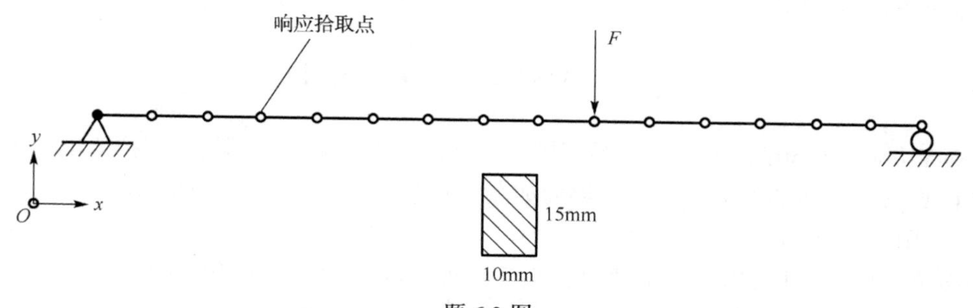

题 6.3 图

第 7 章　ANSYS 软件简介及基本操作

第 2～6 章已经较为简洁地介绍了有限元法的基本原理，读者基于此原理可以进行有限元编程来求解一些典型机械结构的静力学和动力学问题。但是，对于很多实际的工程问题，依靠自行编制有限元程序来求解是行不通的，因为很多实际结构都是三维结构，对其划分网格后最终形成的有限元方程规模巨大。这时就需要利用工程有限元软件来进行处理，习惯上称为计算机辅助工程(CAE)。本章及第 8 章重点介绍利用当前最流行的有限元软件 ANSYS 进行计算机辅助分析的方法，本章主要针对 ANSYS 经典版(Mechanical APDL)进行讲解，而第 8 章则面向 ANSYS Workbench。

7.1　ANSYS 软件简介

ANSYS 是美国 ANSYS 公司研制的大型通用商用有限元分析软件，广泛应用于一般机械、航空航天、车辆、船舶、电子、压力容器、生物医学等领域，在国内外均有众多用户。自 ANSYS 7.0 开始，ANSYS 公司推出了 ANSYS 经典版(Mechanical APDL)和 ANSYS Workbench 两个版本，并且目前均已开发至 19.2 版本，这里主要介绍 ANSYS 经典版。

ANSYS 作为一个完整的有限元分析系统主要包括 3 个功能模块和两个支撑环境，即前处理(Preprocessor)、求解(Solution)和后处理(Postprocessor)模块，以及图形及数据可视化系统和数据库两个支撑环境。

7.2　ANSYS 用户界面

ANSYS 基于 Motif 标准创建了图形用户界面，用户可通过对话框、下拉菜单和子菜单等方式进行数据输入和功能选择，其主界面如图 7.1 所示，包括以下 8 个部分。

(1) 实用菜单(Utility Menu)。

实用菜单也称下拉式菜单，主要包括文件管理(File)、对象选择(Select)、信息列表(List)、图形显示(Plot)、显示控制(PlotCtrls)、工作平面设定(WorkPlane)、参数设置(Parameters)、宏命令(Macro)、菜单控制(MenuCtrls)和软件帮助(Help)等应用功能。该菜单为下拉式结构，单击相应的选项可完成相应操作。

(2) 标准工具条(Standard Toolbar)。

标准工具条主要完成使用较为频繁的功能，如文件新建、保存、打开、打印等。

(3) 命令输入(Command Input)。

用户可在此窗口输入命令(主要是 APDL)来实现相关操作，也可浏览先前输入的命令。所有输入的命令将在此窗口显示。

(4) 自定义工具条(ANSYS Toolbar)。

自定义工具条主要包括一些快捷方式，常用的有存盘(SAVE_DB)、恢复(RESUM_DB)、退出系统(QUIT)等。用户也可根据需要自行编辑一些快捷方式。

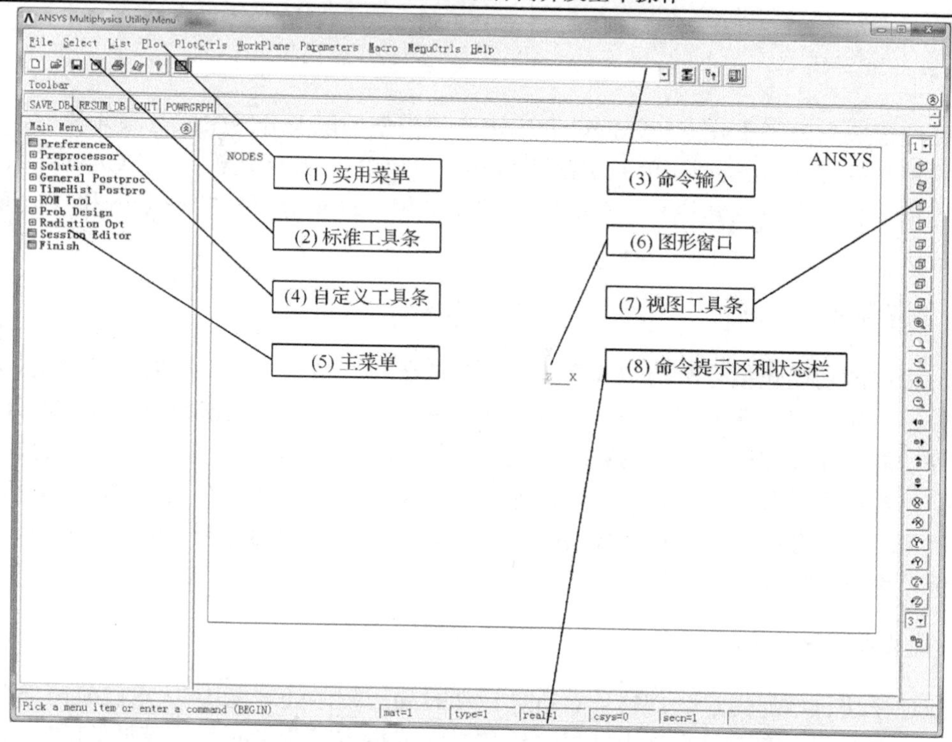

图 7.1　ANSYS 经典主界面

(5) 主菜单(Main Menu)。

主菜单为树状结构，基于分析流程排布操作命令的顺序，包括前处理器(PREP7)、求解(Solution)、后处理器(POST1 或 POST26)等。主菜单是图形化(GUI)操作 ANSYS 最主要的工具。

(6) 图形窗口(Graphic Window)。

显示 ANSYS 创建或输入的几何模型、有限元模型和分析结果等信息。

(7) 视图工具条(View Toolbar)。

完成模型的缩放、旋转、视觉变换等操作。

(8) 命令提示区和状态栏(Prompt Area and Status)。

命令提示区提示用户在当前命令下应输入的信息，便于用户进行正确的操作和参数输入。状态栏用于显示当前 ANSYS 分析所处的状态，如单元类型、材料属性、实常数以及当前坐标系等。

此外，在启动 ANSYS 时同主界面一起出现的还有输出窗口，输出窗口显示用户执行的命令和功能及相关信息、模型信息等，如错误、警告、模型质量和体积等。

7.3　ANSYS 的组成及其主要功能模块

在利用 ANSYS 进行有限元分析的过程中，通常使用前处理(Preprocessor，简称 PREP7)、求解(Solution)和后处理(General Postproc，简称 POST1；TimeHist Postproc，简称 POST26)3 个模块。

1. 前处理模块

前处理模块主要用于建立(或导入)和编辑几何模型，以及分网生成有限元模型，主要包括参数的定义(包括单元类型、单元实常数和材料参数等)、几何建模(三维 CAD 导入、自底向上的建模和自顶向下的建模)、网格划分(自由分网、映射分网、扫掠分网和自适应分网)等功能。

2. 求解模块

求解模块的功能包括分析类型选择、求解算法选择、精度控制、结果输出控制和模型求解计算等。首先用户设置分析类型、分析选项、求解算法、载荷数据和载荷步等内容，然后启动计算功能。计算完毕后，ANSYS 将求解结果自动保存到结果文件。ANSYS 的求解模块主要包括结构静力学分析、结构动力学分析(模态分析、瞬态动力学分析、谐响应分析、谱分析和随机振动响应分析)、结构非线性分析、多体动力学分析、热分析、电磁场分析、流体动力学分析、声场分析和压电分析。

3. 后处理模块

后处理模块包括通用后处理模块(POST1)和时间历程后处理模块(POST26)两部分。通用后处理模块主要用于查看单步静力结果、给定时间或指定载荷步的整体模型的响应结果，如静力分析、模态分析、屈曲分析、瞬态动力学响应分析、谱分析等结果的显示。通用后处理模块的显示方式包括图形显示、动画显示、数据列表显示、路径曲线显示等。时间历程后处理模块用于查看模型中指定点的分析结果随时间、频率或载荷步等的变化关系，可实现从简单的图形显示和列表显示到数值微积分计算和响应频谱生成的复杂环境。

7.4　ANSYS 分析流程

总的来讲，利用 ANSYS 对机械结构进行各种分析包含以下 9 个关键步骤，具体为：建立几何模型；定义材料属性；定义单元类型；定义单元实常数；划分网格；设置边界条件；加载与求解；后处理；结果分析等。以下以平面桁架为例，简要描述 ANSYS 的分析流程。

平面桁架结构如图 7.2 所示，材料的弹性模量为 210GPa，泊松比为 0.3，各杆件的截面面积均为 $0.01m^2$，试利用 ANSYS 求解该桁架结构在如图 7.2 所示外力作用下的变形。

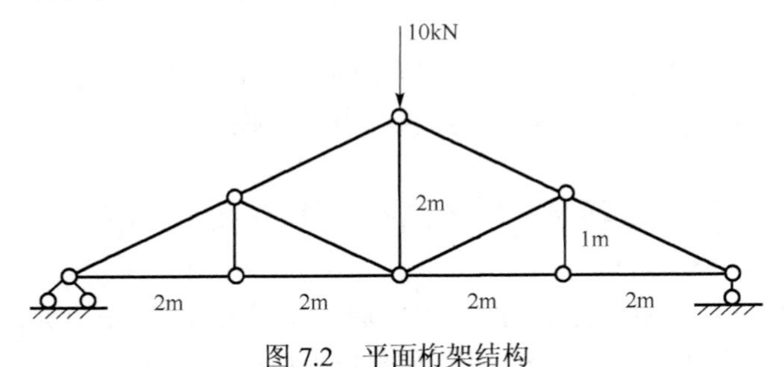

图 7.2　平面桁架结构

1. 建立几何模型

(1)创建关键点。

在ANSYS的主菜单中，执行Main Menu > Preprocessor > Modeling > Create > Keypoints > In Active CS命令，创建K1～K8关键点。表7.1为各关键点的坐标，图7.3为创建的关键点。

表7.1　各关键点的坐标

关键点	坐标值		
	x	y	z
1	0	0	0
2	2	0	0
3	2	1	0
4	4	0	0
5	4	2	0
6	6	0	0
7	6	1	0
8	8	0	0

图7.3　图形窗口中显示的创建的关键点

(2)创建线。

在ANSYS的主菜单中，执行Main Menu > Preprocessor > Modeling > Create > Lines > Lines > Straight Line命令，按图7.2所示桁架结构依次连接各关键点，创建线。图7.4为由各关键点连成的线。

在ANSYS中关键点及线均有编号，可在ANSYS的实用菜单中，执行PlotCtrls > Numbering > KP on, Line on > OK > Plot > lines命令，来显示关键点号和线号。图7.5为显示关键点及线号的操作，图7.6为最终显示的关键点和线的编号。

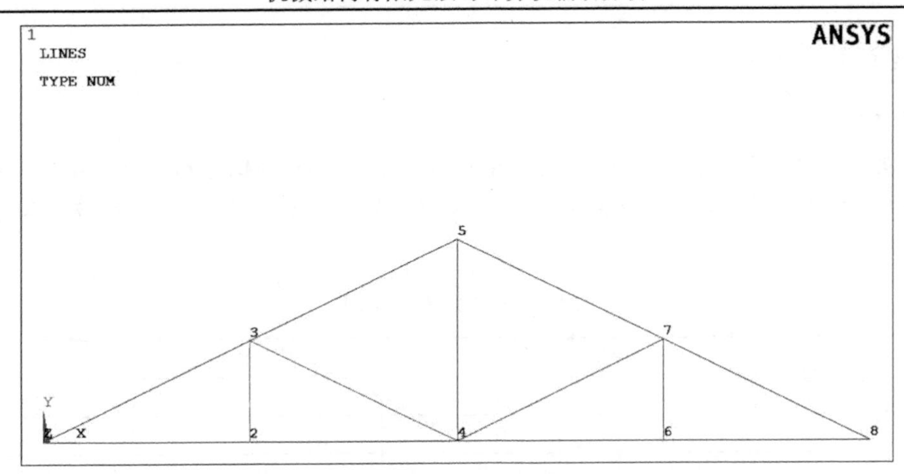

图 7.4　图形窗口中显示的由各关键点连成的线

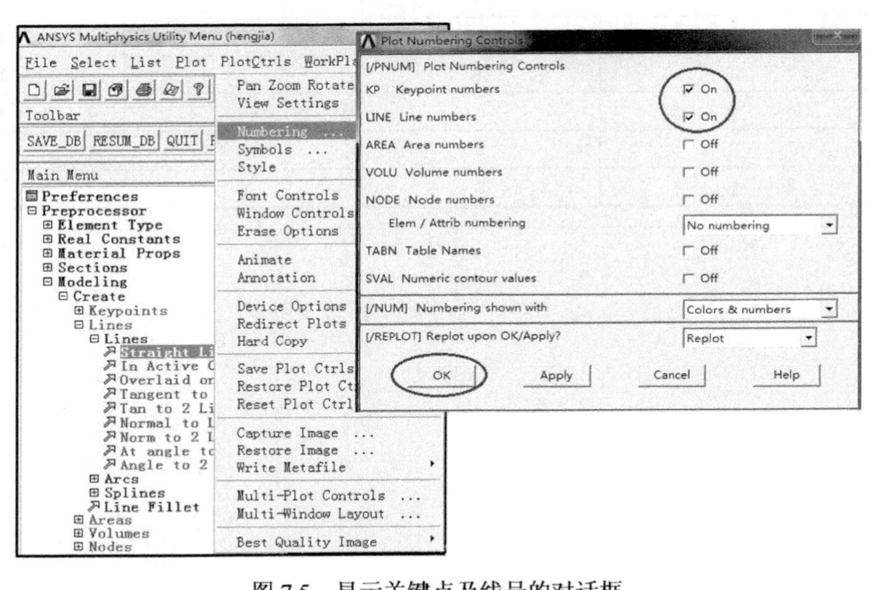

图 7.5　显示关键点及线号的对话框

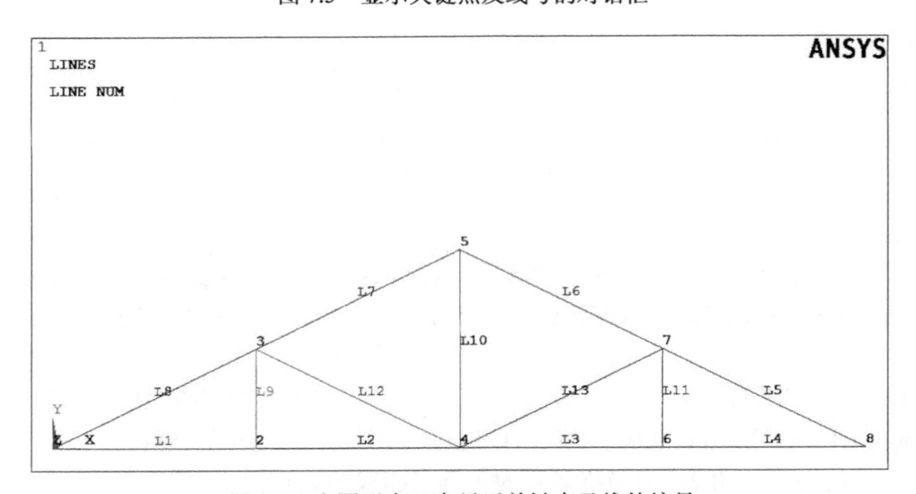

图 7.6　在图形窗口中显示关键点及线的编号

2. 定义材料属性

对于各向同性材料(大部分金属)只需要定义材料的弹性模量及泊松比。在 ANSYS 主菜单中，执行 Main Menu > Preprocessor > Material Props > Material Models 命令，来完成定义材料的弹性模量和泊松比，详见图 7.7 和图 7.8。

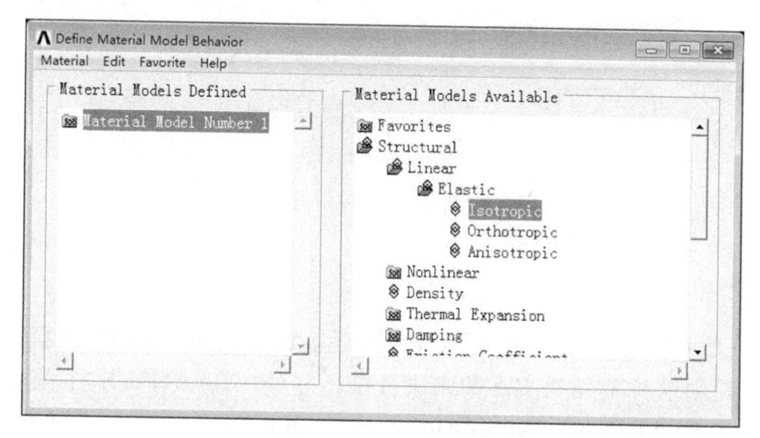

图 7.7　定义材料类型对话框

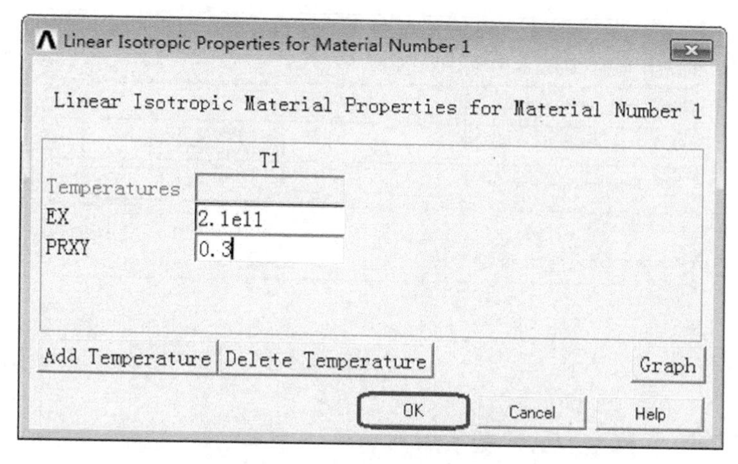

图 7.8　线弹性材料参数输入对话框

3. 定义单元类型

在 ANSYS 主菜单中，执行 Main Menu > Preprocessor > Element Type > Add/Edit/ Delete > Add…命令，来选择单元。这里选择 Link180 单元，单击 OK 按钮。

4. 定义单元实常数

在 ANSYS 主菜单中，执行 Main Menu > Preprocessor > Real Constants > Add/Edit/Delete > Add…命令，单击 OK 按钮，进行实常数设置，弹出的对话框见图 7.9。这里针对的是 Link180 单元进行实常数设置。

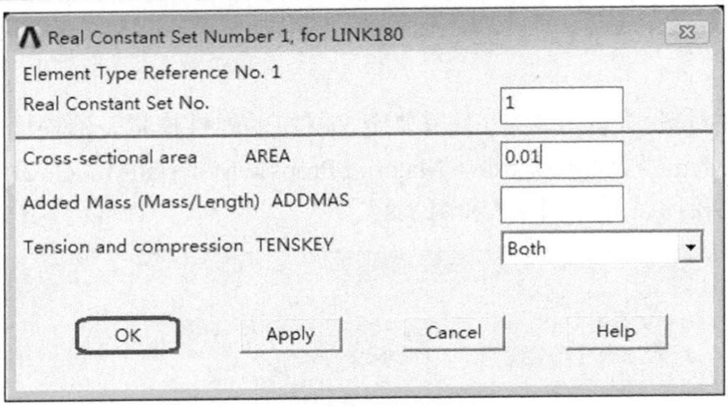

Real Constant Set Number 1, for LINK180
Element Type Reference No. 1
Real Constant Set No. 1
Cross-sectional area AREA 0.01
Added Mass (Mass/Length) ADDMAS
Tension and compression TENSKEY Both
OK Apply Cancel Help

图 7.9 单元实常数设置对话框

5. 划分网格

在选好单元类型及定义完单元实常数后，还需将单元类型及实常数与具体的几何结构关联，其含义就是用这种单元及实常数来进行结构划分。在 ANSYS 主菜单中，执行 Main Menu > Preprocessor > Meshing > Mesh Attributes > All Lines 命令，赋予所有线单元类型及实常数，详见图 7.10。

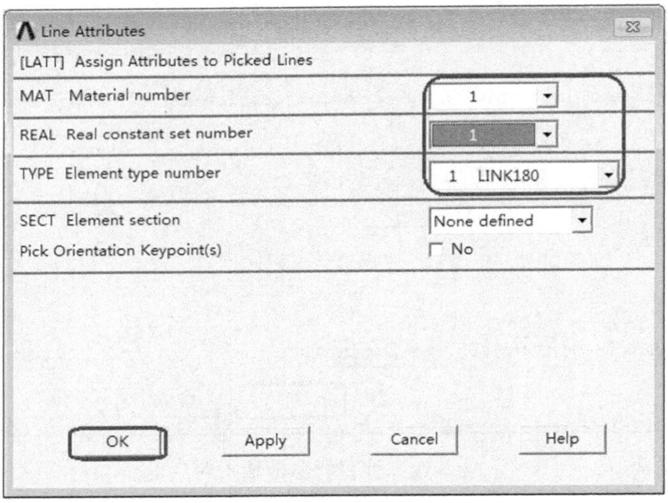

Line Attributes
[LATT] Assign Attributes to Picked Lines
MAT Material number 1
REAL Real constant set number 1
TYPE Element type number 1 LINK180
SECT Element section None defined
Pick Orientation Keypoint(s) No
OK Apply Cancel Help

图 7.10 模型几何属性定义对话框

接下来在划分网格前需制订具体的划分方案。在 ANSYS 主菜单中，执行 Main Menu > Preprocessor > Meshing > Size Ctrls > Manual Size > Lines > All Lines 命令，对几何模型进行网格划分设定。这里将所有线划分成 1 段，即一条线一个单元。图 7.11 为划分单元尺寸设定对话框，图 7.12 显示了执行划分尺寸设定后几何模型的变化。

最后执行网格划分命令，在 ANSYS 主菜单中，执行 Main Menu > Preprocessor > Meshing > Mesh > Lines > Pick All 命令，单击 OK 按钮完成网格划分。图 7.13 为执行网格划分命令后图形窗口的显示。

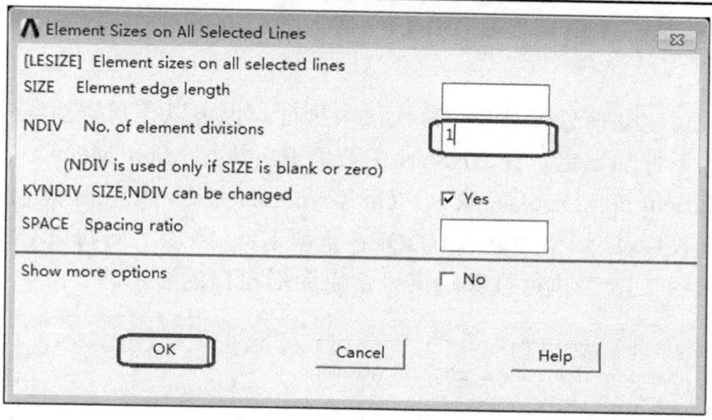

Element Sizes on All Selected Lines
[LESIZE] Element sizes on all selected lines
SIZE Element edge length
NDIV No. of element divisions
1
(NDIV is used only if SIZE is blank or zero)
KYNDIV SIZE,NDIV can be changed
Yes
SPACE Spacing ratio
Show more options
No
OK
Cancel
Help

图 7.11　划分单元尺寸设定对话框

1
LINES
LINE NUM
ANSYS
5
L7
L6
3
L10
7
L8
L9
L12
L13
L11
L5
Y
X
L1
2
L2
4
L3
6
L4
8

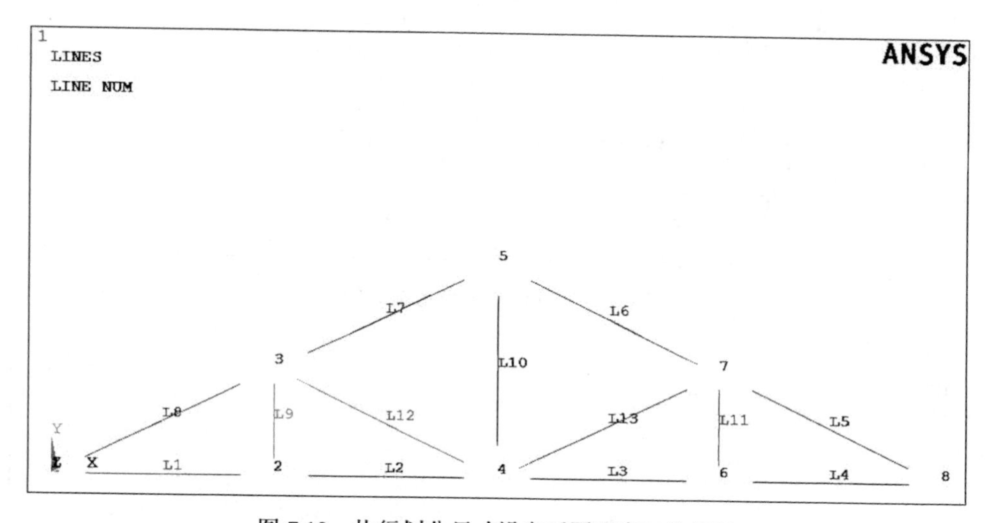

图 7.12　执行划分尺寸设定后图形窗口的显示

1
ELEMENTS
ANSYS
Y
X

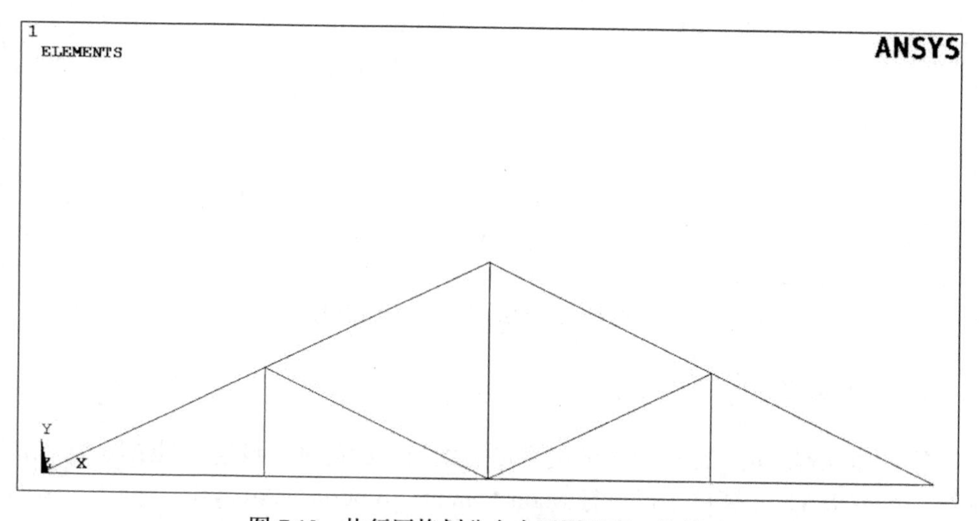

图 7.13　执行网格划分命令后图形窗口的显示

6. 设置边界条件

设置边界条件可以在前处理(PREP7)模块中执行，也可以在求解模块中设定，这里在求解模块中进行边界条件的设定。在 ANSYS 主菜单中，执行 Main Menu > Solution > Define Loads > Apply > Structural > Displacement > On Keypoints 命令，来完成本实例位移边界条件的设定，具体为选择 K1，施加全约束 All DOF；选择 K8，施加 Y 向约束 UY。图 7.14 为位移约束设定对话框，图 7.15 为执行位移约束设定后图形窗口的显示。

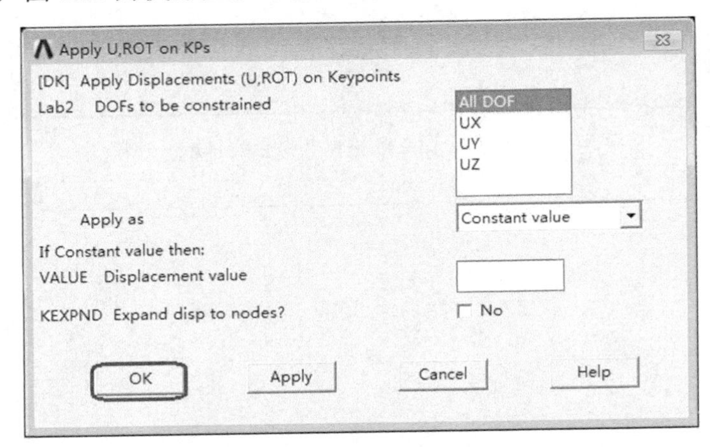

图 7.14　位移约束设定对话框

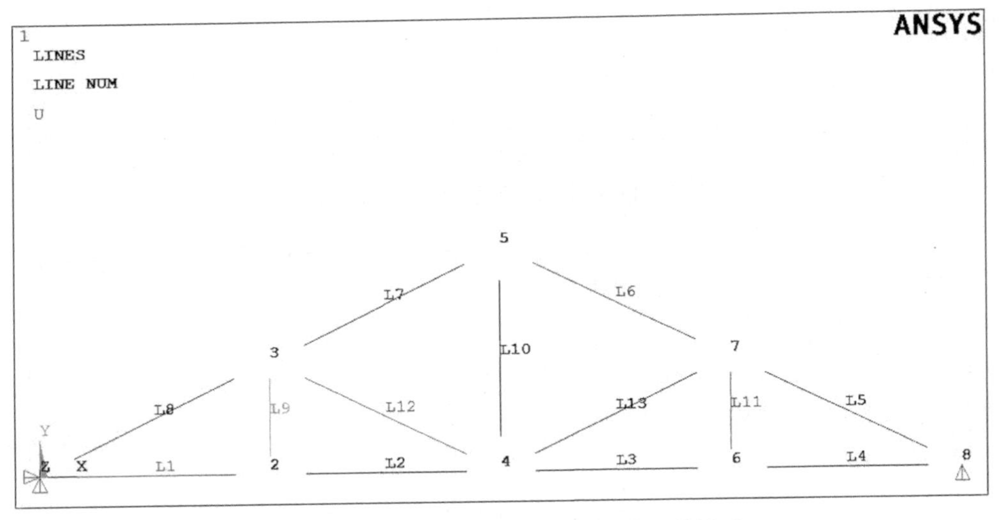

图 7.15　执行位移约束设定后图形窗口的显示

7. 加载与求解

在进行具体求解之前，需要对求解类型以及施加的载荷进行设定。图 7.16 为求解类型设置对话框，在 ANSYS 主菜单中，执行 Main Menu > Solution > Analysis Type > New Analysis 命令进行启动，本实例选择 Static。

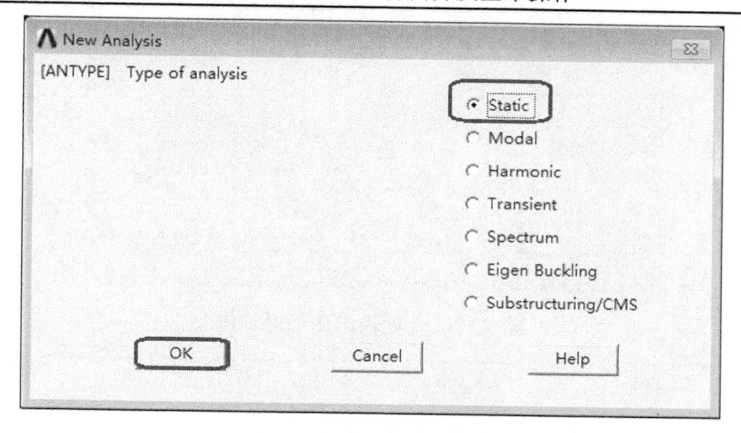

图 7.16 求解类型设置对话框

接着，施加载荷，在 ANSYS 中针对本实例可在主菜单中执行 Main Menu > Solution > Define Loads > Apply > Structural > Force/Moment > On Keypoints 命令，选择 K5 并施加 Y 向 −10kN(−10000N)的力，来完成作用力的施加。图 7.17 为执行施加载荷命令后图形窗口的显示。

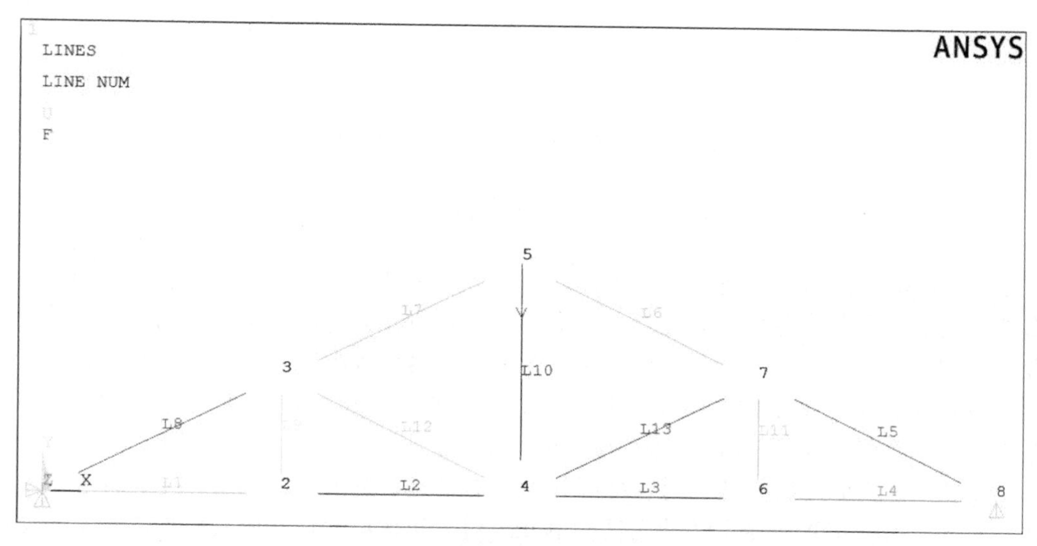

图 7.17 执行施加载荷命令后图形窗口的显示

完成边界条件、求解类型、载荷等的设置后，就可进行求解，具体在 ANSYS 主菜单中的操作描述如下：执行 Main Menu > Solution > Solve > Current LS > Close 命令。

8. *后处理及结果分析*

ANSYS 具有强大的后处理能力，可图形化显示变形及应力分布。这里仅显示框架结构在外载荷作用下的变形。在 ANSYS 主菜单中，执行 Main Menu > General Postproc > Plot Results > Deformed Shape 命令，启动设置输出变形对话框，见图 7.18，这里在对话框中选择 Def shape only，单击 OK 按钮。图 7.19 为执行显示变形命令后图形窗口的显示。

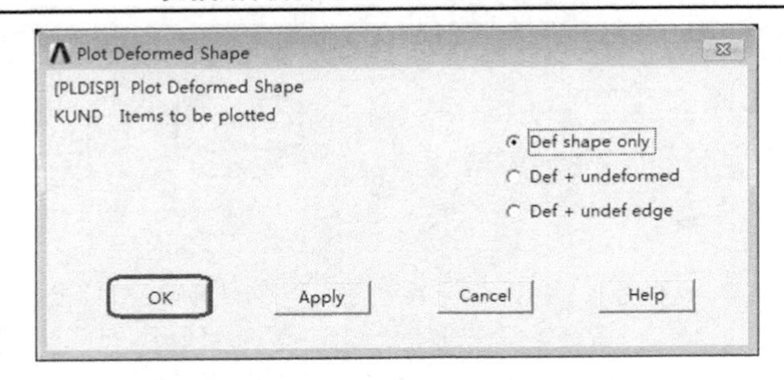

图 7.18　设置输出变形对话框

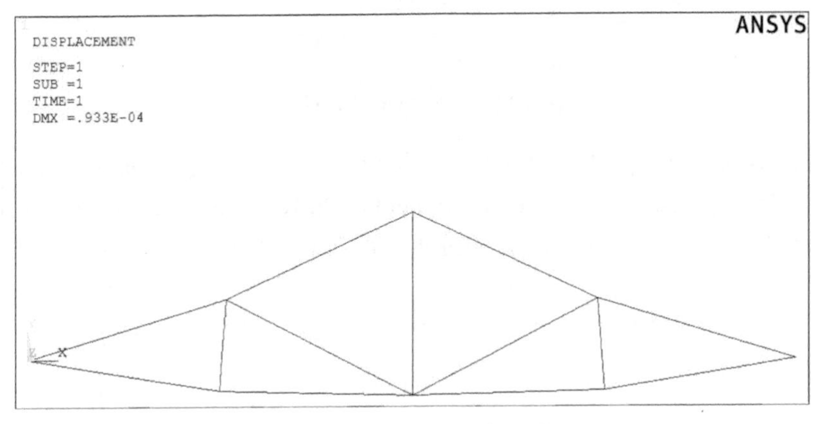

图 7.19　执行显示变形命令后图形窗口的显示

7.5　ANSYS 单元类型及参数设置

ANSYS 提供了 200 多种单元供用户在结构分析中使用，因而针对一个实际的结构选用什么单元是进行有限元分析时必须首先考虑的问题。单元类型决定了单元的自由度数、节点个数、空间维数(一维、二维或三维)、实常数和材料属性等内容。同时，多数单元有一些附加选项(KEYOPTs)，用于控制单元刚度矩阵生成方式、单元坐标系、结果输出内容、打印输出控制、问题类型控制(平面应力或应变)和单元积分方式等。

ANSYS 中的单元按照其应用场合可分为结构单元、热单元、电磁单元、耦合场单元、流体单元等。机械工程领域主要使用结构单元。对于结构单元，按照其模拟的真实对象的几何结构又可分为：质点结构单元(如 Mass21)、梁结构单元(Beam3、Beam188 等)、桁架结构单元(Link8、Link180 等)、管结构单元(Pipe16、Pipe17 等)、板结构单元(Plane42、Plane82 等)、壳结构单元(Shell41、Shell181 等)和实体结构单元(Solid45、Solid92 等)。

在选用单元对机械结构进行分析时，需要对单元的参数进行有效的设置。设置的参数包括材料参数、实常数、横截面类型和单元坐标系等。需要注意的是，设置单元参数的个数完全依赖于单元的类型以及所要分析的实际问题，并非所有单元都需要设置上述参数。

以下以 Beam188 梁单元为例描述在利用梁进行力学分析时需设置的参数。

1. 定义单元类型 Beam188

在主菜单中，执行 Main Menu > Preprocessor > Element Type > Add/Edit/Delete > Add…命令，弹出对话框，见图 7.20，选择 Beam188 单元，单击 OK 按钮。

2. 定义材料属性(弹性模量、泊松比等)

在主菜单中，执行 Main Menu > Preprocessor > Material Props > Material Models 命令，来完成定义材料的弹性模量和泊松比，详见图 7.7 和图 7.8。

3. 定义梁的截面参数(实常数定义)

梁的截面参数包括截面的形状及相关参数值。在主菜单中，执行 Main Menu > Preprocessor > Sections > Beam > Common Sections 命令，弹出对话框见图 7.21，在图示对话框中选择梁截面形状为矩形，输入 B(宽度)、H(高度)、Nb(宽度方向上的网格数)、Nh(高度方向上的网格数)等参数。

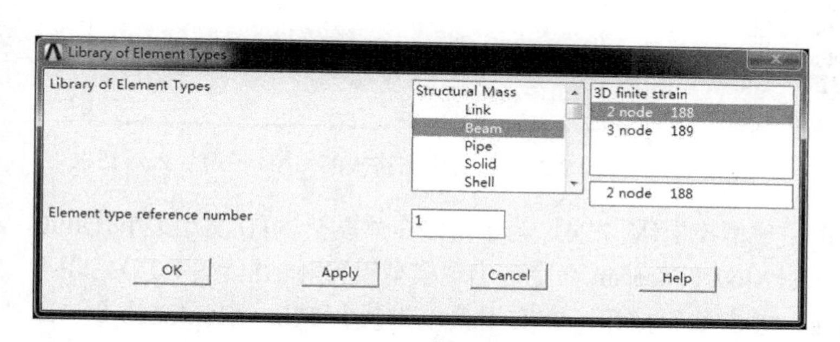

图 7.20　单元类型选择对话框

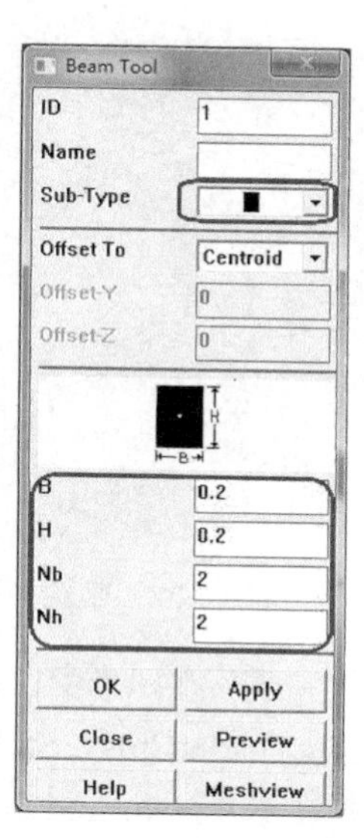

图 7.21　定义梁截面参数

7.6　ANSYS 几何建模方法

在利用 ANSYS 对机械结构进行有限元分析时，首先就要创建结构的几何模型。尤其是对于具有复杂形状的零部件系统，创建几何模型更是其有限元分析流程中的一个关键步骤。ANSYS 的几何建模方法包括三类，分别是：①几何模型导入法；②自底向上的建模；③自顶向下的建模。

7.6.1　几何模型导入法

几何模型导入是指将在三维 CAD 软件中，如 Solidworks、Pro/E、CATIA、UG 等，创建的几何模型直接导入 ANSYS 分析环境以供后续的有限元分析。几何模型导入通常适用于需要分析的结构外形比较复杂，ANSYS 自身的建模方法难以实施的情况。按导入文件的格式，又可分为标准格式数据模型文件导入法和 CAD 软件原始格式导入法。标准格式数据模型包含 SAT、IGES、Parasolid 等，可以理解为这是一种中间格式，通常可以被任何工程仿真软件所接受。CAD 软件原始格式导入法建立在 ANSYS 提供了与众多主流 CAD 软件的直接接口的基础上，使用户可以直接利用熟悉的 CAD 软件建模，进而加快有限元分析的进程。

以下以一个带轮模型(图 7.22)为例描述其按标准格式导入 ANSYS 的过程。导入前，需将在 CAD 软件中的带轮模型另存为中间格式，这里另存为*.x_t 格式，即保存类型选择 Parasolid(*.x_t)，注意，文件名必须是英文或数字。

整个导入过程描述如下：①将具有中间格式的带轮文件“dailun.x_t”放入工作目录；②运行 ANSYS，在实用菜单(Utility Menu)中，执行 File > Import > PARA…命令，在弹出对话框(图 7.23)的左侧框中就会看到所要导入的带轮文件(dailun.x_t 文件)，选中，单击 OK 按钮，导入完成。

图 7.22　带轮模型

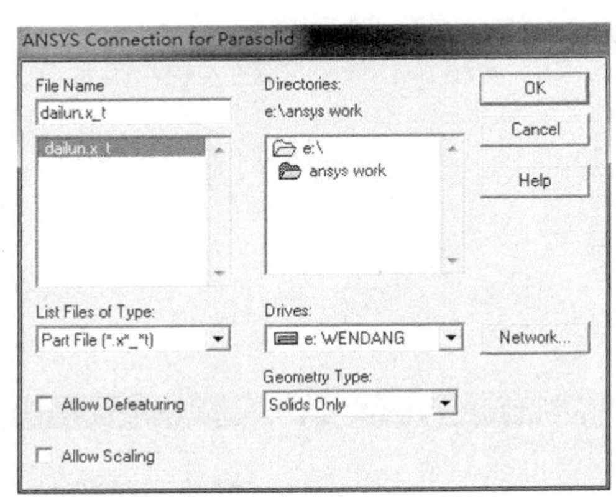

图 7.23　具有中间格式的 CAD 模型导入对话框

导入完成后在图形窗口显示的是线框模型(图 7.24)。为了得到实体模型，可在实用菜单(Utility Menu)中执行 PlotCtrls > Style > Solid Model Facetsm 命令，出现模型设置对话框(图 7.25)，在下拉列表框中选择 Normal Faceting，单击 OK 按钮，在实用菜单中执行 Plot > Replot 命令，即可看到实体，见图 7.26。

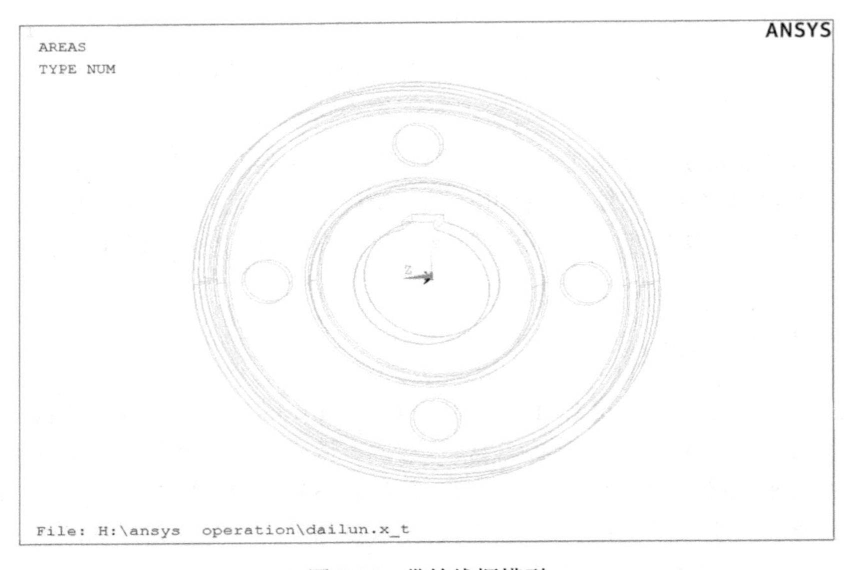

图 7.24　带轮线框模型

图 7.25　模型设置对话框

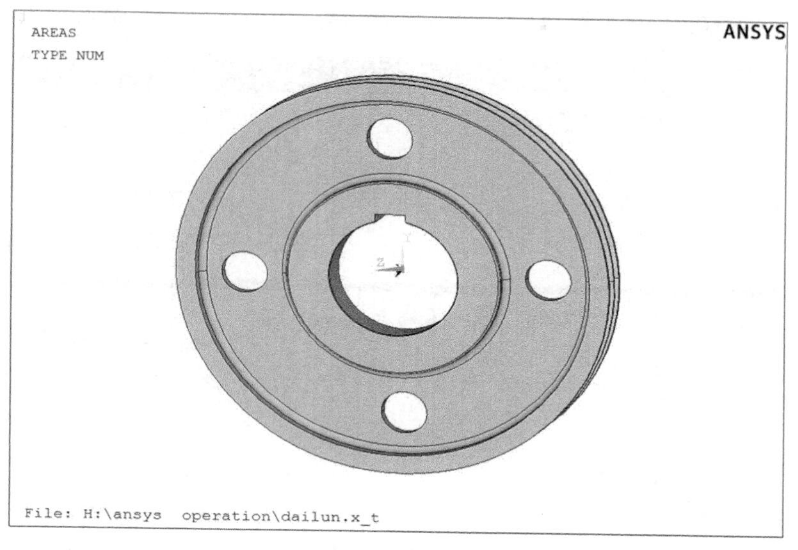

图 7.26　带轮实体模型

需要注意的是，虽然直接导入几何模型给分析复杂机械结构带来了很大的方便，但是直接导入 CAD 模型也可能出现丢失线或面等特征，可能需要进行较多的模型修补工作。因而实际进行几何建模时，假如条件允许还应该优先选择 ANSYS 自身提供的几何建模方法，详见 7.6.2 和 7.6.3 节。

7.6.2　自底向上的建模

自底向上的建模方法是最基本的建模方法，也是最容易掌握的“传统”建模方法，它是指由最低级的图元(关键点)生成高级图元(线、面、体等)，完成实体建模的过程。以下以一个轴承座为例简要描述其自底向上的建模过程，图 7.27 给出了该轴承座的相关尺寸。

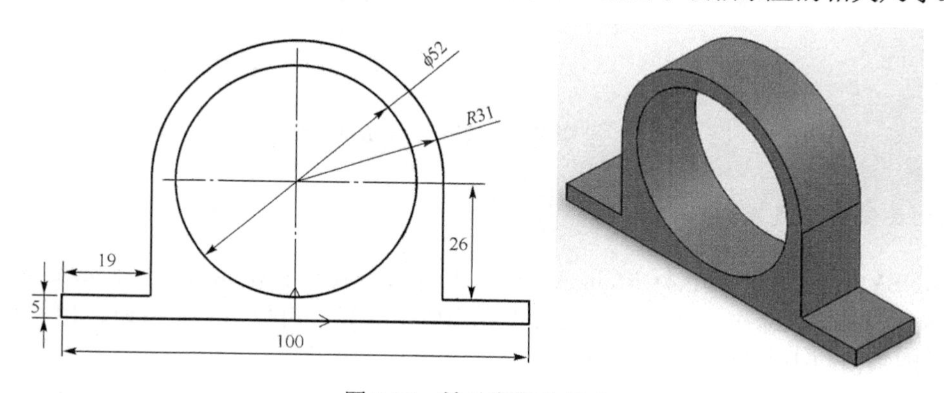

图 7.27　轴承座相关尺寸

1. 创建关键点

在 ANSYS 主菜单中，执行 Main Menu > Preprocessor > Modeling > Create > Keypoints > In Active CS 命令，启动创建关键点对话框(图 7.28)，创建 10 个关键点，编号和坐标分别为：1(50,0,0)，2(50,5,0)，3(31,5,0)，4(31,31,0)，5(0,31,0)，6(0,62,0)，7(–31,31,0)，8(–31,5,0)，9(–50,5,0)，10(–50,0,0)。创建完成后，图形窗口显示出所创建的关键点，见图 7.29。

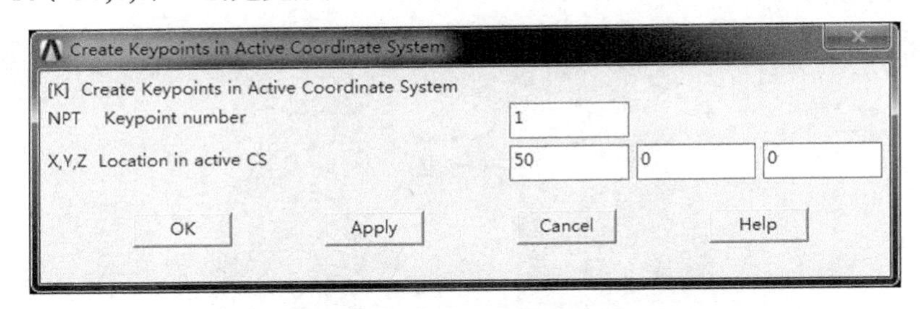

图 7.28 创建关键点对话框

图 7.29 图形窗口中显示的生成的关键点

2. 由关键点生成直线

在 ANSYS 主菜单中，执行 Main Menu > Preprocessor > Modeling > Create > Lines > Lines > Straight Line 命令，依次连接关键点生成所需直线，再单击 OK 按钮。相关操作对话框及最终图形窗口中的显示见图 7.30。

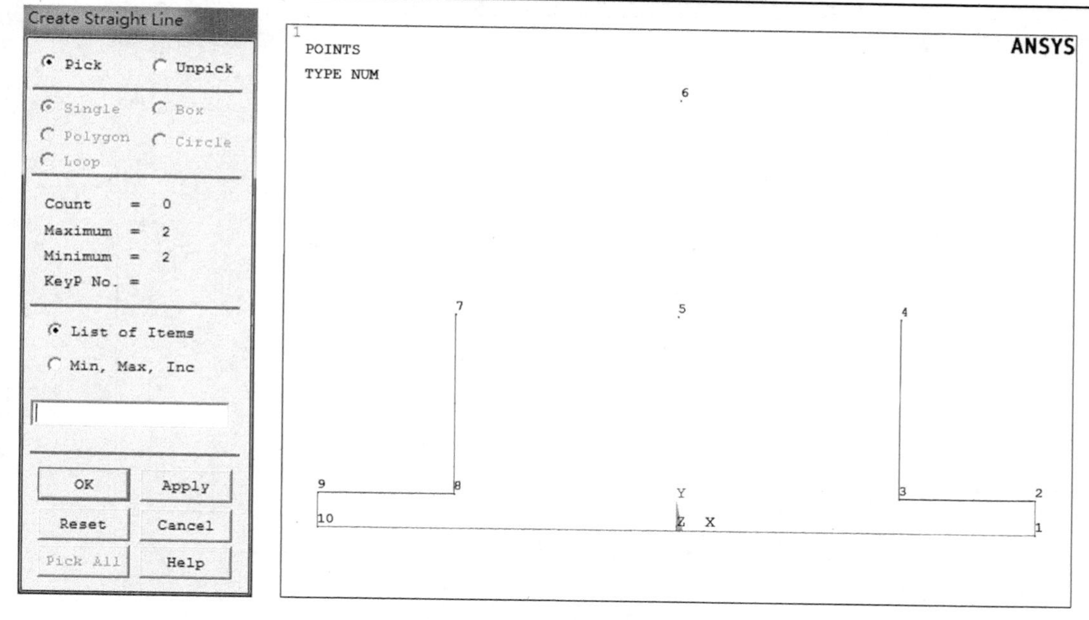

图 7.30　生成线的操作

3. 画圆弧

在ANSYS主菜单中，执行Main Menu > Preprocessor > Modeling > Create > Lines > Arcs > By End KPs & Rad命令，弹出通过端点及半径生成圆弧对话框(图7.31)。用光标选中圆弧起点K4和终点K6，单击Apply按钮，再选中圆心K5，单击OK按钮，弹出对话框之后输入半径(图7.31)，单击OK按钮，生成1/4圆弧(图7.32(a))，用同样的操作生成另一1/4圆弧，最终生成的圆弧见图7.32(b)。

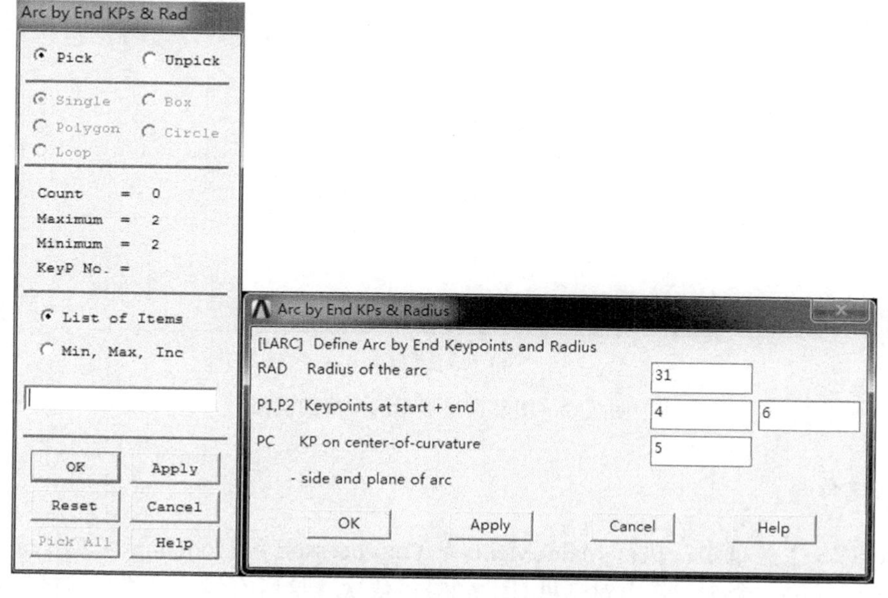

图 7.31　生成圆弧对话框

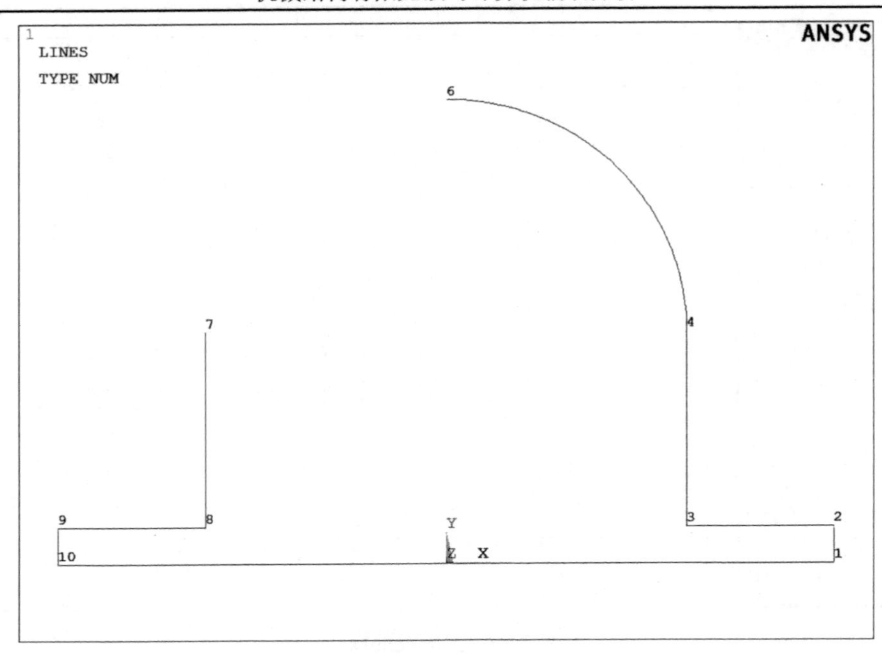

(a)生成 1/4 圆弧

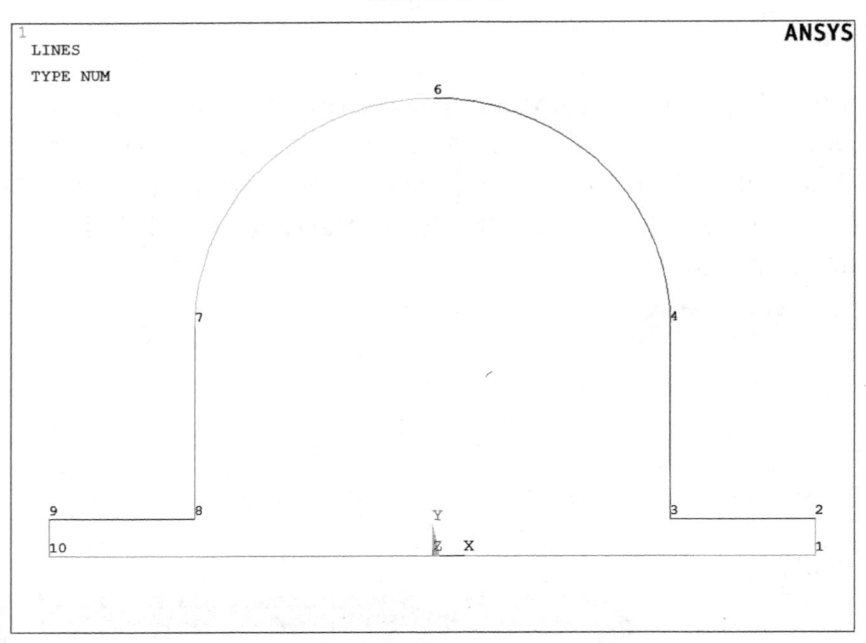

(b)生成整个圆弧

图 7.32　图形窗口显示的生成的圆弧

4. 创建面

在 ANSYS 主菜单中，执行 Main Menu > Preprocessor > Modeling > Create > Areas > Arbitrary > By Lines 命令，弹出对话框(图 7.33)，依次连接所有线，最终生成的面见图 7.33。

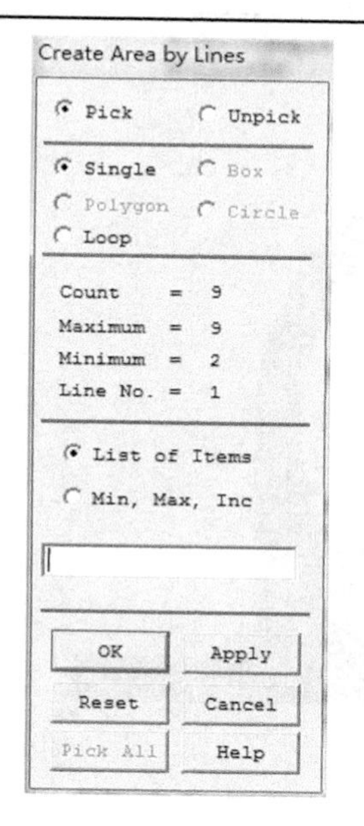

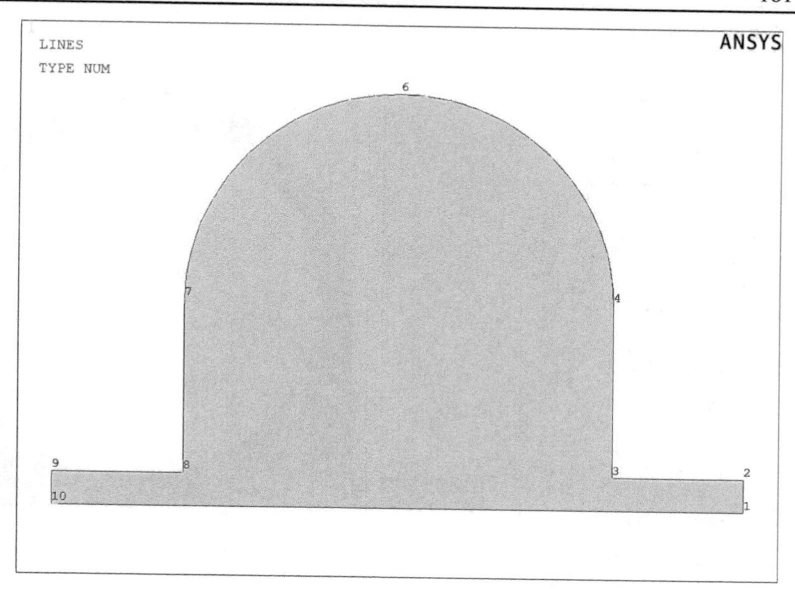

图 7.33　生成面的操作

5. 创建中心圆面

在 ANSYS 主菜单中，执行 Main Menu > Preprocessor > Modeling > Create > Areas > Circle > Solid Circle 命令，弹出对话框(图 7.34)，在对话框中输入圆心坐标和半径，最终生成的中心圆面见图 7.34。

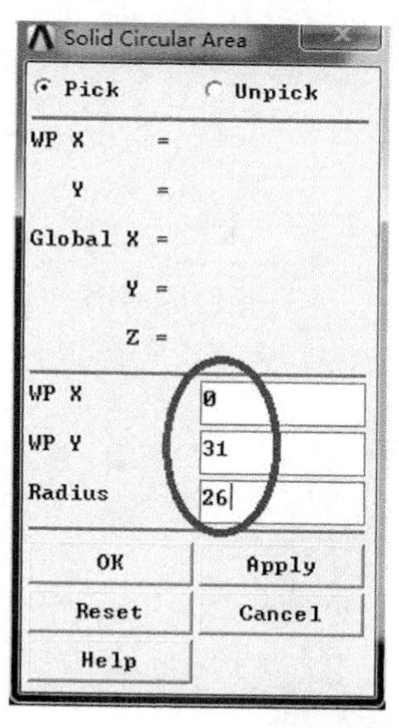

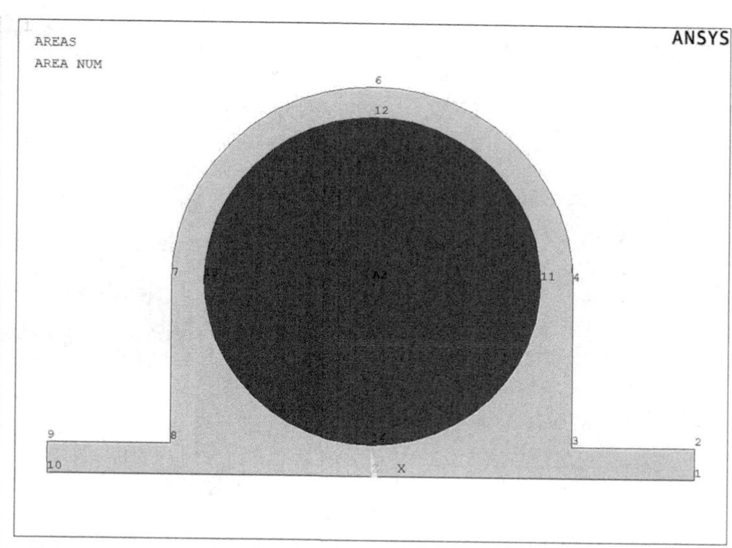

图 7.34　生成中心圆面的操作

6. 布尔减操作

在 ANSYS 主菜单中，执行 Main Menu > Preprocessor > Modeling > Operate > Booleans > Subtract > Areas 命令，弹出对话框(图 7.35)，拾取基面(原来的面)，单击 Apply 按钮，再拾取圆面，单击 OK 按钮，最终形成减去圆面的结果(图 7.35)。

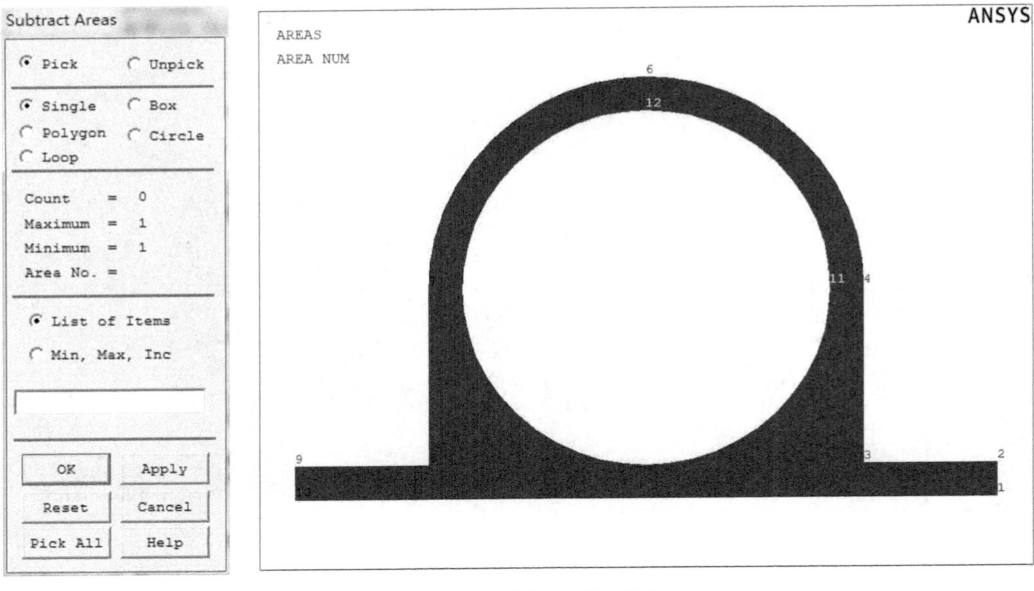

图 7.35　完成布尔减的操作

7. 由面生成体

在 ANSYS 主菜单中，执行 Main Menu > Preprocessor > Modeling > Operate > Extrude > Areas > Along Normal 命令，弹出对话框(图 7.36)，拾取带孔面，单击 OK 按钮，输入 DIST=20，单击 OK 按钮，最终生成轴承座实体模型，见图 7.36。

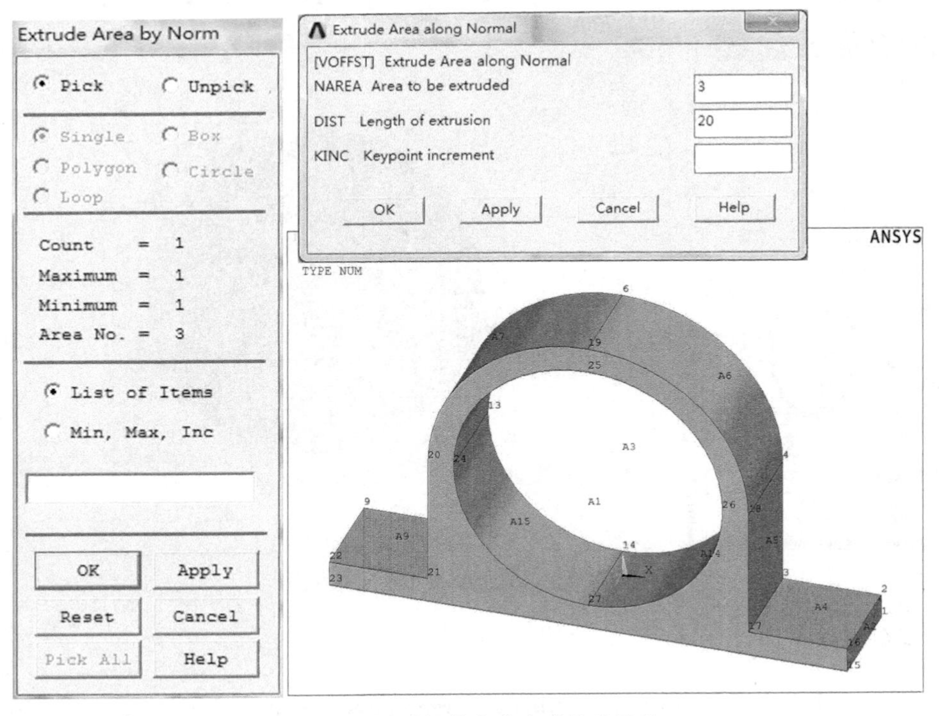

图 7.36　通过拉伸完成生成体的操作

7.6.3　自顶向下的建模

自顶向下建模是指由 ANSYS 提供常见的几何形状(如球体、圆柱体、长方体、四边形等)，采用搭积木的方式，通过布尔运算完成的建模过程。建模过程中，ANSYS 会自动生成必要的低级图元。以下以一个端盖(图 7.37)为例，简要描述自顶向下的建模过程。

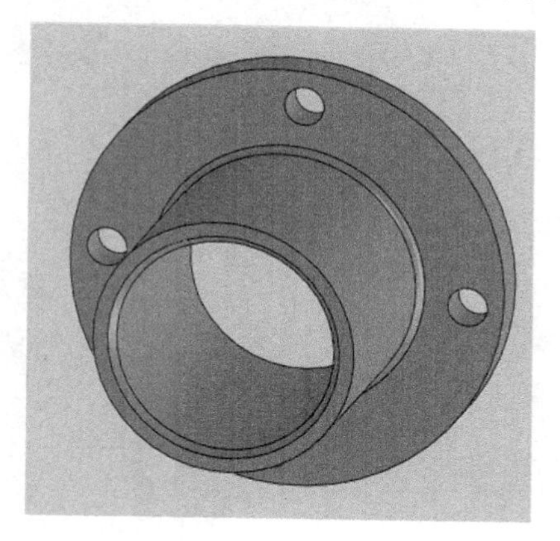

图 7.37　端盖

1. 建立圆柱

在 ANSYS 主菜单中，执行 Main Menu > Preprocessor > Modeling > Create > Volumes > Cylinder > Solid Cylinder 命令，弹出对话框(图 7.38)，分别输入圆心坐标(0,0)、半径 30 和深度 6，最终形成圆柱体(图 7.38)。

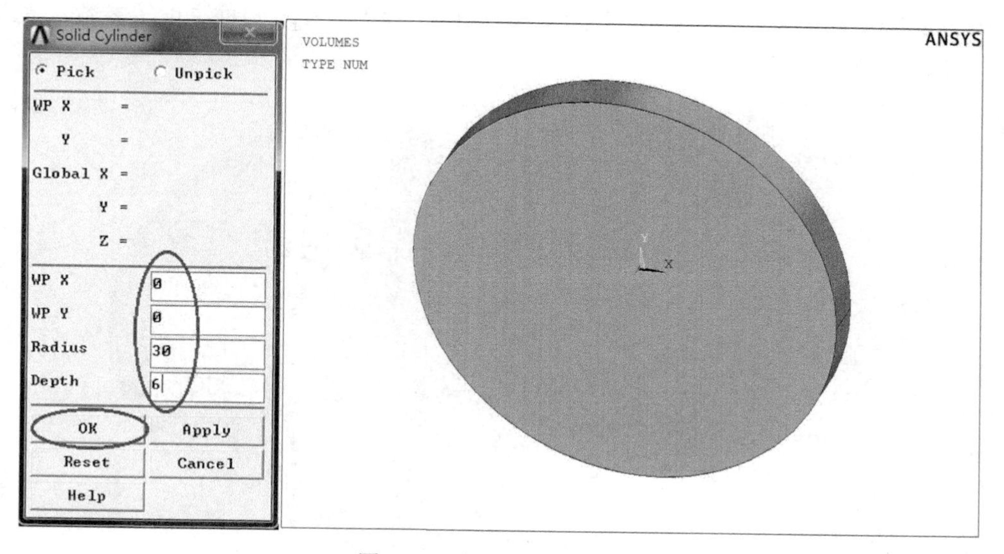

图 7.38　生成圆柱体的操作

2. 移动工作平面

为了便于操作需移动工作平面，在 ANSYS 实用菜单(Utility Menu)中，执行 WorkPlane >

Offset WP by Increments 命令，弹出对话框(图 7.39)，在对话框 X,Y,Z Offsets 一栏填入 0, 0, 6，单击 OK 按钮，移动完工作平面后，图形窗口中的显示见图 7.39。

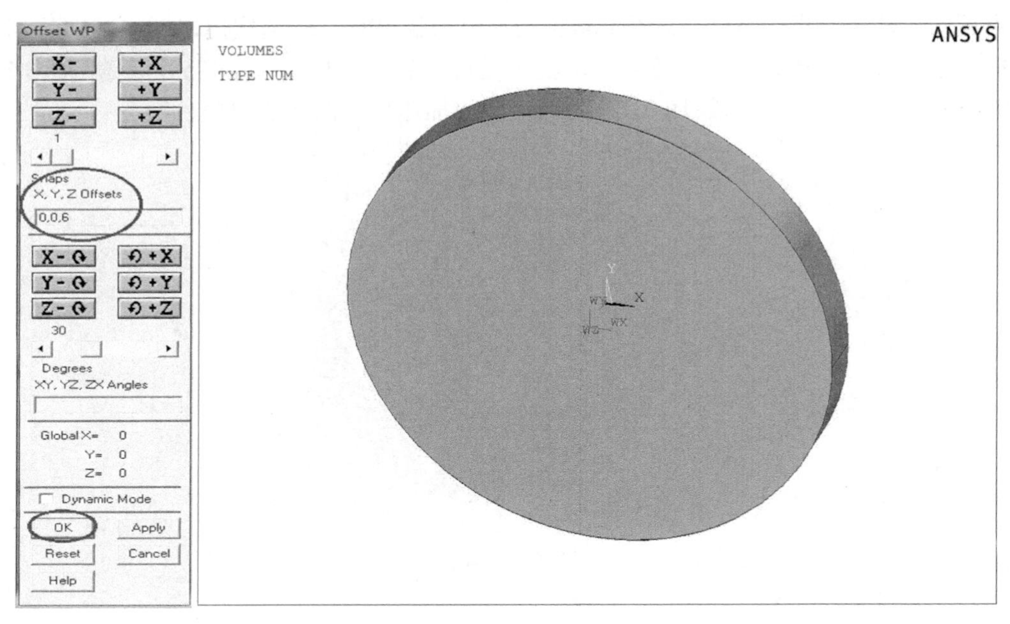

图 7.39　移动工作平面的操作

3. 创建另一个圆柱体

在 ANSYS 主菜单中，执行 Main Menu > Preprocessor > Modeling > Create > Volumes > Cylinder > Solid Cylinder 命令，弹出对话框(图 7.40)，输入半径及圆柱高度等参数，单击 OK 按钮，生成的圆柱体见图 7.40。

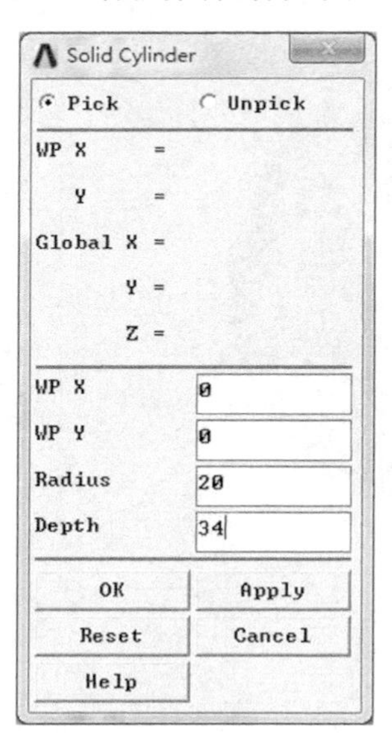

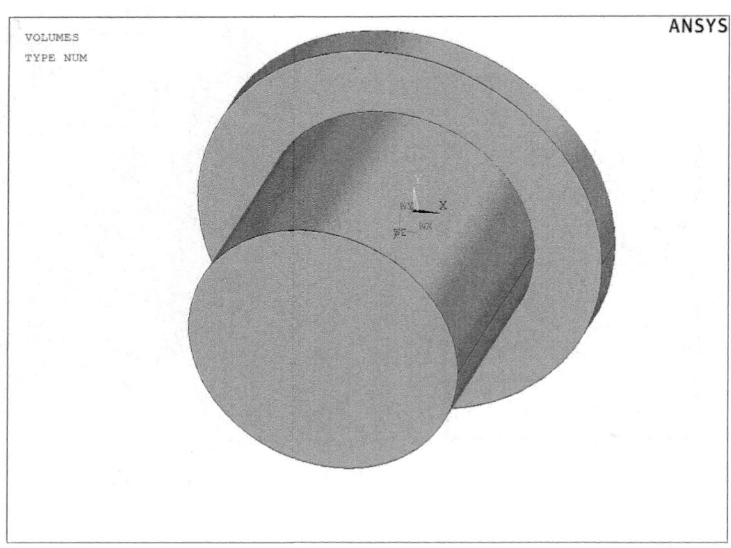

图 7.40　在新工作平面上生成另一个圆柱体的操作

4. 合并

利用布尔运算将两个圆柱体合并，在 ANSYS 主菜单中，执行 Main Menu > Preprocessor > Modeling > Operate > Booleans > Add > Volumes 命令，弹出对话框(图 7.41)，单击 Pick All 按钮选择这两个圆柱体，再单击 OK 按钮，这样图 7.40 中的两个圆柱体就合并为一个结构。

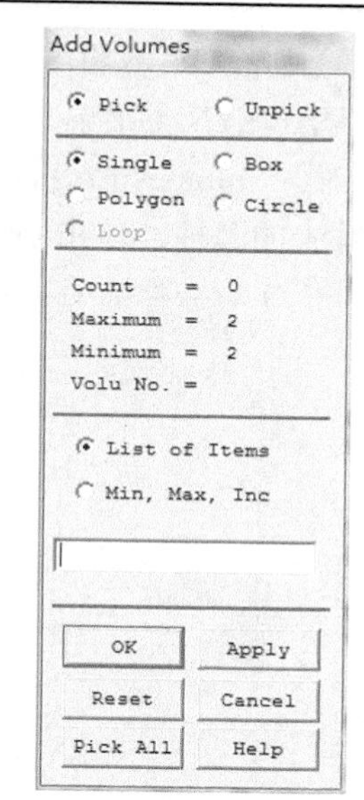

图 7.41　两个圆柱体合并对话框

5. 在合并的圆柱体中减去 5 个圆柱体

具体可按照以下步骤执行。

(1) 移动工作平面至原位置。

在实用菜单(Utility Menu)中，执行 WorkPlane > Offset WP by Increments 命令，在弹出的对话框 X,Y,Z Offsets 一栏填入 0, 0, –6，单击 OK 按钮，移动工作平面到原位置。

(2) 建立 5 个圆柱体。

在 ANSYS 主菜单中，执行 Main Menu > Preprocessor > Modeling > Create > Volumes > Cylinder > Solid Cylinder 命令，弹出对话框后，分别输入圆心坐标、半径和深度，具体数据见表 7.2。生成 5 个圆柱体后，图形窗口中的显示见图 7.42。

表 7.2　用于生成 5 个圆柱体的相关参数

参数	圆柱 1	圆柱 2	圆柱 3	圆柱 4	圆柱 5
WP X	0	25	0	–25	0
WP Y	0	0	25	0	–25
Radius	15	3	3	3	3
Depth	40	6	6	6	6

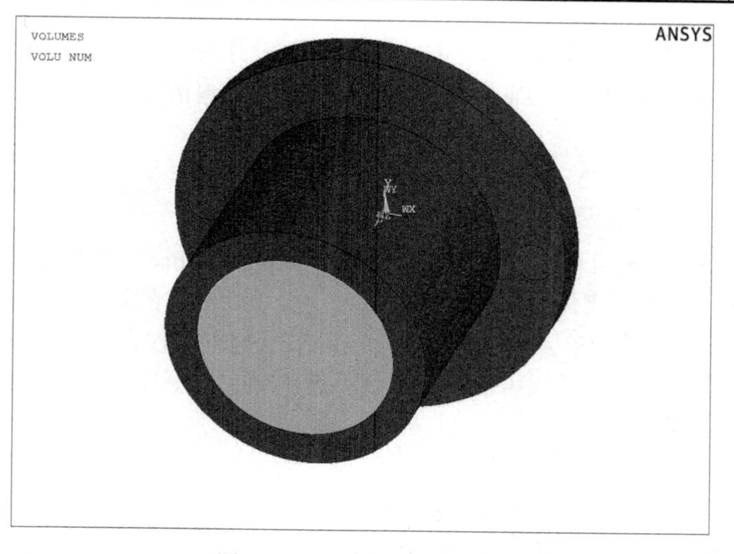

图 7.42　生成的 5 个圆柱体

(3)用布尔运算将 5 个圆柱体从整体中减去。

在 ANSYS 主菜单中，执行 Main Menu > Preprocessor > Modeling > Operate > Booleans > Subtract > Volumes 命令，在弹出的对话框中先用光标选中基体，单击 Apply 按钮，再选中 5 个要减去的圆柱，单击 OK 按钮，执行完布尔运算后则形成了端盖模型，见图 7.43。

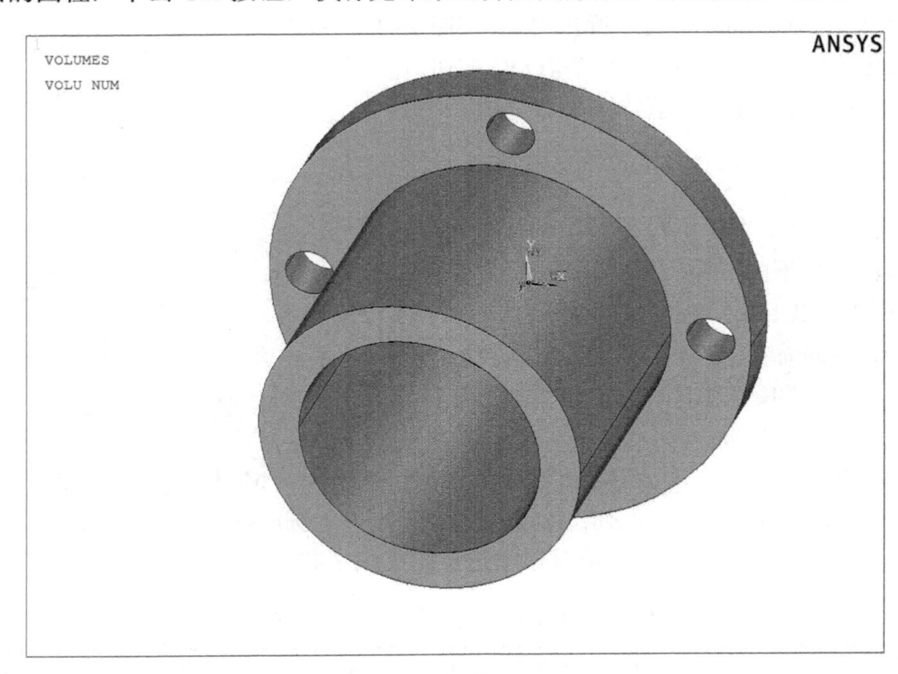

图 7.43　执行布尔运算后形成的最终的端盖模型

7.7　ANSYS 网格划分

ANSYS 主要包括四种分网方法：自由分网、映射分网、扫掠分网和自适应分网。其中自适应分网有很多限制，例如，通常仅适用于只有一种材料的结构，因而这里仅介绍前 3 种分网技巧。

1. 自由分网

自由分网由 ANSYS 自动生成网络，可通过单元数量、边长及曲率等来控制网格的质量，适用于任意曲线、曲面和实体结构的网格划分，不受单元形状的限制，因而可适用于所有模型。但是，自由分网生成的单元形状不规则，内部节点位置由程序自动生成，用户无法控制，因而有些情况下自由分网的结果可能导致求解精度不高。以下以一个连接曲柄(图 7.44)为例说明自由分网的过程。

1)定义单元类型

在 ANSYS 主菜单中，执行 Main Menu > Preprocessor > Element Type > Add/Edit/Delete 命令，弹出对话框(图 7.45)，单击 Add...按钮，选择 Solid 和 Tet 10node 187 选项，然后单击 OK 按钮，单击 Close 按钮。

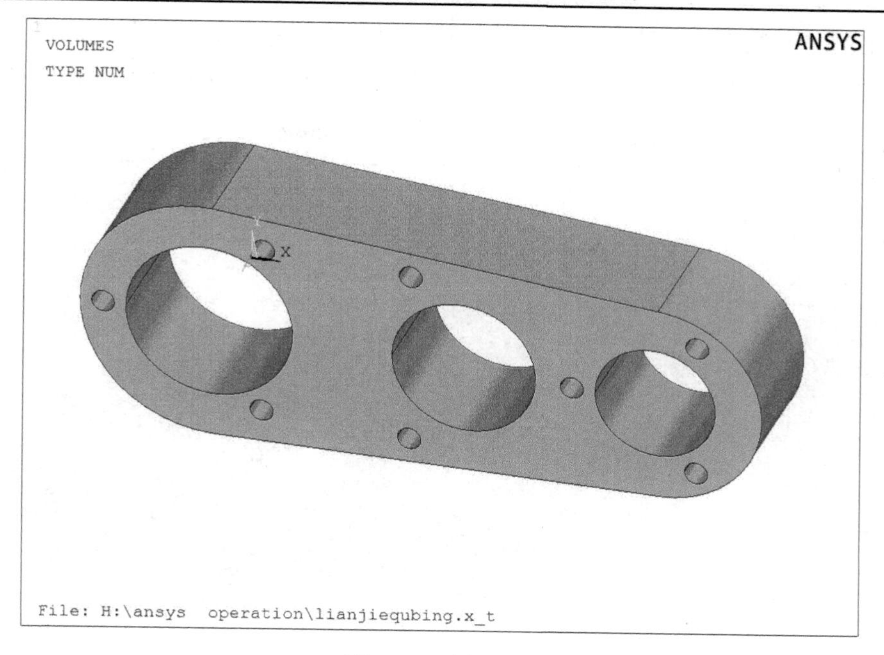

图 7.44　连接曲柄

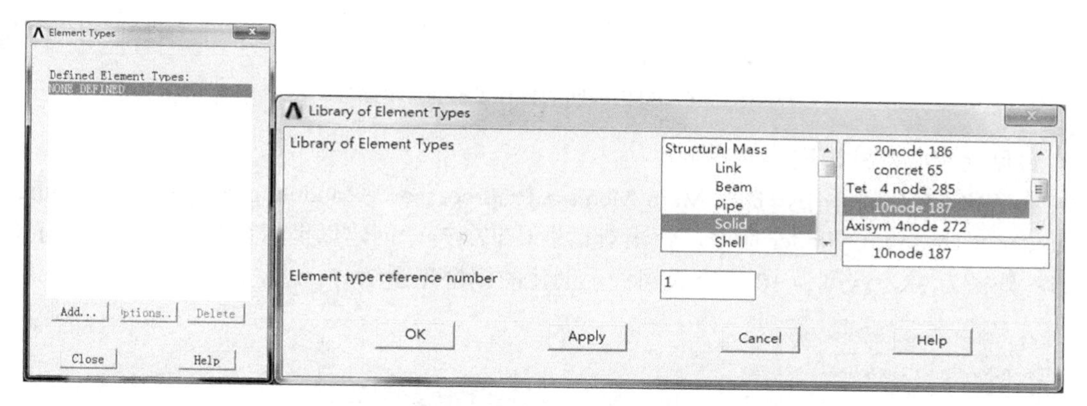

图 7.45　单元选取对话框

2) 划分网格

在 ANSYS 主菜单中，执行 Main Menu > Preprocessor > Meshing > MeshTool 命令，弹出分网操作对话框(图 7.46)，在对话框中勾选 Smart Size 复选框，尺寸级别默认为 6，选择自由网格划分 Free 单选按钮，单击 Mesh 按钮，并选择待分网的连接曲柄，构件分网后的图形见图 7.46。

2. 映射分网

ANSYS 映射分网仅适用于形状规则或者处理(如切割、连接等)后形状规则的体或面，且映射面网格包含三角形或四边形单元，映射体网格只包含六面体单元。映射分网生成的单元形状比较规则，用户可控制内部节点的位置。映射分网的基本应用条件如下：面有 3 条或 4 条边，体有 4～6 个面；面是奇数条边时，每条边上需分割成偶数个节点，体有 4 个面时，三角形面上的单元数必须为偶数；面和体对边上必须划分相同的单元数；面多于 4 条边，体多于 6 个面时需要用连接、合并、分割等操作。以下以一个空心圆柱为例说明映射分网的过程。

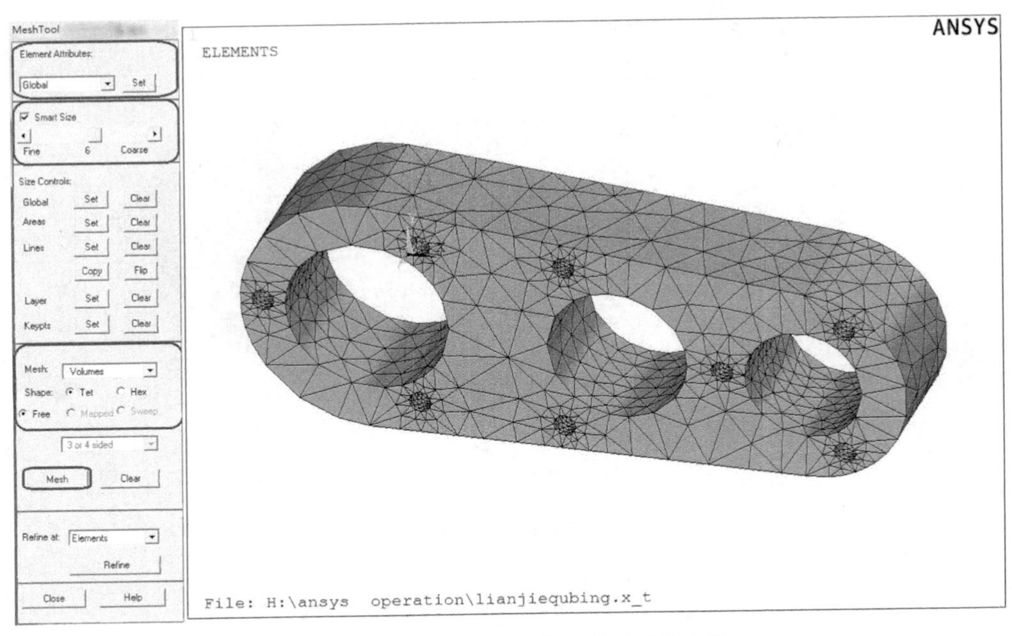

图 7.46 自由分网的操作及分网后的结果

1) 创建空心圆柱模型

在 ANSYS 主菜单中，执行 Main Menu > Preprocessor > Modeling > Create > Volumes > Cylinder > Hollow Cylinder 命令，弹出对话框(图 7.47)，创建以坐标系原点为圆心，内径为 12.5，外径为 18，深度为 10 的空心圆柱，创建的模型见图 7.47。

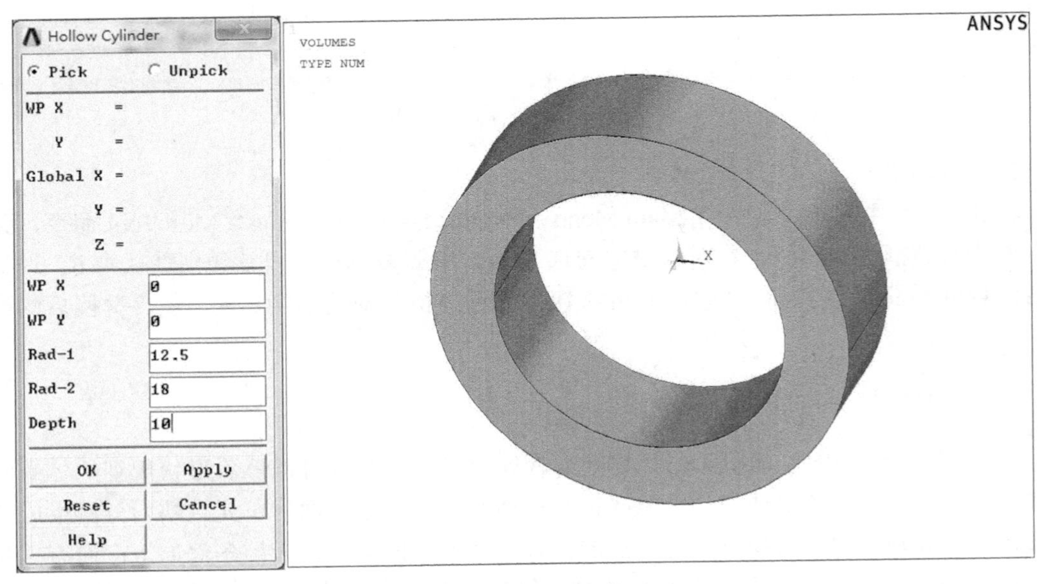

图 7.47 空心圆柱模型

2) 定义单元类型

在 ANSYS 主菜单中，执行 Main Menu > Preprocessor > Element Type > Add/Edit/Delete > Add…命令，选择 Solid185 单元，然后单击 OK 按钮，单击 Close 按钮。

3) 旋转工作平面

将圆柱体切分成 4 个 1/4 圆柱体，以满足映射网格划分条件。具体操作如下。

(1) 在实用菜单中，执行 WorkPlane > Offset WP by Increments 命令，在弹出的图 7.48 所示对话框的 XY,YZ,ZX Angles 一栏填入 0,90,0，单击 OK 按钮，完成工作平面第 1 次旋转。

(2) 在主菜单中，执行 Main Menu > Preprocessor > Modeling > Operate > Booleans > Divide > Volu by WrkPlane 命令，弹出对话框(图 7.49)，选择圆柱体，在对话框中单击 OK 按钮完成水平切分，切分后的图形见图 7.49。

(3) 在实用菜单中，执行 WorkPlane > Offset WP by Increments 命令，在弹出的对话框(图 7.50) XY,YZ,ZX Angles 一栏中填入 0,0,90，单击 OK 按钮，实现再次旋转工作平面。

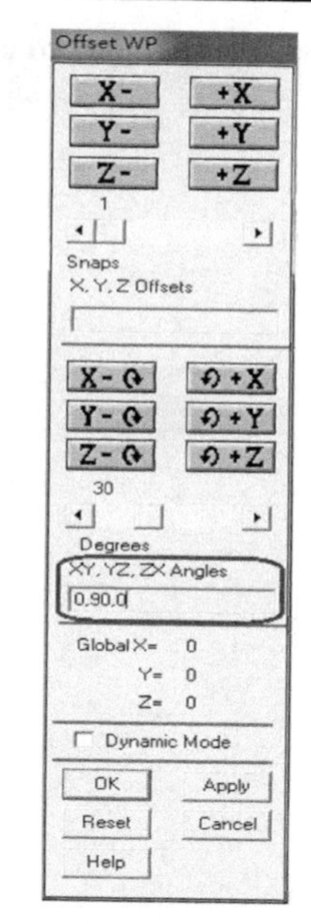

图 7.48　第 1 次旋转工作平面对话框

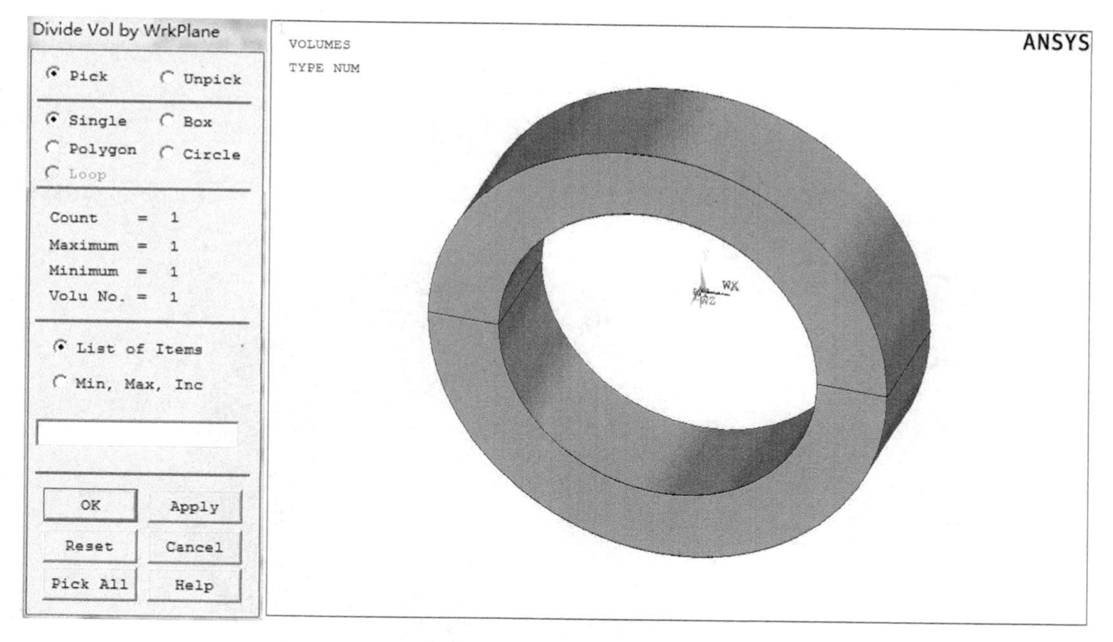

图 7.49　水平切分操作

(4) 在主菜单中，执行 Main Menu > Preprocessor > Modeling > Operate > Booleans > Divide > Volu by WrkPlane 命令，在弹出的对话框(图 7.51)中选择所有实体，在对话框中单击 OK 按钮完成竖直切分，圆柱体被划分为 4 个 1/4 圆柱体后见图 7.51。

4) 设置线的划分

在 ANSYS 主菜单中，执行 Main Menu > Preprocessor > Meshing > Size Ctrls > Manual

Size > Lines > Picked Lines 命令，弹出对话框(图 7.52)，将圆所有弧线划分为 10 个分段(共 16 条弧线)，所有直线划分为 5 个分段(共 16 条直线)，划分后的结果见图 7.53。

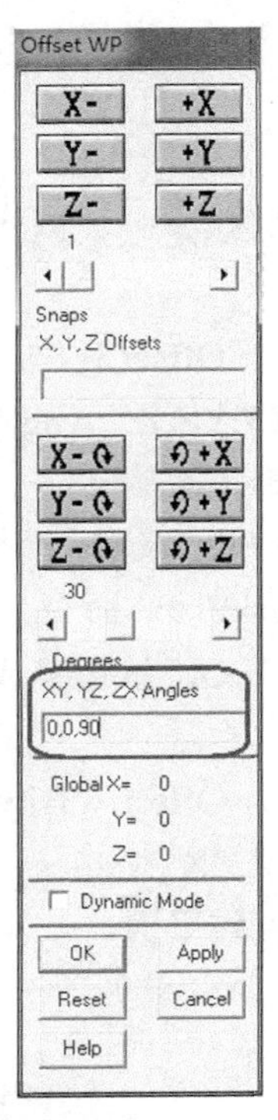

图 7.50　再次旋转工作平面对话框

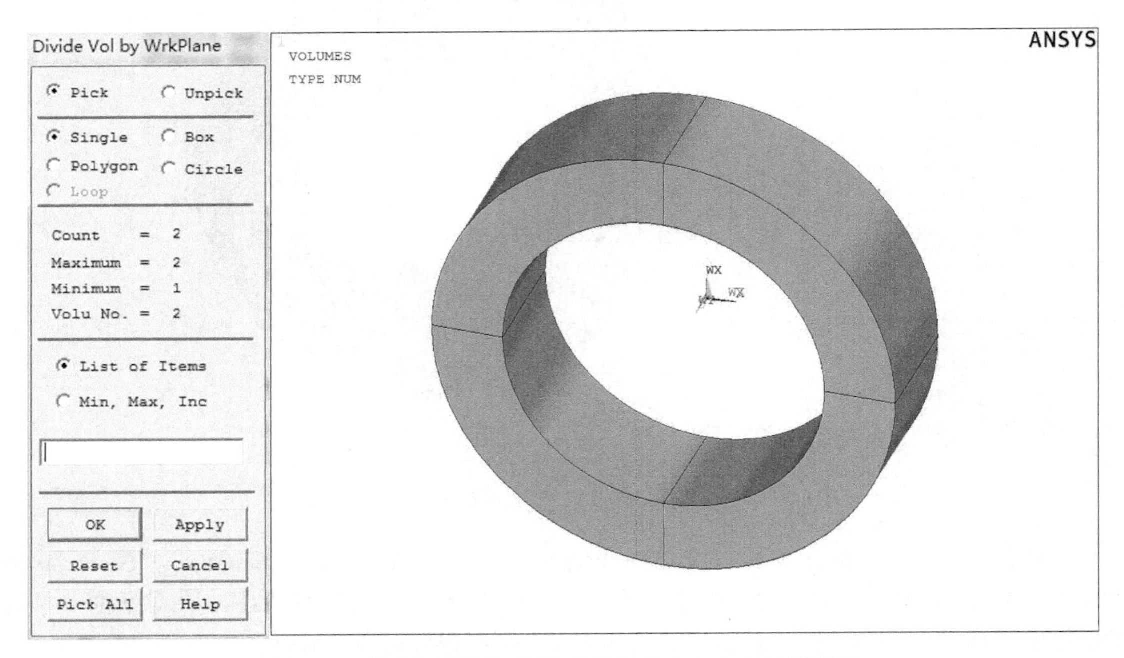

图 7.51　竖直切分操作(圆柱体被划分为 4 个 1/4 圆柱体)

Element Size on Picked Lines

Pick　Unpick

Single　Box

Polygon　Circle

Loop

Count = 0

Maximum = 32

Minimum = 1

Line No. =

List of Items

Min, Max, Inc

OK　Apply

Reset　Cancel

Pick All　Help

Element Sizes on Picked Lines

[LESIZE] Element sizes on picked lines

SIZE　Element edge length

NDIV　No. of element divisions

(NDIV is used only if SIZE is blank or zero)

KYNDIV　SIZE,NDIV can be changed　Yes

SPACE　Spacing ratio

ANGSIZ　Division arc (degrees)

(use ANGSIZ only if number of divisions (NDIV) and element edge length (SIZE) are blank or zero)

OK　Apply　Cancel　Help

图 7.52　设置线的划分相关操作

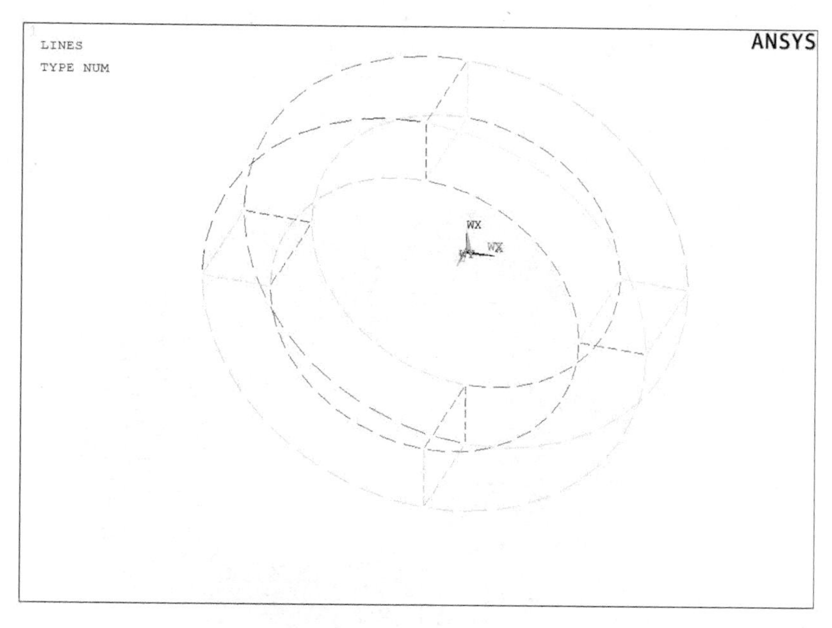

图 7.53　划分结果

5) 进行映射网格划分

在 ANSYS 主菜单中，执行 Main Menu > Preprocessor > Meshing > MeshTool 命令，在弹出的 MeshTool 对话框中，选择六面体映射网格划分，单击 Mesh 按钮，在 Mesh Volumes 对话框中单击 Pick All 按钮，完成网格划分，相关操作对话框见图 7.54，映射分网后的结果见图 7.55。

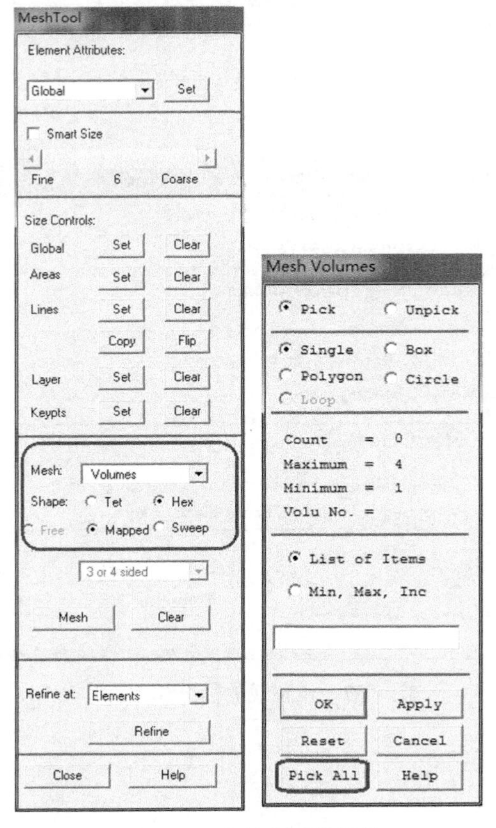

图 7.54　映射分网的操作

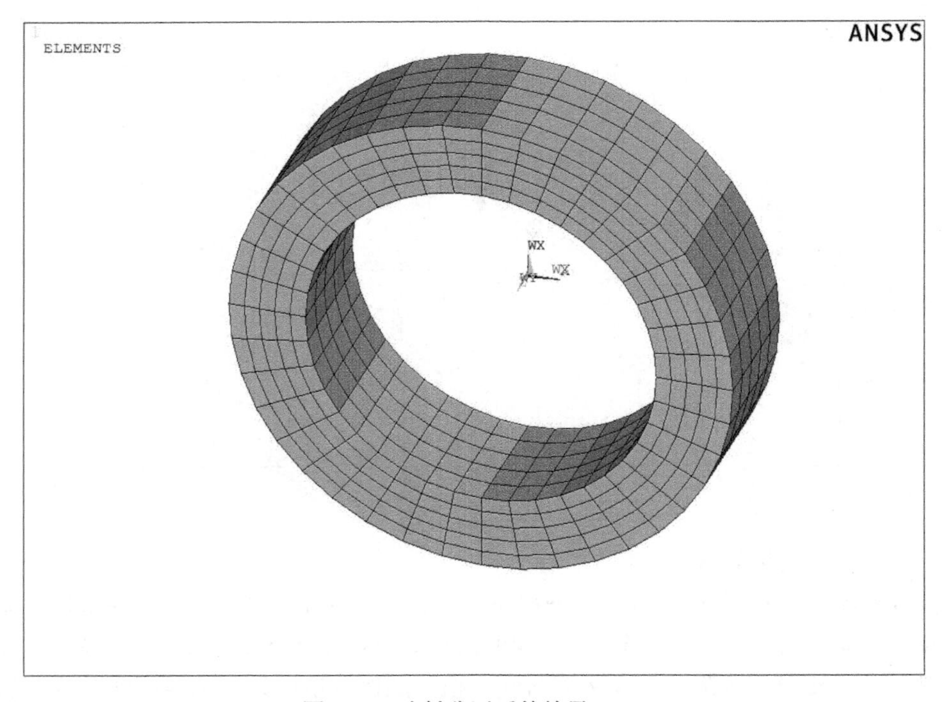

图 7.55　映射分网后的结果

3. 扫掠分网

ANSYS 扫掠分网是指从一个面(源面)将网格扫掠贯穿整个体，最终形成体单元的过程。如果源面网格为四边形网格，体将生成六面体网格；如果源面为三角形网格，体将生成五面体网格；如果源面由三角形和四边形单元共同组成，则体将由五面体或六面体网格组成，源面和目标面不必是平面或平行面，只要保证源面和目标面的拓扑结构相同即可。

扫掠分网的操作条件和使用条件可描述为：模型满足扫掠网格划分条件；定义合适的 2D 和 3D 单元类型；设置扫掠方向的单元数目或单元尺寸；定义源面和目标面；对源面、目标面或侧面进行网格划分；执行扫掠分网。以下以一个轴套(图 7.56)为例说明扫掠分网的过程。

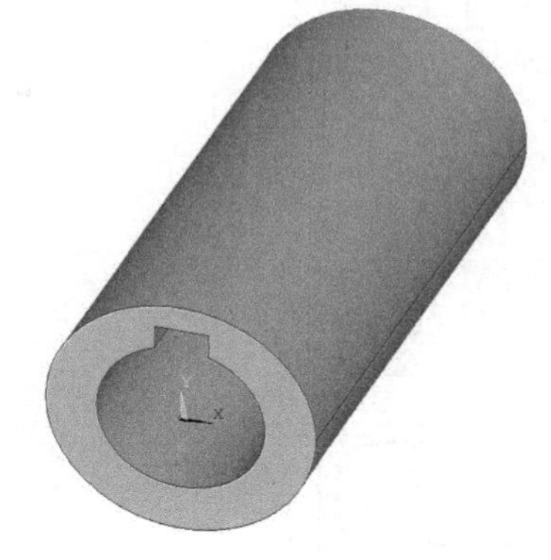

图 7.56　轴套

1)定义单元类型

在 ANSYS 主菜单中，执行 Main Menu > Preprocessor > Element Type > Add/Edit/Delete > Add…命令，选择 Solid185 单元，然后单击 OK 按钮，单击 Close 按钮。

2)移动并旋转工作平面，切分体以扫掠网格

(1)在实用菜单中，执行 WorkPlane > Offset WP to > Keypoints，利用弹出的对话框选择图 7.57 所示箭头所指的关键点，在对话框中单击 OK 按钮，完成移动工作平面。

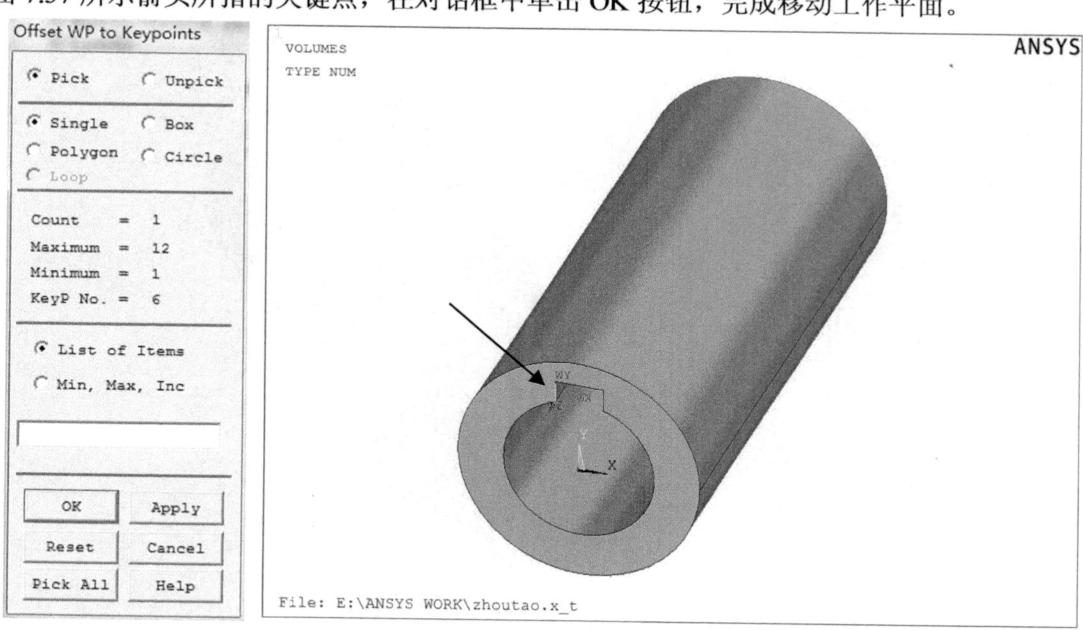

图 7.57　移动工作平面操作

(2)在实用菜单中，执行 WorkPlane > Offset WP by Increments 命令，在弹出的图 7.58 所示对话框 XY,YZ,ZX Angles 一栏中填入 0,0,90，单击 OK 按钮，完成工作平面旋转。

(3)在主菜单中，执行 Main Menu > Preprocessor > Modeling > Operate > Booleans >

Divide > Volu by WrkPlane 命令，选择轴套，在对话框中单击 OK 按钮完成切分，操作对话框及划分后的结果见图 7.59。

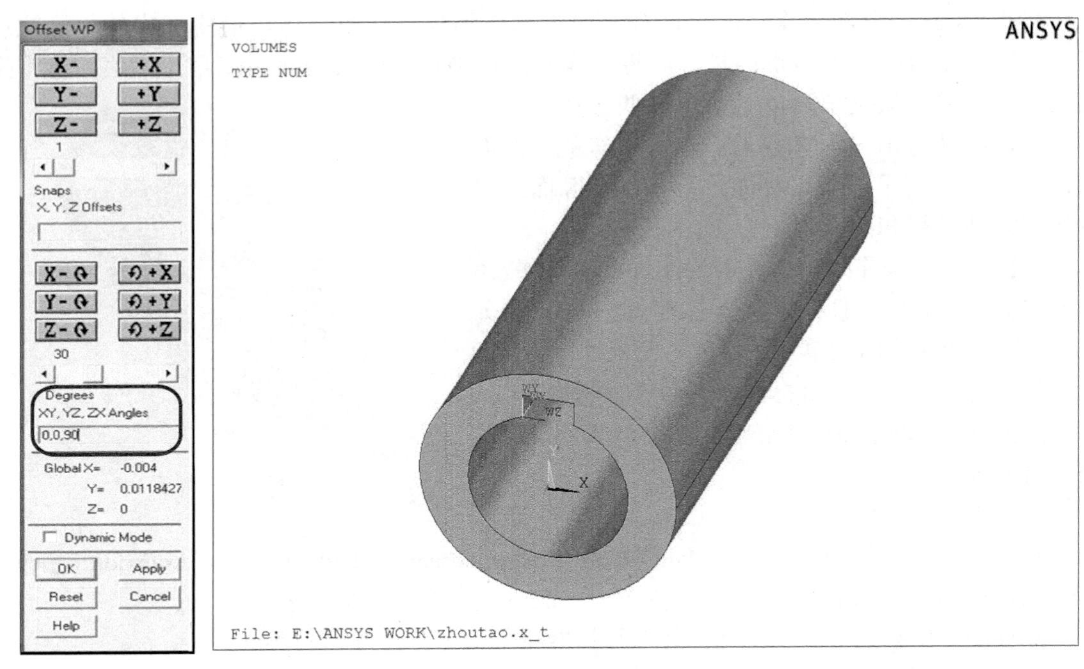

图 7.58　工作平面旋转操作

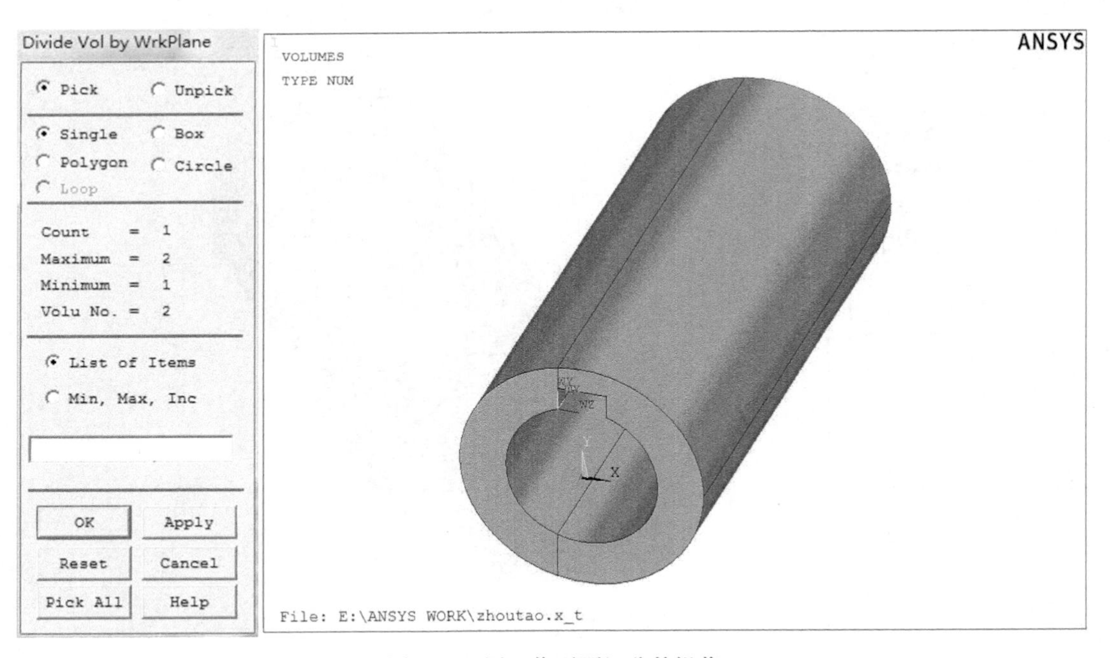

图 7.59　用工作平面切分的操作

(4) 进行类似操作，将工作平面移至另一个关键点(图 7.60(a))，再一次进行实体切分，切分后的结果见图 7.60(b)。

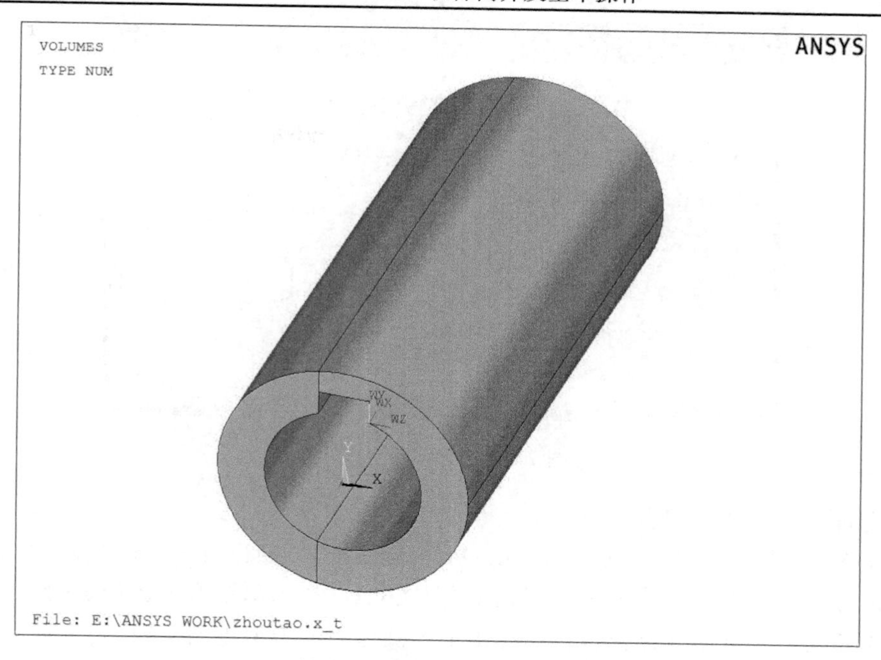

(a)移动工作平面至另一个关键点

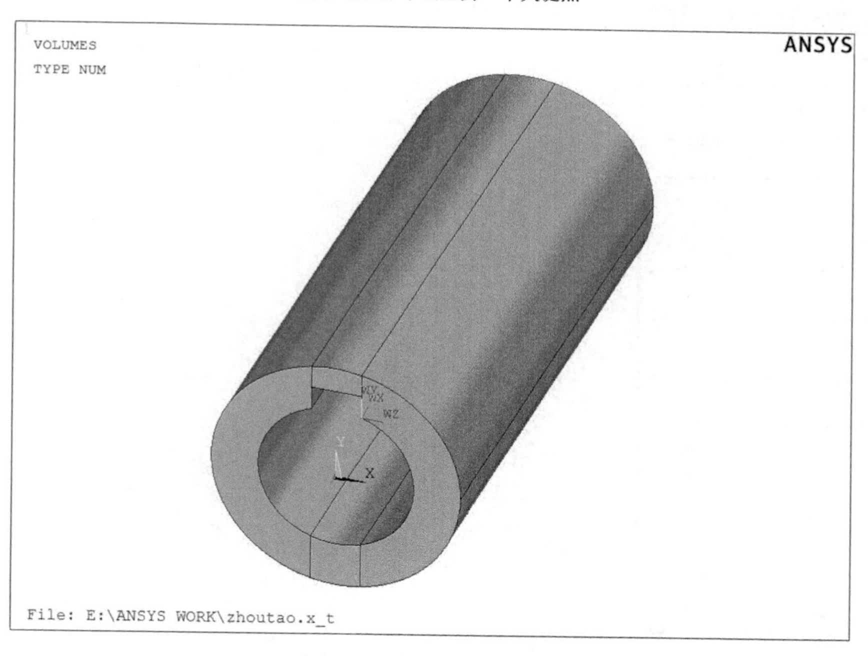

(b)再一次切分后的结果

图 7.60　再一次切分

3)扫掠分网设置

在 ANSYS 主菜单中，执行 Main Menu > Preprocessor > Meshing > Mesh > Volume Sweep > Sweep Opts 命令，弹出扫掠设置对话框(图 7.61)，设置扫掠方向上划分数为 20，单击 OK 按钮。

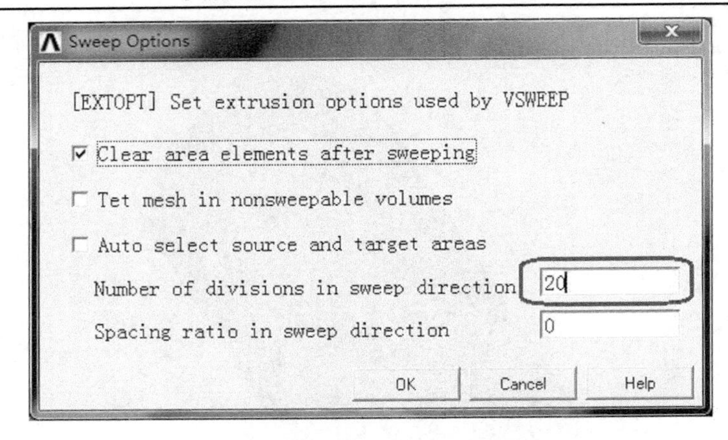

图 7.61　扫掠设置对话框

4）对源面进行预网格划分设置

在 ANSYS 主菜单中，执行 Main Menu > Preprocessor > Meshing > Size Ctrls > Manual Size > Lines > Picked Lines 命令，弹出图形对话框(图 7.62)，在图形视窗中选择源面上的各条线，单击 OK 按钮后设置其单元划分数目，经历上述操作后的模型见图 7.62。

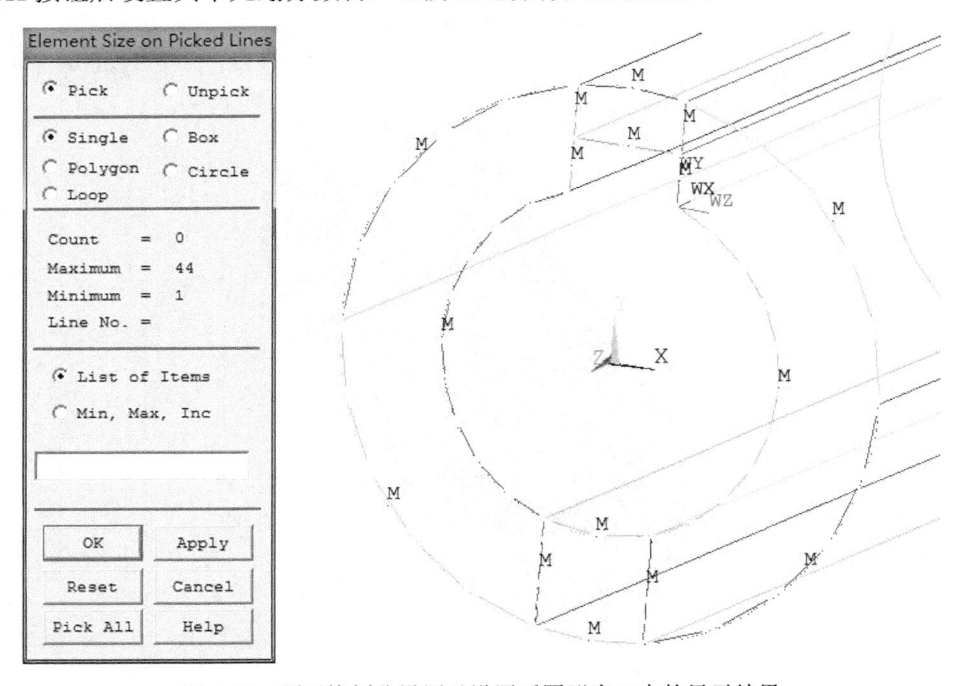

图 7.62　预网格划分设置及设置后图形窗口中的显示结果

5）扫掠分网结果

在 ANSYS 主菜单中，执行 Main Menu > Preprocessor > Meshing > Mesh > Volume Sweep > Sweep 命令，弹出图形选取对话框(图 7.63)，先选取图形视窗中的实体(共有 4 个体，需依次选择)，单击 OK 按钮，再选中源面并单击 OK 按钮，接着选中目标面并单击 OK 按钮，最终得到的扫掠分网后的结果见图 7.63。

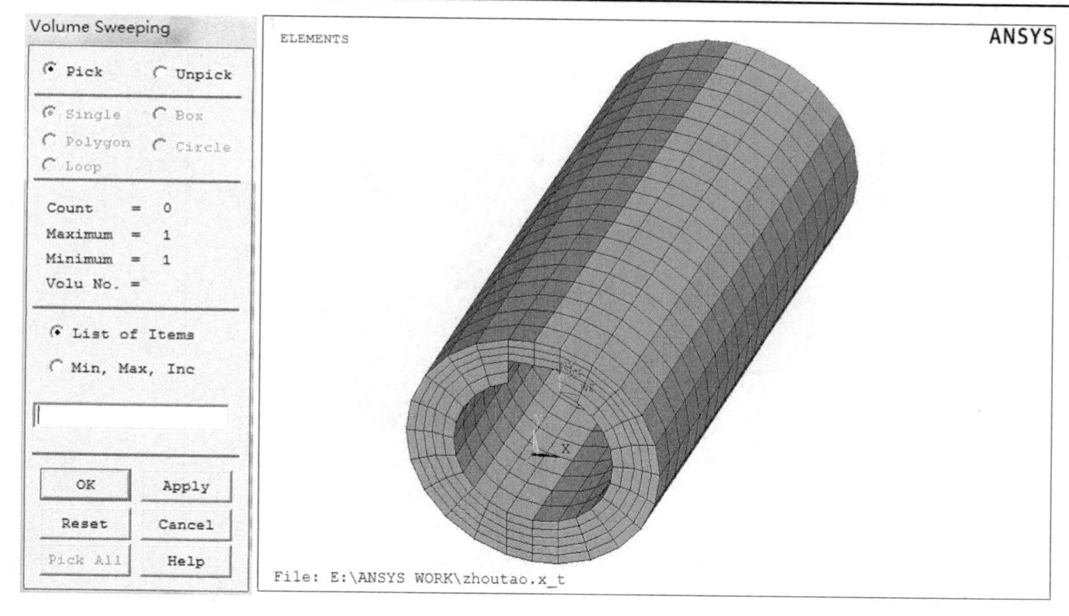

图 7.63　扫掠分网后的结果

7.8　ANSYS 加载设置和求解技术

在创建完结构的有限元模型后，接下来就可以开始对模型施加相应的载荷与约束，进而求解。本节将简要介绍在 ANSYS 软件中施加载荷、约束以及求解设置的基本方法。

7.8.1　约束及载荷的加载

合适的约束及载荷才能更好地模拟实际结构所处的情况，正确反映实际结构的受力特征。

1. 约束加载

这里的约束(自由度约束)即有限元理论所述的位移边界条件，在 ANSYS 求解时会将所施加的边界条件引入有限元方程进而消除刚体位移(消除矩阵的奇异性)。在 ANSYS 中，边界条件可以施加在实体模型(如关键点、线和面)或有限元模型(单元和节点)上。现以一个悬臂板结构(图 7.64)为例描述约束的施加方法。

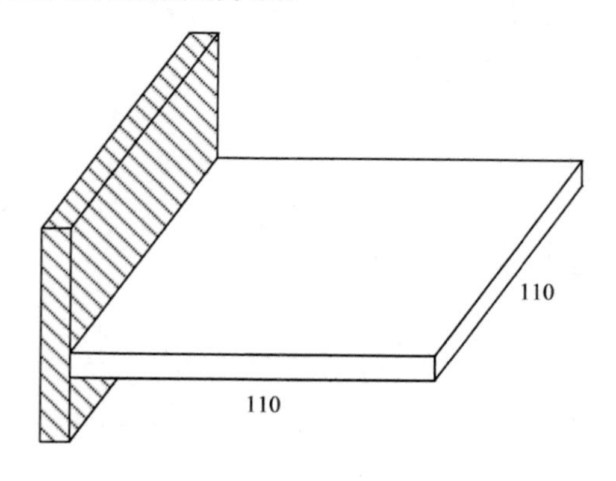

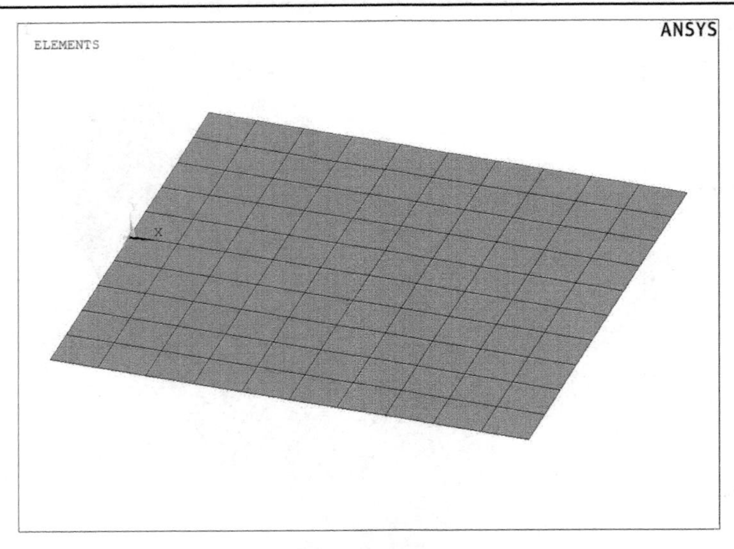

图 7.64　悬臂板结构及有限元模型

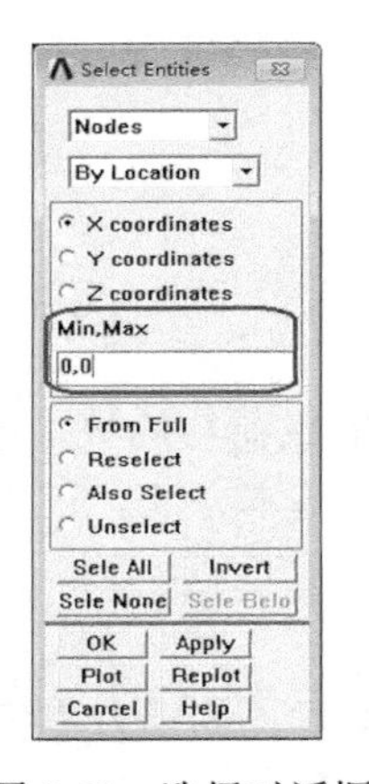

图 7.65　选择对话框

在实用菜单中，执行 Select > Entities 命令，在弹出的对话框（图 7.65）中选择 Nodes、By Location 选项和 X coordinates 单选按钮，在 Min, Max 文本框中输入 0,0，再单击 OK 按钮，以选择悬臂端全部节点。

继续利用 ANSYS 主菜单，执行 Main Menu > Preprocessor > Loads > Define Lodes > Apply > Structural > Displacement > On Nodes 命令，在弹出的图 7.66 所示对话框中单击 Pick All 按钮，在弹出的图 7.66 所示对话框中选择 All DOF 选项，单击 OK 按钮，完成对悬臂端所有节点的所有自由度的约束。添加约束对话框及添加完约束后的模型见图 7.66。

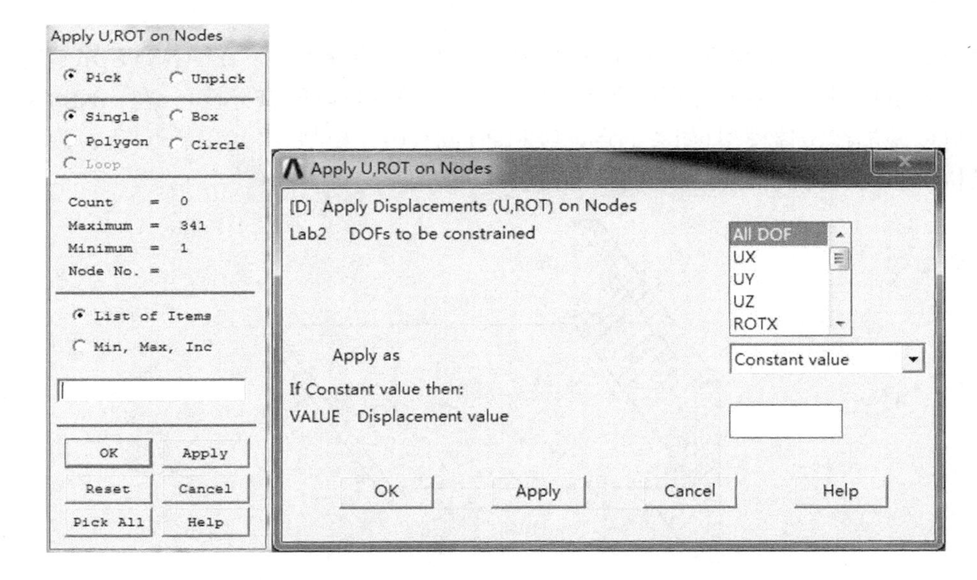

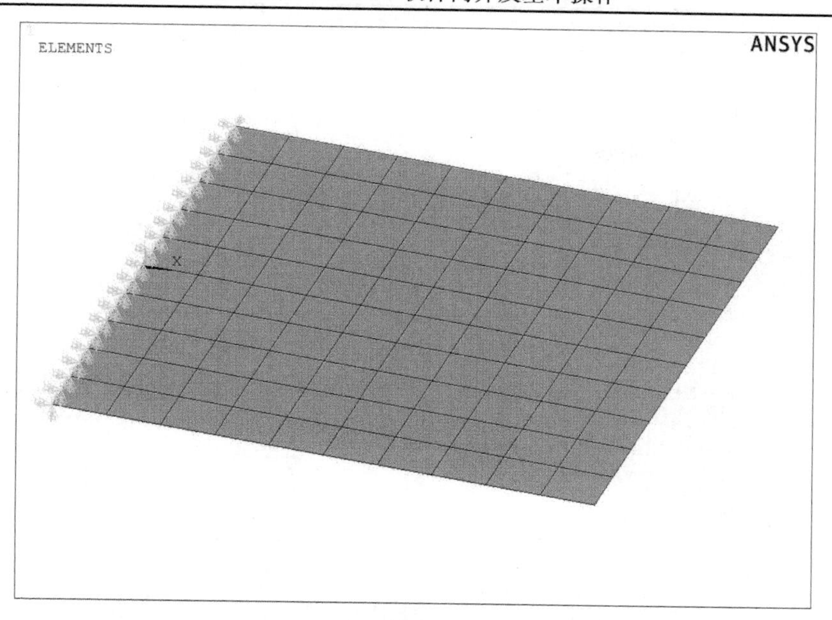

图 7.66　添加约束对话框及添加约束后的有限元模型

2. 载荷加载

在对机械结构的分析中，施加的载荷包括集中载荷(force)、分布载荷(pressure)、体载荷(body load)、惯性载荷(inertia load)等。载荷约束的施加同样可使用实体模型加载和有限元模型加载两种方式。这里以一个简单结构为例，仅描述在有限元模型上施加集中载荷和分布载荷的方法。图 7.67 为受分布载荷及集中载荷作用的梁结构，左端受固定约束，其余几个位置受简支约束。

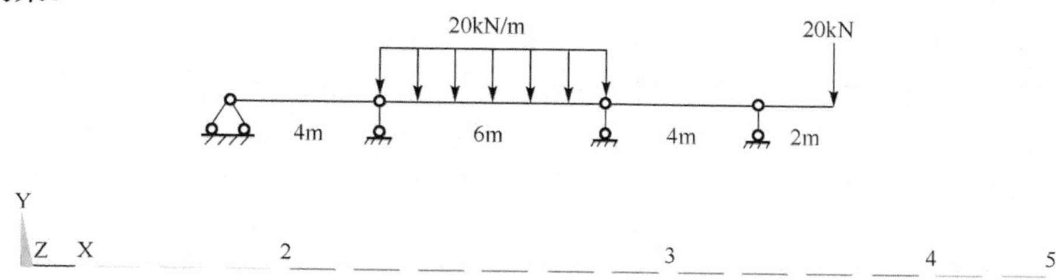

图 7.67　受分布载荷及集中载荷作用的梁结构

1) 施加集中载荷

这里利用关键点施加集中载荷，在 ANSYS 主菜单中，执行 Main Menu > Solution > Define Loads > Apply > Structural > Force/Moment > On Keypoints 命令，弹出如图 7.68 所示的对话框，在图 7.67 所描述的模型中选择 K5，施加 *Y* 向–20000N 的力。

2) 施加分布载荷

在 ANSYS 主菜单中，执行 Main Menu > Solution > Define Loads > Apply > Structural > Pressure > On Beams 命令，弹出对话框(图 7.69)，在图 7.67 所描述的模型中选择 K2 和 K3 之间的所有单元，在图示对话框中 Load key 文本框输入 2(*Y* 向施加分布力)，输入分布力值，单击 OK 按钮，形成的分析模型见图 7.70。

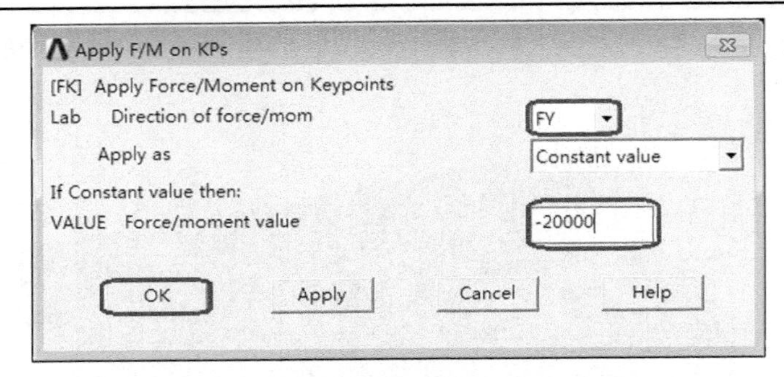

图 7.68　在关键点上施加作用力对话框

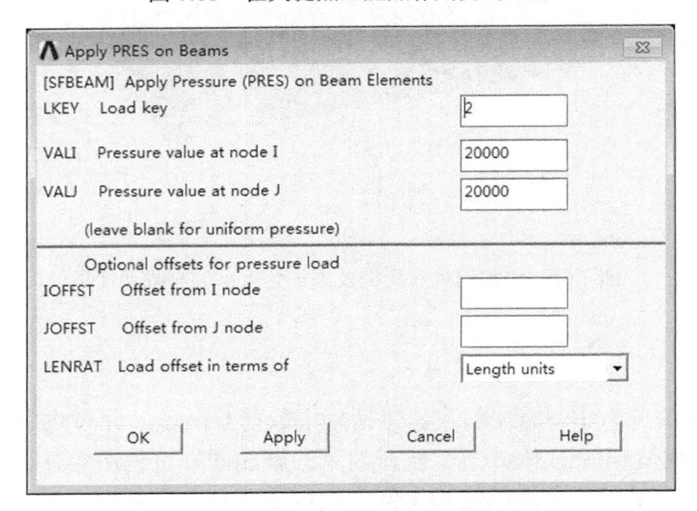

图 7.69　施加分布载荷对话框

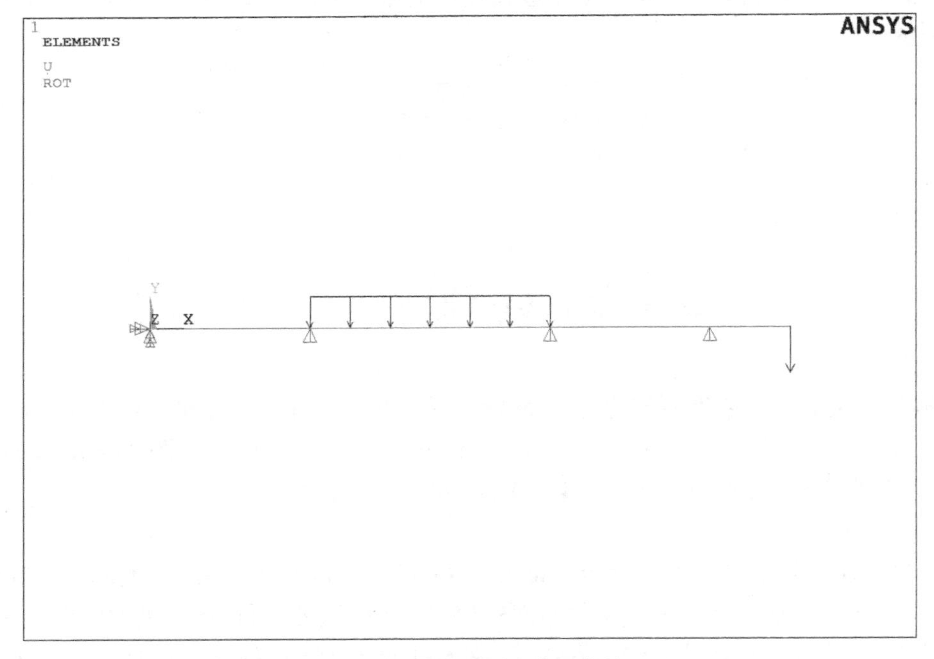

图 7.70　施加载荷后图形窗口中的显示

7.8.2　求解方法的选择和参数设置

ANSYS 提供的结构分析类型包括静力分析、模态分析、谐响应分析、瞬态动力学分析、谱分析等。在用 ANSYS 对结构进行力学分析时，必须明确相应的分析类型，并设置相关参数。

图 7.71 为求解类型选择对话框，用户可基于此选择求解类型。

在明确求解类型后，后续可能还需要对选定的求解器进行必要的参数设置(主要利用 Analysis Options)。例如，针对静力学分析，可能需要设置分析类型(静态小变形、静态大变形等)、是否包含预应力、载荷步、结果输出方式等。在模态分析中，可能需要设置的参数包括模态计算方法(Block Lanczos、Subspace 等)、提取模态阶数和扩展设置等。

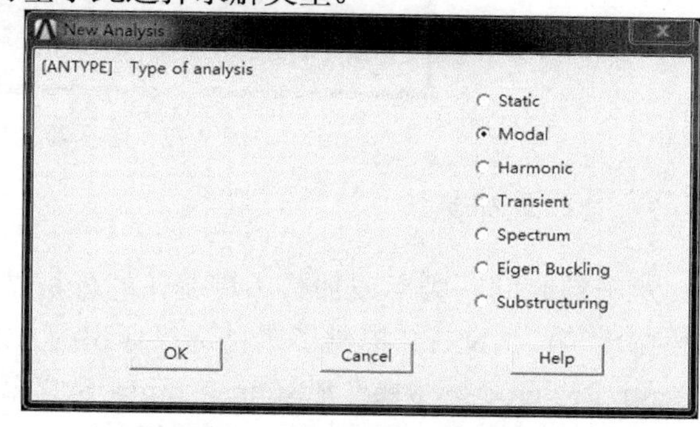

图 7.71　求解类型选择对话框

选定求解类型并设置好相关参数后，可进行具体求解。ANSYS 的求解方式包括直接求解、多步求解和重启动分析等。

7.9　ANSYS 后处理及图形显示技术

ANSYS 计算的结果包括基本解和导出解。基本解为有限元分析的直接结果，由于有限元求解为位移法，因而基本解通常是每个节点的位移。导出解是由基本数据计算出来的结果，如结构的应力、应变、支座反力等。ANSYS 提供两种后处理工具：通用后处理器(POST1)和时间历程后处理器(POST26)，其中通用后处理器(POST1)用于查看整个模型在各个时间点上的结果，而时间历程后处理器(POST26)用于查看整个模型上某一点的结果随时间变化的曲线。这里仅介绍通用后处理器(POST1)。

ANSYS 求解完成后，在主菜单中，执行 Main Menu > General Postproc 命令，进入 ANSYS 通用后处理器。结果查看和分析的一般步骤如下：①将数据结果读入数据库中；②定义载荷步、频率点、单元表数据等信息(可选)；③图形、列表或动画显示计算结果，保存图形、列表或动画数据。

7.9.1　将数据结果读入数据库中

通用后处理使用的模型数据(包括单元类型、节点、单元、材料特性和实常数等)应该与求解时使用的模型数据完全一致，否则会引起数据不匹配。

1. 读入结果文件

在 ANSYS 主菜单中，执行 Main Menu > General Postproc > Data&File Opts 命令，弹出数据及文件选择对话框(图 7.72)，用户可根据需要选择读入的结果数据和结果文件。

注：如果完成求解后直接进入后处理，一般不用执行上述步骤。

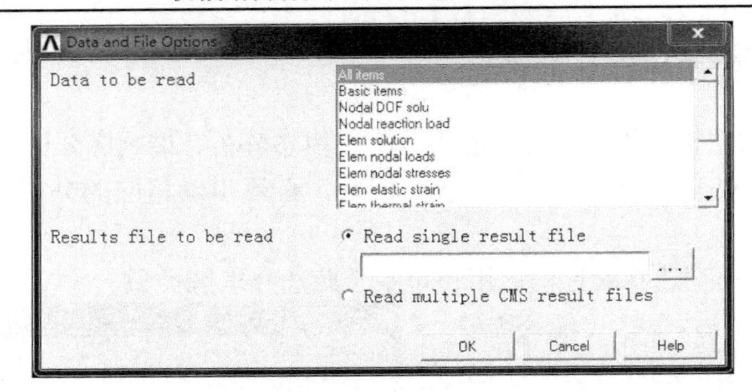

图 7.72　数据及文件选择对话框

2. 读取载荷步

对于随时间、频率或加载历程变化的分析结果需读取查看结果的标识(时间点、频率点或载荷步等)。ANSYS 提供了多种选择标识的方法，在 ANSYS 主菜单中，执行 Main Menu > General Postproc > Read Results > First Set(第一组结果)/Next Set(下一组结果)/Previous Set(前一组结果)/Last Set(最后一组结果)/By Pick(手动选择)/…命令即可。

7.9.2　图形方式显示结果

图形方式能够直观而便捷地反映计算结果的效果，使用户快速地了解整个模型的结果分布规律，进而判断分析结果的正确性和有效性。在 ANSYS 通用后处理模块中，图形显示方式包括云图、等值面图、等值线图、矢量图、切片图、剖视图等。

以下针对 7.4 节实例，用云图显示计算结果。具体操作如下。

(1) 读入 7.4 节最终文件 pingmianhengjia.db。

(2) 节点云图显示。

在主菜单中，执行 Main Menu > General Postproc > Plot Results > Contour Plot > Nodal Solu 命令，在弹出的 Contour Nodal Solution Data 对话框中(图 7.73)，选择节点云图显示的项目：节点自由度解(DOF Solution)选择 Y 向(Y-Component of displacement)。最终显示的云图解见图 7.74。

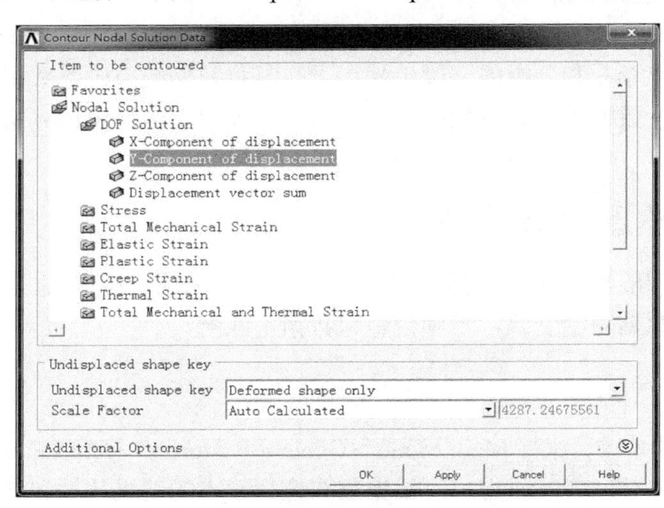

图 7.73　云图显示结果相关设置对话框

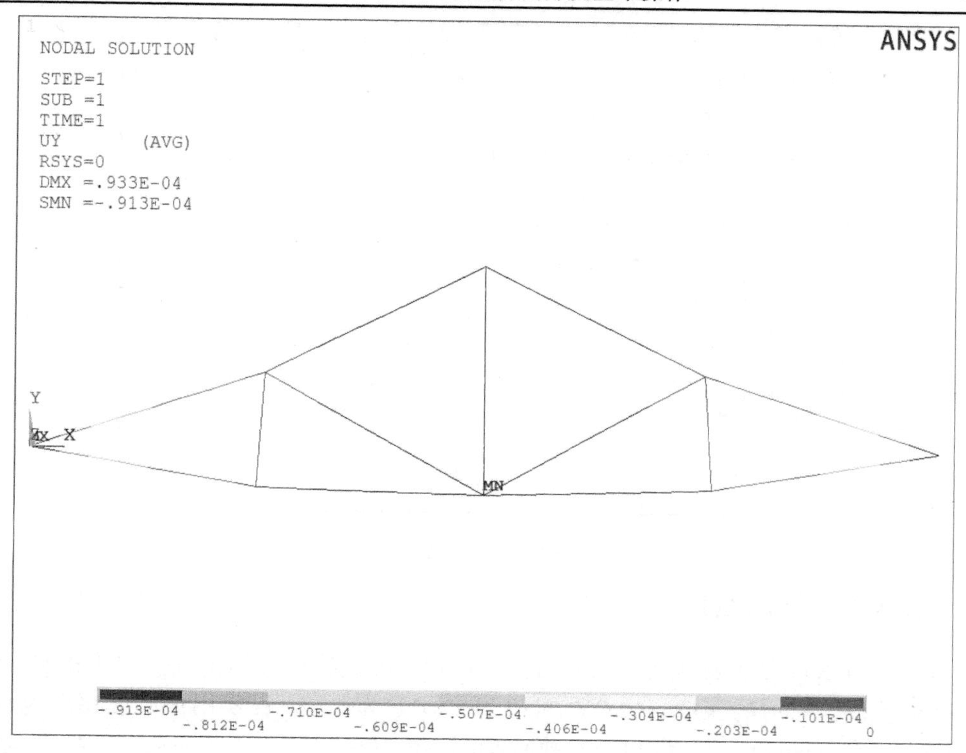

图 7.74　云图解

7.9.3　列表方式显示结果

列表方式显示结果是另一种常见的结果显示方法，包括节点结果、单元结果、支座反力(反作用载荷结果)等。以下同样用 7.4 节的实例演示列表方式显示结果的操作，具体如下。

(1) 读入 7.4 节最终文件 pingmianhengjia.db。

(2) 以列表方式显示模型中约束节点处的反作用力。

在主菜单中，执行 Main Menu > General Postproc > List Results > Reaction Solu 命令，在弹出的对话框中(图 7.75)选择列表显示 Y 向反作用力。最终，列表显示的结果见图 7.76。

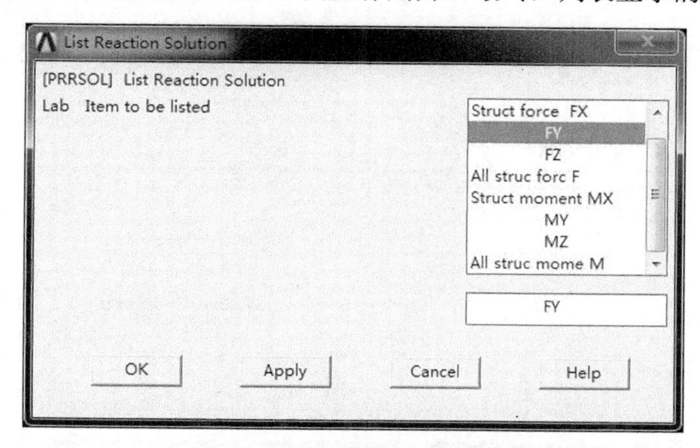

图 7.75　列表显示结果基本设置对话框

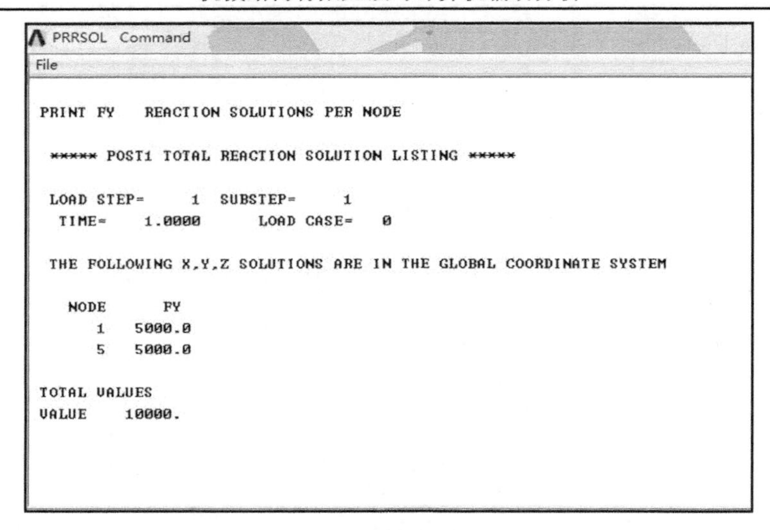


```
PRINT FY    REACTION SOLUTIONS PER NODE

 ***** POST1 TOTAL REACTION SOLUTION LISTING *****

 LOAD STEP=     1  SUBSTEP=     1
  TIME=    1.0000      LOAD CASE=   0

 THE FOLLOWING X,Y,Z SOLUTIONS ARE IN THE GLOBAL COORDINATE SYSTEM

   NODE       FY
      1   5000.0
      5   5000.0

TOTAL VALUES
VALUE    10000.
```

图 7.76 列表显示的结果

7.9.4 动画方式显示结果

动画方式可以直观地展示整个响应的变化过程，为建模过程的正确性判断和响应结果的有效性评估提供了有力的保障。ANSYS 中生成动画较为简单，在实用菜单(Utility Menu)中，执行 PlotCtrls > Animate 命令即可。在执行动画生成功能之前，需首先通过后处理器输出相应的结果云图(如位移、应力和应变等)，调整模型大小和位置，以便获得较好的动画效果。

默认情况下，ANSYS 以自带的 Animation 格式生成动画，存储信息量大，可以同时旋转、缩放、拖拉模型，按新的视角继续播放动画。但离开 ANSYS 播放器，则不能独立执行。除此之外，ANSYS 还提供了制作并保存 avi 格式动画的功能：执行 Utility Menu > PlotCtrls > Device Options 命令，进行相应的存储设置。以下用 7.4 节的实例展示动画方式显示结果的操作。

(1) 读入 7.4 节最终文件 pingmianhengjia.db。

(2) 以动画方式显示模型变形。

在实用菜单中，执行 PlotCtrls > Animate > Deformed Shape 命令，在弹出的对话框中(图 7.77)设置帧数和延时，选择 Def shape only 单选按钮，单击 OK 按钮可生成变形动画(图 7.78)。

Animate Deformed Shape
Animation data
No. of frames to create 10
Time delay (seconds) 0.5
[PLDISP] Plot Deformed Shape
KUND Items to be plotted
Def shape only
Def + undeformed
Def + undef edge
OK Cancel Help

图 7.77 动画显示结果参数设置对话框

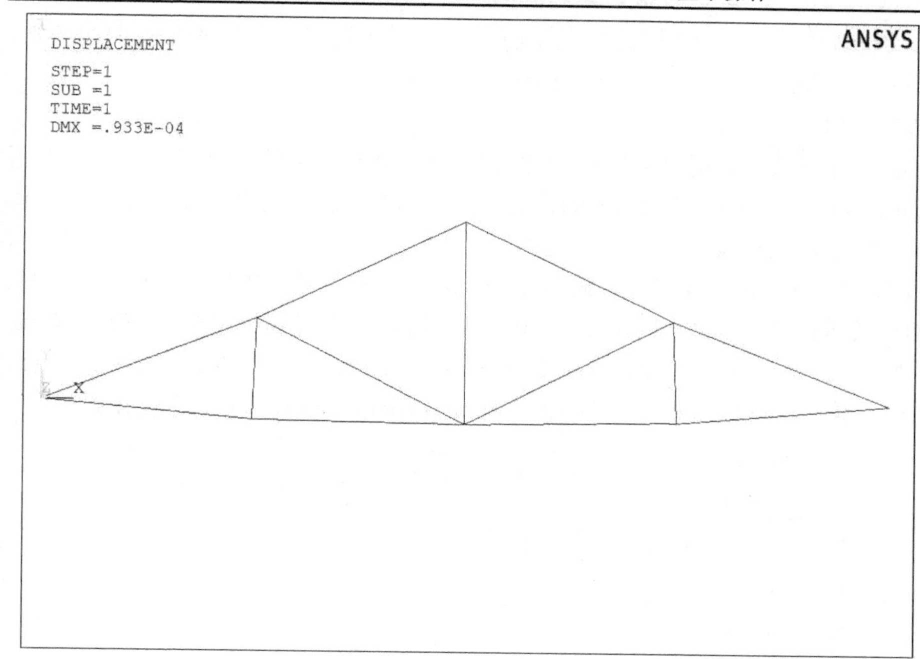

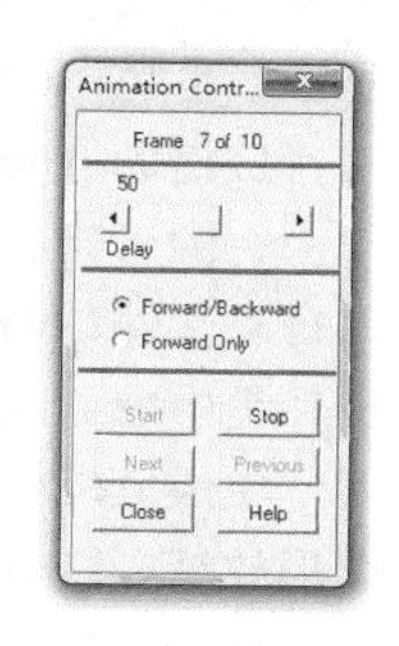

图 7.78　动画画面

7.10　ANSYS 参数化编程技术

ANSYS 参数化设计语言(ANSYS parametric design language, APDL)是一种类似于 FORTRAN 的解释性语言，包括参数、函数、矢量和矩阵运算，以及循环、宏和用户程序等诸多特性，拓展了 ANSYS 有限元分析的能力。同时，还提供了简单的界面定制功能，实现参数的交互输入、消息提示和程序运行控制等功能。

ANSYS 参数化编程以 APDL 为基础，通过定义参数化变量建立分析模型和控制整个分析流程，能够自动地完成灵敏度分析、优化设计、可靠性设计和自适应网格划分等功能。基于 APDL 完成的程序也称为命令流。在参数化分析过程中，可以方便地修改部分或全部参数以进行各种尺寸模型、加载方式和材料特性的设计方案或系列产品的反复分析，极大地提高了分析效率。

总之，参数化编程拓展了 ANSYS 有限元分析范围之外的能力，为建立标准零件库和序列化分析方法、大型复杂模型设计和优化、灵敏度分析和高级设计处理技术等提供了良好的基础。以下简要介绍 APDL 文件的生成和运行操作，如果想熟练操作 APDL 解决实际问题，还需进一步深入学习。

7.10.1　APDL 文件的生成和运行

1. APDL 文件的生成

生成 APDL 文件主要有两种方法，方法一：借助 ANSYS 中的日志文件(jobname.log)完成 APDL 文件的编程。方法二：用一个文本编辑器，如记事本，直接按有限元的分析步骤完成 APDL 文件的编程。其中方法一适用于初学者，而方法二需要具有一定的 APDL 编程基础，方法二也是在已有程序基础上完成新的 APDL 程序常用的方法。

1) 借助 ANSYS 中的日志文件

在图形化(GUI)操作模式下，用户每执行一次操作，ANSYS 都会将对应于操作的命令写入日志文件(jobname.log)中，因此，ANSYS 的日志文件中包括了操作过程中的所有指令，该文件是生成 APDL 文件的基础。

生成 APDL 文件时，为了提高建模和求解效率，可忽略某些不必要的操作，如改变视图、图形放缩、移动和旋转等操作。因此，完成 GUI 操作后，需要执行 Utility Menu > File > Write DB log file 命令，弹出数据写入(Write Database Log)对话框(图 7.79)，在指定完文件名后(该文件在工作目录中)，选择仅输出重要命令(Write essential commands only)方式输出文件。

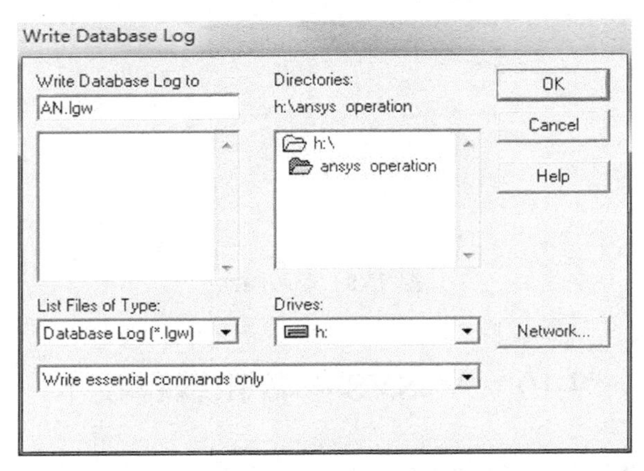

图 7.79　数据写入对话框

2) 用一个文本编辑器直接按有限元的分析步骤完成 APDL 文件的编程

有限元分析步骤包括前处理、求解和后处理，直接按照这个流程，从资料库(目前已有大量的指导书)中查找单元定义、建模、添加约束条件、求解、后处理的相关命令，同时要注意每个命令涉及的相关参数，完成 APDL 的编程。

以下先给出用对话框操作创建一个正方体，并划分网格(实体单元)的过程，进一步描述用命令流实现上述操作，以加深读者对用命令解决实际问题的理解。

对话框操作过程如下。

(1) 定义单元类型 Solid185。

在主菜单中，执行 Main Menu > Preprocessor > Element Type > Add/Edit/ Delete > Add…命令，来选择单元。这里选择 Solid185 单元，单击 OK 按钮。

(2) 定义材料属性。

在主菜单中，执行 Main Menu > Preprocessor > Material Props > Material Models 命令，来完成定义材料的弹性模量和泊松比，详见图 7.7。

(3) 建立几何模型。

在主菜单中，执行 Main Menu > Preprocessor > Modeling > Create > Volumes > Block > By Dimensions 命令，在弹出的对话框中输入正方体的 6 个坐标值，建立正方体模型，相关操作及结果见图 7.80。

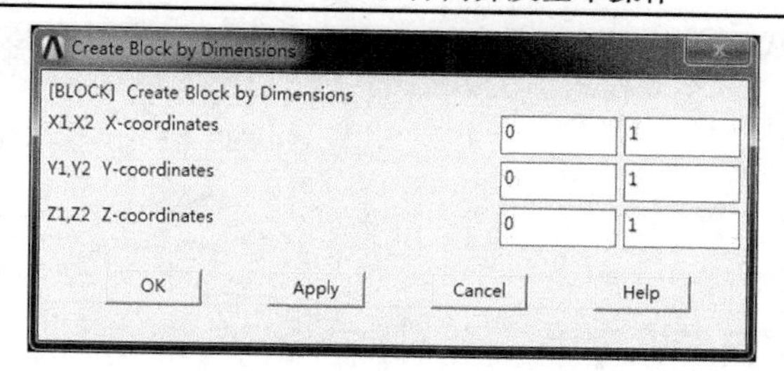

图 7.80　绘制正方体操作

(4)单元属性设置。

在主菜单中，执行 Main Menu > Preprocessor > Meshing > Mesh Attributes > All Volumes 命令，在弹出的对话框(图 7.81)中选择材料 1、Solid185 单元(由于仅用一种单元，本步骤实际上可省略)。

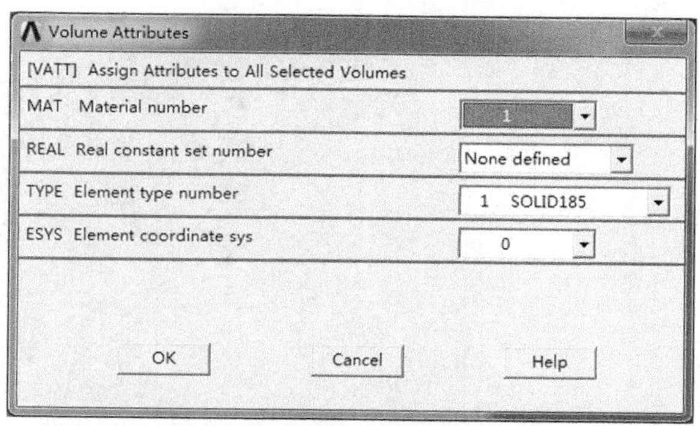

图 7.81　单元选择对话框

(5)划分网格控制。

在主菜单中，执行 Main Menu > Preprocessor > Meshing > Size Ctrls > Manual Size > Lines > All Lines 命令，在对话框中(图 7.82)设置每条线单元划分数为 10。

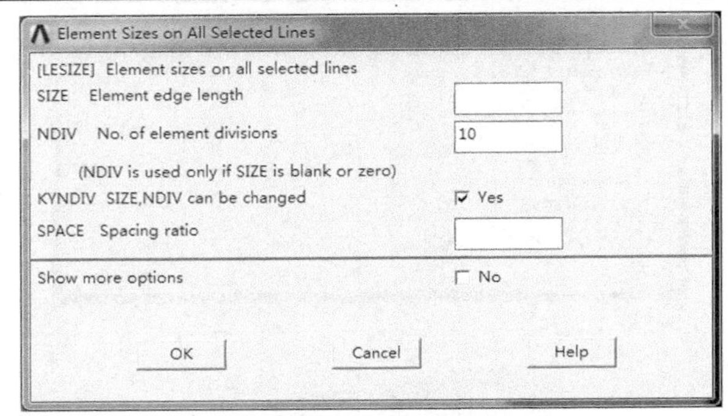

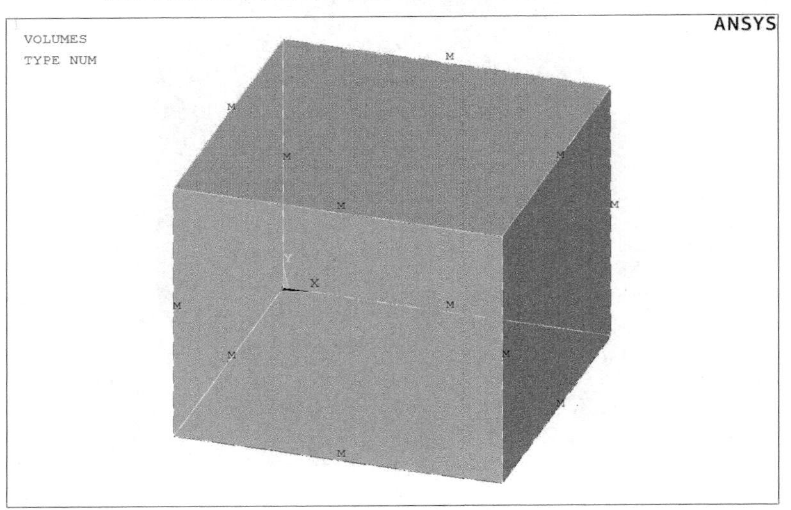

图 7.82 划分网格控制对话框及相应结果

(6)划分网格。

在主菜单中，执行 Main Menu > Preprocessor > Meshing > MeshTool 命令，进行映射网格划分，相关对话框及结果见图 7.83。

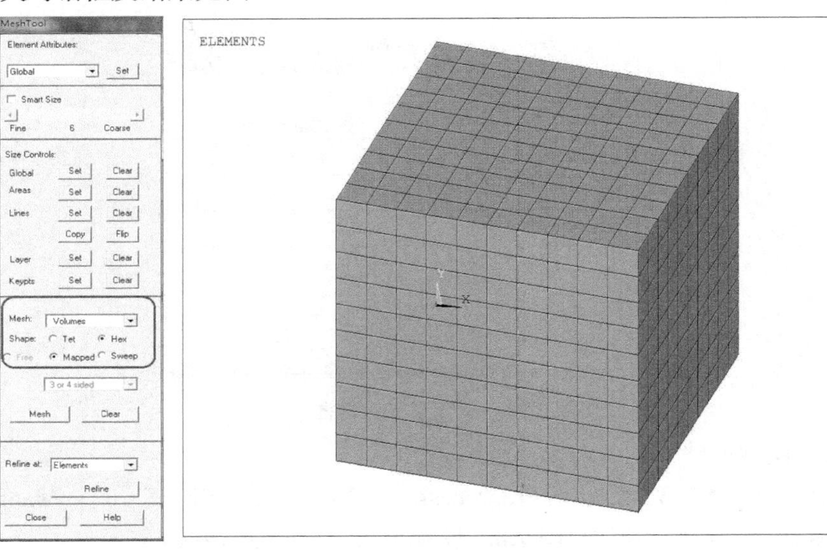

图 7.83 正方体划分网格操作及结果

对应上述操作相关命令流如下(注：以下命令为直接提取的命令，如果自编还可进行精简)：

```
/PREP7
ET,1,SOLID185                          !定义单元类型
MPDATA,EX,1,,2.1e11                    !定义材料属性
MPDATA,PRXY,1,,0.3
BLOCK,0,1,0,1,0,1,                     !建立正方体模型
/VIEW,1,1,2,3
/ANG,1
/REP,FAST
VATT,1, ,1,0                           !设置单元属性
LESIZE,ALL, , ,10, ,1, , ,1,           !网格划分设置
MSHAPE,0,3D
MSHKEY,1
CM,_Y,VOLU
VSEL, , , ,      1
CM,_Y1,VOLU
CHKMSH,'VOLU'
CMSEL,S,_Y
VMESH,_Y1                              !划分网格
CMDELE,_Y
CMDELE,_Y1
CMDELE,_Y2
SAVE
```

2. APDL 文件的运行

运行 APDL 文件也有两种方法，方法一：利用实用菜单的 Read Input from 命令完成 APDL 文件的运行。方法二：将相关命令直接输入命令窗口(用复制和粘贴)。

对于方法一，执行 Utility Menu > File > Read Input from 命令，弹出文件读取(Read File)对话框(图 7.84)，选择需要读取的 APDL 文件即可运行 APDL 文件。

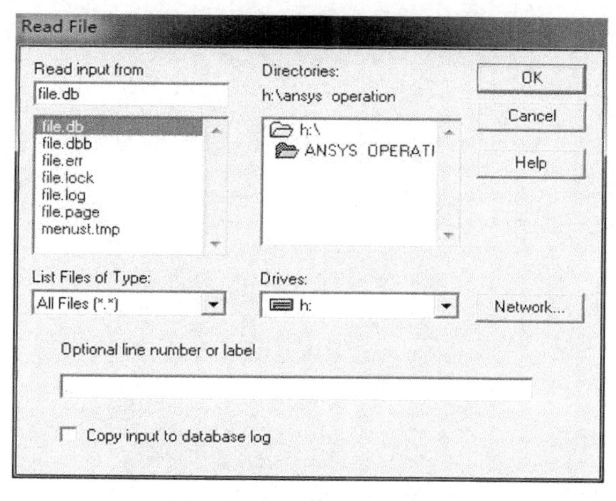

图 7.84　文件读取对话框

方法二非常简单，就是从文本文件中复制所有命令或者一段，粘贴到 ANSYS 界面的命令窗口(图 7.85)就可运行 APDL。这种运行 APDL 的方式也是 APDL 编程过程中，程序调试时常做的。

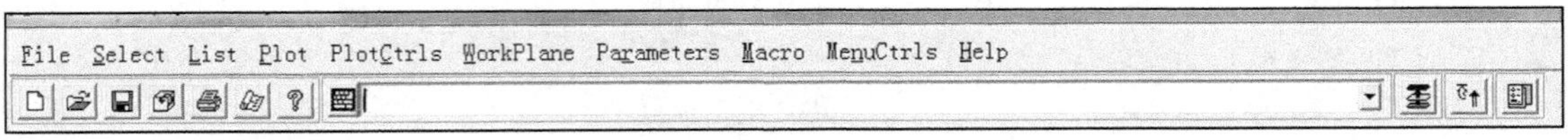

File Select List Plot PlotCtrls WorkPlane Parameters Macro MenuCtrls Help

图 7.85　用于执行 APDL 的命令窗口

实践：读者可以“APDL 文件的生成”部分完成的 APDL 文件利用上述两种方法运行。

7.10.2　基于 APDL 的悬臂板静力学分析

以下用自编的命令流对悬臂板进行受力分析，具体操作包含建模、约束、加载、求解和后处理等过程，具体命令流如下：

```
finish
/clear
/filname, xuanbibanmoxing
/prep7
!定义单元类型和材料常数
et,1,shell281                  !定义单元类型
mp,ex,1,2.1e11                 !材料弹性模量
mp,prxy,1,0.3                  !泊松比
!定义几何参数
L=110/1000                     !长
w=110/1000                     !宽
h=1.5/1000                     !厚度
!创建几何模型
k,1,0,0,0.5*w
k,2,L,0,0.5*w
k,3,L,0,-0.5*w
k,4,0,0,-0.5*w
a,1,2,3,4
!定义壳截面
sectype,1,shell
secdata,h,1,,7
!赋予面 1 单元属性
asel,s,,,1
aatt,,,1,,1
!设置划分单元数
lsel,s, , ,1,4,1
lesize,all, , ,10
!分网
amesh,all
```

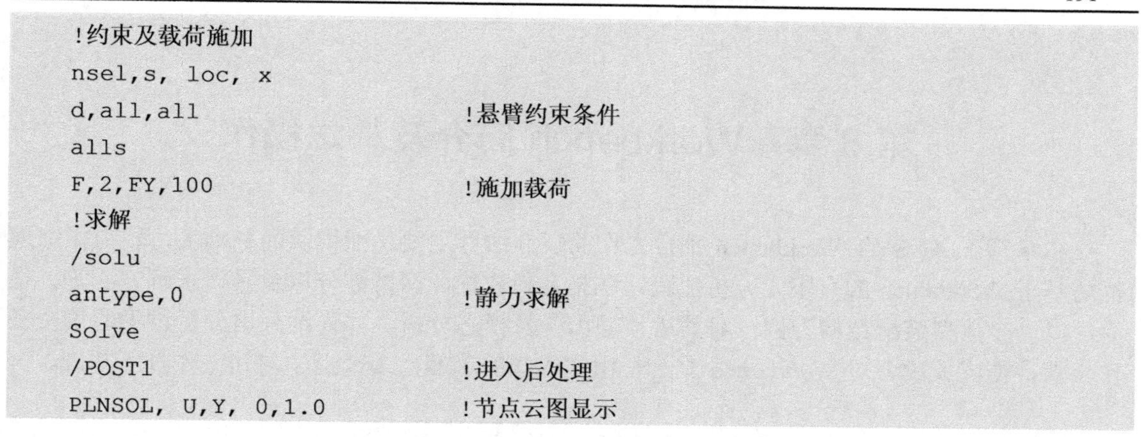

```
!约束及载荷施加
nsel,s, loc, x
d,all,all                      !悬臂约束条件
alls
F,2,FY,100                     !施加载荷
!求解
/solu
antype,0                       !静力求解
Solve
/POST1                         !进入后处理
PLNSOL, U,Y, 0,1.0             !节点云图显示
```

运行上述命令流完成悬臂板的静力学分析，图 7.86 为最终在外载荷作用下悬臂板的应力云图。

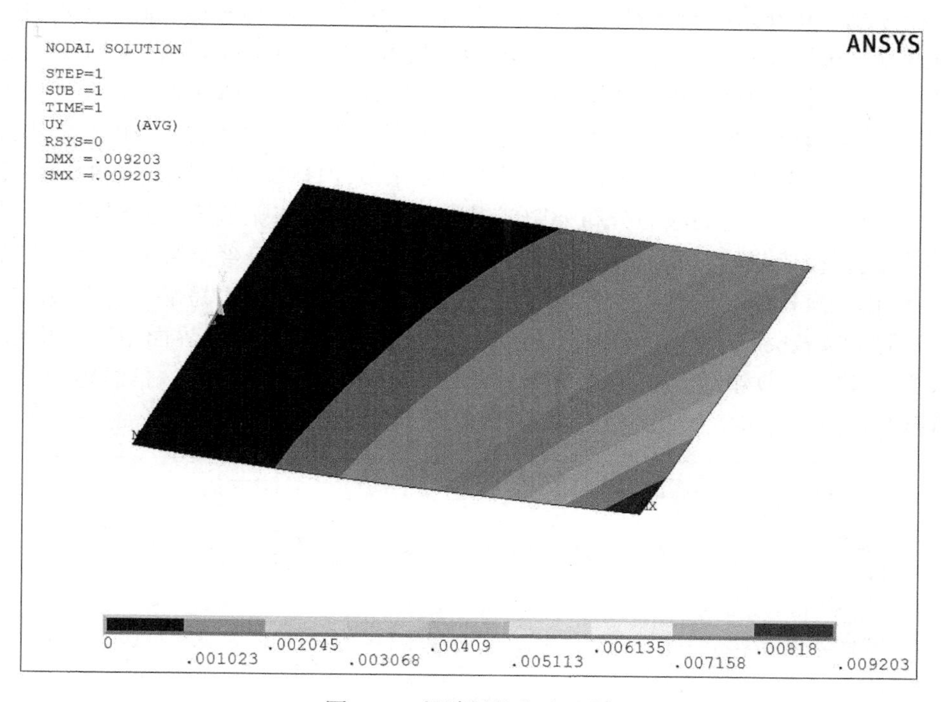

图 7.86　悬臂板的应力云图

第 8 章　Workbench 简介及基本操作

本章基于 ANSYS Workbench 平台，在简要介绍其主要功能模块的基础上，较为详细地描述基于 Workbench 的有限元分析流程，包括几何建模、网格划分以及具体求解方法等。最后，以一个典型装配结构为例，对其进行静力学及模态分析，并详细列出分析过程的每个操作步骤，使广大读者对 Workbench 有一个由浅入深的了解，为今后学习和工作打下基础。

8.1　Workbench 软件简介

自 ANSYS 7.0 开始，ANSYS 公司推出了 ANSYS 经典版(Mechanical APDL)和 ANSYS Workbench 两个版本，并且目前均已开发至 19.2 版本。Workbench 是 ANSYS 公司提出的协同仿真环境，能对复杂机械系统的结构静力学、结构动力学、刚体动力学、流体动力学、结构热、电磁场及耦合场等进行分析模拟。在实际工程设计分析过程中，分析对象不局限于抽象的简化模型或者关键零件，更多的情况是面向复杂装配体或者多零件组合的部件系统，通过仿真分析得出复杂结构的应力分布云图或者固有频率及模态振型等，并根据分析结果对所设计的结构进行校核与修正。ANSYS Workbench 平台与 ANSYS 经典界面相比，在操作界面上更加清晰化、流程化、人性化，减少了过多的选择环节，因而更易于工程人员掌握。

启动后的 Workbench 界面如图 8.1 所示，ANSYS Workbench 平台界面由以下几部分构成：菜单栏、工具栏、工具箱(Toolbox)、工程项目窗口(Project Schematic)、信息窗口(Messages)及进程窗口(Progress)共六个部分。

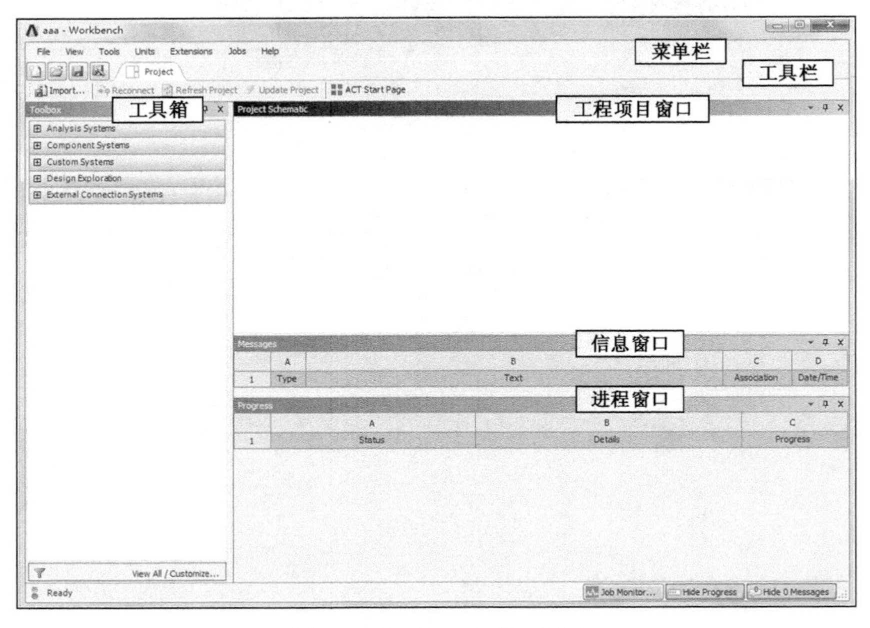

图 8.1　Workbench 平台界面

8.1.1　菜单栏

菜单栏中包括 File(文件)、View(视图)、Tools(工具)、Units(单位)、Extensions(扩展)、Jobs(任务)及 Help(帮助)共 7 个菜单。下面对菜单栏中的菜单及命令进行讲解。

1. File(文件)

File 菜单中的命令如图 8.2 所示，下面对 File 菜单中的常用命令进行简要介绍。

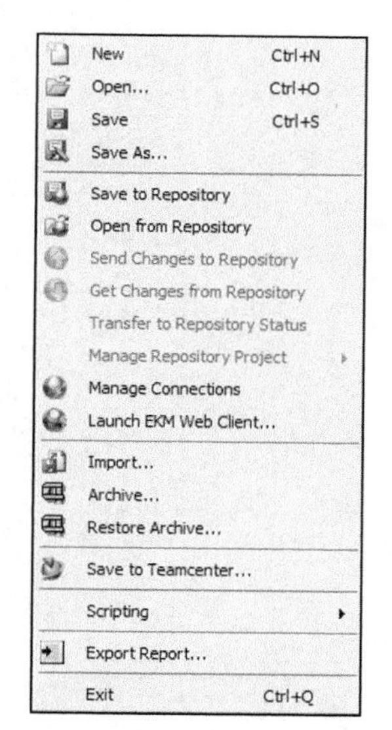

图 8.2　File 菜单

New 为建立一个新的工程项目，在建立新工程项目前，Workbench 软件会提示用户是否需要保存当前的工程项目。

Open 为打开一个已经存在的工程项目，Workbench 软件同样会提示用户是否需要保存当前的工程项目。

Save 为保存一个工程项目，同时为新建的工程项目命名。

Save As 为将已存在的工程项目另存为一个新的项目名称。

Import 为导入外部文件，执行 Import 命令会弹出如图 8.3 所示的对话框，在 Import 对话框的文件类型栏中可以选择多种文件类型。

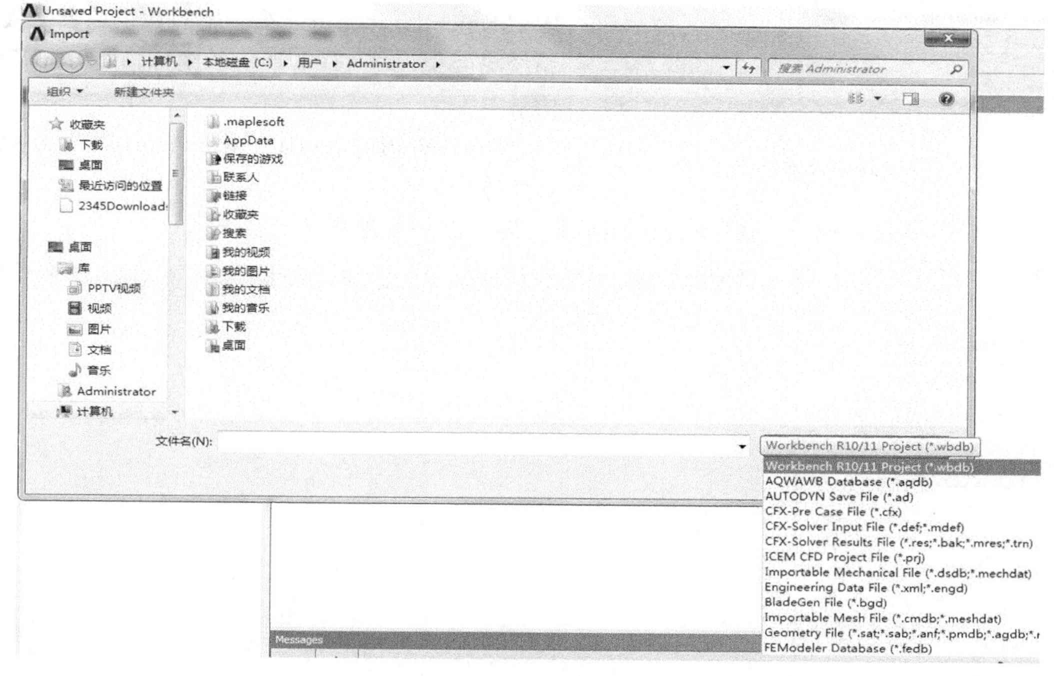

图 8.3　Import 支持的文件类型

Archive 是将工程文件存档，执行 Archive 命令之后，在弹出的如图 8.4 所示的 Save Archive 对话框中单击“保存”按钮，之后会弹出如图 8.5 所示的 Archive Options 对话框，在其中勾选所有复选框，并单击 Archive 按钮会将工程文件存档。在 Workbench 平台的 File 菜单中执行 Restore Archive 命令即可将存档文件读取出来。

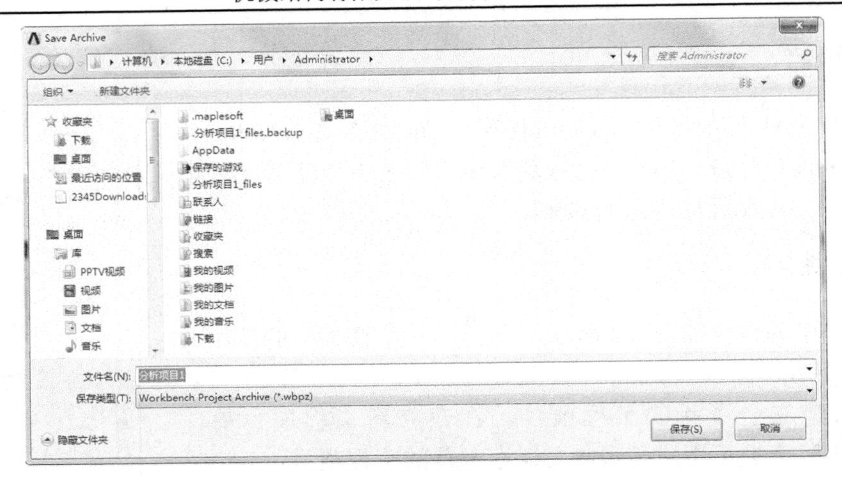

图 8.4　Save Archive 对话框

2. View(视图)

View 菜单中的相关命令如图 8.6 所示，下面对 View 菜单中的常用命令进行简要介绍。

Compact Mode 为简洁模式，执行此命令后，Workbench 平台会压缩为一个简化窗口置于操作系统桌面上，同时任务栏上的图标消失，如图 8.7 所示。

Reset Workspace 为将 Workbench 平台复原到初始状态。

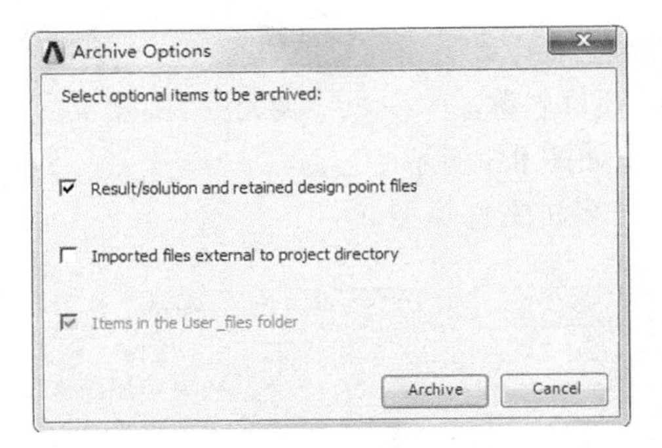

图 8.5　Archive Options 对话框

Reset Window Layout 为将 Workbench 平台窗口布局复原到初始状态。

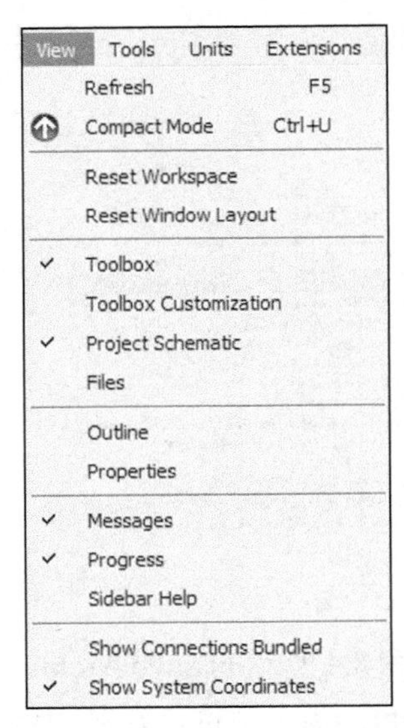

图 8.6　View 菜单

图 8.7　Workbench 简洁形式

Toolbox 为选择是否掩藏左侧面的工具箱，Toolbox(工具箱)前面有“√”说明 Toolbox 处于显示状态，单击 Toolbox 选项取消前面的“√”，Toolbox(工具箱)将被掩藏。

Toolbox Customization 为用户自定义工具箱，执行此命令将在窗口中弹出如图 8.8 所示的窗口，用户可通过单击各个模块对应的复选框来选择是否在 Toolbox 中显示这些模块。

Toolbox Customization

	A	B	C	D	E
1	☑	Name	Physics	Solver Type	AnalysisType
2		Analysis Systems			
3	☑	Design Assessment	Customizable	Mechanical APDL	DesignAssessment
4	☑	Eigenvalue Buckling	Structural	Mechanical APDL	Eigenvalue Buckling
5	☑	Eigenvalue Buckling (Samcef)	Structural	Samcef	Buckling
6	☑	Electric	Electric	Mechanical APDL	Steady-State Electric Conduction
7	☑	Explicit Dynamics	Structural	AUTODYN	Explicit Dynamics
8	☑	Fluid Flow - Blow Molding (Polyflow)	Fluids	Polyflow	Any
9	☑	Fluid Flow - Extrusion (Polyflow)	Fluids	Polyflow	Any
10	☑	Fluid Flow (CFX)	Fluids	CFX	
11	☑	Fluid Flow (Fluent)	Fluids	FLUENT	Any
12	☑	Fluid Flow (Polyflow)	Fluids	Polyflow	Any
13	☑	Harmonic Response	Structural	Mechanical APDL	Harmonic Response
14	☑	Hydrodynamic Diffraction	Modal	AQWA	Hydrodynamic Diffraction
15	☑	Hydrodynamic Response	Transient	AQWA	Hydrodynamic Response
16	☑	IC Engine (Fluent)	Any	FLUENT,	Any
17	☑	IC Engine (Forte)	Any	FLUENT,	Any
18	☑	Magnetostatic	Electromagnetic	Mechanical APDL	Magnetostatic
19	☑	Modal	Structural	Mechanical APDL	Modal
20	☑	Modal (ABAQUS)	Structural	ABAQUS	Modal
21	☑	Modal (Samcef)	Structural	Samcef	Modal
22	☑	Random Vibration	Structural	Mechanical APDL	Random Vibration
23	☑	Response Spectrum	Structural	Mechanical APDL	Response Spectrum
24	☑	Rigid Dynamics	Structural	Rigid Body Dynamics	Transient
25	☑	Static Structural	Structural	Mechanical APDL	Static Structural
26	☑	Static Structural (ABAQUS)	Structural	ABAQUS	Static Structural
27	☑	Static Structural (Samcef)	Structural	Samcef	Static Structural
28	☑	Steady-State Thermal	Thermal	Mechanical APDL	Steady-State
29	☑	Steady-State Thermal (ABAQUS)	Thermal	ABAQUS	Steady-State
30	☑	Steady-State Thermal (Samcef)	Thermal	Samcef	Steady-State

图 8.8　Toolbox Customization 窗口

Project Schematic 为选择是否在 Workbench 平台上显示项目管理窗口。

Files 为显示文件选项，当执行此命令时会在 Workbench 平台下侧弹出如图 8.9 所示的 Files 窗口，窗口中显示了本工程项目中所有的文件及文件路径等重要信息。

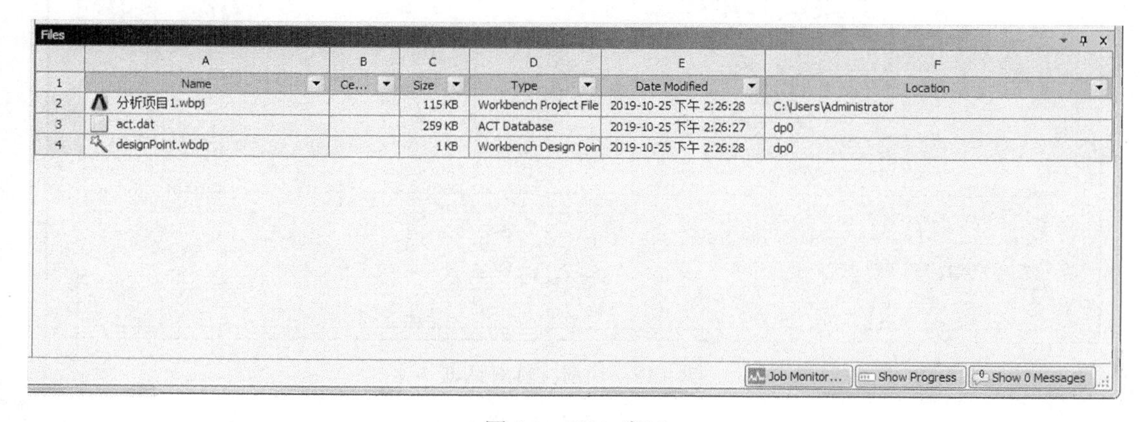

Files

	A	B	C	D	E	F
1	Name	Ce...	Size	Type	Date Modified	Location
2	分析项目1.wbpj		115 KB	Workbench Project File	2019-10-25 下午 2:26:28	C:\Users\Administrator
3	act.dat		259 KB	ACT Database	2019-10-25 下午 2:26:27	dp0
4	designPoint.wbdp		1 KB	Workbench Design Poin	2019-10-25 下午 2:26:28	dp0

图 8.9　Files 窗口

Properties 为功能选项，执行此命令后再单击 C7：Results 表格，此时会在 Workbench 平台右侧弹出如图 8.10 所示的 Properties of Schematic C7：Results 对话框。

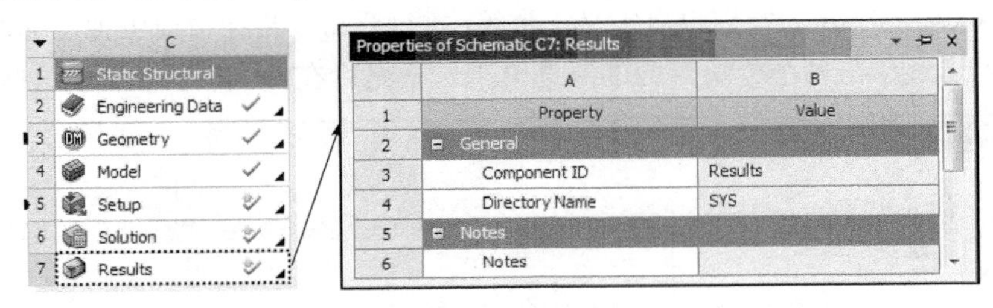

图 8.10　Properties of Schematic C7：Results 对话框

3. Tools（工具）

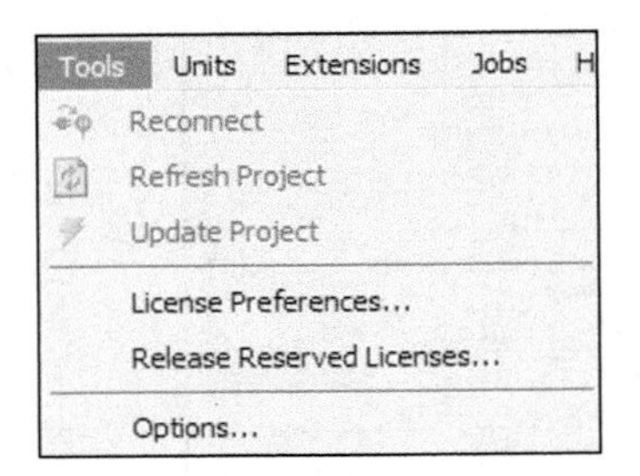

图 8.11　Tools 菜单

Tools 菜单中的命令如图 8.11 所示，下面对 Tools 菜单中的常用命令进行简要介绍。

Refresh Project 为刷新工程数据，当上行数据内容发生变化时，需要刷新该命令。

Update Project 为更新工程数据，当数据已经更改时，必须重新生成模型的数据输出。

License Preferences 为参考注册文件，执行此命令后，会弹出注册文件对话框，如图 8.12 所示。

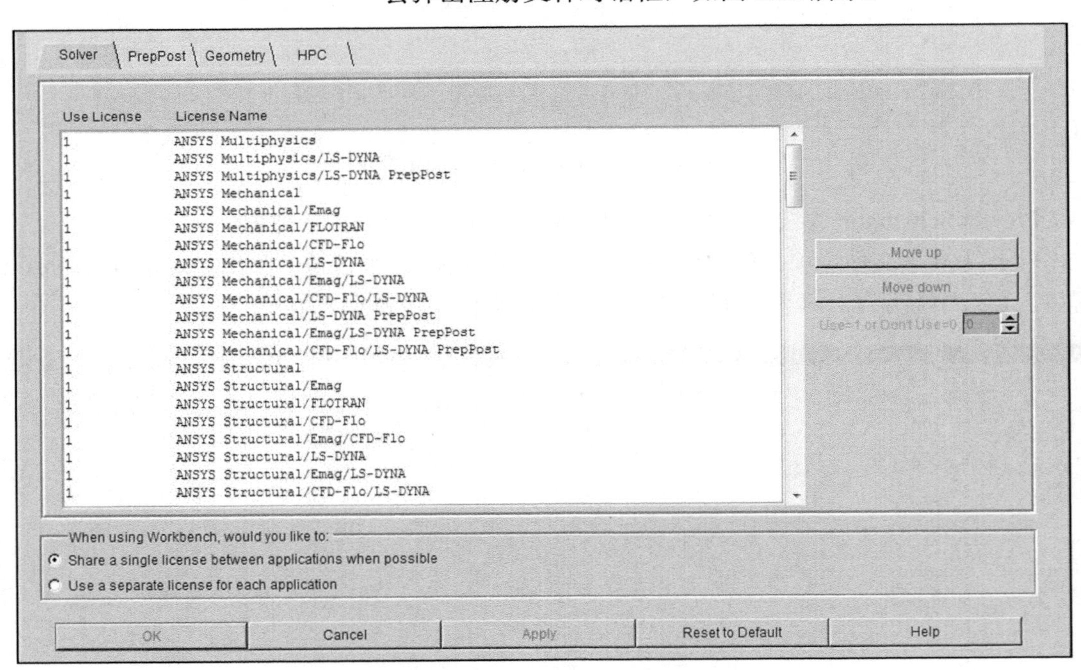

图 8.12　注册文件对话框

Options 为选项命令，执行该命令会弹出对话框，如图 8.13 所示，主要包括以下选项卡。

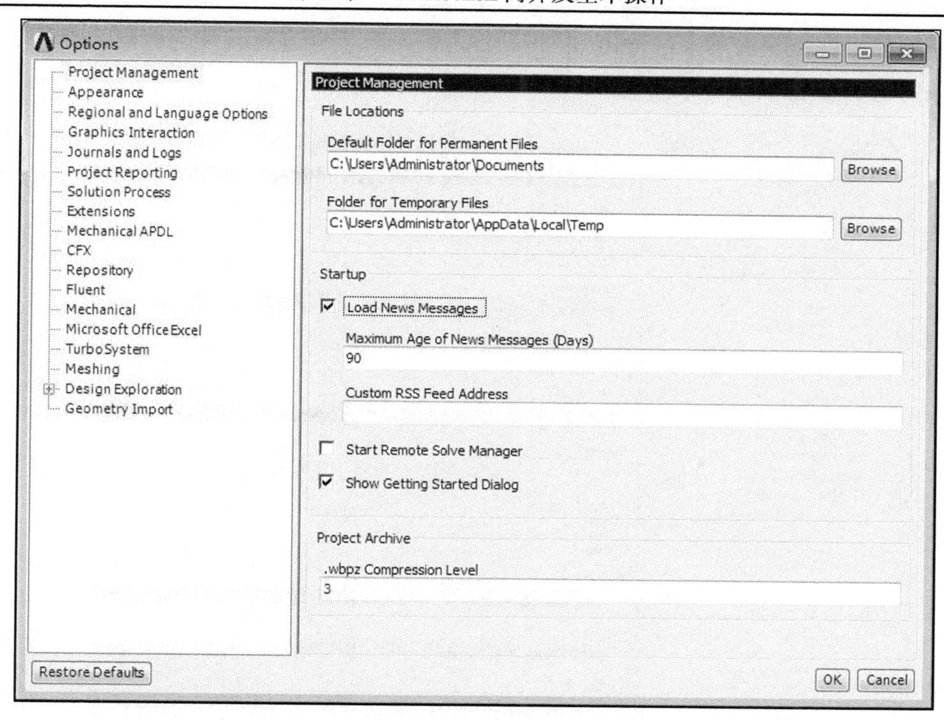

图 8.13　Options 对话框

Project Management（项目管理）选项卡：可以设置 Workbench 平台启动的默认目录和临时文件位置，选择是否启动导读对话框及是否加载新闻信息等参数，本例中选择不加载新闻信息，如图 8.14 所示。

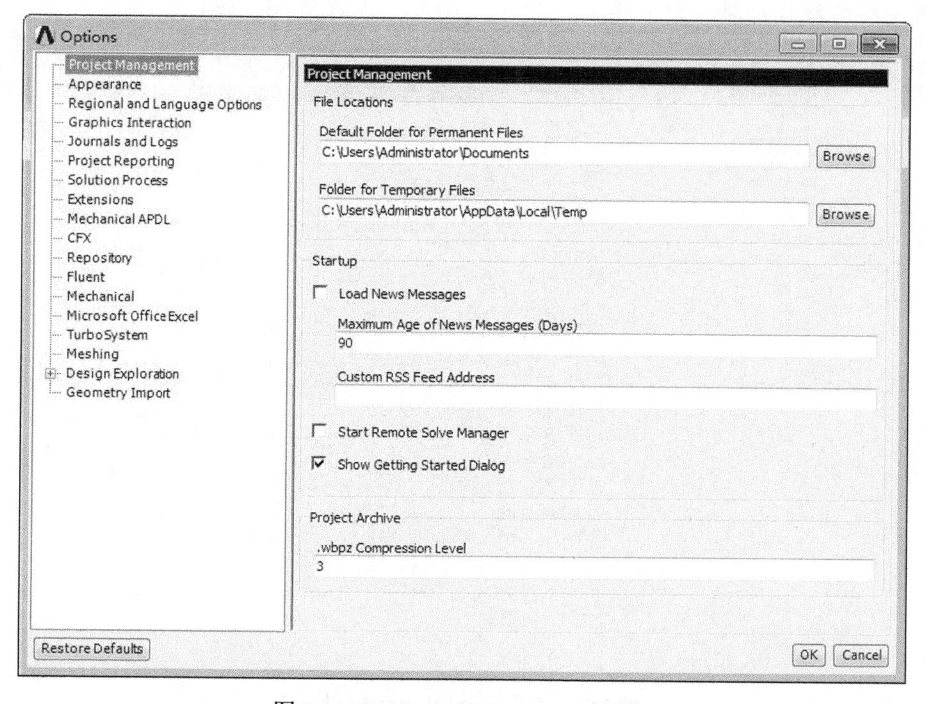

图 8.14　Project Management 选项卡

Appearance(外观)选项卡：如图 8.15 所示的外观选项卡可对软件的背景、文字、几何图形的线条等进行颜色设置。

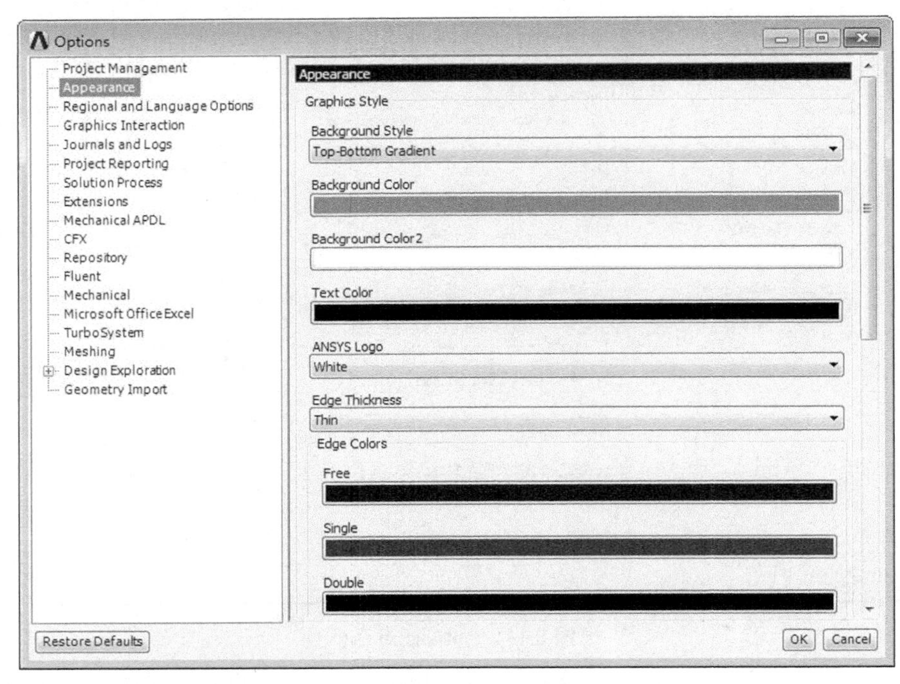

图 8.15　Appearance 选项卡

Graphics Interaction(几何图形交互)选项卡：如图 8.16 所示的几何图形交互选项卡可以设置鼠标对图形的操作，如平移、旋转、放大、缩小、多体选择等操作。

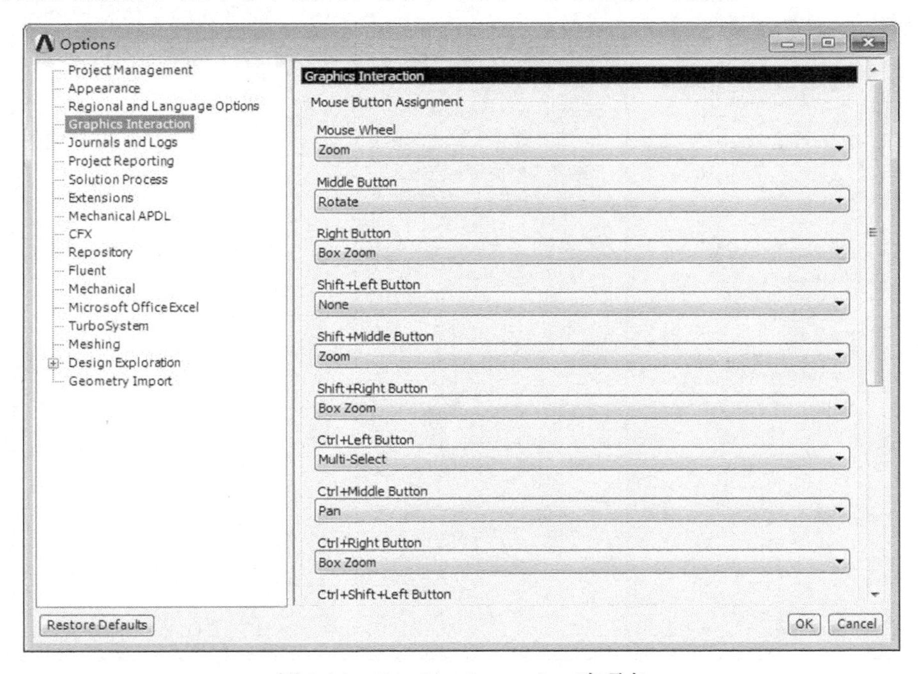

图 8.16　Graphics Interaction 选项卡

Extensions（扩展）选项卡：该选项卡可以添加一些用户自己编写的 Python 程序代码。

Geometry Import（几何导入）选项卡：如图 8.17 所示的几何导入选项卡可以选择几何建模工具，即 DesignModeler 和 SpaceClaim Direct Modeler，如果选择后者，则需要 SpaceClaim 软件的支持。

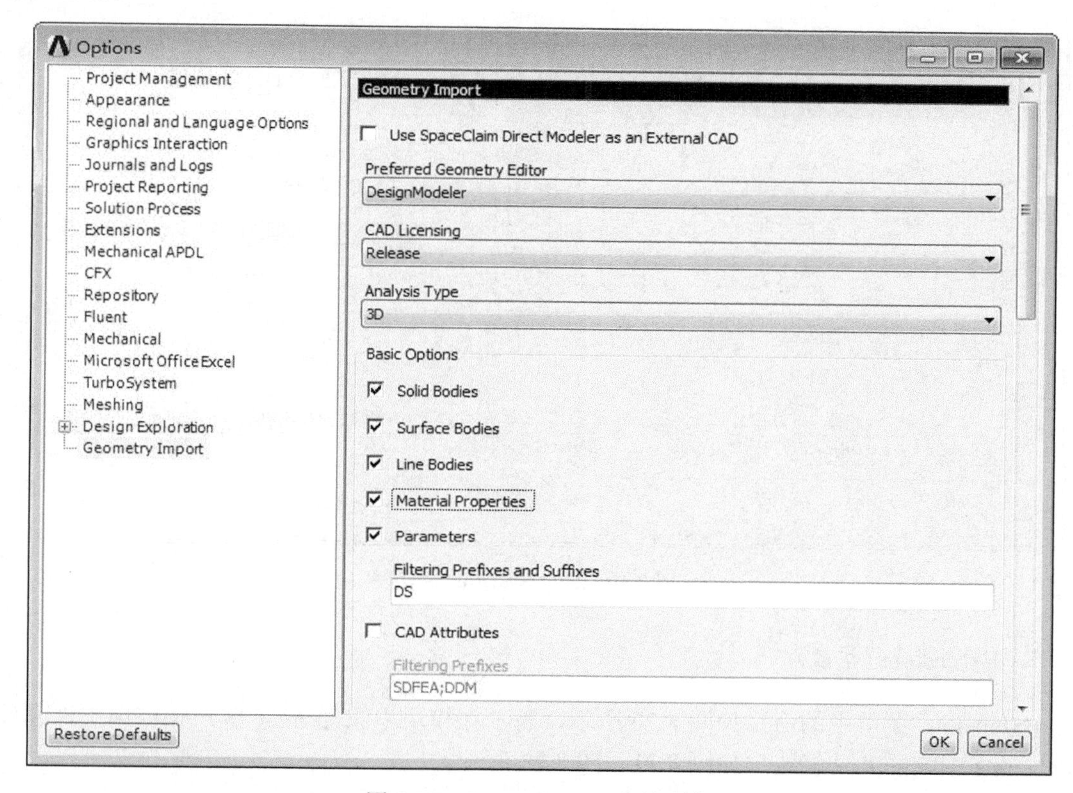

图 8.17　Geometry Import 选项卡

4. Units（单位）

Units 菜单中的命令如图 8.18 所示，在此菜单中可以设置国际单位、米制单位、美制单位及用户自定义单位，单击 Unit Systems 选项会弹出如图 8.19 所示的 Unit Systems 窗口，用户可以指定需要的单位格式。

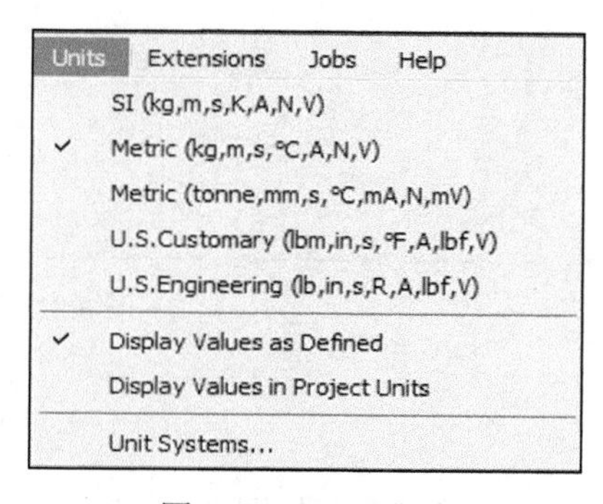

图 8.18　Units 菜单

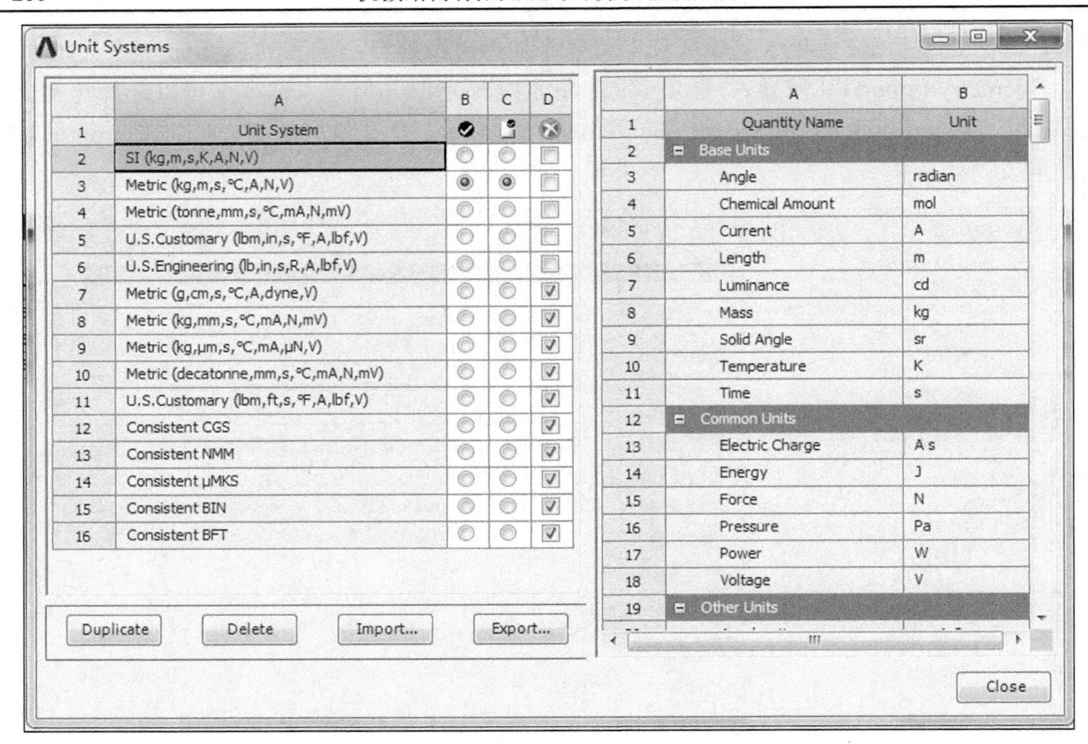

图 8.19　Unit Systems 窗口

5. Extensions（扩展）

Extensions 菜单中的命令如图 8.20 所示，表示在模块中添加 ACT 客户化应用工件套件。Extensions 中的主要功能选项如图 8.21～图 8.23 所示。

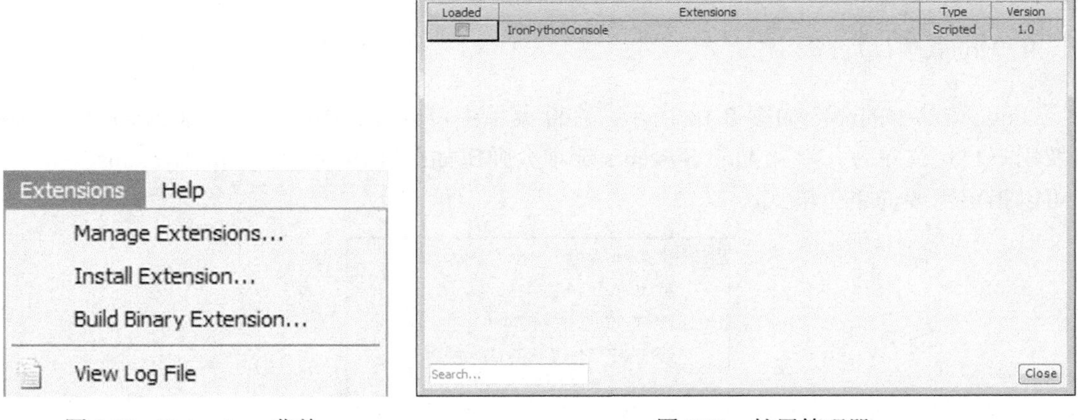

图 8.20　Extensions 菜单　　　　图 8.21　扩展管理器

6. Jobs（任务）

从 Jobs 菜单中打开 Job Monitor 对话框，如图 8.24 所示，表示对分析任务进行监控。

图 8.22　Install Extension 选项

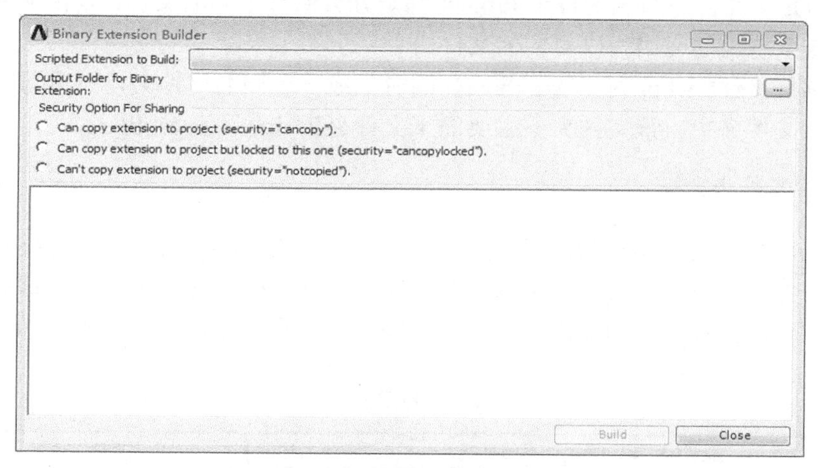

图 8.23　Build Binary Extension 选项

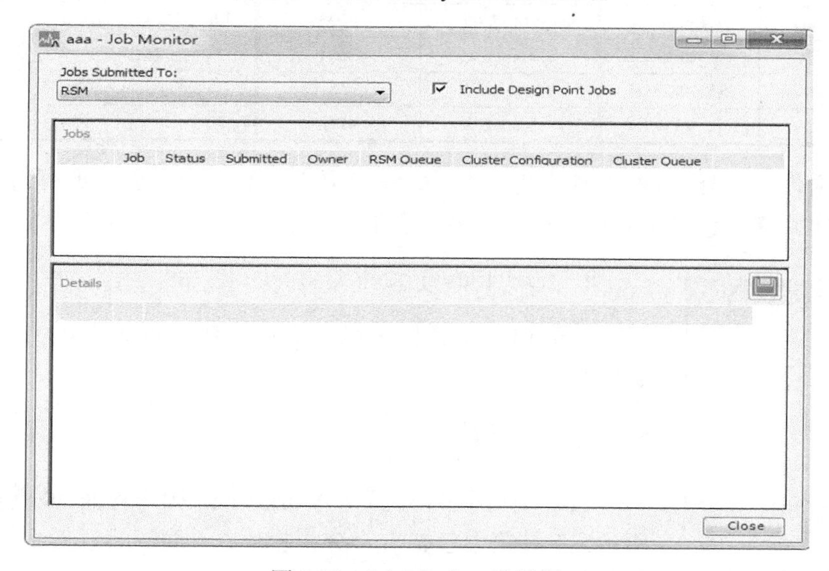

图 8.24　Job Monitor 对话框

7. Help(帮助)

Help 菜单可实时地为用户提供软件操作和理论上的帮助。

8.1.2　工具栏

Workbench 的工具栏如图 8.25 所示，相关命令在前面的菜单中已介绍，这里对文件的保存进行详细介绍，帮助操作者在使用 Workbench 进行分析之后可以顺利保存并找到自己的文件。

图 8.25　工具栏

Workbench 文件管理系统的每个 Project 都是分类储存不同的文件，以目录树的形式管理每个系统及与系统中的应用程序对应的文件。

当创建项目文件*.wbpj 时，Workbench 同时生成一个同名文件夹，所有与项目有关的文件都保存在该文件夹中。该文件夹下主要的子文件夹为 dp0 和 user_files。

1. dp0 子文件夹

Workbench 指定当前项目为零设计点，生成子文件夹 dp0。设计点文件夹包含每个分析系统的系统文件夹，而系统文件夹又包含每个应用系统，如 Mechanical 等。这些文件夹包含特定应用的文件和文件夹，如输入文件、模型路径、工程数据、源数据等，如表 8.1 所示。

表 8.1　应用文件夹

系统类型	文件夹名称	系统类型	文件夹名称	系统类型	文件夹名称
Autodyn	ATD	BladeGen	BG	Design Exploration	DX
Engineering Data	ENGD	FE Modeler	FEM	Fluid Flow(Polyflow)	FFF,FLU
Fluid Flow(CFX)	CFX	Geometry	Geom	Mesh	SYS/MECH
Mechanical	SYS/MECH	Turbo Grid	TS	Mechanical APDL	APDL
Vista TF	VTF	Icepak	IPK		

除系统文件夹以外，dp0 文件夹也包括 global 文件夹，其下的子文件夹可用于所有系统，可由多个系统共享，包含所有数据库文件及其关联文件，如 MECH、FFF、SYS 等文件。

2. user_files 子文件夹

user_files 子文件夹包含所有向 Project 输入的文件及所有生成文件等。

8.1.3　工具箱

工具箱(Toolbox)位于 Workbench 操作界面的左侧，如图 8.26 所示，工具箱中包括五个分析模块，下面针对这五个模块简要介绍其包含的内容。

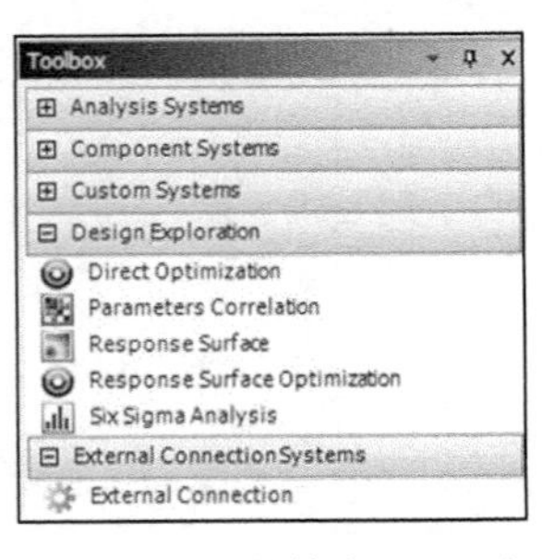

图 8.26　工具箱(Toolbox)

1. Analysis Systems（分析系统）

分析系统包括不同的分析类型，如静力分析、热分析、流体分析，同时模块中还包括用不同求解器进行相同分析的类型，如静力分析就包括用 ANSYS 求解器、ABAQUS 求解器和 Samcef 求解器，如表 8.2 所示。

表 8.2　Analysis Systems（分析系统）

分析类型	说明
Design Assessment	ANSYS 设计评估
Electric	ANSYS 电场分析
Explicit Dynamics	ANSYS 显示动力学分析
Fluid Flow-Blow Molding (Polyflow)	Polyflow 流体吹塑分析
Fluid Flow-Extrusion (Polyflow)	Polyflow 流体挤压分析
Fluid Flow (CFX)	CFX 流体分析
Fluid Flow (Fluent)	Fluent 流体分析
Fluid Flow (Polyflow)	Polyflow 流体分析
Harmonic Response	ANSYS 谐响应分析
Hydrodynamic Diffraction	ANSYS 水动力衍射分析
Hydrodynamic Time Response	ANSYS 水动力时间分析
IC Engine	ANSYS 内燃机分析
Linear Buckling	ANSYS 线性屈曲分析
Linear Buckling (Samcef)	Samcef 线性屈曲分析
Magnetostatic	ANSYS 静磁场分析
Modal	ANSYS 模态分析
Modal (Samcef)	Samcef 模态分析
Random Vibration	ANSYS 随机振动分析
Response Spectrum	ANSYS 响应谱分析
Rigid Dynamics	ANSYS 刚体动力学分析
Static Structural	ANSYS 结构静力分析
Static Structural (Samcef)	Samcef 结构静力分析
Steady-State Thermal	ANSYS 稳态热分析
Steady-State Thermal (Samcef)	Samcef 稳态热分析
Thermal-Electric	ANSYS 热电耦合分析
Throughflow	ANSYS 过流分析
Transient Structural	ANSYS 结构瞬态分析
Transient Structural (Samcef)	Samcef 结构瞬态分析
Transient Thermal	ANSYS 瞬态热分析
Transient Thermal (Samcef)	Samcef 瞬态热分析

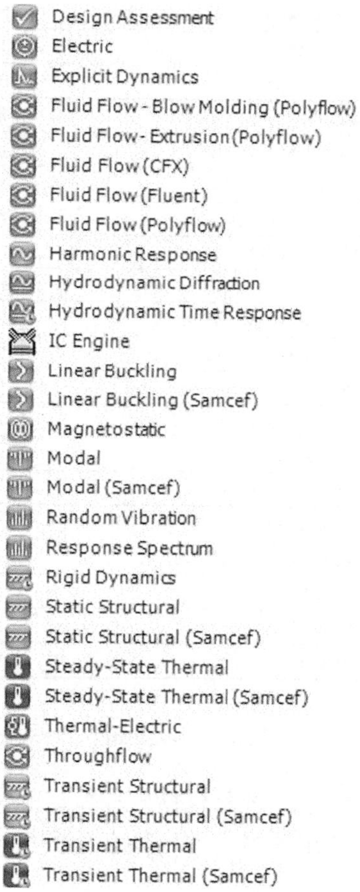

2. Component Systems（组件系统）

组件系统包括应用于各种领域的几何建模工具及性能评估工具，组件系统包括的模块如表 8.3 所示。

表 8.3　Component Systems(组件系统)

组件类型	说明
Autodyn	Autodyn 非线性显式动力分析
BladeGen	涡轮机械叶片设计工具
CFX	CFX 高端流体分析工具
Engineering Data	工程数据工具
Explicit Dynamic(LS-DYNA Export)	LS-DYNA 显式动力分析
External Data	接入外部数据
External Model	接入外部模型
Finite Element Modeler	FEM 有限元模型工具
Fluent	Fluent 流体分析
Fluent(with TGrid meshing)	Fluent 流体分析(TGrid 网格)
Geometry	几何建模工具
ICEM CFD	ICEM CFD 网格划分工具
Icepak	电子热分析工具
Mechanical APDL	机械 APDL 命令
Mechanical Model	机械分析模型
Mesh	网格划分工具
Microsoft Office Excel	Excel 表格工具
Polyflow	Polyflow 流体分析
Polyflow-Blow Molding	Polyflow 吹塑分析
Polyflow-Extrusion	Polyflow 挤压分析
Results	结果后处理
System Coupling	系统耦合分析
TurboGrid	涡轮叶栅通道网格生成工具
Vista AFD	轴流风机初始设计
Vista CCD	离心压缩机初始设计
Vista CCD(with CCM)	径流透平设计(CCM)
Vista CPD	泵初始设计
Vista RTD	径流透平初始设计
Vista TF	叶片二维性能评估工具

Autodyn
BladeGen
CFX
Engineering Data
Explicit Dynamics (LS-DYNA Export)
External Data
External Model
Finite Element Modeler
Fluent
Fluent (with TGrid meshing)
Geometry
ICEM CFD
Icepak
Mechanical APDL
Mechanical Model
Mesh
Microsoft Office Excel
Polyflow
Polyflow - Blow Molding
Polyflow - Extrusion
Results
System Coupling
TurboGrid
Vista AFD
Vista CCD
Vista CCD (with CCM)
Vista CPD
Vista RTD
Vista TF

3. Custom Systems(用户自定义系统)

该系统除包括软件默认的几个多物理场耦合分析工具外，Workbench 还允许用户自己定义常用的多物理场耦合分析模块，如表 8.4 所示。

表 8.4　Custom Systems(用户自定义系统)

名称	说明
FSI: Fluid Flow(CFX)→Static Structural	基于 CFX 的流固耦合分析
FSI: Fluid Flow(FLUENT)→Static Structural	基于 FLUENT 的流固耦合分析
Pre-Stress Modal	预应力模态分析
Random Vibration	随机振动分析
Response Spectrum	响应谱分析
Thermal-Stress	热应力分析

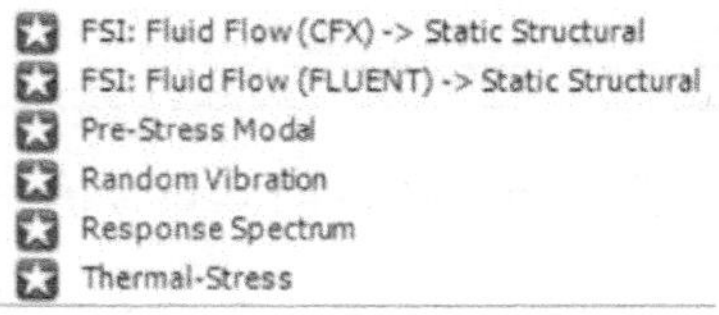

FSI: Fluid Flow (CFX) -> Static Structural
FSI: Fluid Flow (FLUENT) -> Static Structural
Pre-Stress Modal
Random Vibration
Response Spectrum
Thermal-Stress

4. Design Exploration(设计优化)

该模块允许用户使用其中的工具对零件产品的目标值进行优化设计及分析，如表 8.5 所示。

表 8.5 Design Exploration(设计优化)

名称	说明	
Direct Optimization	直接优化工具	Direct Optimization
Parameters Correlation	参数关联工具	Parameters Correlation
Response Surface	响应面工具	Response Surface
Response Surface Optimization	响应面优化工具	Response Surface Optimization
Six Sigma Analysis	六西格玛分析工具	Six Sigma Analysis

5. External Connection Systems(外部连接系统)

该模块是 Workbench 新增的功能，主要用于二次开发等。

8.2 基于 Workbench 的有限元分析流程

与 ANSYS 经典界面的主要区别在于，Workbench 平台将每一个有限元分析步骤设置成独立模块，不同分析类型可以设置成为不同的 Project，每个 Project 根据分析需要可以由所需的分析模块构成，使用者只需要根据选定的 Project 中所包含的模块进行相应操作即可，这样大大降低了软件的操作难度及使用门槛。

在对机械结构进行 Workbench 分析之前，首先要根据设计需求，选择合适的分析类型，在实际工程分析中，Workbench 平台可以选择单一的分析类型，也可以多个分析类型耦合使用。

8.2.1 Workbench 的主要功能模块

利用 Workbench 进行有限元分析的一般步骤包括：有限元前处理、有限元计算求解及有限元后处理三个部分。有限元前处理包括几何建模、网格划分；有限元计算求解包括静力学分析、模态分析、谐响应分析、响应谱分析、瞬态动力学分析、非线性分析、热力学分析及流体动力学分析，等等；有限元后处理包括查看数据分析结果和图形分析结果。

在使用 Workbench 进行有限元分析的过程中，通常包括前处理、计算求解和后处理 3 个模块。

1. 前处理模块

前处理模块主要用于建立(或导入)并编辑几何模型、划分网格生成有限元模型，主要包括设置材料参数(在工程数据源中选择材料参数、自行创建材料参数并添加到模型库)、几何建模(三维模型导入、DesignModeler 模块建模)、网格划分(自由划分、扫掠法、多区法)等。

2. 计算求解模块

Workbench 中的计算求解模块包括结构静力学分析、模态分析、谐响应分析、响应谱分析、瞬态动力学分析、随机振动分析、显式动力学分析、非线性分析、接触分析、线性屈曲分析、热力学分析、疲劳分析、流体动力学分析、结构优化分析、耦合场分析。在进行具体分析时，可以进行分析设置(analysis settings)，包括求解算法的选择、求解范围的控制、迭代次数的设置等。

3. 后处理模块

Workbench 中的后处理模块包括以下内容：查看结果、结果显示(scope results)、输出结果、坐标系和方向解、结果组合(solution combinations)、应力奇异(stress singularities)、误差估计、收敛状况等。

8.2.2 几何建模模块

Workbench 平台中的几何建模方法有如下几种：①外部中间格式的几何模型导入。②处于激活状态的几何模型导入：此方法需要保证几何建模软件的版本号与 Workbench 的版本号具有相关性，例如，在 CREO(Pro/E)中建立几何模型后，不关闭，直接启动 Workbench 软件的几何模型 DesignModeler 模块(以下简称 DM)，从菜单中直接导入激活状态的模型即可。③ Workbench 自带的几何建模工具——DM 建模。④Workbench 外部几何建模模块——SpaceClaim Direct Modeler，该模块是先进的、以自然方式建立几何模型的平台，无缝集成到 Workbench 平台中。本书重点介绍两种较为常用的建模方法：几何模型导入法和 DM 建模法。

1. 几何模型导入法

几何模型导入法是指将在三维建模软件(Solidworks、Pro/E、CATIA、UG 等)中创建几何模型，并保存成中间格式(stp、x_t、sat、igs 等)，再导入(Import)到 Workbench 分析环境中进行有限元分析。这种方法通常适用于结构复杂、零部件与接触面较多、在 Workbench 中直接建模较为困难的复杂机械结构。下面以转载站模型为例，介绍按标准格式将几何模型导入 Workbench 中的过程。

导入前，需将在三维建模软件中的转载站另存为中间格式，本书另存为*.x_t 格式，即保存类型选择 Parasolid(*.x_t)，并保存在需要的目录下。注意，Workbench 中的文件名可以是英文、数字或汉字，文件存放路径不需要是全英文。

Workbench 中导入几何模型的具体操作过程可以有两种形式。第一种导入方式：在 Project 中的 Geometry 选项上右击，在弹出的快捷菜单中执行 Import Geometry > Browse 命令，如图 8.27 所示，此时会弹出“打开”对话框，在弹出的对话框中选择待分析模型所在的目录，导入分析对象(格式为*.x_t 的几何文件)，如图 8.28 所示，单击“打开”按钮，此时 Geometry 选项后面的 ? 会变为 ✓，表示实体模型已经存在。然后双击 Geometry 选项，此时会进入 DM 界面，单击菜单栏中的 Generate 生成按钮 ，即可在 DM 界面中显示几何模型，如图 8.29 所示，如果有需要可以在 DM 界面中对几何体进行其他操作，如果不需修改则可以直接关闭 DM 界面。

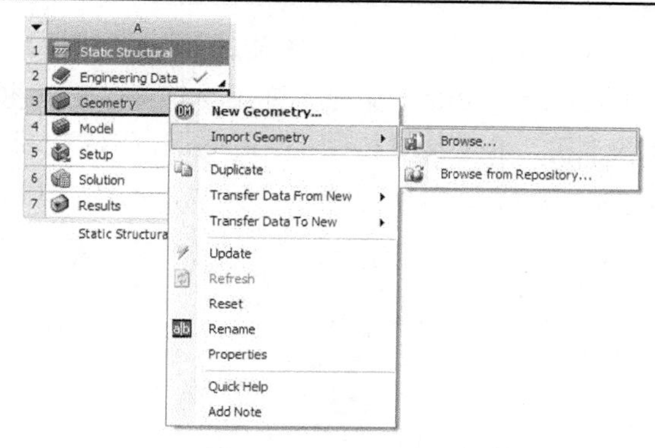

图 8.27　导入几何模型

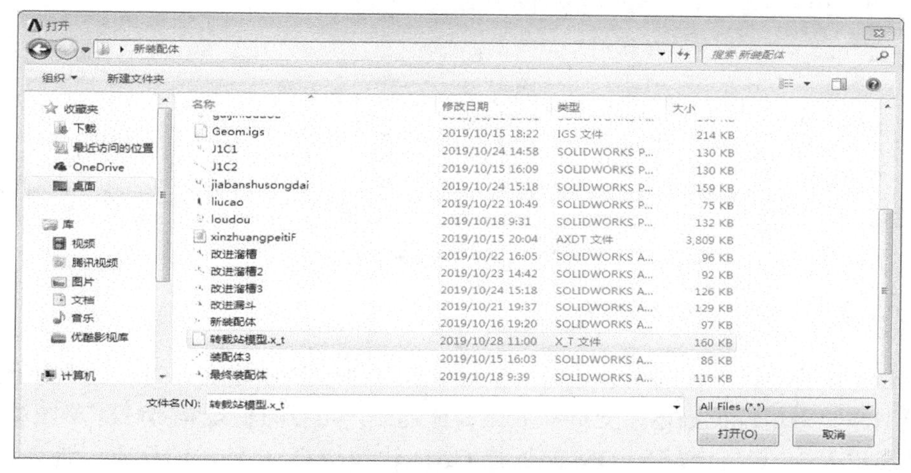

图 8.28 “打开”对话框

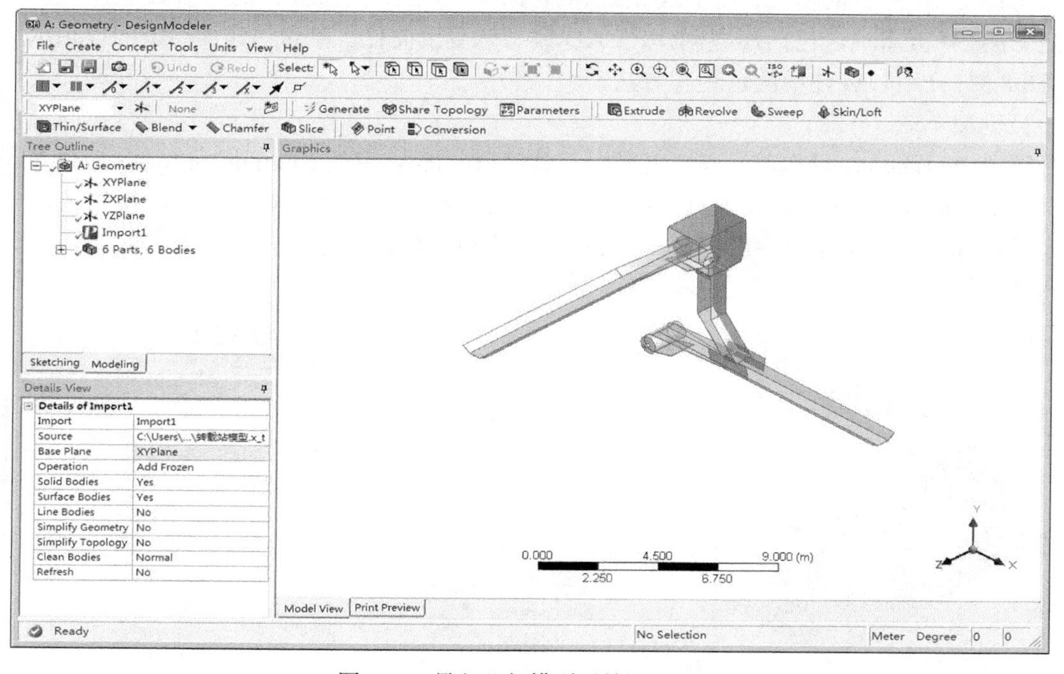

图 8.29　导入几何模型后的 DM 界面

第二种导入方式：可以直接双击 Geometry 选项进入 DM 模块，在 DM 界面的菜单栏中执行 File > Import External Geometry File…命令，弹出“打开”对话框并选择文件路径，导入分析对象(格式为*.x_t 的文件)，单击菜单栏中的 Generate 生成按钮，导入的几何模型就可以显示在 DM 窗口中，Geometry 的几何建模步骤完成，如图 8.30 所示。

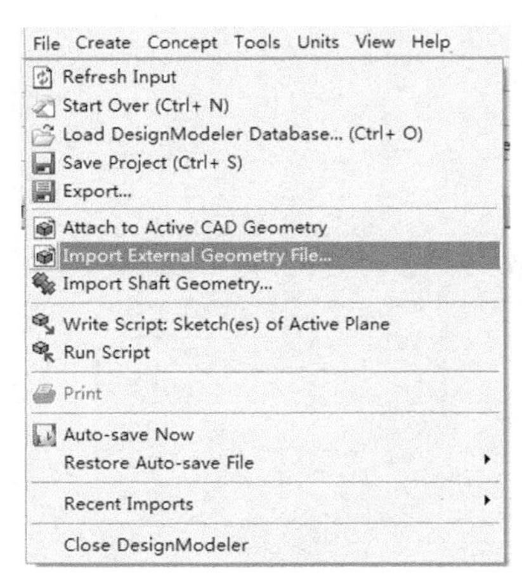

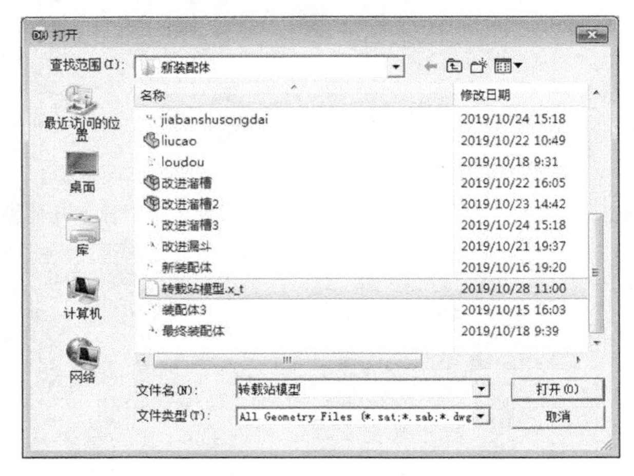

图 8.30　DM 界面中导入模型

2. DM 建模——自底向上建模

Workbench 的项目工程图中的几何模型可以直接通过 DM 建立。DM 主要用于建立和编辑几何模型，其采用特征描述，支持参数化实体建模，可以方便地构造 2D 草图和 3D 实体模型，以及载人 3D CAD 模型。DM 是连接 CAD 软件与 CAE 软件的桥梁，通常 CAD 建模不会考虑 CAE 分析的需要，而 DM 正好弥补了这一不足，其所提供的全参数化建模功能可满足 CAE 分析需求，包括模型创建、CAD 模型修复及简化、概念化建模。下面以轴承座为例(图 8.31)介绍 DM 建模的过程与方法。

1)创建草图

进入 Workbench 界面后，双击主界面工具箱(Toolbox)中的 Component Systems 选项，单击其中的 Geometry 选项，在项目工程图区域内创建项目 A，如图 8.32 所示。在项目 A 上右击，并在弹出的快捷菜单中选择 New Geometry 选项，如图 8.33 所示，打开 DM 界面，开始进入草图绘制。

图 8.31　DM 建模示例结构

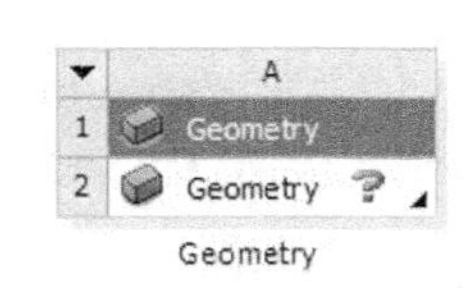

图 8.32　创建项目 A

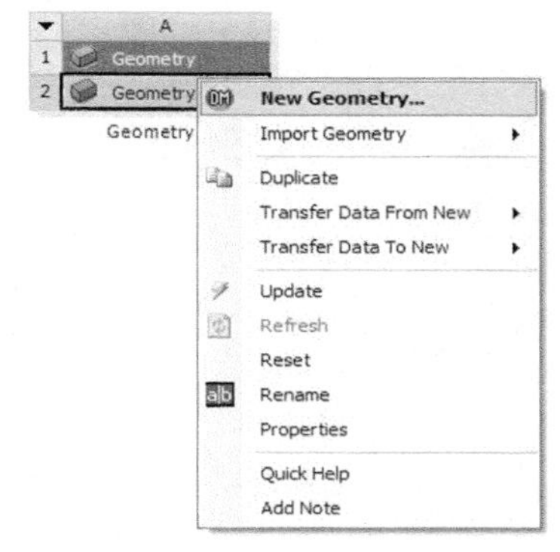

图 8.33　打开 DM 界面的步骤

2) 绘制草图

在 DM 界面左侧的数结构图中，选择 XYPlane 选项，单击工具栏中的 New Sketch 按钮，此时在树结构图中的 XYPlane 选项下将生成 Sketch1 对象，如图 8.34 所示。单击工具栏中的 Look At Face 选项，设置草图视图正对屏幕。在 DM 界面左侧的树结构图下选择 Sketching 选项，并选择 Sketching Toolboxes 栏中的 Circle 选项，如图 8.35 所示。在图形区域单击坐标原点，然后到合适位置单击可获得一个圆。

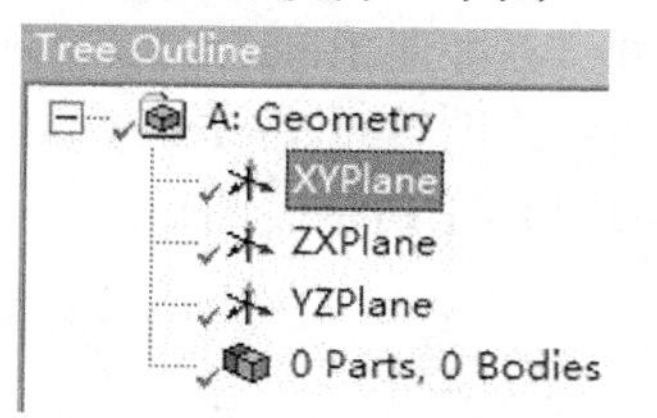

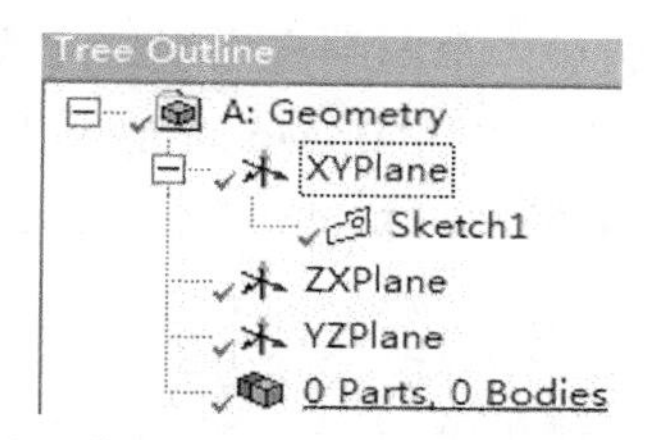

图 8.34　插入草图

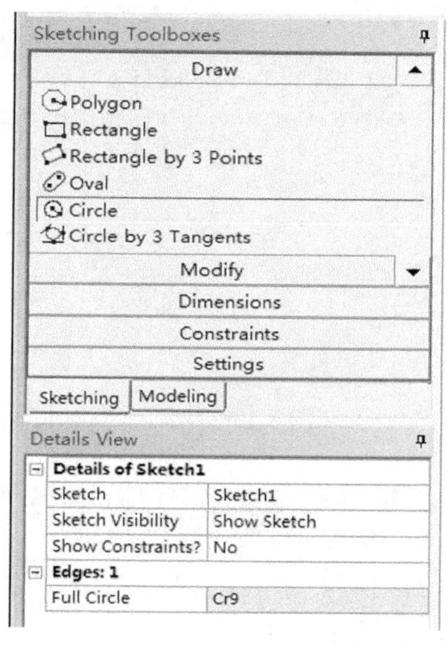

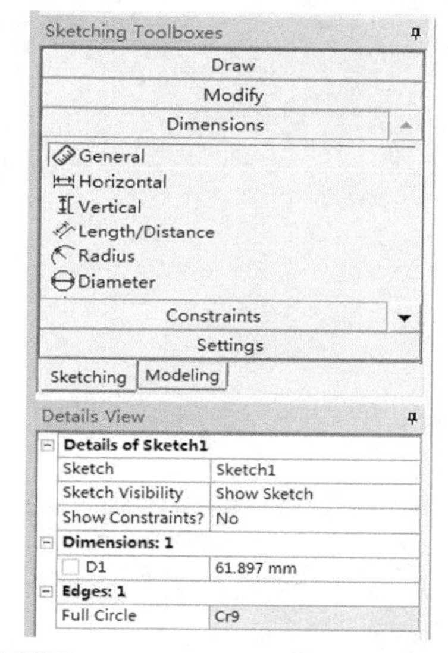

图 8.35　绘制圆

在 Sketching Toolboxes 栏中的 Dimensions 选项中执行 General 命令并标注草图，修改草图尺寸，将直径修改为 52mm，如图 8.36 所示。单击 Modeling 选项回到建模界面，在树结构图中选择 Sketch1 对象并右击，再选择 Hide Sketch 选项。

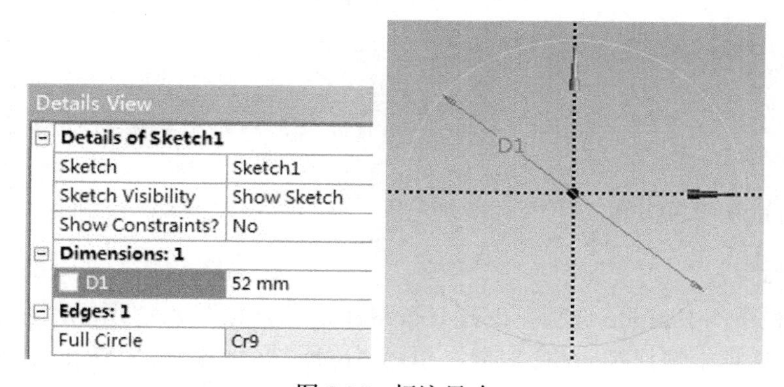

图 8.36　标注尺寸

在 DM 界面左侧的树结构图中选择 XYPlane 选项，单击工具栏中的 New Sketch 按钮，此时在树结构图中的 XYPlane 选项下将生成 Sketch2 对象，执行 Sketching 命令后，在 Sketching Toolboxes 栏中执行 Draw 命令，进而选择 Line 选项，先绘制一条竖直线，单击坐标平面，当出现 V 字时再次单击，如图 8.37 所示。单击第一条线段的终点并绘制一条水平线，当出现 H 时再次单击，如图 8.38 所示。按照上述方法依次画出如图 8.39 和图 8.40 所示的图形。

继续在 Draw 选项中单击下拉按钮，选择 Arc by Center 选项绘制圆弧。单击 Dimensions 命令中的 General 选项，草图中会出现标注尺寸，在左侧 Details View 面板中的 Dimensions 选项下修改所标注的尺寸，单击 Modeling 选项回到建模界面。在 Tree Outline 栏中选择 Sketch1 对象并右击，再选择 Show Sketch 选项，得到如图 8.41 所示的图形。

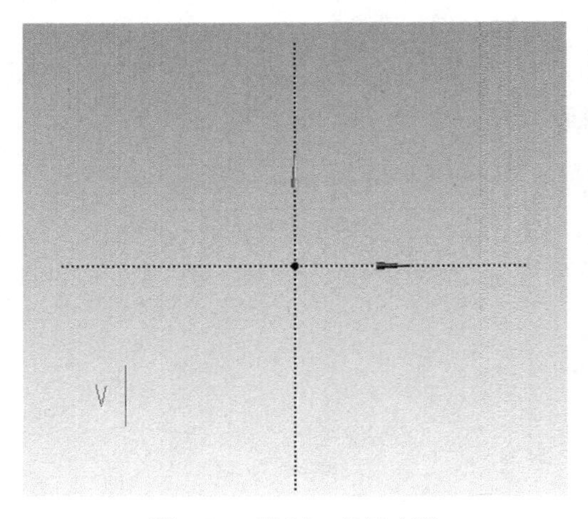

图 8.37　绘制一条竖直线

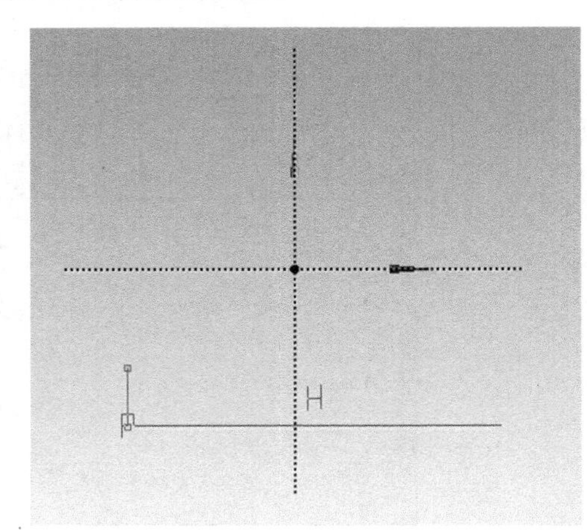

图 8.38　绘制第一条水平线

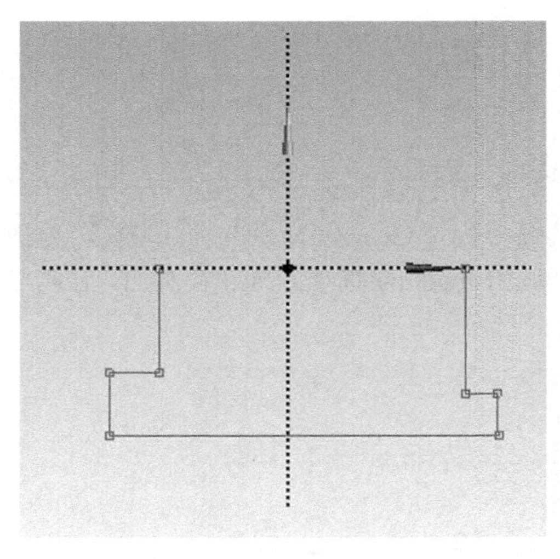

图 8.39　绘制线段

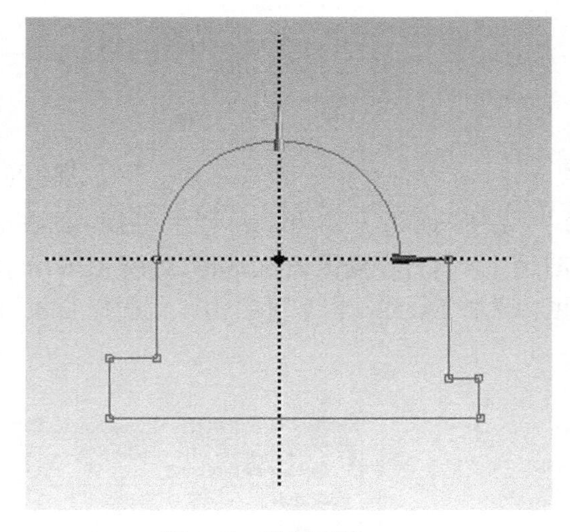

图 8.40　绘制圆弧

3) 生成实体

单击工具栏中的 Extrude 选项，创建 Extrude1 对象，如图 8.42 所示。在 Details View 面板的 Geometry 选项中选择 Sketch2 对象，单击 Apply 按钮，则此时 Sketch2 对应草图上的线被选定。在 Details View 面板中设置 Depth 为 50mm，单击工具栏中的 Generate 选项，得到的图形如图 8.43 所示。

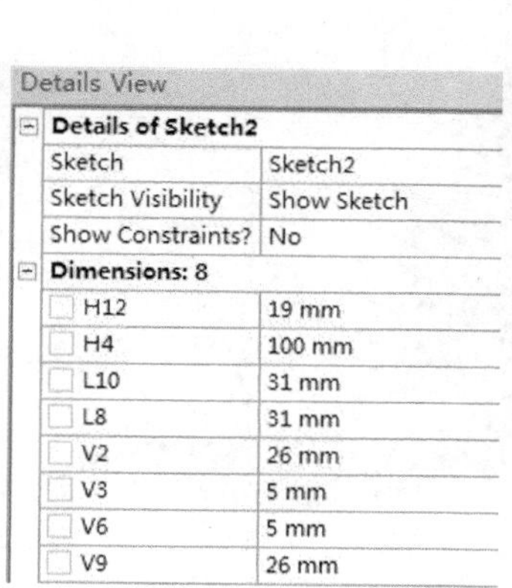

Details View

Details of Sketch2	
Sketch	Sketch2
Sketch Visibility	Show Sketch
Show Constraints?	No
Dimensions: 8	
H12	19 mm
H4	100 mm
L10	31 mm
L8	31 mm
V2	26 mm
V3	5 mm
V6	5 mm
V9	26 mm

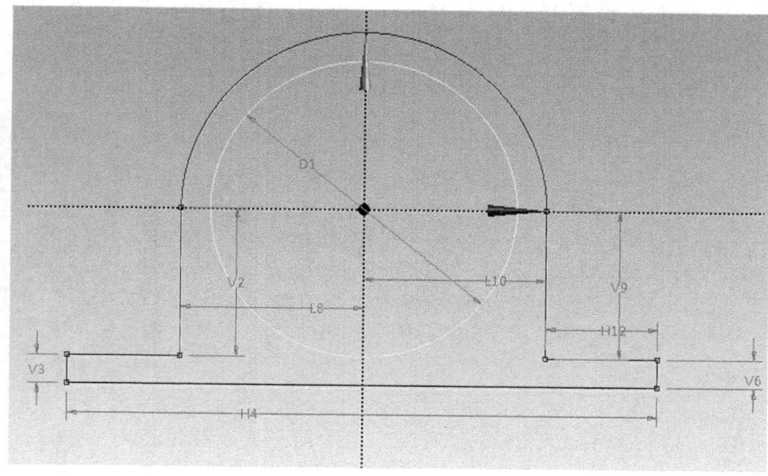

图 8.41　修改尺寸及最终草图

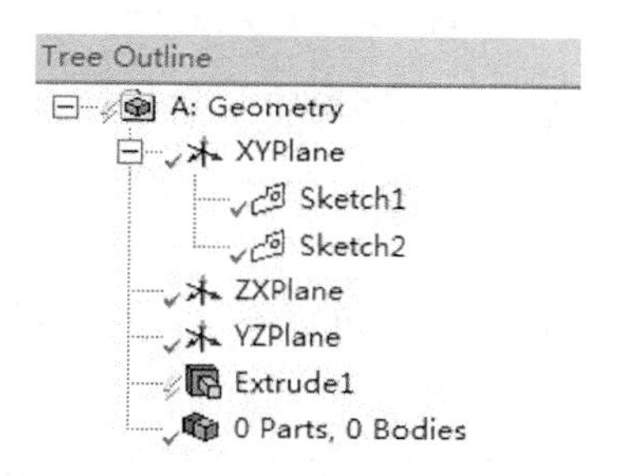

图 8.42　添加 Extrude1 对象

Details View

Details of Extrude1	
Extrude	Extrude1
Geometry	Sketch2
Operation	Add Material
Direction Vector	None (Normal)
Direction	Normal
Extent Type	Fixed
FD1, Depth (>0)	50 mm
As Thin/Surface?	No
Merge Topology?	Yes
Geometry Selection: 1	
Sketch	Sketch2

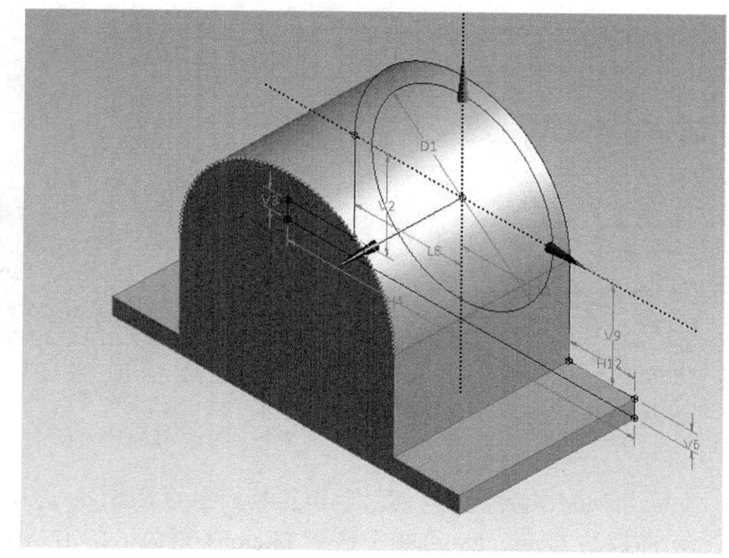

图 8.43　建立 Extrude1 对象

利用 Sketch1 对已有草图抠孔，单击工具栏中的 Extrude 选项，创建 Extrude2 对象。在 Details View 面板的 Geometry 选项中选择 Sketch1 对象，单击 Apply 按钮。设置 Operation 为 Cut Material，设置 Depth 为 10mm，单击工具栏中的 Generate 选项，得到的图形如图 8.44 所示。

Details View

Details of Extrude2	
Extrude	Extrude2
Geometry	Sketch1
Operation	Cut Material
Direction Vector	None (Normal)
Direction	Normal
Extent Type	Fixed
FD1, Depth (>0)	10 mm
As Thin/Surface?	No
Target Bodies	All Bodies
Merge Topology?	Yes
Geometry Selection: 1	
Sketch	Sketch1

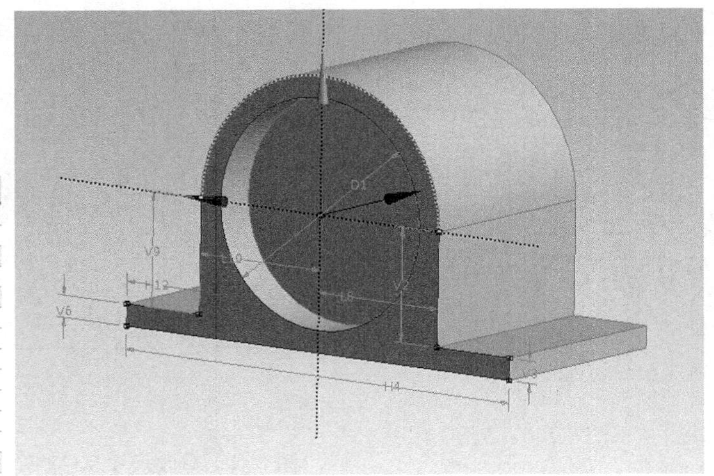

图 8.44　建立 Extrude2 对象

在已有平面上直接抠孔，选择几何体的另一个后面(与 Sketch1 区别开)，被选中的面会呈现出绿色。单击 Sketching 选项，在被选中的面上绘制 Sketch3。在 Sketching Toolboxes 栏中执行 Draw 命令，进而选择 Circle 选项，在该面上合适位置画圆。在 Details View 面板中修改 Sketch3 的尺寸，在 Details View 面板的 Dimensions 栏中设置直径 40mm，圆心位置距底边 31mm，修改后的 Sketch3 如图 8.45 所示。

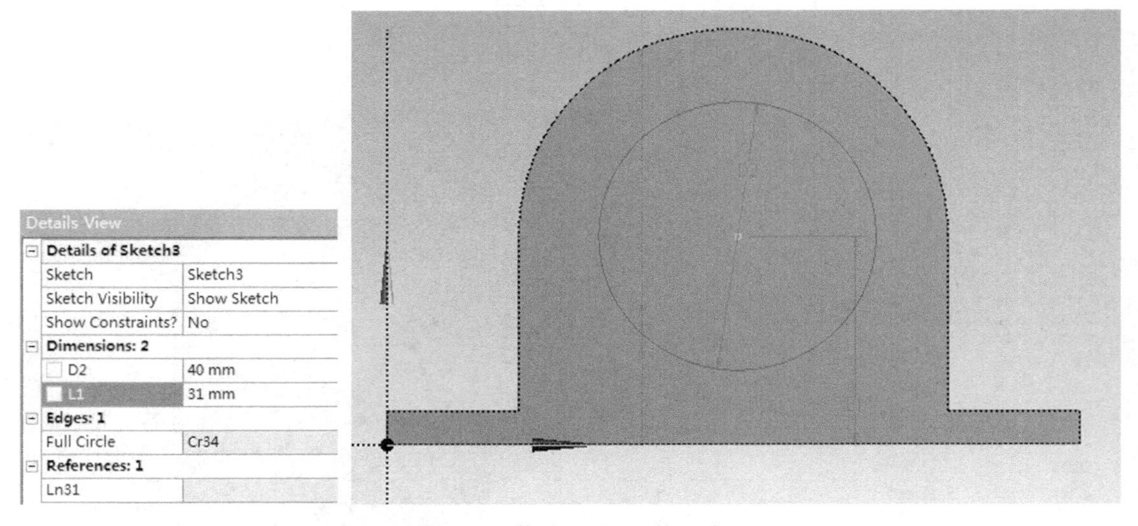
Details View

Details of Sketch3	
Sketch	Sketch3
Sketch Visibility	Show Sketch
Show Constraints?	No
Dimensions: 2	
D2	40 mm
L1	31 mm
Edges: 1	
Full Circle	Cr34
References: 1	
Ln31	

图 8.45　修改 Sketch3 的尺寸

单击 Modeling 选项，然后单击工具栏中的 Extrude 选项，创建 Extrude3 对象。在 Details View 面板的 Geometry 选项中选择 Sketch3 对象，单击 Apply 按钮。设置 Operation 为 Cut Material，设置 Depth 为 40mm，单击工具栏中的 Generate 选项，得到的图形如图 8.46 所示。

Details View	
Details of Extrude3	
Extrude	Extrude3
Geometry	Sketch3
Operation	Cut Material
Direction Vector	None (Normal)
Direction	Reversed
Extent Type	Fixed
FD1, Depth (>0)	40 mm
As Thin/Surface?	No
Target Bodies	All Bodies
Merge Topology?	Yes
Geometry Selection: 1	
Sketch	Sketch3

图 8.46 创建 Extrude3 对象

创建通孔，选取几何体的一个面绘制草图，同时修改尺寸，孔径为 10mm，孔中心的定位尺寸为 25mm×9.5mm，如图 8.47 所示。

Details View	
Details of Sketch4	
Sketch	Sketch4
Sketch Visibility	Show Sketch
Show Constraints?	No
Dimensions: 3	
D2	10 mm
L1	25 mm
L3	9.5 mm

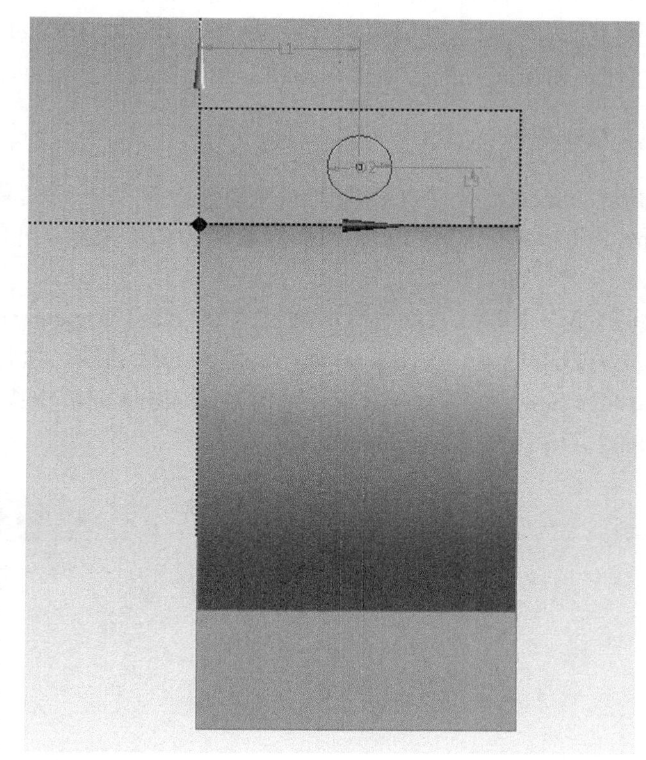

图 8.47 另一个面上的草图

单击 Modeling 选项，然后单击工具栏中的 Extrude 选项，创建 Extrude4 对象。在 Details View 面板的 Geometry 选项中选择 Sketch4 对象，单击 Apply 按钮。设置 Operation 为 Cut Material，设置 Depth 为 5mm，单击工具栏中的 Generate 选项，得到的图形如图 8.48 所示。在轴承座对称的位置上同样创建另一个通孔，最终完成绘制，最终模型如图 8.31 所示。

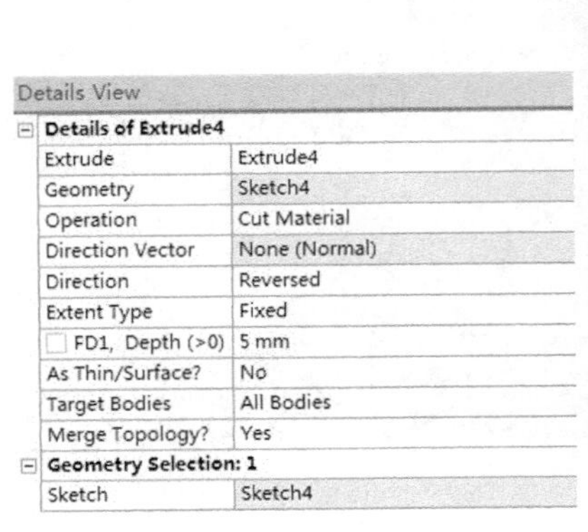

Details View

Details of Extrude4	
Extrude	Extrude4
Geometry	Sketch4
Operation	Cut Material
Direction Vector	None (Normal)
Direction	Reversed
Extent Type	Fixed
FD1, Depth (>0)	5 mm
As Thin/Surface?	No
Target Bodies	All Bodies
Merge Topology?	Yes
Geometry Selection: 1	
Sketch	Sketch4

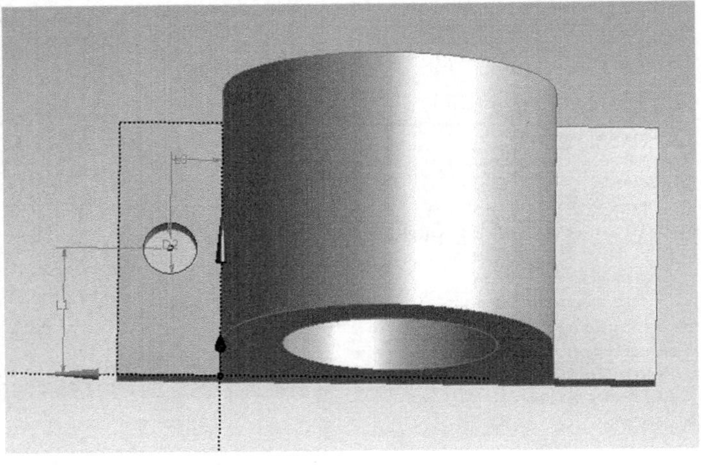

图 8.48　创建 Extrude4 对象

4)完成建模

单击 DM 界面右上角的“关闭”按钮，退出 DM，返回到 Workbench 主界面，此时主界面的项目管理区中显示的项目如图 8.49 所示。在 Workbench 主界面中单击常用工具栏中的“保存”按钮，将所建立的模型保存备用。

3. DM 建模——概念建模

概念(concept)建模主要用于创建和修改模型中的线和面，使之成为有限元模型中的梁(beam)单元和壳(shell)单元。下面以阶梯轴结构为例，介绍概念建模的过程和截面属性赋予方法。

新创建一个项目 A，然后在项目 A 的 A2(Geometry)中右击，从弹出的快捷菜单中选择 New Geometry 选项，如图 8.50 所示。启动 DM 模块，执行 Units > Millimeter 命令，确定选择的单位制为 mm，如图 8.51 所示。在 Tree Outline 面板中执行 A：Geometry > ZXPlane 命令，如图 8.52 所示，然后正视于该平面。

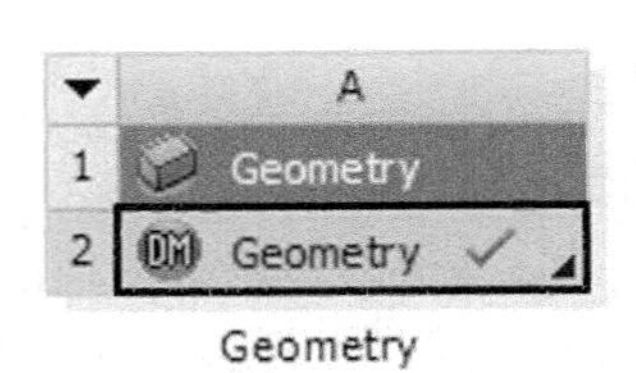

图 8.49　完成的项目

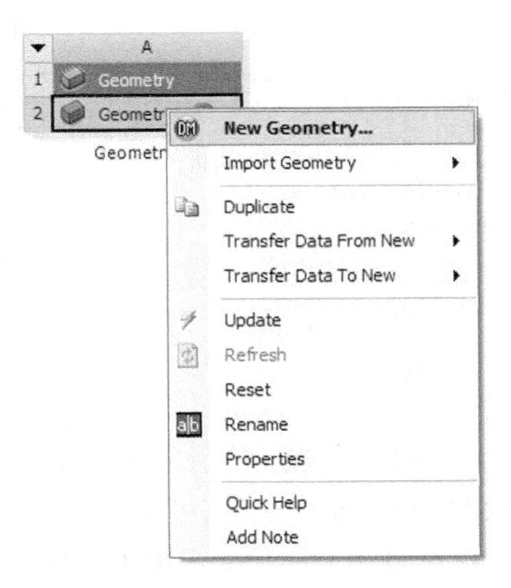

图 8.50　编辑几何文件

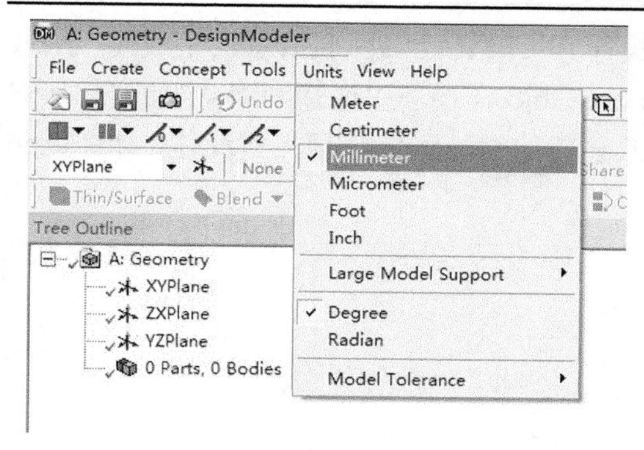

图 8.51　单位设置

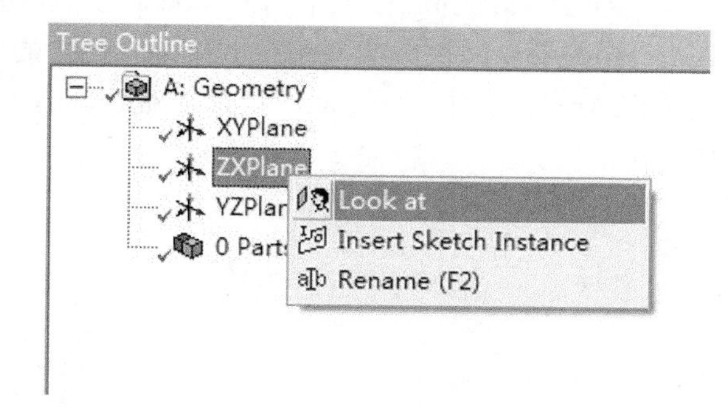

图 8.52　选取草图平面

单击工具栏中的 New Sketch 按钮，此时在树结构图的 ZXPlane 选项下将生成 Sketch1 对象，如图 8.53 所示。在 DM 界面左侧的树结构图下选择 Sketching 选项，并选择工具栏中的 Line 工具(补充一个图)。在 Dimensions 栏中设置 H1 长度为 100mm，如图 8.54 所示。

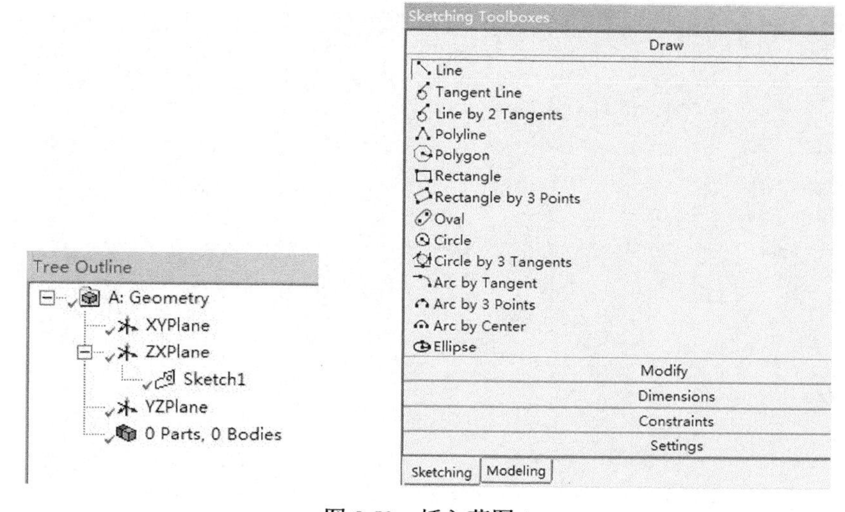

图 8.53　插入草图 1

Details View	
Details of Sketch1	
Sketch	Sketch1
Sketch Visibility	Show Sketch
Show Constraints?	No
Dimensions: 1	
H1	100 mm
Edges: 1	
Line	Ln7

H1

图 8.54　绘制草图 1

切换到 Modeling 模式下，在 Concept 菜单中执行 Lines From Sketches（草绘生成线）命令，在 Details View 面板中的 Details of Line1 栏下的 Base Objects 选项中选择刚刚草绘的图形，然后单击 Apply 按钮，如图 8.55 所示。随后单击工具栏中的 Generate 选项生成线体，如图 8.56 所示。

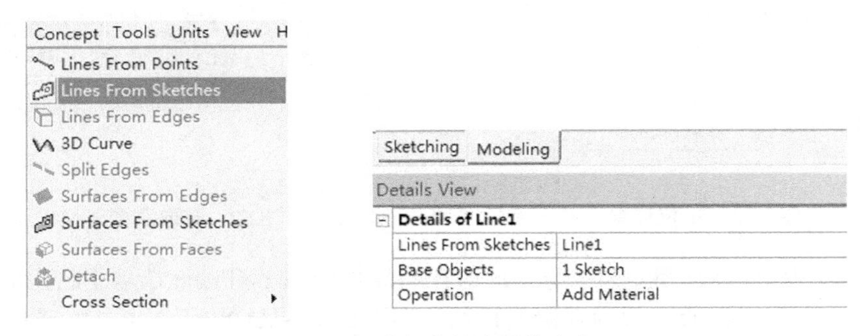

图 8.55　选择草绘生成线命令

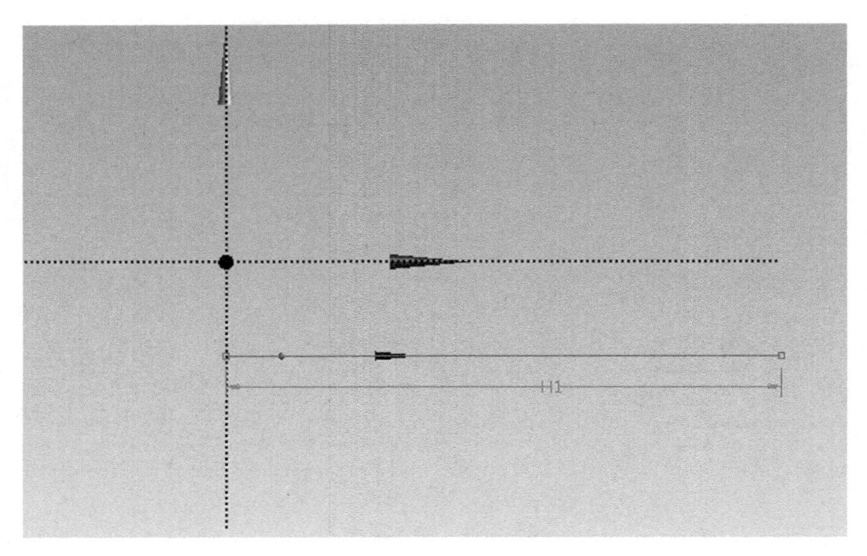

图 8.56　线体模型

在树结构图中选择 1Part,1Body 下面的 Line Body 选项，下面出现的 Details View 面板中的 Cross Section 栏呈现提示状态，其中内容为 Not selected，表示界面特性未被赋予，如图 8.57 所示。

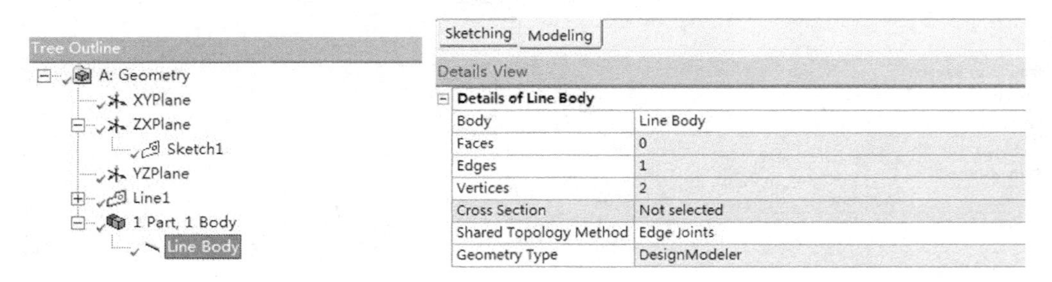

图 8.57　未赋予截面特性

在 Concept 菜单下选择 Cross Section 命令中的 Circular 选项，在 Details View 面板的 Dimensions 栏中的尺寸 R 文本框中输入 10mm，并按 Enter 键确定输入，如图 8.58 所示。

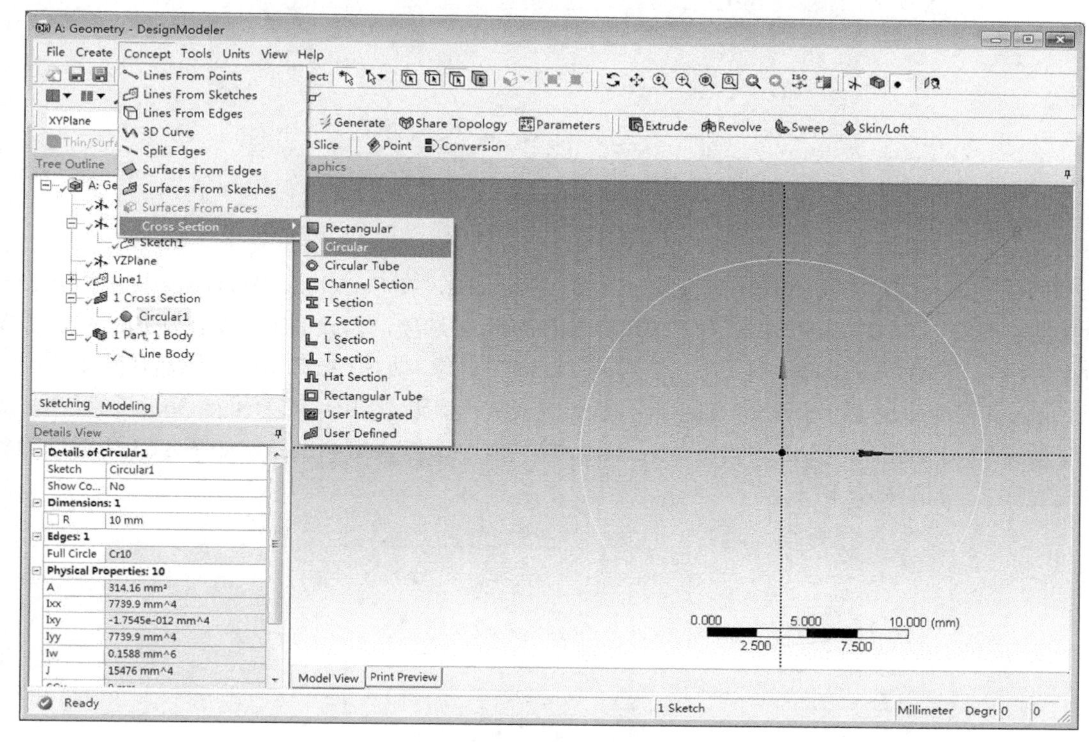

图 8.58　截面特性定义

重新选择树结构图中的 1Part,1Body 下面的 Line Body 选项，在 Details View 面板的 Cross Section 栏中选择 Circular1 选项，如图 8.59 所示。在菜单栏的 View 命令下选择 Cross Section Solids 子菜单，此时，Cross Section Solids 子菜单前面会出现“ ✓ ”，表示子菜单被选中，同时图形显示如图 8.60 所示。

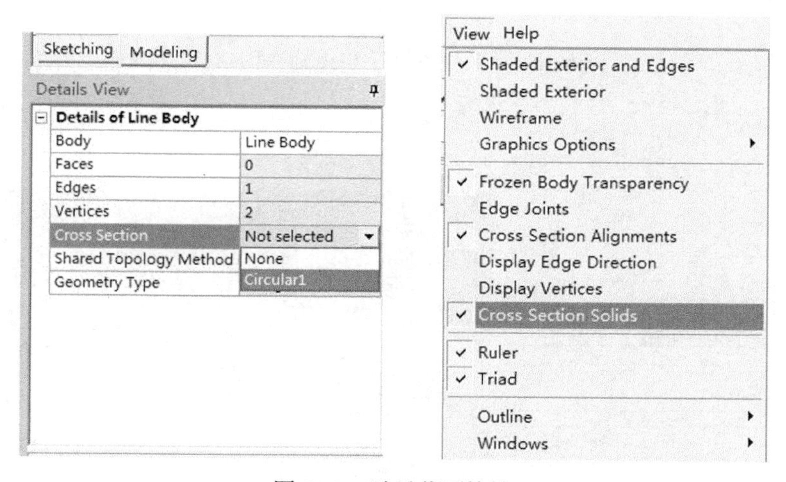

图 8.59　赋予截面特性

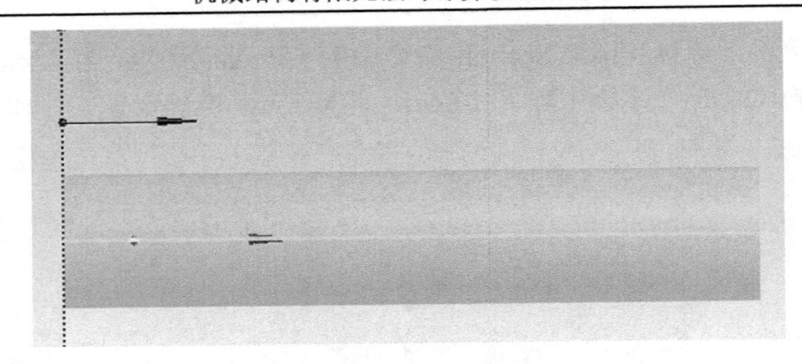

图 8.60　图形显示设置

同样的，在 ZXPlane 选项下创建第二个草图 Sketch2，在 Sketching Toolboxes 栏中执行 Line 命令创建 H2，并在 Details View 面板中选择 Dimensions 选项，修改 H2 的数值为 100mm，如图 8.61 所示。切换到 Modeling 模式下，先单击 Sketch2 对象，如图 8.62 所示，然后在菜单栏中选择 Concept 命令中的 Lines From Sketches(草绘生成线)选项，在出现的 Details View 面板中，需要注意的是，Details of Line2 栏中的 Operation 选项需要选择 Add Frozen，如图 8.63 所示。随后生成线体 2，如图 8.64 所示。

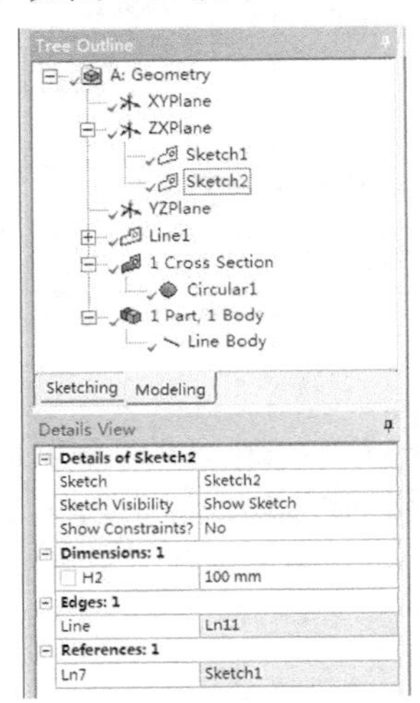

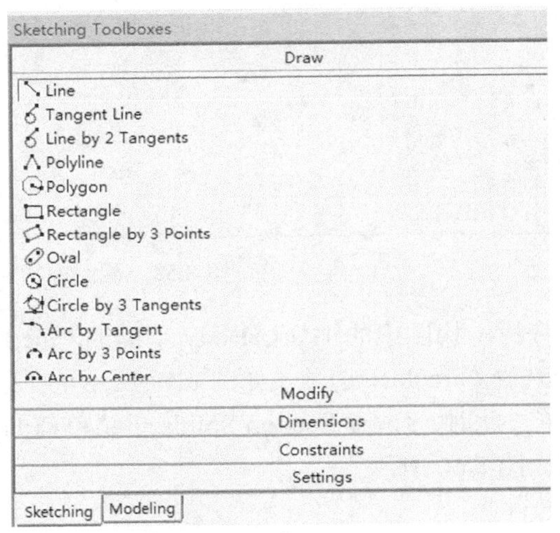

图 8.61　工具栏中执行 Line 命令创建 H2

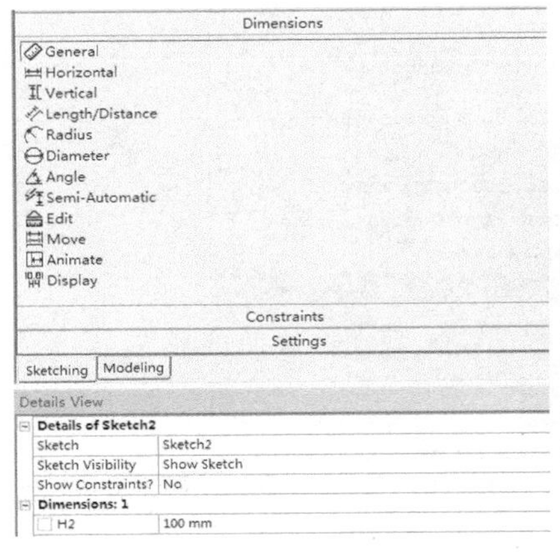

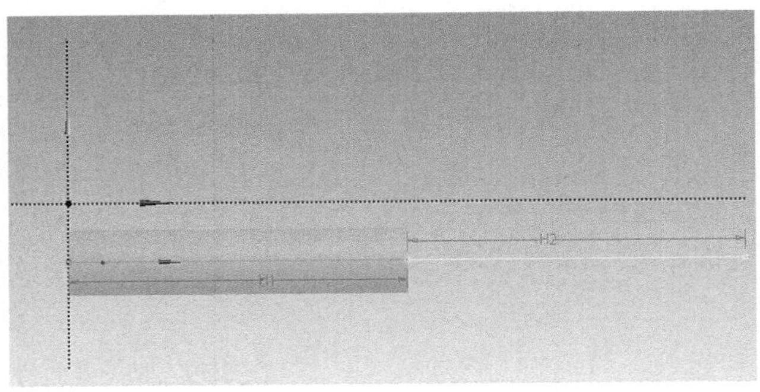

图 8.62　绘制草图 2

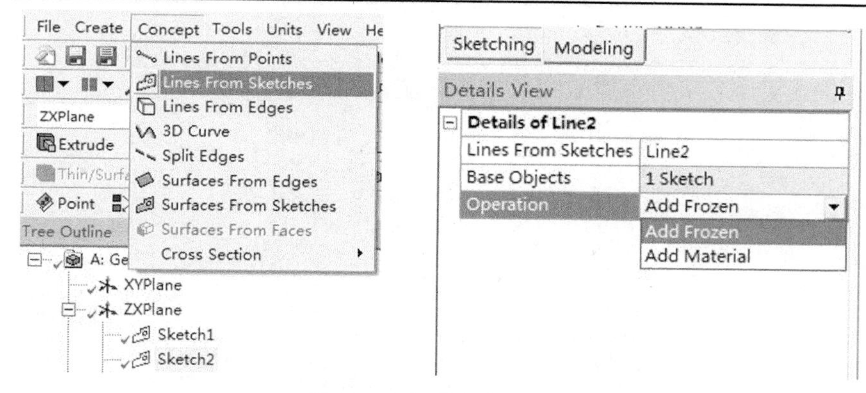

图 8.63　生成线体 2 命令

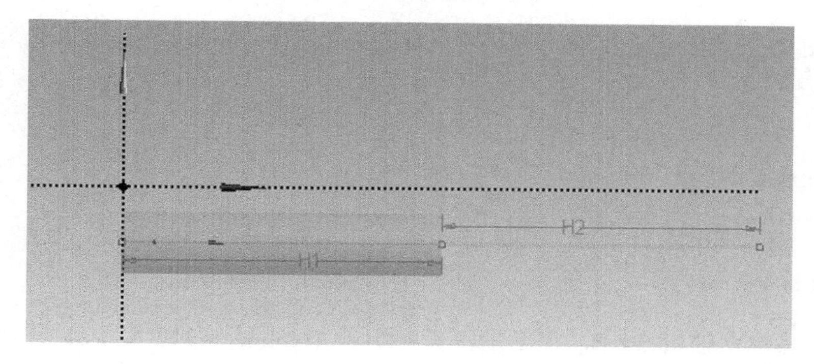

图 8.64　生成线体 2

赋予 Line2 截面特性，在菜单栏中选择 Concept 菜单下的 Cross Section 子菜单中的 Circular 选项，在 Details View 面板 Dimensions 栏的 R 文本框中输入 20mm，并按 Enter 键确定，如图 8.65 所示。在树结构图的 2Parts,2Bodies 选项下选择第二个 Line Body 命令，在 Details View 面板的 Cross Section 栏中选择 Circular2 选项，如图 8.66 所示。完成第 2 个轴段的建立，如图 8.67 所示。

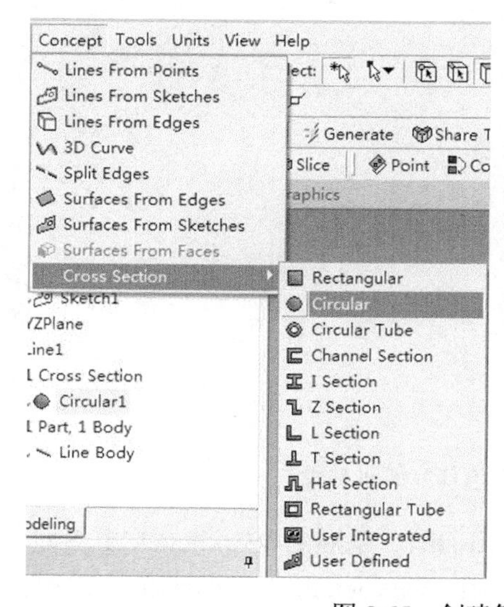

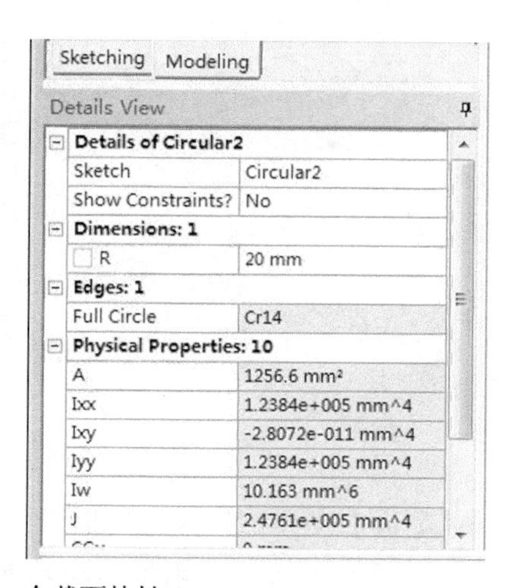

图 8.65　创建第二个截面特性

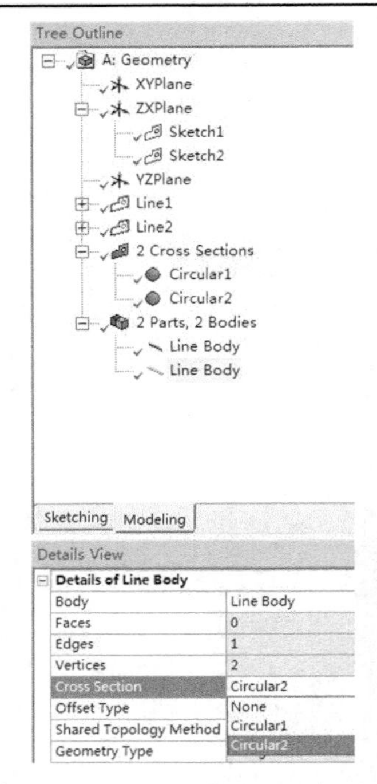

图 8.66　赋予线体 2 截面特性

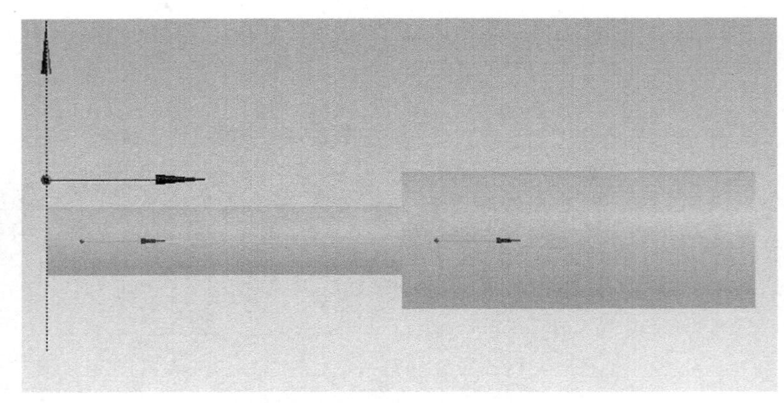

图 8.67　图形显示

以相同步骤建立轴段 3～5，每个轴段长度均为 100mm，轴段 3 半径为 30mm，另外将 Circular2 赋予第 4 个 Line Body(轴段 4)，将 Circular1 赋予第 5 个 Line Body(轴段 5)，最终生成的阶梯轴结构如图 8.68 所示。

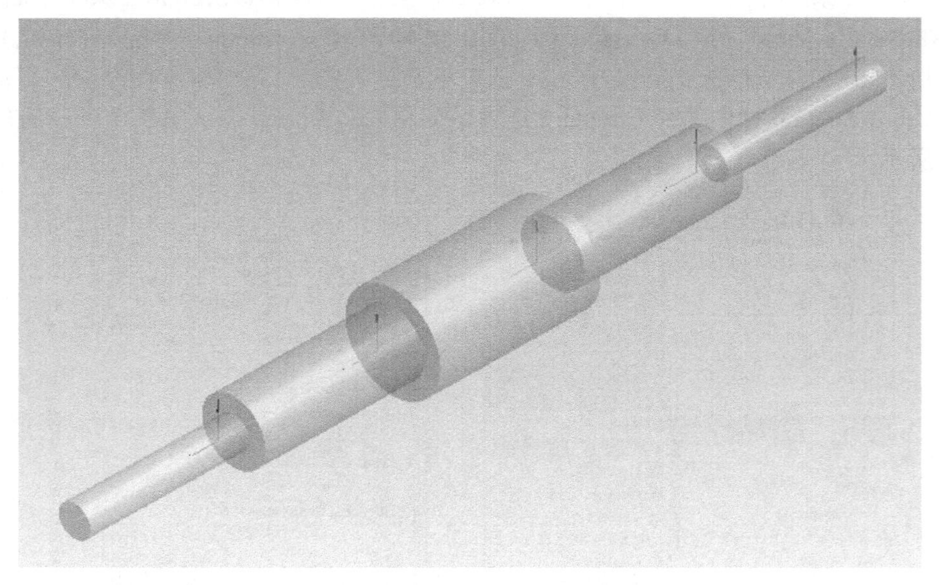

图 8.68　概念建模所建立的阶梯轴

单击 DM 界面右上角的“关闭”按钮，退出 DM，返回到 Workbench 主界面，此时主界面的项目管理区中显示的项目如图 8.50 所示。在 Workbench 主界面中单击常用工具栏中的“保存”按钮，将所建立的模型保存备用。

8.2.3　网格划分

网格划分是 CAE 分析必不可少的步骤，网格的质量直接影响 CAE 分析的精度、收敛性和速度。Workbench 中提供了网格划分的强大工具，一般通过 Mechanical 或 Meshing 两个应用打开，而具体进入哪个应用则由具体的分析类型决定，一般的结构分析推荐使用 Mechanical，而与流体相关的分析推荐使用 Meshing。针对结构分析中常用的 3D 实体模型和 2D 面结构模型，Workbench 中根据不同的算法(Path Conforming 是 Workbench 自带功能；Patch Independent 则基于 ICEM CFD 软件)有不同的网格划分方法可供选择。

3D 实体模型网格划分方法有：Automatic 自动网格划分、Tetrahedrons 四面体网格划分(Path Conforming Tetra 和 Path Independent Tetra)、Hex Dominant 六面体主导网格划分、Sweep 扫掠划分、Inflation 膨胀法、MultiZone 多区法。

2D 面结构模型网格划分方法有：Quad Dominant 四边形主导网格划分、All Triangles 三角形划分、MultiZone Quad/Tri 四边形/三角形网格划分。

下面以某谐波减速器中的凸轮结构为例，介绍网格划分中的具体功能及效果。

1. 创建项目

打开 Workbench 软件，进入主界面，双击主界面工具箱(Toolbox)中的 Component Systems 选项下的 Mesh 命令，在项目工程图区域内创建项目 A，如图 8.69 所示。

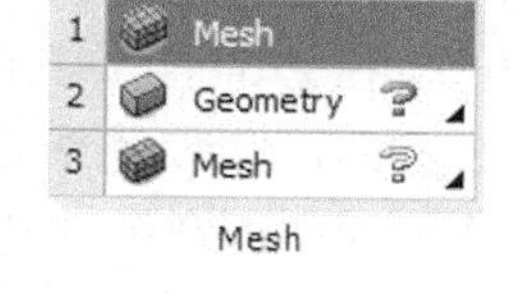

图 8.69　创建项目 A

2. 添加几何模型

在 Project A 中的 Geometry 选项上右击，在弹出的快捷菜单中选择 Import Geometry 选项，在下拉菜单中选择 Browse 选项，如图 8.70 所示。在弹出的对话框中选择文件路径，导入凸轮几何体文件，此时 A2 栏 Geometry 后的 ? 会变为 ✓，表示实体模型已经存在，更新后的 Project A 如图 8.71 所示，导入的几何模型如图 8.72 所示。

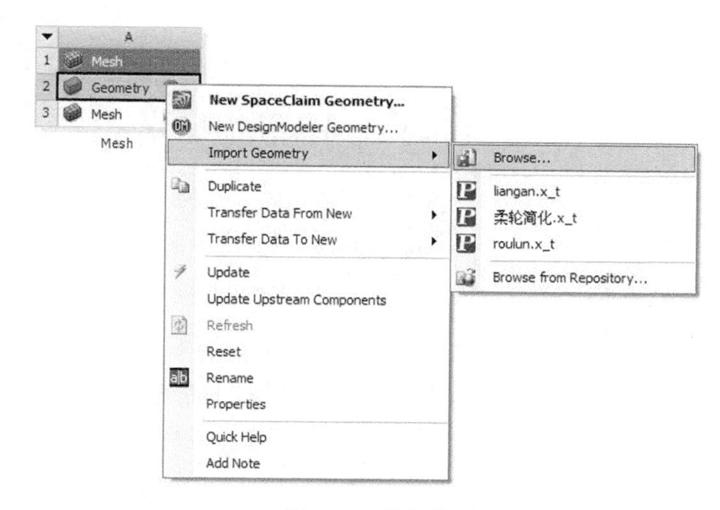

图 8.70　导入模型

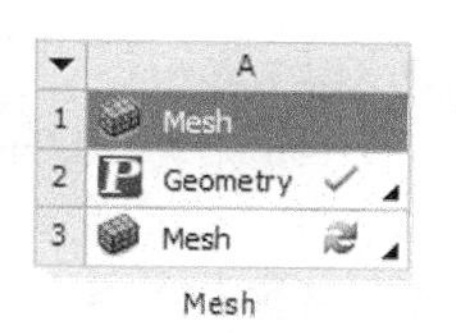

图 8.71　项目更新后

图 8.72　导入的几何模型

双击 Project A 中的 A2 Geometry 选项，进入 DM 界面。如果设计树中显示 ，表示需要生成模型，此时单击 Generate 按钮 ，即可显示生成的几何体，且可在几何体上进行其他操作(如切分、修改特征等)，本实例无须进行操作。如果设计树中的 Generate 按钮不显示为高亮，则说明成功导入几何体模型，此时可以直接关闭 DM 界面，返回 Workbench 主界面。

3. 网格划分

在 Project A 中右击 A3 Mesh 选项，然后选择 Edit 选项，如图 8.73 所示，可进入网格划分界面，此时界面左侧的树结构图如图 8.74 所示，表示 Mesh 操作尚未完成。下面尝试进行不同类型的网格划分控制操作。

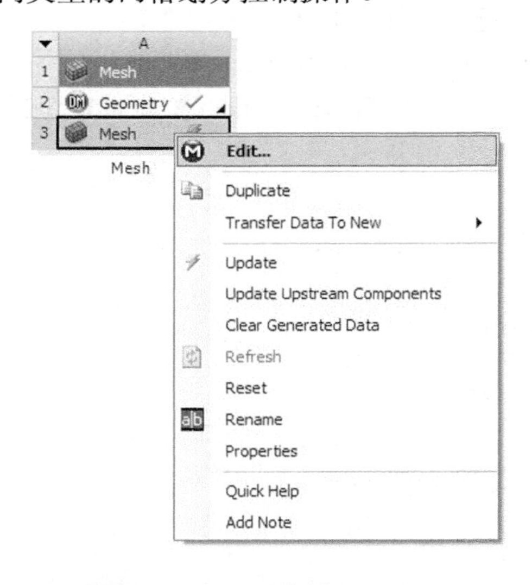

图 8.73　打开网格划分界面

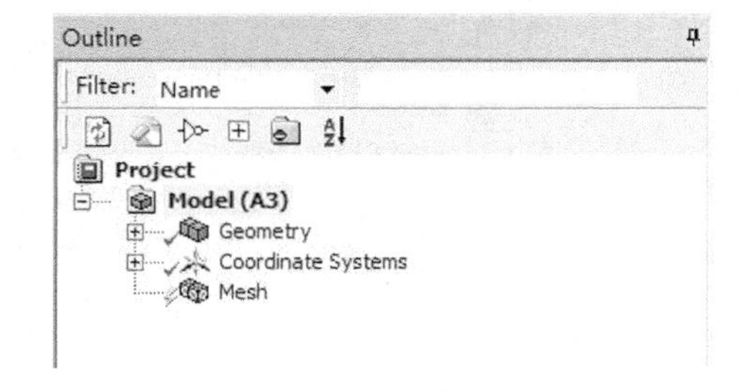

图 8.74　查看树结构图

4. 网格相关度

(1) 单击 Mesh 选项，在 Details View 面板中设置 Relevance 为 0，其余默认；单击工具栏中的 Generate Mesh 按钮，生成的网格模型如图 8.75(a)所示。

(2)单击 Mesh 选项，在 Details View 面板中设置 Relevance 为–50，其余默认；单击工具栏中的 Generate Mesh 按钮，生成的网格模型如图 8.75(b)所示。

(3)单击 Mesh 选项，在 Details View 面板中设置 Relevance 为 50，其余默认；单击工具栏中的 Generate Mesh 按钮，生成的网格模型如图 8.75(c)所示。

(4)单击 Mesh 选项，在 Details View 面板中设置 Relevance 为 0，恢复默认设置。

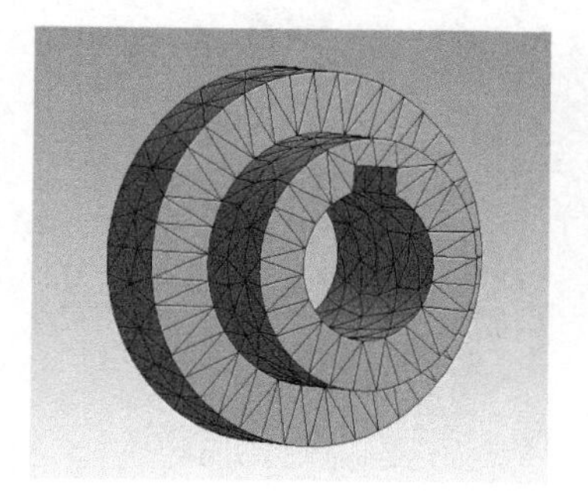

(a) Relevance 为 0

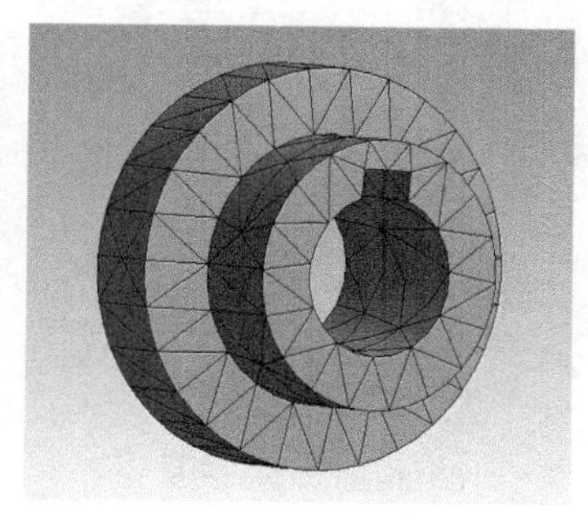

(b) Relevance 为–50

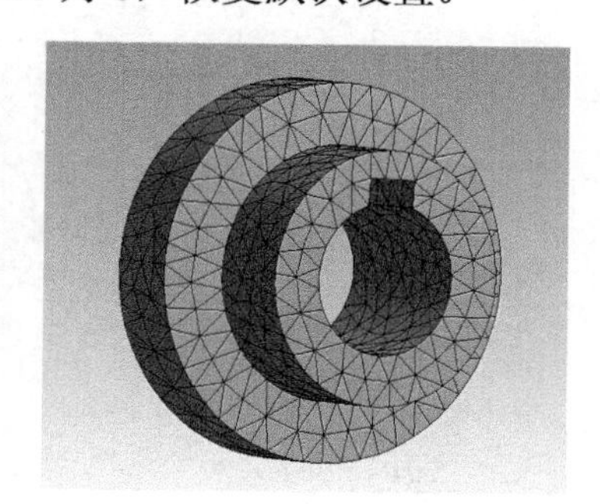

(c) Relevance 为 50

图 8.75　Relevance 相关度设置

5. 相关度中心

(1)单击 Mesh 选项，在 Details View 面板中修改 Relevance Center 为 Medium，其余默认；单击工具栏中的 Generate Mesh 按钮，生成的网格模型如图 8.76(a)所示。

(2)单击 Mesh 选项，在 Details View 面板中修改 Relevance Center 为 Fine，其余默认；单击工具栏中的 Generate Mesh 按钮，生成的网格模型如图 8.76(b)所示。

(3)单击 Mesh 选项，在 Details View 面板中修改 Relevance Center 为 Coarse，其余默认；单击工具栏中的 Generate Mesh 按钮，生成的网格模型如图 8.76(c)所示。

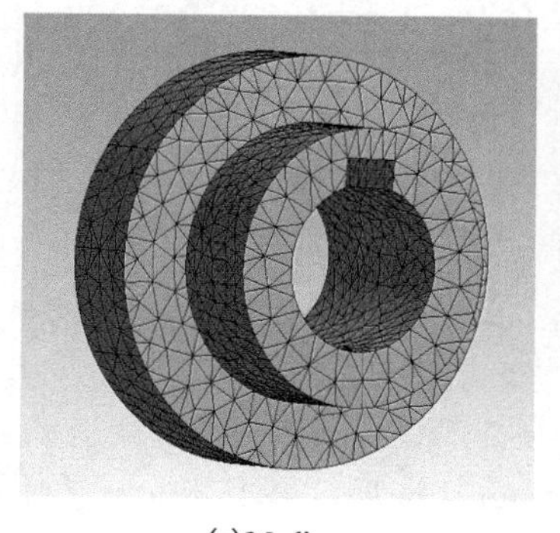

(a) Medium

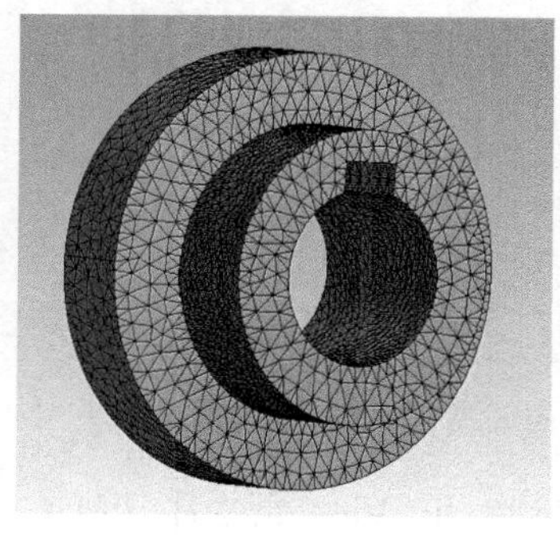

(b) Fine

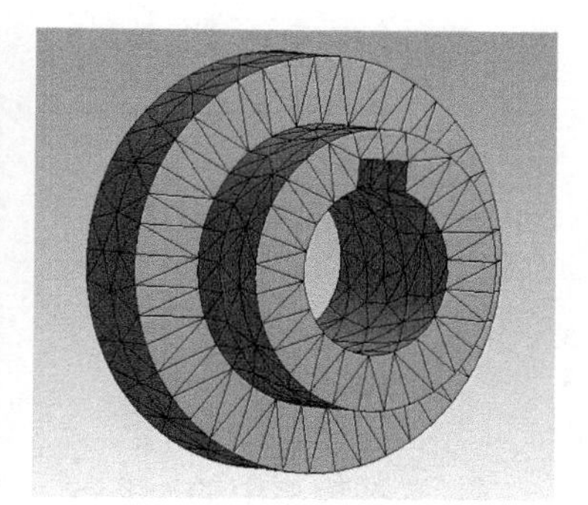

(c) Coarse

图 8.76　Relevance Center 设置

6. 全局尺寸

(1)单击 Mesh 选项，在 Details View 面板中修改 Element Size 为 3，其余默认；单击工具栏中的 Generate Mesh 按钮，生成的网格模型如图 8.77(a)所示。

(2) 单击 Mesh 选项，在 Details View 面板中修改 Element Size 为 15，其余默认；单击工具栏中的 Generate Mesh 按钮，生成的网格模型如图 8.77(b)所示。

(3) 单击 Mesh 选项，在 Details View 面板中修改 Element Size 为 0，其余默认；单击工具栏中的 Generate Mesh 按钮，生成的网格模型如图 8.77(c)所示。

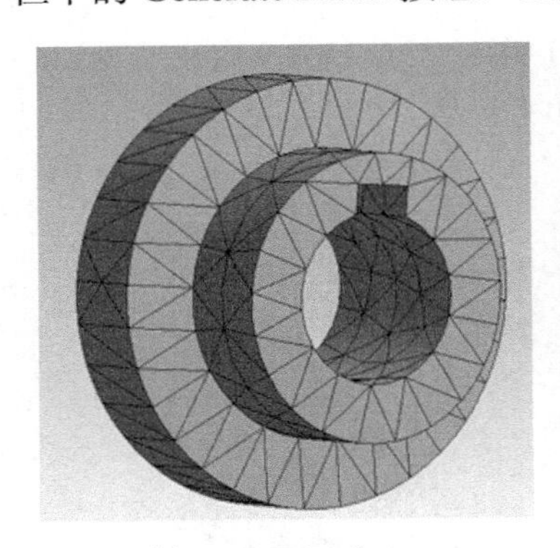

(a) Element Size 为 3

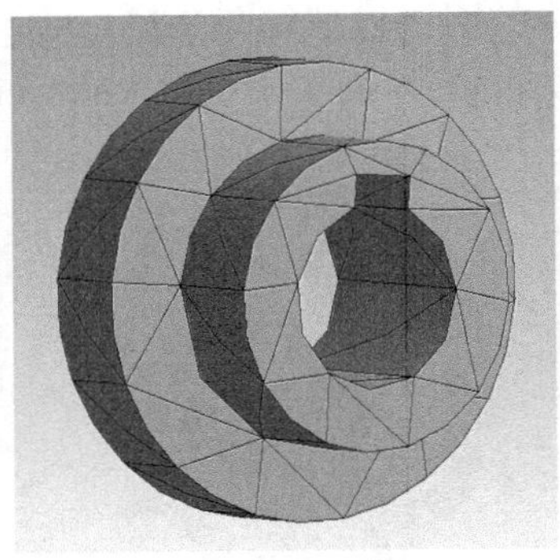

(b) Element Size 为 15

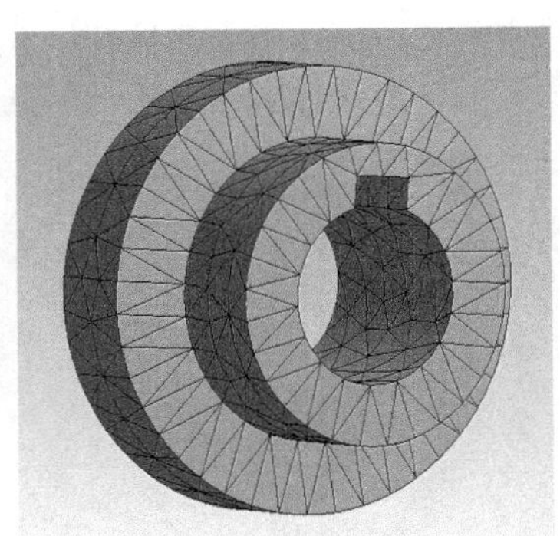

(c) Element Size 为 0

图 8.77　Element Size 设置

7. *局部单元尺寸*

(1) 单击 Mesh 选项，然后在工具栏中执行 Mesh Control 选项中的 Sizing 命令，在树结构图中将得到 Sizing 对象，将该对象的细节窗口中的 Element Size 设置为 2mm。

(2) 选择模型中的一个点，在 Details View 面板中选择 Geometry 选项，单击 Apply 按钮；此时 Sizing 对象的名称变为了 Vertex Sizing。修改对象的细节窗口中的 Sphere Radius 为 10mm，单击 Generate 选项，生成网格模型如图 8.78 所示。

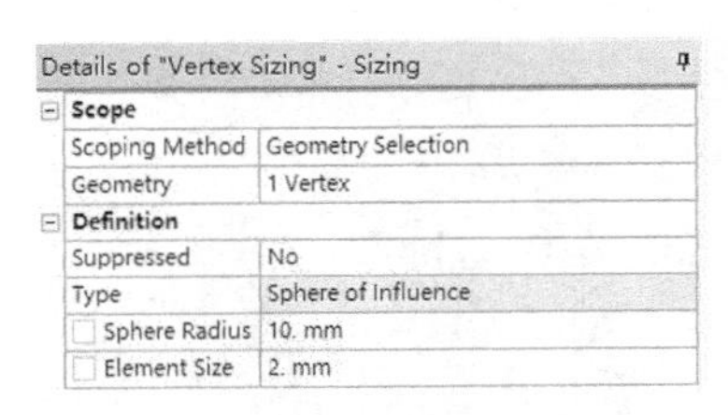

Details of "Vertex Sizing" - Sizing

Scope	
Scoping Method	Geometry Selection
Geometry	1 Vertex
Definition	
Suppressed	No
Type	Sphere of Influence
Sphere Radius	10. mm
Element Size	2. mm

(a) 细节窗口

(b) 影响区域

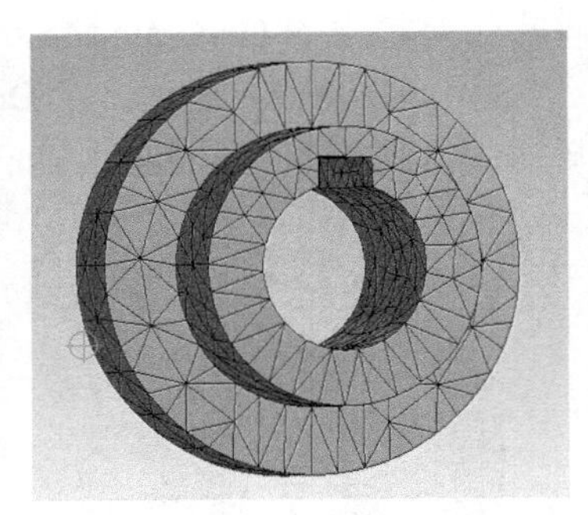

(c) 网格模型

图 8.78　以点划分单元局部尺寸

(3) 选择模型中的一条线，在 Details View 面板中选择 Geometry 选项，单击 Apply 按钮；此时 Sizing 对象的名称变为了 Edge Sizing。设置细节窗口中的 Type 为 Number of Divisions，并设置 Number of Divisions 为 30，其余默认，单击 Generate 选项，生成网格模型如图 8.79 所示。

(4) 选择模型中的一个面，在 Details View 面板中选择 Geometry 选项，单击 Apply 按钮；此时 Sizing 对象的名称变为了 Face Sizing。设置细节窗口中的 Type 为 Element Size，并设置 Element Size 为 2mm，其余默认，单击 Generate 选项，生成的网格模型如图 8.80 所示。

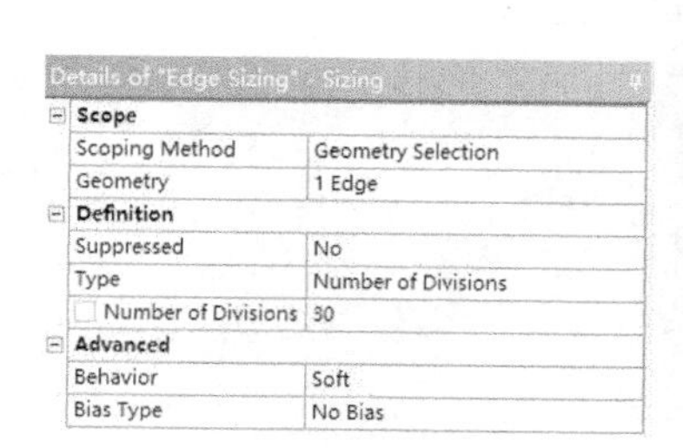

(a) 细节窗口

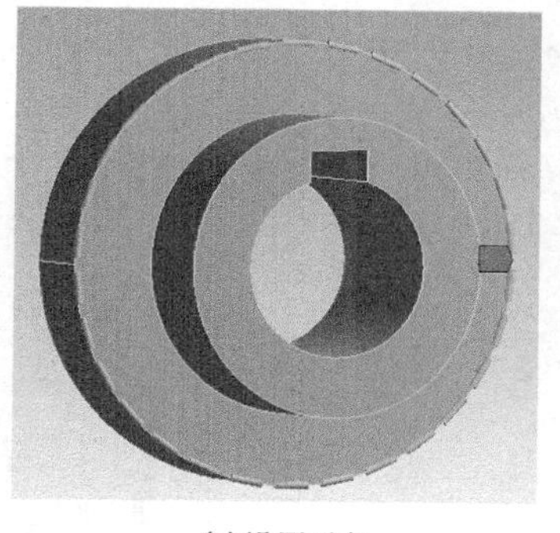

(b) 设置对象

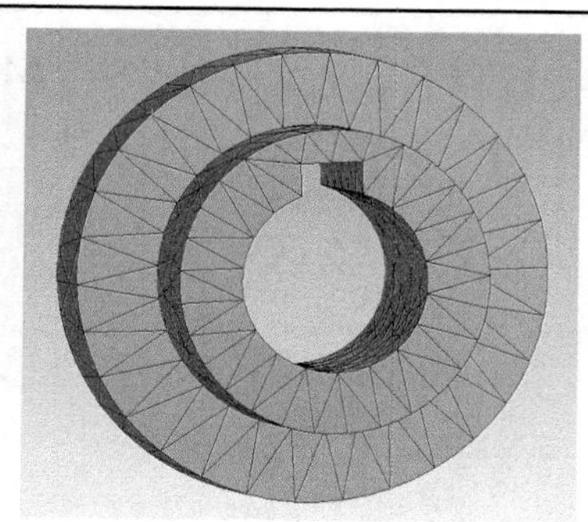

(c) 网格模型

图 8.79　以线划分单元局部尺寸

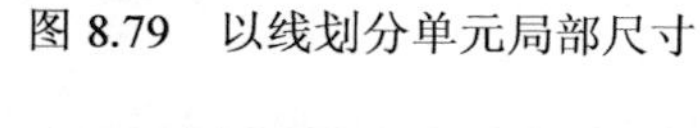

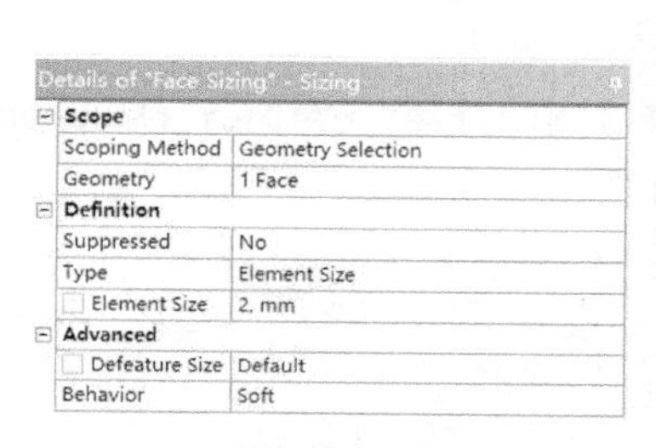

(a) 细节窗口

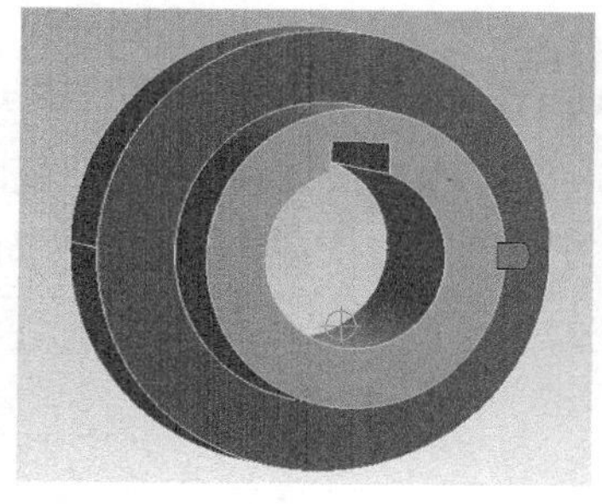

(b) 设置对象

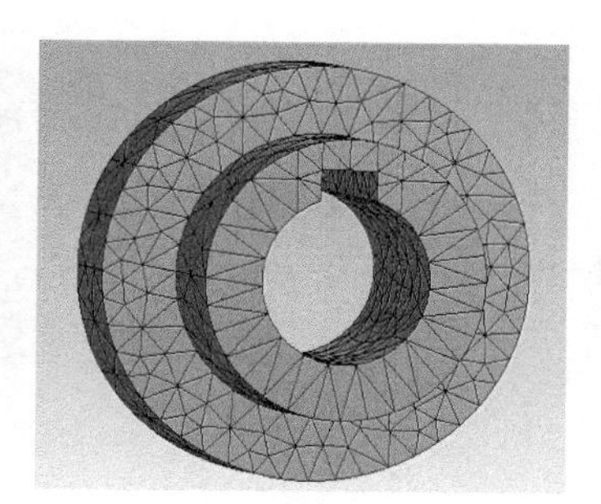

(c) 网格模型

图 8.80　以面划分单元局部尺寸

(5) 在结构树的 Face Sizing 选项上右击，在快捷菜单中选择 Suppress 选项。继续在结构树中右击 Mesh 选项，在快捷菜单中选择 Clear Generated Data 选项，清除以上划分的网格，准备后续操作。

8. 网格划分方法

(1) 单击 Mesh 选项，然后在工具栏上执行 Mesh Control 选项中的 Method 命令，在树结构图中将得到 Automatic Method 对象。选择细节窗口的 Geometry 选项，并单击 Apply 按钮。单击 Generate 选项，方法设置与生成的网格模型如图 8.81 所示。

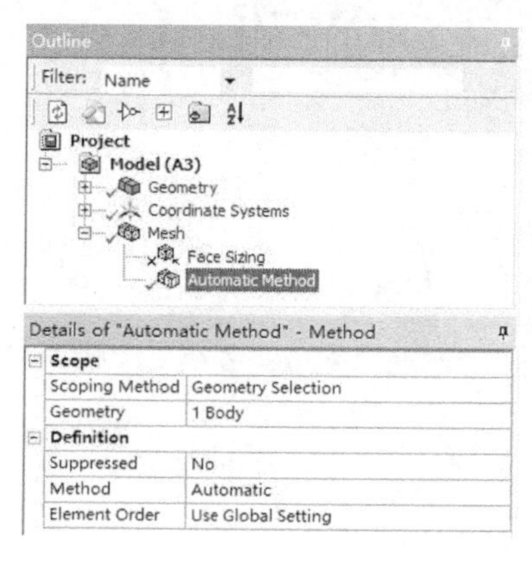

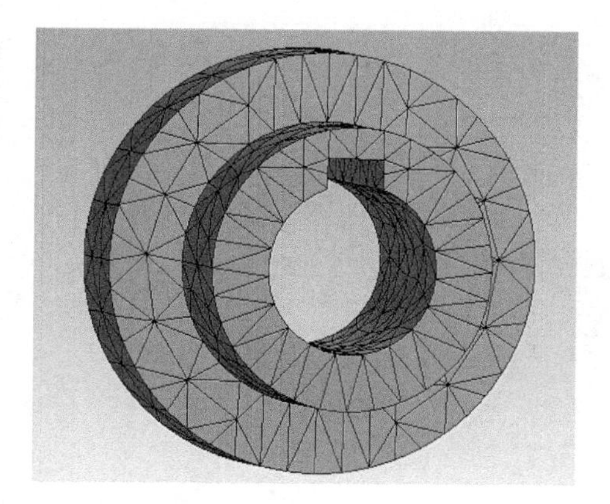

图 8.81　Automatic Method 设置与生成的网格模型

(2) 在细节窗口中，修改 Method 为 Tetrahedrons，此时对象的名称变为 Patch Conforming Method。单击 Generate 选项，方法设置与生成的网格模型如图 8.82 所示。

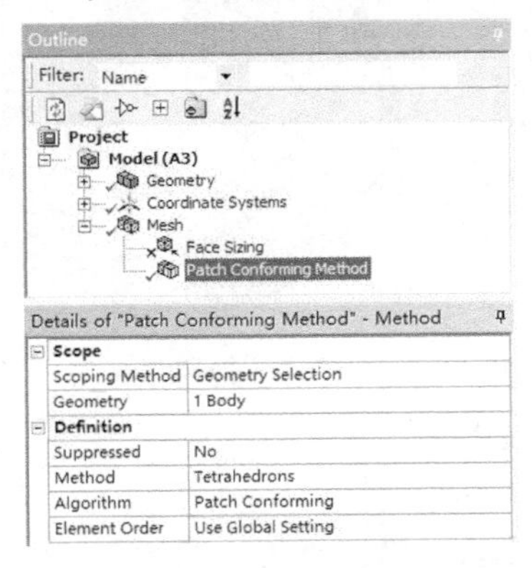

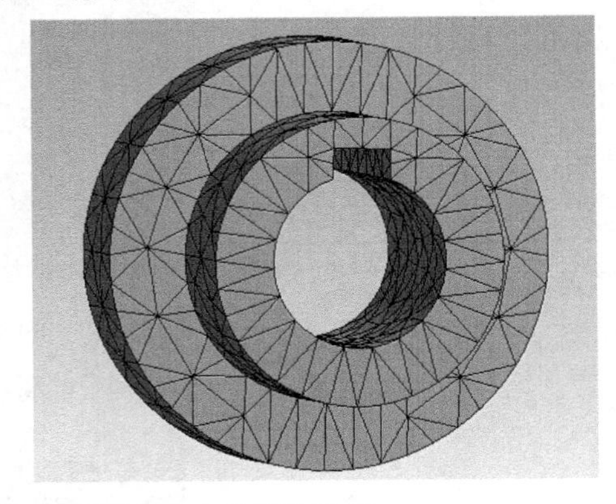

图 8.82　Patch Conforming Method 设置与生成的网格模型

(3) 在细节窗口中，修改 Method 为 Hex Dominant，此时对象的名称变为 Hex Dominant Method。单击 Generate 选项，方法设置与生成的网格模型如图 8.83 所示。

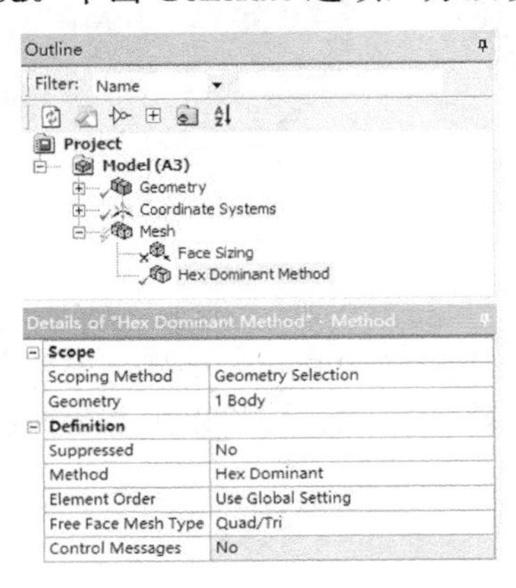

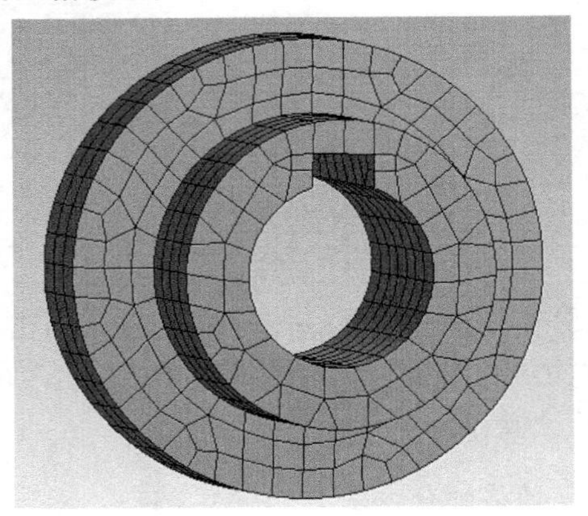

图 8.83　Hex Dominant Method 设置与生成的网格模型

(4) 在细节窗口中，修改 Method 为 MultiZone，此时对象的名称变为 MultiZone。单击 Generate 选项，方法设置与生成的网格模型如图 8.84 所示。

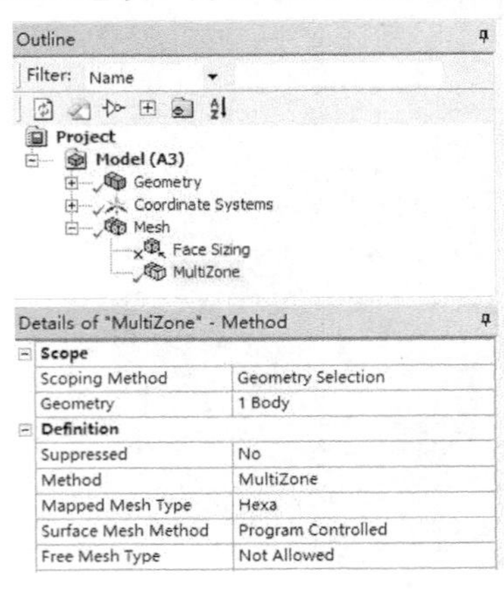

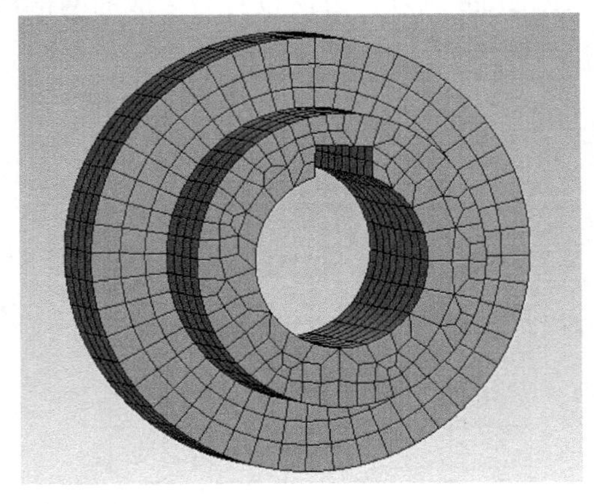

图 8.84　MultiZone 设置与生成的网格模型

(5) 由于该几何体不具有扫掠特征，所以应对几何体稍作处理，在细节窗口中，修改 Method 为 Sweep，此时对象的名称变为 Sweep Method。修改细节窗口中的 Src/Trg Selection 为 Manual Source and Target。选择模型上截面为源面，然后在 Source 选项后单击 Apply 按钮，如图 8.85 所示。选择模型下截面为目标面，然后在 Target 选项后单击 Apply 按钮，如图 8.86 所示。设置 Free Face Mesh Type 为 All Tri，设置 Type 为 Number of Divisions，并设置 Sweep Num Divs 为 20。单击 Generate 选项，方法设置与生成的网格模型如图 8.87 所示。

Scope	
Scoping Method	Geometry Selection
Geometry	1 Body
Definition	
Suppressed	No
Method	Sweep
Element Order	Use Global Setting
Src/Trg Selection	Manual Source and Target
Source	Apply / Cancel
Target	No Selection
Free Face Mesh Type	Quad/Tri
Type	Number of Divisions
Sweep Num Divs	Default

图 8.85 设置源面

Scope	
Scoping Method	Geometry Selection
Geometry	1 Body
Definition	
Suppressed	No
Method	Sweep
Element Order	Use Global Setting
Src/Trg Selection	Manual Source and Target
Source	1 Face
Target	Apply / Cancel
Free Face Mesh Type	Quad/Tri
Type	Number of Divisions
Sweep Num Divs	Default

图 8.86 设置目标面

Details of "Sweep Method" - Method

Scope	
Scoping Method	Geometry Selection
Geometry	1 Body
Definition	
Suppressed	No
Method	Sweep
Element Order	Use Global Setting
Src/Trg Selection	Manual Source and Target
Source	1 Face
Target	1 Face
Free Face Mesh Type	All Tri
Type	Number of Divisions
Sweep Num Divs	20
Element Option	Solid
Advanced	
Sweep Bias Type	No Bias

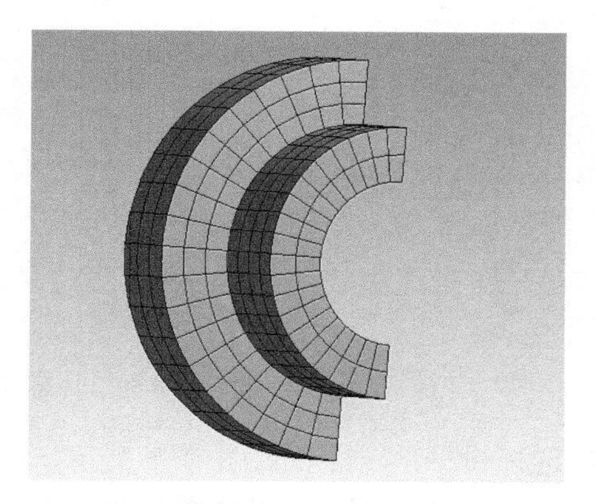

图 8.87 Sweep Method 设置与生成的网格模型

(6) 单击结构树中的 Sweep Method 选项，在细节窗口中修改 Method 为 Tetrahedrons，此时对象的名称变为 Patch Conforming Method。继续在结构树中右击 Mesh 选项，在快捷菜单中选择 Clear Generated Data 选项，清除以上划分的网格，准备后续操作。

9. 细化网格

(1) 单击 Mesh 选项，然后在工具栏中执行 Mesh Control 选项中的 Refinement 命令，在树结构图中将得到 Refinement 对象，设置该对象的细节窗口中的 Refinement 为 3。

(2) 选择模型的一个顶点，并在细节窗口中的 Geometry 选项下单击 Apply 按钮。单击 Generate 选项，生成网格模型如图 8.88 所示。单击 Mesh 选项，然后右击，在快捷菜单中选择 Clear Generated Data 选项。

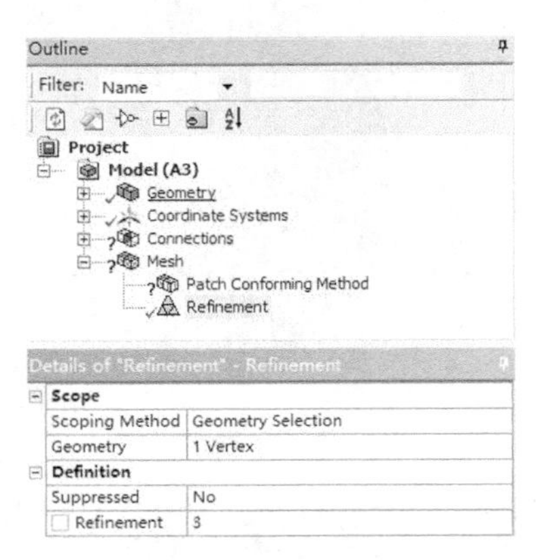

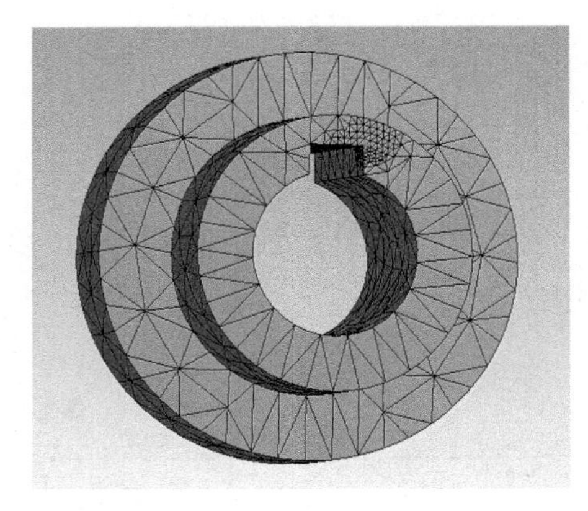

图 8.88　顶点细化生成网格模型

(3) 选择模型的一条线，并在细节窗口中的 Geometry 选项下单击 Apply 按钮。单击 Generate 选项，生成网格模型如图 8.89 所示。单击 Mesh 选项，然后右击，在快捷菜单中选择 Clear Generated Data 选项。

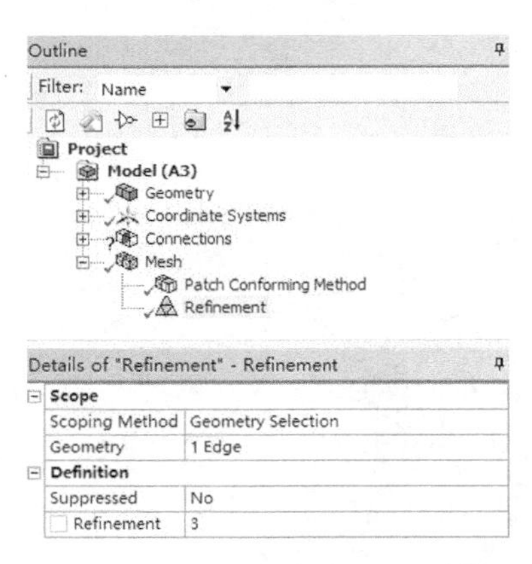

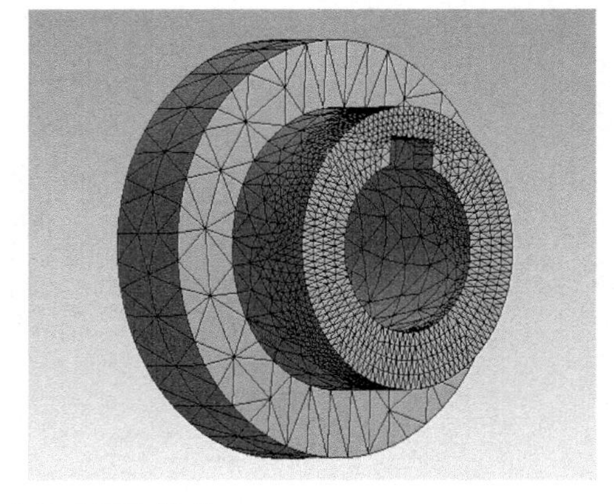

图 8.89　边缘细化生成网格模型

(4) 选择模型的一个面，并在细节窗口中的 Geometry 选项下单击 Apply 按钮。单击 Generate 选项，生成网格模型如图 8.90 所示。单击 Mesh 选项，然后右击，在快捷菜单中选择 Clear Generated Data 选项。

(5) 继续在结构树中右击 Mesh 选项，在快捷菜单中选择 Clear Generated Data 选项，清除以上划分的网格，准备后续操作。

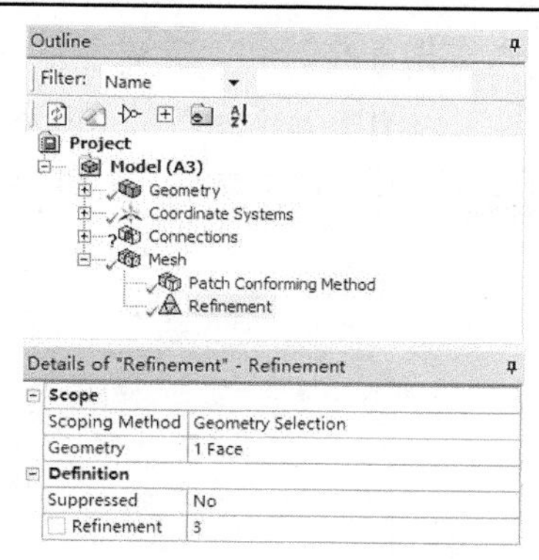

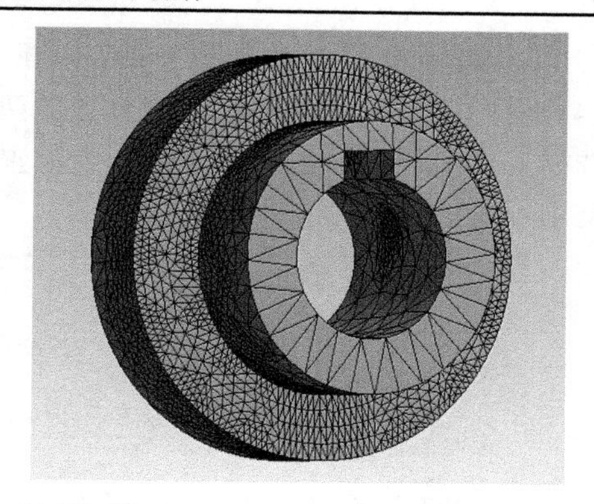

图 8.90　面细化生成网格模型

10. 映射网格划分

(1)单击 Mesh 选项，然后在工具栏中执行 Mesh Control 选项中的 Mapped Face Meshing 命令，在树结构图中将得到 Mapped Face Meshing 对象。

(2)选择模型的两个面，并在细化窗口中的 Geometry 选项中单击 Apply 按钮。单击 Generate 选项，生成网格模型如图 8.91 所示。

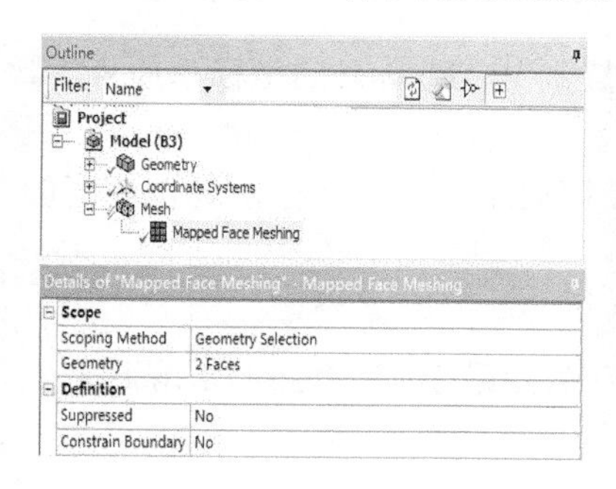

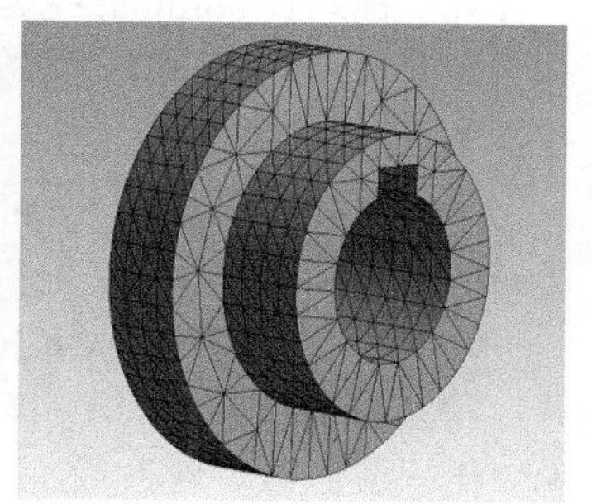

图 8.91　映射网格划分生成网格模型

8.2.4　结构分析 Mechanical

Mechanical 应用是 Workbench 的重要组成部分，可进行一般的结构分析，包括力学分析、热分析和电磁分析等。学会使用 Mechanical 在一定程度上意味着掌握了 Workbench。

Mechanical 结构分析的基本流程包括以下几个部分。

(1)建立分析系统。根据工程需求选择合适的分析系统，向项目工程图中添加 Project，对于多分析系统组合的情况，应合理地选择和连接分析系统。

每生成一个 Project，包括 7 个小项目(1～7)，其中 1 通常为 Project 的类型(Static Structural/Modal/Harmonic Response/…)。2～7 为每个 Project 下的具体分析步骤：设置材料参数(2：Engineering Data)；建立几何模型(3：Geometry)；建立有限元模型(4：Model)；设置边界与载荷(5：Setup)；分析求解(6：Solution)；显示结果(7：Results)。

(2)定义工程数据。结构的响应由设置的材料特性决定，这些特性在工程数据项中定义，右击 Engineering Data 选项并在快捷菜单中选择 Edit 选项可进入界面。

(3) 添加几何模型。在 Workbench 中建立几何模型通常采用 3 种方式，详见 8.2.2 节。

(4) 定义几何模型的行为。添加几何模型后，右击项目工程图中分析系统的 Model 选项，然后选择 Edit 选项，可以进行零件行为设置。对应的细节窗口如图 8.92 所示，下面是一些零件细节窗口常出现的项目。

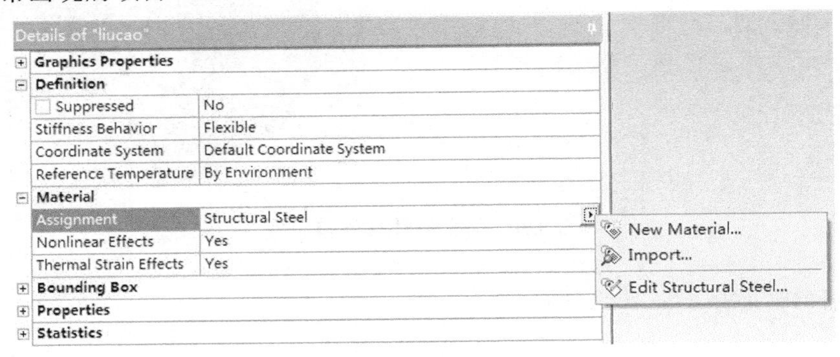

图 8.92　定义零件行为

①刚度行为 (Stiffness Behavior)。

可以通过改变零件的刚度行为，设置零件为柔体、刚体或垫片，默认为柔体。

②坐标系 (Coordinate System)。

导入模型时，模型所在文件的全局坐标系原点将自动放置到 Workbench 的坐标系原点上，且各个方向相同。

全局坐标系总是存在的，但很多时候已经不能够满足使用要求，因此在很多场合需要创建局部坐标系。

③参考温度 (Reference Temperature)。

参考温度一般由程序自动从环境温度设置中获得。若参考温度在进行不同的求解时发生了变化，就应该重新设置。

④指派材料 (Material Assignment)。

为零件指派正确的材料是正确分析的基本保证。

⑤非线性效应 (Nonlinear Effects)。

默认情况下，程序将使用所有的材料数据，包括非线性材料效应，如应力-应变曲线。

⑥热应变效应 (Thermal Strain Effects)。

在结构分析中，可通过将 Thermal Strain Effects 设置为 YES 来计算热应变结果。

(5) 定义连接。

接触 (Contacts)：定义不同实体间的接触行为。

连接 (Joints)：通过限制一定的自由度来进行零部件的连接。

网格连接 (Mesh Connections)：用来连接不相连的面实体上的网格。

弹簧 (Springs)：定义连接实体的弹性元件。

轴承 (Bearings)：用来限制相对运动但允许旋转的连接。

梁连接 (Beam Connections)：用来建立体-体或体-地基之间的连接。

端点释放 (End Releases)：用于顶点上自由度的释放。

点焊 (Spot Welds)：连接不同的零件来形成装配。

(6) 网格划分与控制。详见 8.2.3 节。

(7) 分析求解设置。无论哪一种分析类型均需要进行求解设置，如大变形效应设置、多载荷步设置等。

(8) 定义初始条件。表 8.6 所示的分析类型需要定义初始条件，这时在树结构图中将自动生成相关的项。

表 8.6　不同分析类型的初始条件项

分析类型	树结构图项	描　述
瞬态结构分析	Initial Conditions	可以通过 Initial Conditions 添加初始速度等
显式动力学分析	Initial Conditions Pre-Stress	可以通过 Initial Conditions 添加初始速度或角速度 可以通过 Pre-Stress 添加预应力
模态分析	Pre-Stress	可以通过 Pre-Stress 添加预应力
线性屈曲分析	Pre-Stress	可以通过 Pre-Stress 添加预应力
谐响应分析(完全法)	Pre-Stress	可以通过 Pre-Stress 添加预应力
随机振动、响应谱、谐响应(模态叠加法)、瞬态结构分析(模态叠加法)	Initial Conditions Modal	可以通过 Initial Conditions 添加初始速度或角速度 可以通过 Modal 获得模态求解结果
稳态热分析	Initial Temperature	可以通过 Initial Temperature 添加初始温度
瞬态热分析	Initial Temperature	可以通过 Initial Temperature 添加初始温度

(9) 施加预应力效应。预应力效应在很多场合都存在。在施加时，根据分析类型是否为显式或隐式进行不同的添加，相关的内容请参考帮助文档，这里不再详述。

(10) 设置边界条件。载荷与约束被称为边界条件，只有在正确设置的情况下，才能反映真实的载荷情况。

(11) 求解。这个过程基本为用户交互过程，但求解发生错误时应特别注意求解过程的信息。

(12) 结果处理。将求解结果以合适的方式表现出来，相关的细节将在 8.3 节讨论。

(13) 生成报告。可选步骤，生成报告进行存档并查看，将有助于学习和改进。

下面以平面桁架结构为例，简要描述 Workbench 的分析流程。

平面桁架结构如图 8.93 所示，材料为结构钢，各杆件的截面面积均为 0.01m^2，试利用 Workbench 求解桁架在如图 8.93 所示外力作用下的变形。

(1) 创建 Static Structure 项目。

(2) 双击 Geometry 选项进入 DM 并绘制桁架模型。在结构树中单击 YZPlane 选项以选择绘图平面，右击 Look at 选项，使得绘图平面与绘图区域平行，如图 8.94 所示。

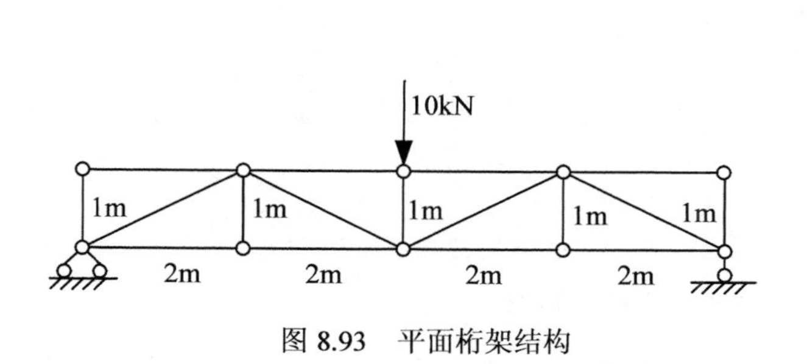

图 8.93　平面桁架结构

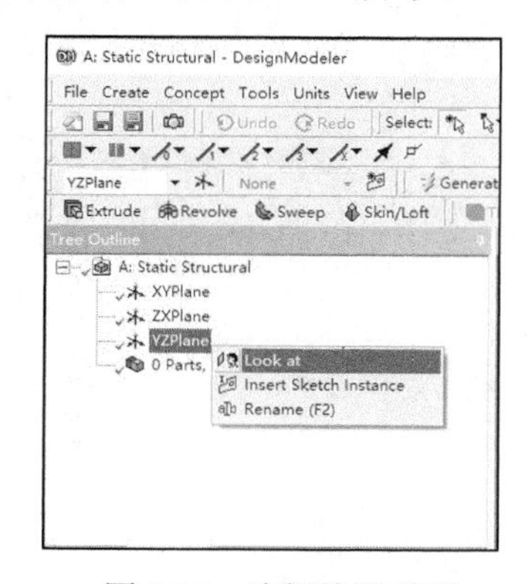

图 8.94　选择绘图平面

(3) 在结构树下面单击 Sketching 按钮，选择窗口中的 Line 选项绘制草图，如图 8.95 所示。

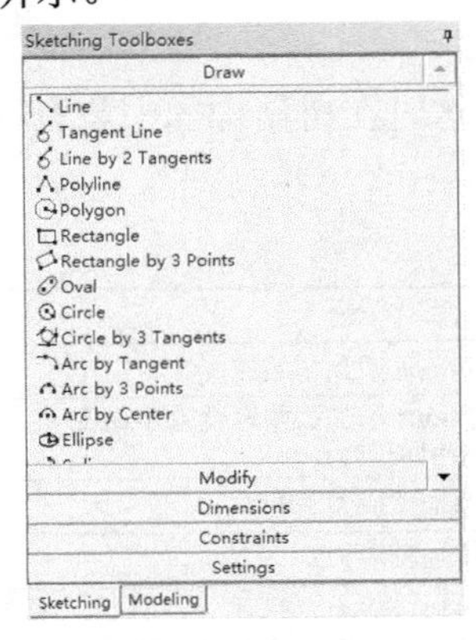

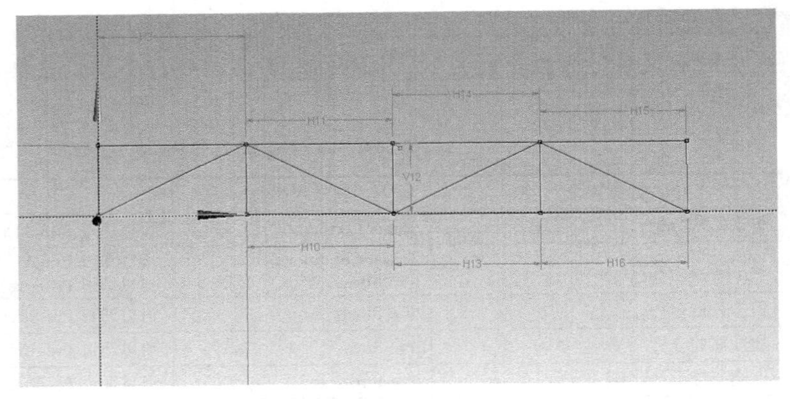

图 8.95　绘制草图

(4) 在工具栏中单击 Concept 选项，执行 Lines From Sketches 命令生成线体，如图 8.96 所示。

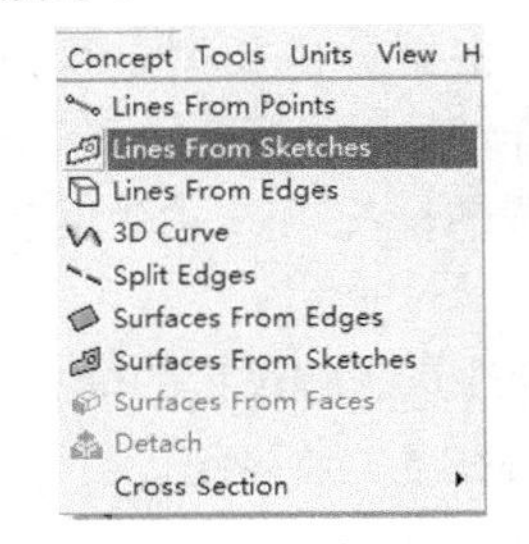

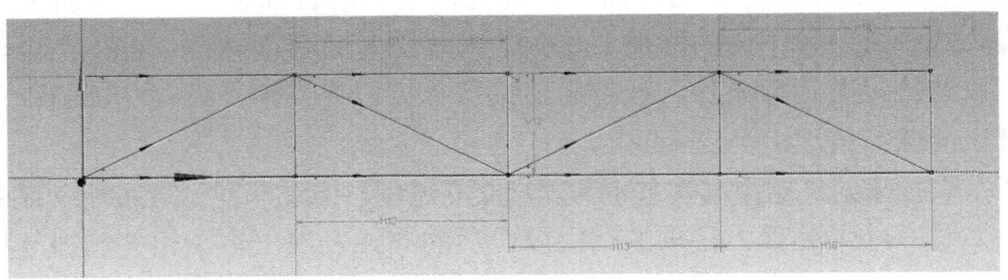

图 8.96　生成线体

(5) 在工具栏中单击 Concept 选项，执行 Cross Section > Circular 命令，在细节窗口中设置半径为 0.1m，其余默认，单击 Generate 按钮，创建截面形状，如图 8.97 所示。

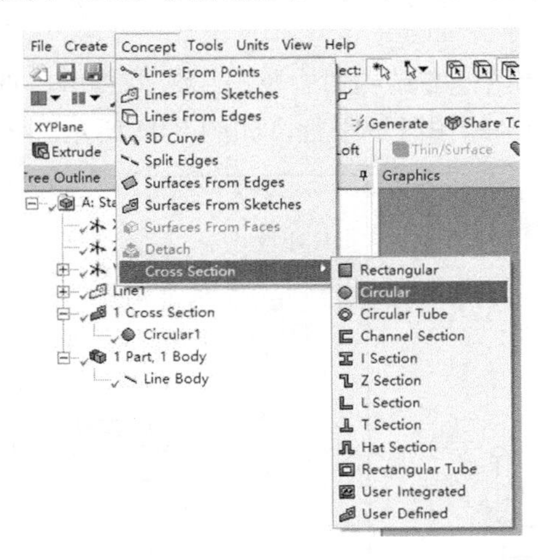

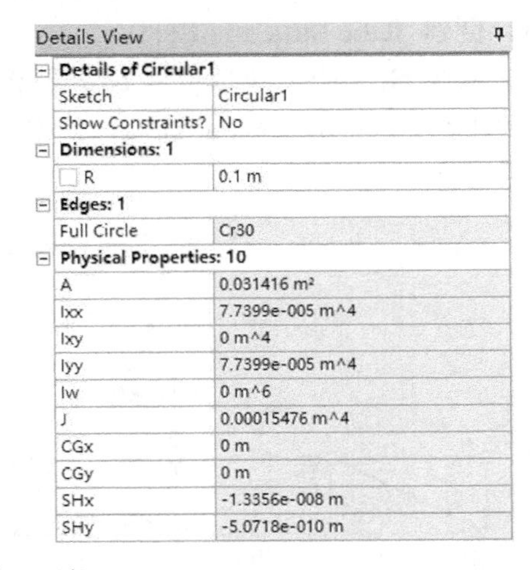

图 8.97　创建截面形状

(6) 在结构树下面选择 Line Body 选项，在 Details View 面板的 Cross Section 下拉列表框

中选择 Circular1 选项，其余保持默认，并单击 Generate 按钮，执行 View > Cross Section Solids 命令，创建截面特性如图 8.98 所示。

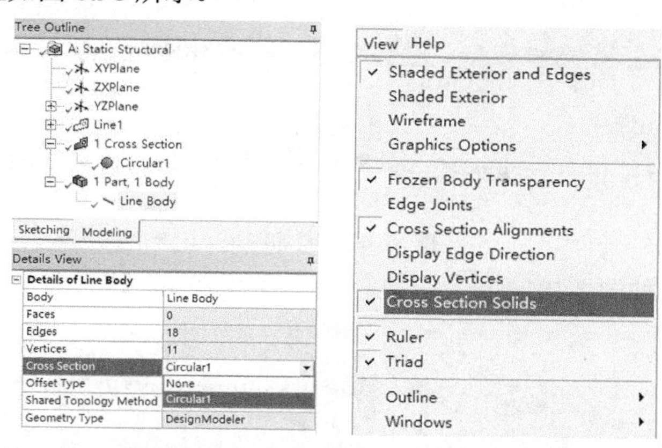

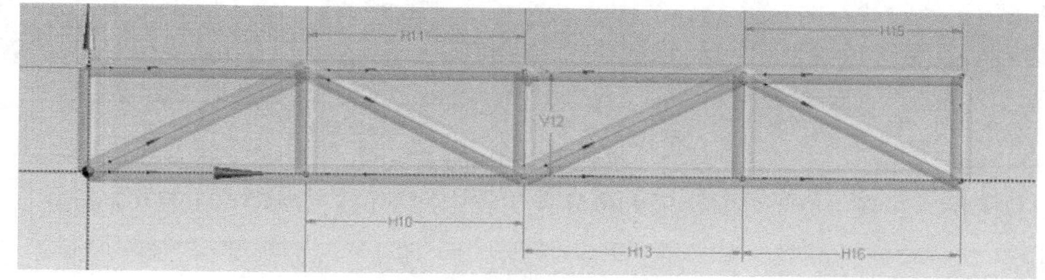

图 8.98　创建截面特性

(7) 存盘退出 DM，进入 Mechanical。

(8) 选择 Mesh 选项，并单击 Generate 按钮生成自由网格，如图 8.99 所示。

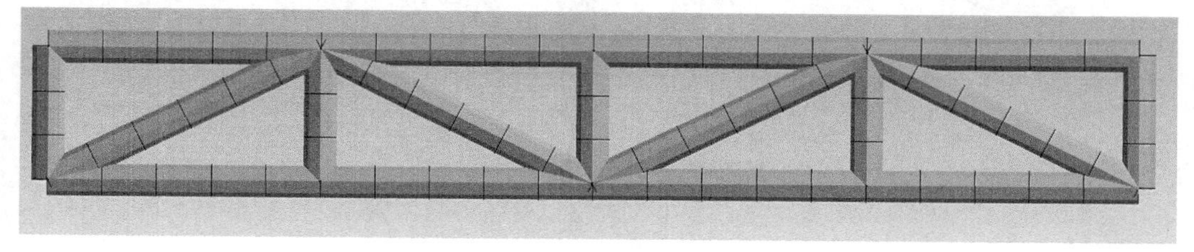

图 8.99　网格划分

(9) 施加位移边界条件。左端施加固定铰支座约束，右端施加滑动铰支座约束，如图 8.100 所示。

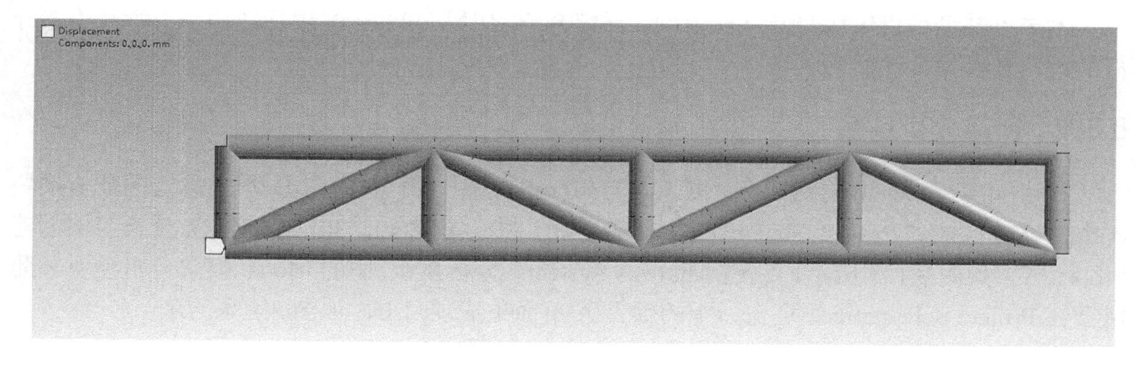

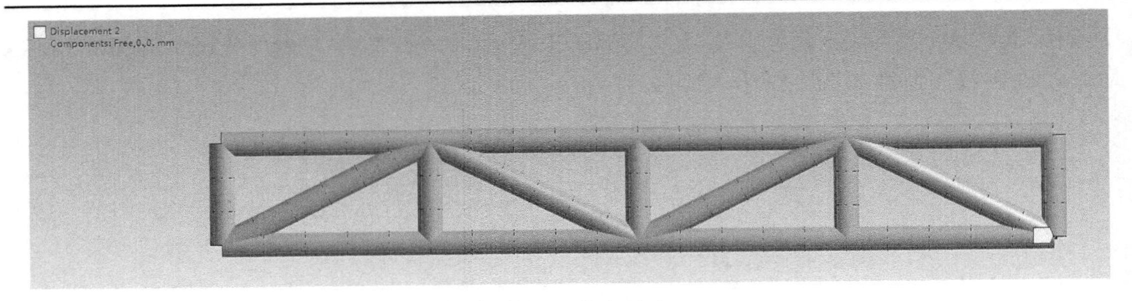

图 8.100　施加约束

(10)施加载荷，如图 8.101 所示。

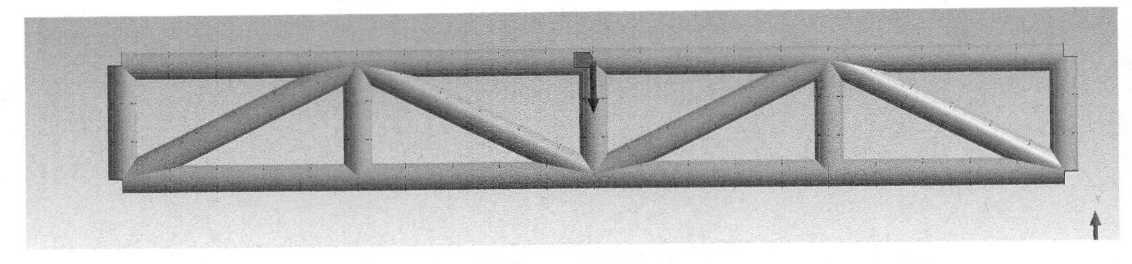

图 8.101　施加载荷

(11)求解。由图 8.102 可知，最大位移发生在中间部位，位移为 0.037767mm。

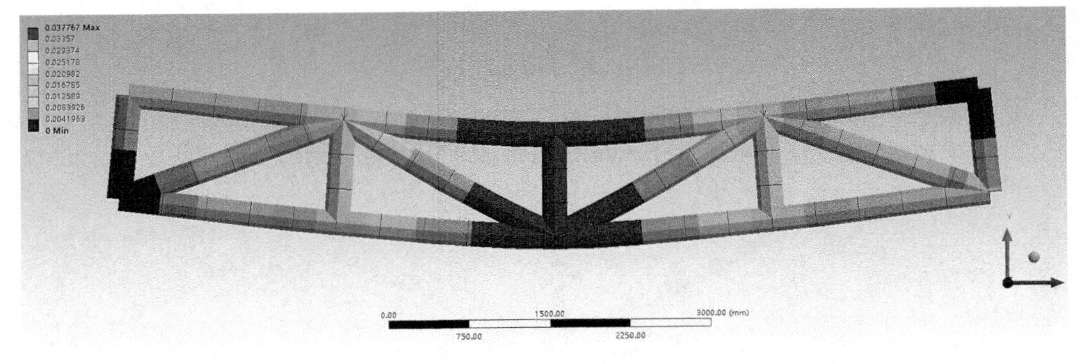

图 8.102　求解结果

8.3　床身-立柱装配体静力学及模态分析

本节以某型号机床床身及立柱为例，详细介绍利用 Workbench 进行结构静力学及模态分析的过程及操作方法。

8.3.1　创建分析项目

在启动 Workbench 之后，在左侧工具箱(Toolbox)中选择分析类型，单击选定的分析模块不放，直接拖拽到 Project Schematic 分析管理窗口中，以 Static Structural 静力分析为例创建 Project A，如图 8.103 所示。双击 Analysis Systems(分析系统)中的 Modal 模态分析模块，此时会在 Project Schematic 管理窗口中的项目 A 下面生成项目 B，如图 8.104 所示。

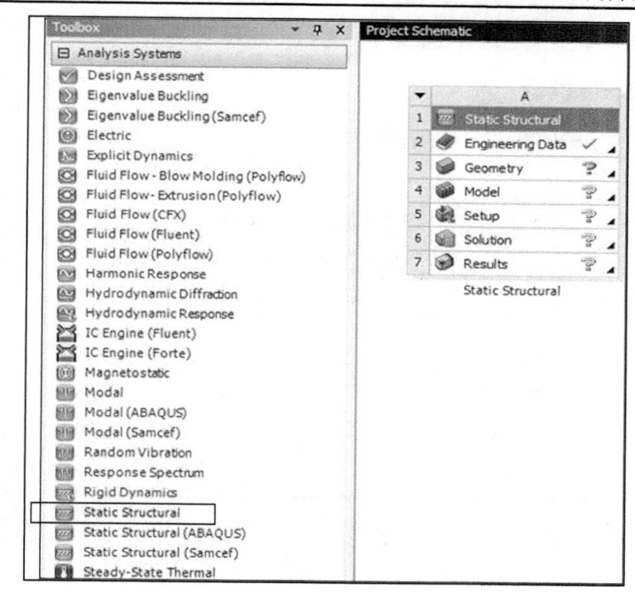

图 8.103 创建 Static Structural 分析项目

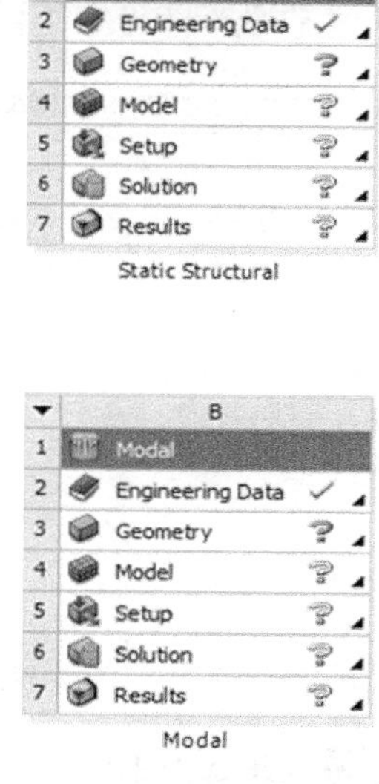

图 8.104 创建结构分析项目

8.3.2 设置 Engineering Data

Workbench 的 Engineering Data 中默认存在的就是结构钢的各类材料参数，如图 8.105 所示，如果需要别的材料参数，则可以从 Workbench 的材料库中选择，在 Click here to add a new material 处右击，在弹出的菜单中选择 Engineering Data Sources 选项则显示出 Workbench 中的材料库，选择所需要的材料即可，如图 8.106 所示。如果材料库中没有所需要的材料参数，也可以手动输入。材料参数完成之后，可以将菜单栏上显示的 A2 小窗口命令按钮关闭，之后 Project A 项目选项卡显亮。

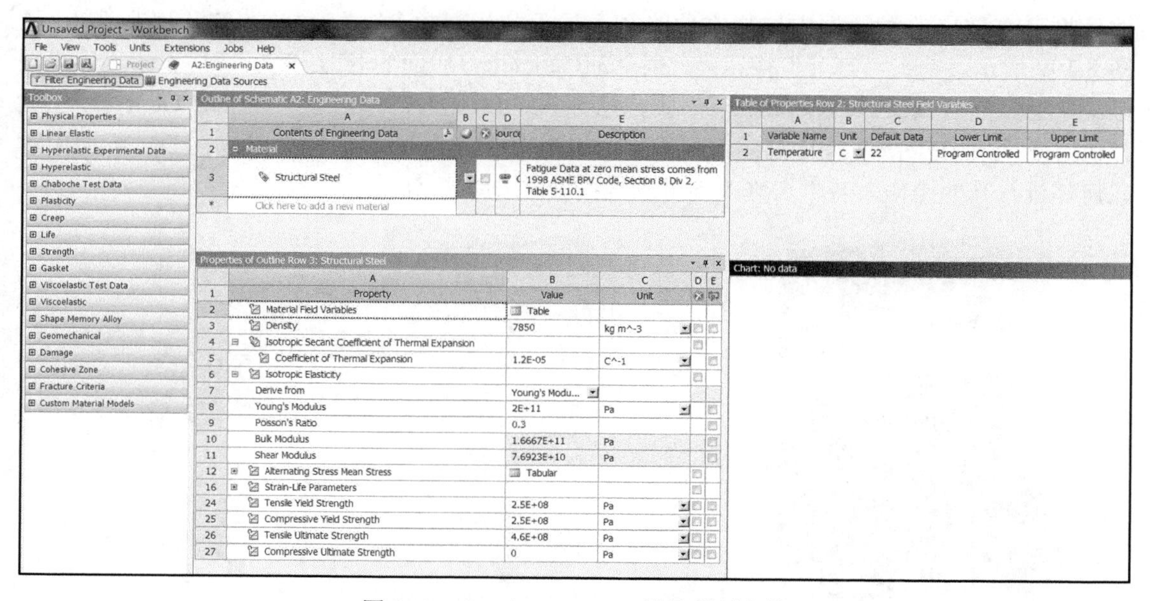

图 8.105 Engineering Data 默认材料参数

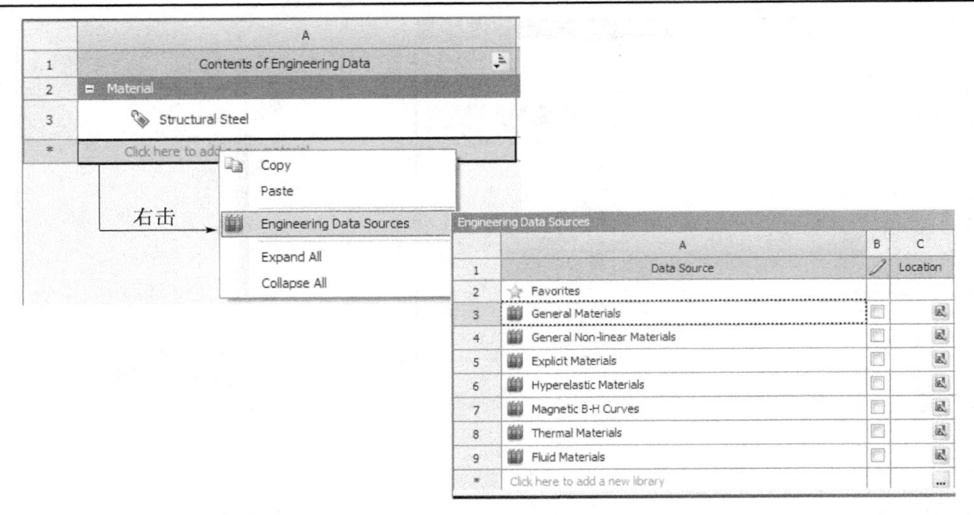

图 8.106　从材料库中添加其他材料参数

8.3.3　创建 Geometry

在完成材料参数的设定之后，进入下一阶段 A3(Geometry)。在有限元分析之前，首要的工作就是建立分析对象的几何模型，模型质量的好坏直接影响有限元分析结果的正确与否，同时建模过程也是非常耗时的。

本实例中利用 Pro/E 或 Solidworks 等三维 CAD 建模软件对机床床身-立柱装配体结构进行建模，具体建模过程不在此处描述，建模结果如图 8.107 所示，将装配图保存为*.x_t 文件备用。

Workbench 中导入几何模型的具体操作过程可以有两种形式。右击 Geometry 选项，在弹出的快捷菜单中执行 Import Geometry > Browse 命令，如图 8.108 所示。此时会弹出“打开”对话框，在弹出的对话框中选择文件路径，导入分析对象(格式为*.x_t 的几何文件)，如图 8.109 所示，单击“打开”按钮，此时 A3(Geometry)后面的 ? 会变为 ✓，表示实体模型已经存在。然后双击 A3(Geometry)，此时会进入 DM 界面，单击菜单栏中的 Generate 生成按钮 ，即可在 DM 界面中显示几何模型，如图 8.110 所示，若有需要可以在 DM 界面中对几何体进行其他操作，若不需修改则可以直接关闭 DM 界面。

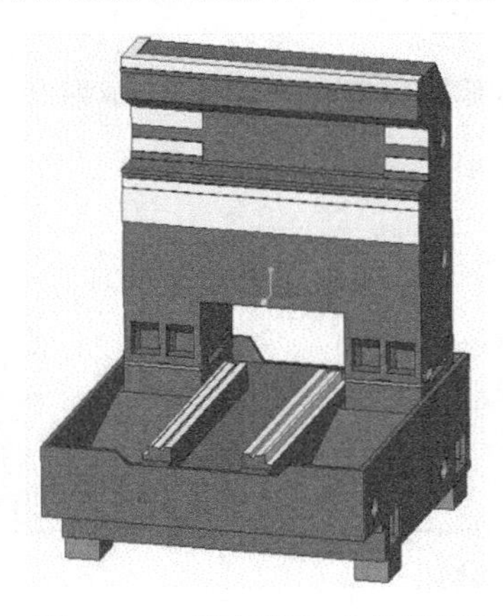

图 8.107　机床床身-立柱装配图

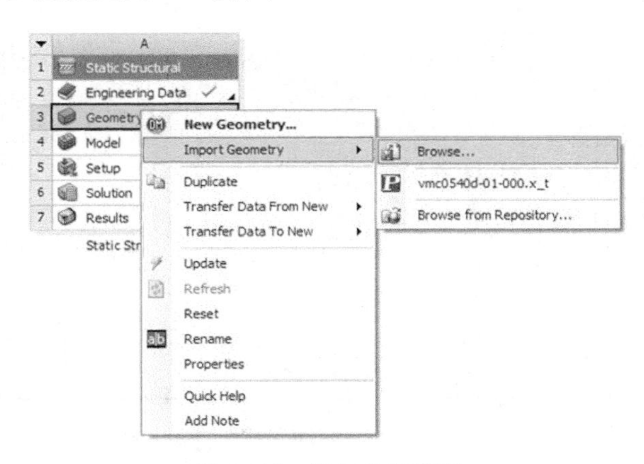

图 8.108　导入几何模型

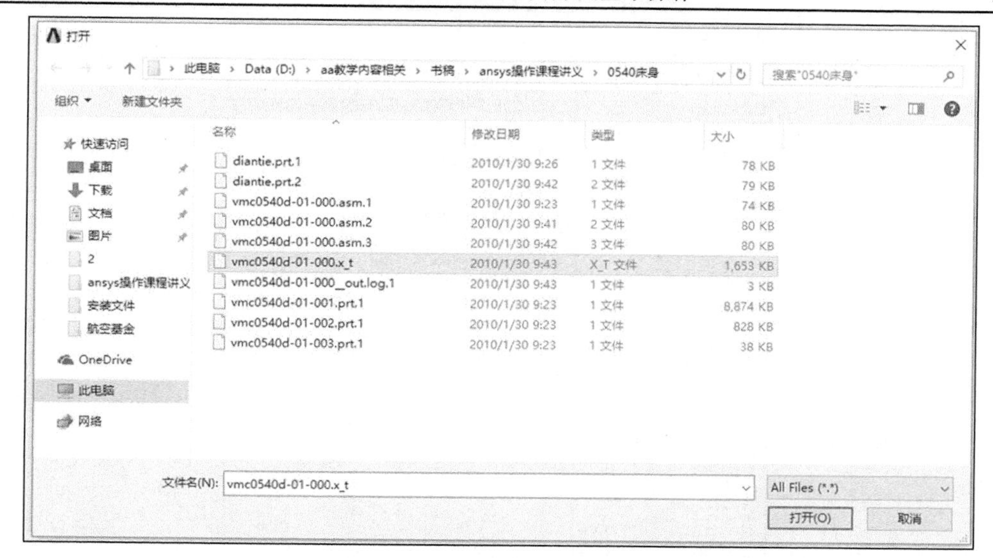

图 8.109　“打开”对话框

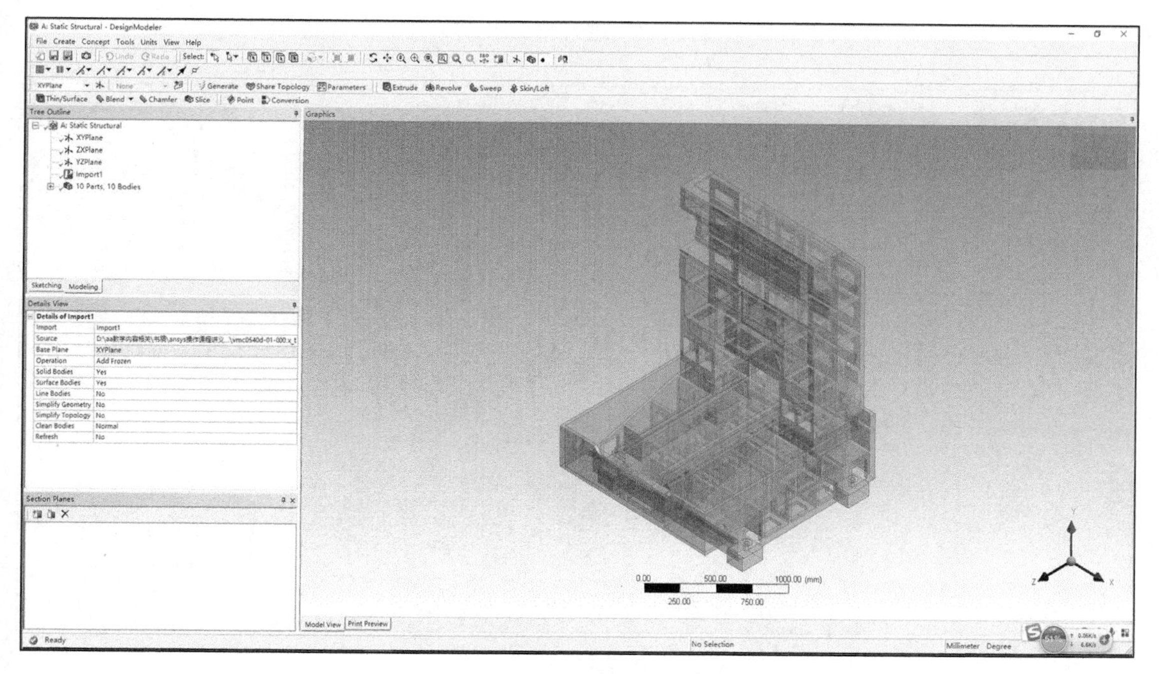

图 8.110　导入几何模型后的 DM 界面

8.3.4　进行 Workbench 前处理

在完成了 Workbench 的模型导入之后，进入 A4(Model)子项的操作。右击 A4(Model)，弹出快捷菜单，执行 Edit...命令，如图 8.111 所示，随后进入 Mechanical 界面，在该界面中进行网格的划分、约束和载荷的设置、计算求解及查看结果等操作，如图 8.112 所示。在进入 Mechanical 界面后，模型加载会有一个过程，待模型加载完成后，执行菜单栏中的 Units > Metric (m, kg, N, s, V, A)命令，完成模型与仿真的单位设置。

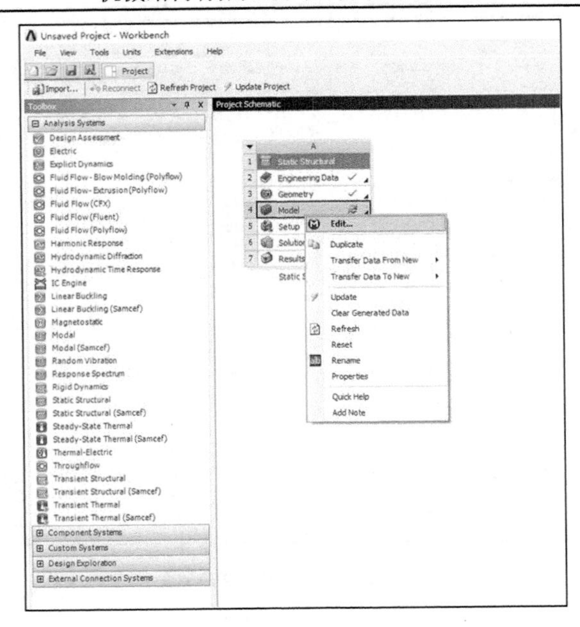

图 8.111　进入 Model 子项

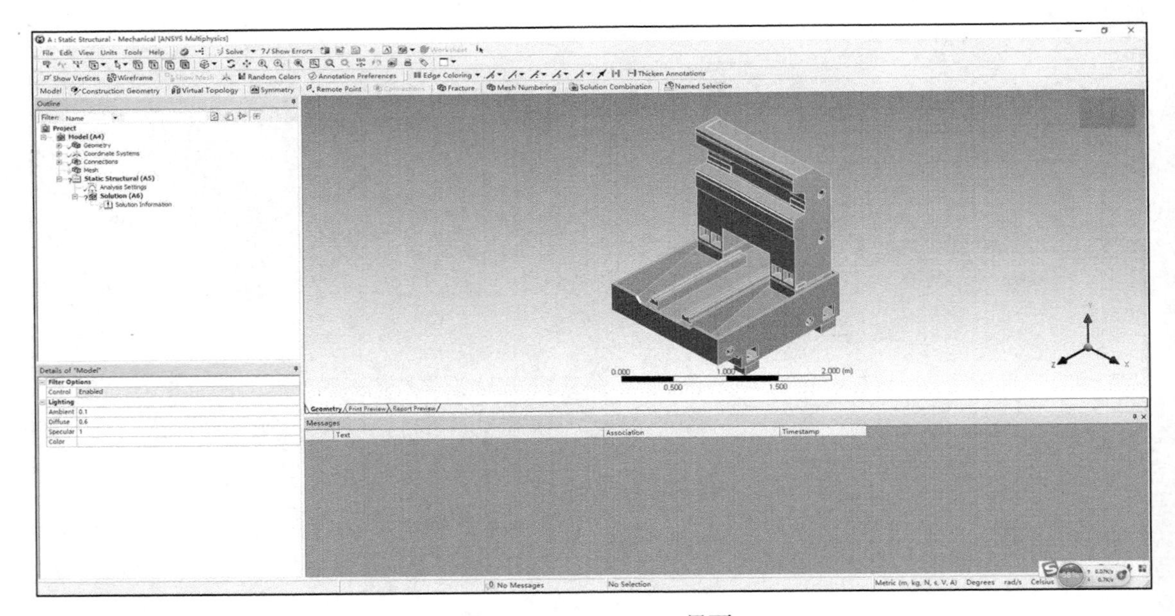

图 8.112　Mechanical 界面

8.3.5　网格划分(Mesh)

单击 Mechanical 界面左侧 Outline(分析树)中的 Mesh 选项，可在下面的 Details of Mesh 中修改网格参数，本实例中均采用默认设置，无须修改。在 Outline 的 Mesh 选项上右击，在弹出的快捷菜单中执行 Generate Mesh 命令 ，会弹出如图 8.113 所示的进度显示条，表示正在划分网格，进度条消失表示网格划分完成，自动划分网格效果如图 8.114 所示，Workbench 中自动划分网格系统默认采用四面体单元。

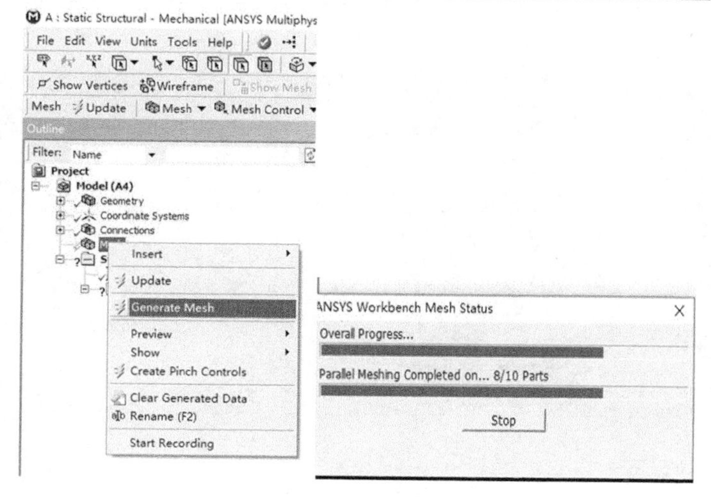

图 8.113　划分网格操作

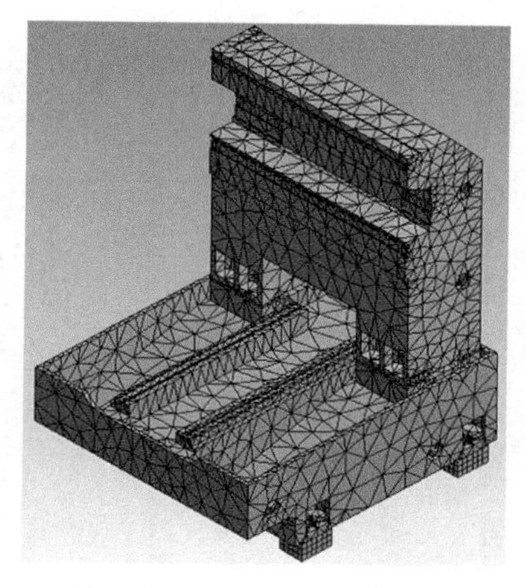

图 8.114　网格划分完成效果图

8.3.6　约束与载荷设置(Setup)

单击 Mechanical 界面左侧 Outline 中的 Static Structural (A5) 选项，在 Mechanical 界面中会出现 Environment 工具栏，如图 8.115 所示。执行 Environment 工具栏中的 Supports (约束) > Fixed Support (固定约束) 命令，此时在 Outline 下方会出现 Fixed Support 选项，如图 8.116 所示。在 Fixed Support 选项中，选择需要施加固定约束的平面，单击菜单栏中的选择面按钮 ，同时按 Ctrl 键，选择机床底座下方的 4 个支腿底面，单击 Details of "Fixed Support"参数列表中 Geometry 选项下的 Apply 按钮，即可对上述所选中的 4 个支腿底面施加固定约束，如图 8.117 所示。

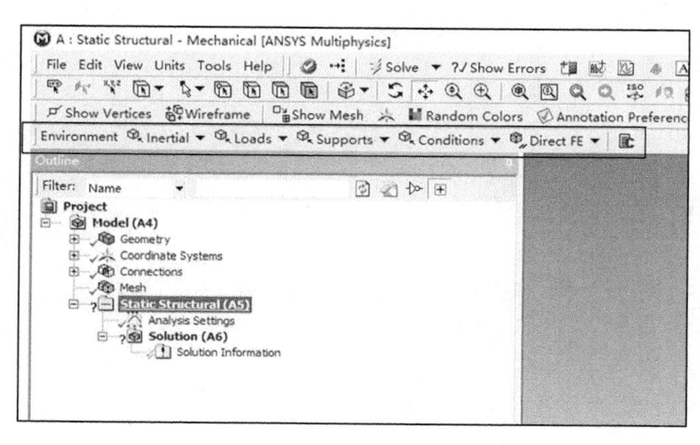

图 8.115　Environment 工具栏

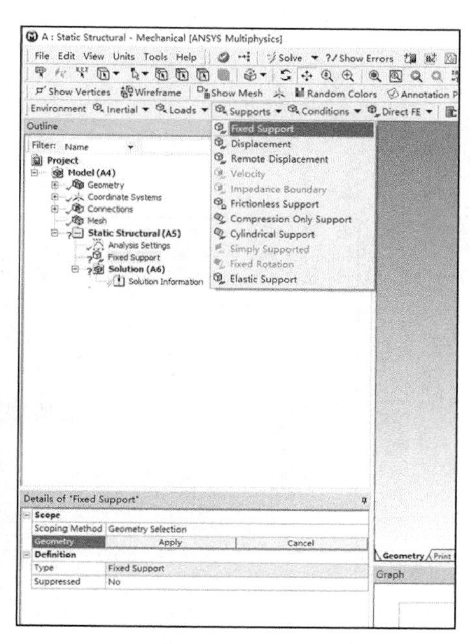

图 8.116　添加固定约束

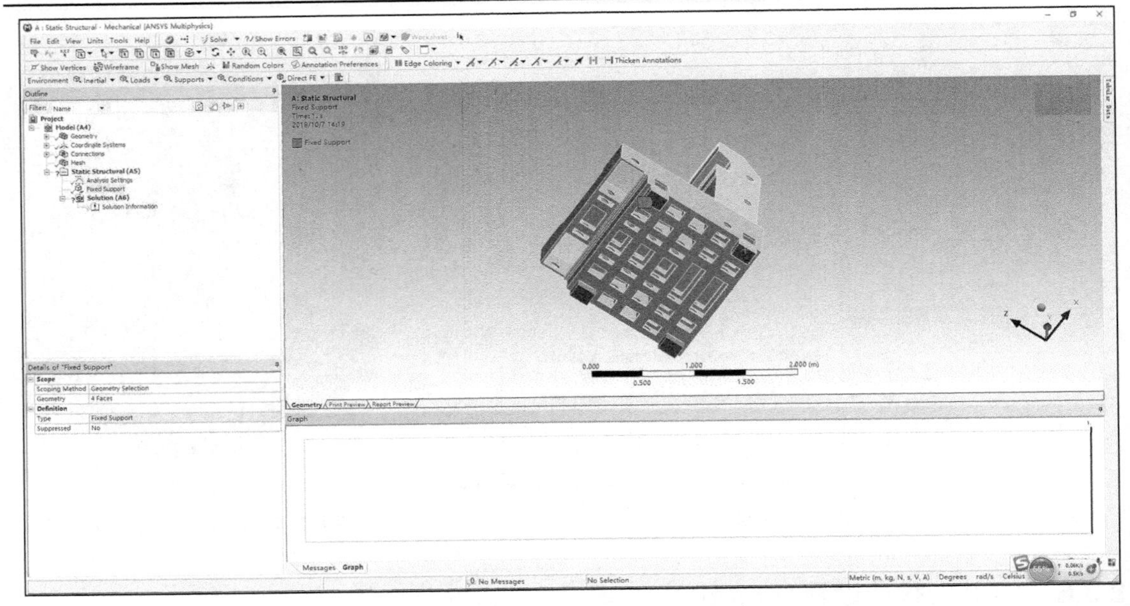

图 8.117　施加固定约束后效果

执行 Environment 工具栏中的 Loads(载荷) > Force(力)命令，此时在 Outline 中会出现 Force 选项，下方会出现 Details of “Force”参数列表，如图 8.118 所示。在 Details of “Force” 参数列表中单击 Geometry 选项，可以选择载荷作用位置，单击作用面之后，单击 Apply 选项；执行 Definition > Define By 命令，选择 Components 选项，并在 X、Y 和 Z 三个方向分量输入载荷数值，本实例中在已选定立柱平面的 Y 方向上受到 -10^5N 的力，如图 8.119 所示。

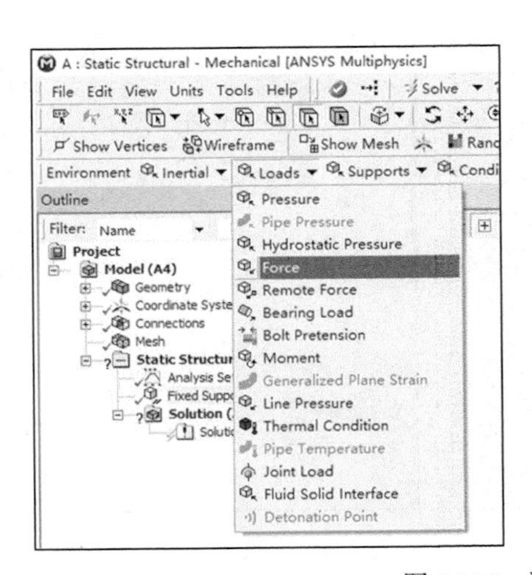

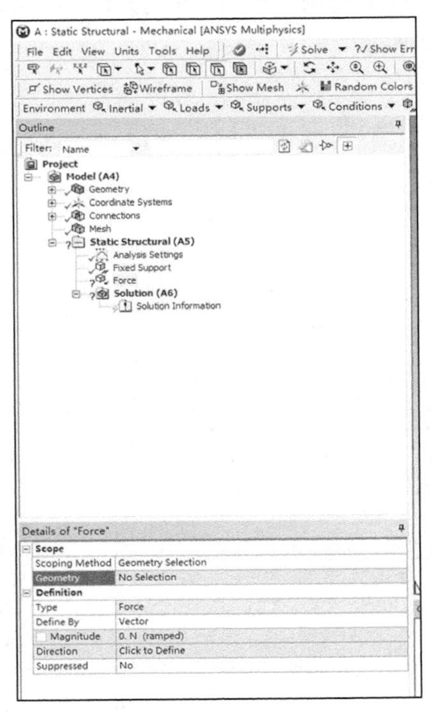

图 8.118　添加集中力载荷

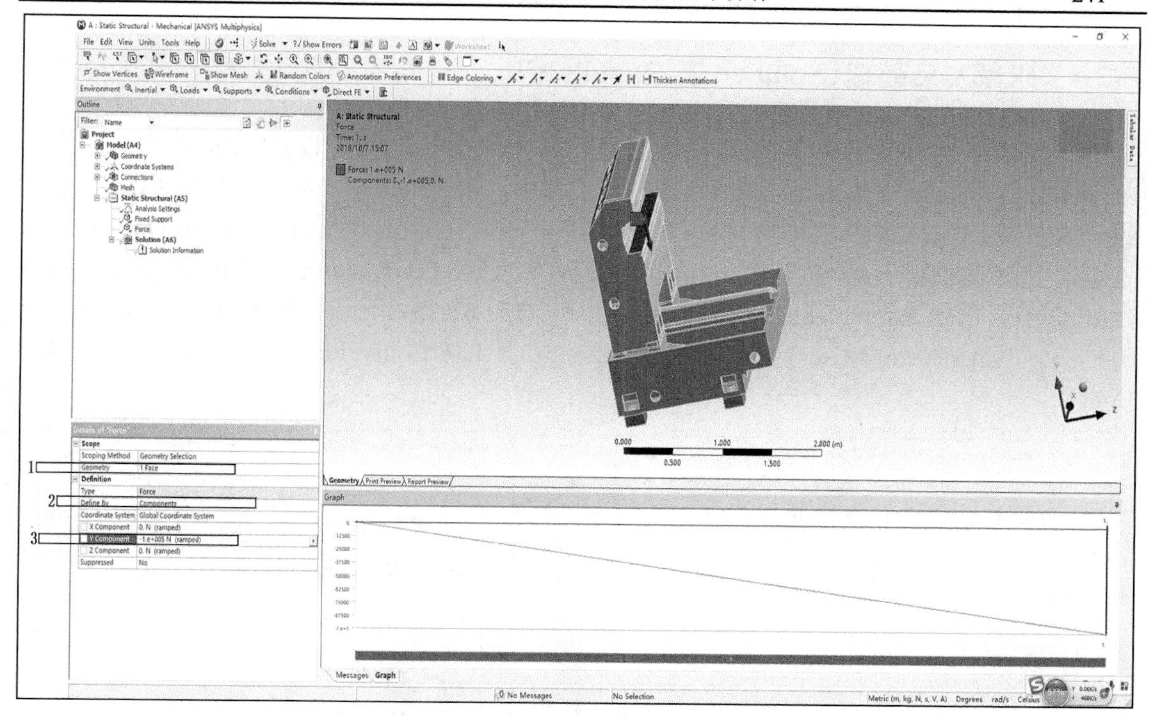

图 8.119　定义立柱平面所受载荷

按照上述载荷定义方法和步骤，在床身导轨上施加 Z 方向的集中载荷 10^4N，具体步骤不再赘述，施加载荷的效果如图 8.120 所示。

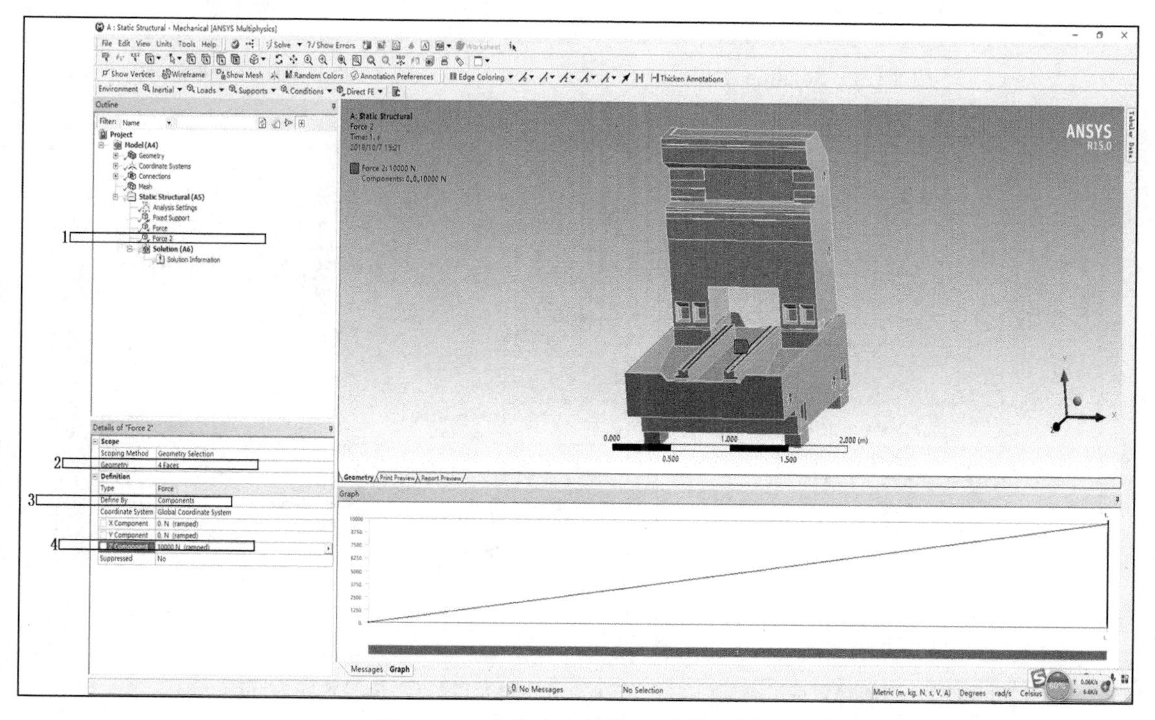

图 8.120　定义床身导轨平面所受载荷

8.3.7　求解及后处理(Solution 及 Results)

在完成了结构约束和载荷的设置之后，Workbench 软件可以进入求解模块，执行 Mechanical > Outline > Solution(A6)命令，菜单栏中显示 Solution 工具栏，如图 8.121 所示。执行 Solution > Deformation(变形) > Total 命令，此时 Outline 中会出现 Total Deformation 选项，如图 8.122 所示。执行 Solution > Strain(应变) > Equivalent(von-Mises)命令，此时 Outline 中会出现 Equivalent Elastic Strain 选项，如图 8.123 所示。执行 Solution > Stress(应力) > Equivalent(von-Mises)命令，此时 Outline 中会出现 Equivalent Stress 选项，如图 8.124 所示。

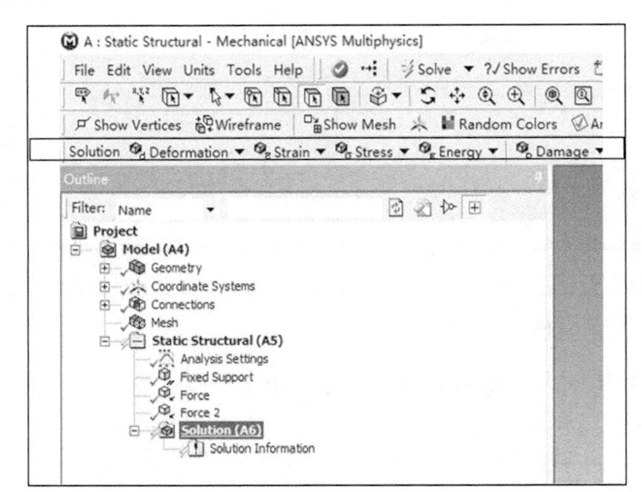

图 8.121　Solution 工具栏

图 8.122　添加总变形选项

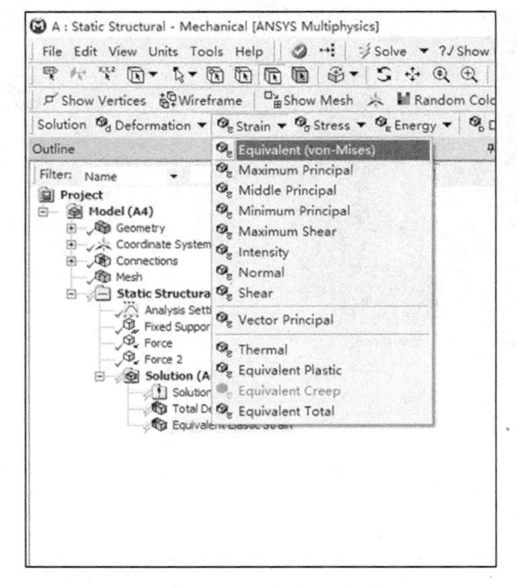

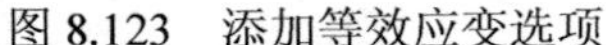

图 8.123　添加等效应变选项

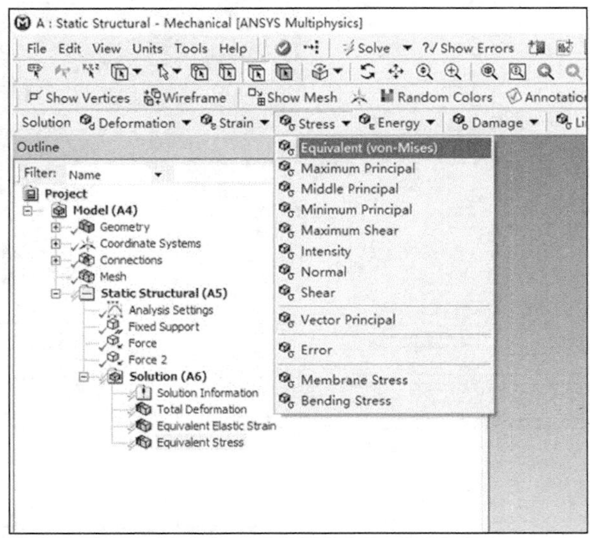

图 8.124　添加等效应力选项

在 Outline 中 Solution(A6)选项上右击，在弹出的快捷菜单中执行 Solve 命令，随后会弹出进度显示条，表示 Workbench 系统正在分析求解，进度条消失表示求解完成。在 Outline 中 Solution (A6) 选项下，单击 Total Deformation 选项，会出现装配体总变形分析云图，如图 8.125 所示；单击 Equivalent Elastic Strain 选项，会出现装配体应变分析云图，如图 8.126 所示；单击 Equivalent Stress 选项，会出现装配体应力分析云图，如图 8.127 所示。如果还需要查看其他结果，可以继续在 Solution 工具栏中添加所需的选项，重新进行 Solve 分析即可。

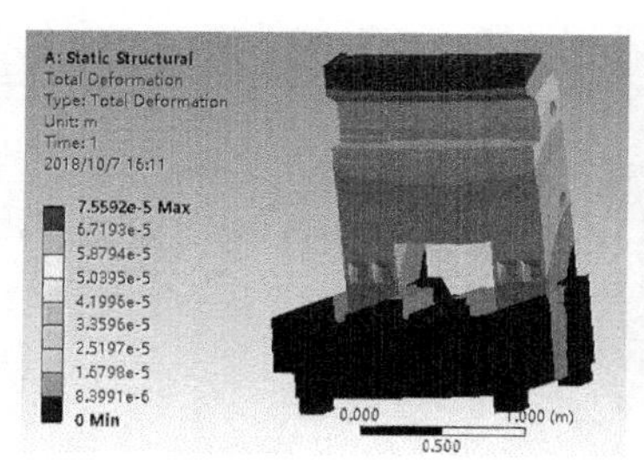

图 8.125 总变形云图

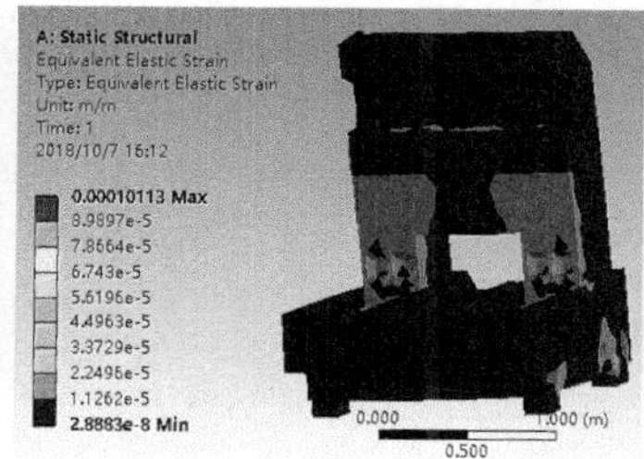

图 8.126 应变云图

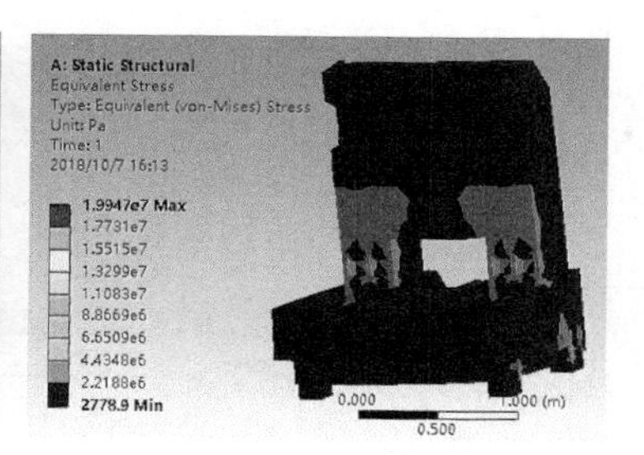

图 8.127 应力云图

在分析结束之后，Mechanical 模块还提供了自动生成分析报告功能，单击 Mechanical 界面中模型显示区下方的第三个 Report Preview 按钮，Mechanical 模块自动将 Project A 中的所有信息生成文档，在菜单栏中出现 Report Preview 工具栏，执行 Send To 命令，可以将分析报告保存为*.doc 格式或者*.ppt 格式。关闭 Mechanical 界面，退出 Mechanical 模块，返回 Workbench 主界面，此时，主界面项目管理区显示的每个项目后面均为 ✓，表示所有分析项目均已完成。单击 Workbench 主界面常用工具栏中的 Save 按钮，保存包含分析结果的文件。

8.3.8 模态分析

Workbench 软件进行模态分析的流程与进行静力学分析的流程是一致的。在 Workbench 的 Toolbox 中双击 Modal 分析模块，在主界面中创建 Project B 模态分析模块，如图 8.104 所示。在创建了分析模块之后，根据模块显示出的步骤进行操作，B2 为 Engineering Data，B3 为 Geometry，B4 为 Model。

在双击 B4 进入 Mechanical 模块之后，完成模型的网格划分和约束施加，进行模态分析不需要施加载荷，因此只进行约束设置即可。另外需求特别指出的是，Mechanical 模块中模态分析默认求解阶数为前 6 阶，执行 Outline > Modal (B5) > Analysis Settings 命令，在下方的 Details of "Analysis Settings"参数列表中的 Max Modes to Find 文本框中调整求解模态阶数，本实例设置为 20 阶，如图 8.128 所示。分析结束之后，系统会直接显示所求阶数的固有频率，如图 8.129 所示，在 Tabular Data 栏中任意位置右击，弹出快捷菜单，选择 Select All 选项，则所有固有频率全部被选中，继续右击弹出快捷菜单，选择 Create Mode Shape Results 选项，则在 Outline 中的 Solution (B6) 中对应每阶固有频率创建了一个 Total Deformation，右击 Solution (B6)，弹出快捷菜单，选择 Evaluate All Results 选项进行求解，求解完成后可以查看每阶固有频率所对应的模态振型，前三阶模态振型如图 8.130～图 8.132 所示。

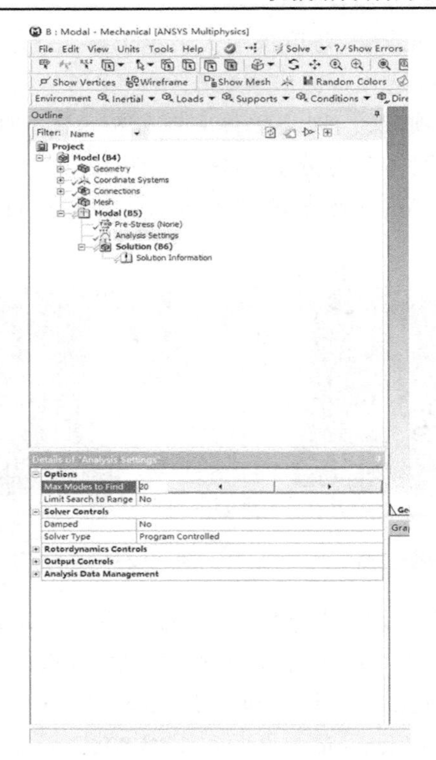

图 8.128　模态分析设置

Tabular Data

	Mode	Frequency [Hz]
1	1.	86.189
2	2.	132.31
3	3.	211.05
4	4.	271.94
5	5.	294.96
6	6.	315.63
7	7.	339.53
8	8.	348.4
9	9.	363.02
10	10.	407.71
11	11.	449.09
12	12.	512.84
13	13.	528.23

图 8.129　各阶固有频率

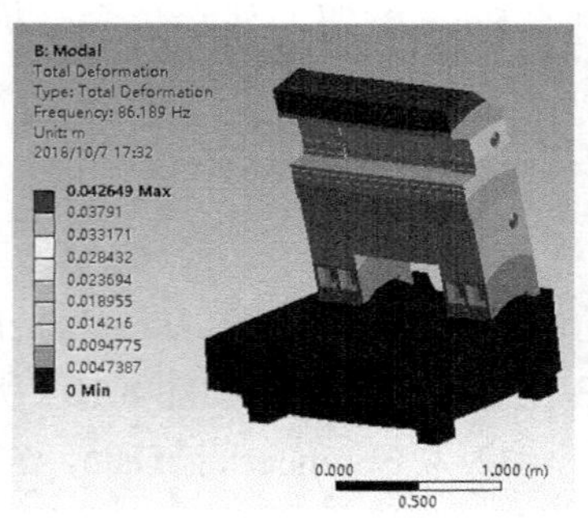

图 8.130　第一阶模态振型

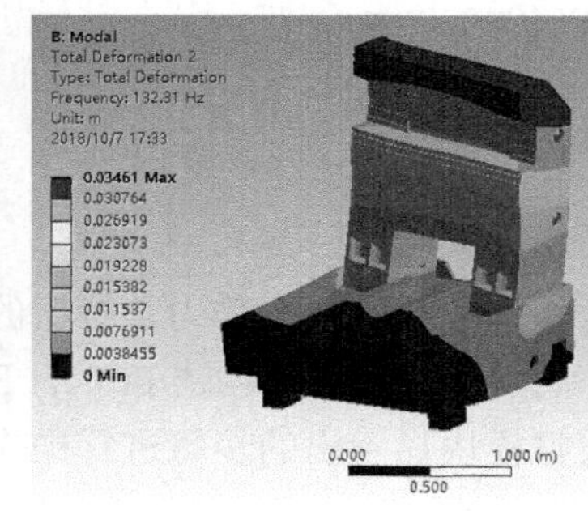

图 8.131　第二阶模态振型

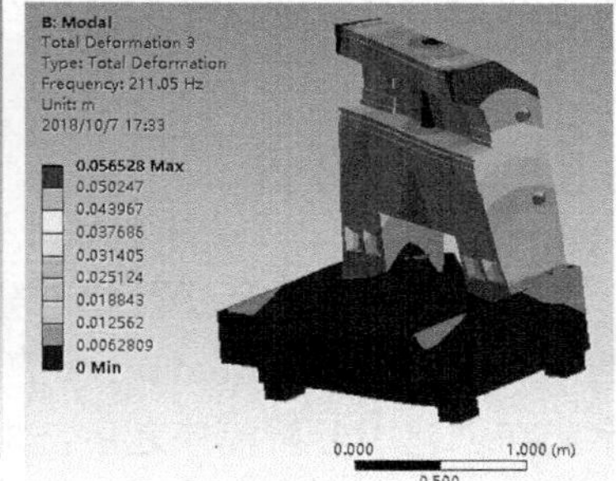

图 8.132　第三阶模态振型

参考文献

陈孝珍, 2007. 弹性力学与有限元[M]. 郑州：郑州大学出版社.

陈艳霞，2015. ANSYS Workbench15.0 有限元分析从入门到精通[M]. 北京：电子工业出版社.

杜平安，于亚婷，刘建涛, 2015. 有限元法——原理、建模及应用[M]. 北京：国防工业出版社.

傅永华, 2003. 有限元分析基础[M]. 武汉：武汉大学出版社.

龚曙光，边炳传，2013. 有限元基本理论及应用[M].武汉：华中科技大学出版社.

韩清凯，孙伟，2009.弹性力学及有限元法基础教程[M]. 沈阳：东北大学出版社.

韩清凯，金志浩，战洪仁，2002. 有限单元法及应用（英文版）[M]. 长春：吉林科学技术出版社.

韩清凯，孙伟， 王伯平，等，2013. 机械结构有限单元法基础[M]. 北京：科学出版社.

夸克工作室，2002. 有限元分析 ANSYS 与 Matlab（基础篇）[M]. 北京：清华大学出版社.

冷纪桐, 赵军, 张娅, 2016. 有限元技术基础[M]. 北京：化学工业出版社.

李兵，2011. ANSYS Workbench 设计、仿真与优化[M]. 北京：清华大学出版社.

刘浩，2016. ANSYS 15.0 有限元分析从入门到精通[M]. 北京：机械工业出版社.

刘宏梅，曹艳丽，陈克, 2018. 机械结构有限元分析及强度设计[M]. 北京：北京理工大学出版社.

刘怀恒，2007. 结构及弹性力学有限元法[M]. 西安：西北工业大学出版社.

刘杨，汪博，李朝峰，等，2019. 基于 ANSYS 的机械结构有限元分析实训教程[M]. 北京：机械工业出版社.

任学平，高耀东，2007. 弹性力学及有限单元法[M]. 武汉：华中科技大学出版社.

田晓丽，陈国光，辛长范, 2009. 有限元方法与工程应用[M]. 北京：兵器工业出版社.

王新敏，李义强，许宏伟, 2015. ANSYS 结构分析单元与应用[M]. 北京：人民交通出版社.

文国志，李正良，2010. 结构分析中的有限元法[M]. 武汉：武汉理工大学出版社.

徐斌，高跃飞，余龙，2009. Matlab 有限元结构动力学分析与工程应用[M]. 北京：清华大学出版社.

颜云辉，谢里阳，韩清凯，2000. 结构分析中的有限单元法及其应用[M]. 沈阳：东北大学出版社.

杨咸启，李晓玲, 2007. 现代有限元理论技术与工程应用[M]. 北京：北京航空航天大学出版社.

张岩，2014. ANSYS Workbench 15.0 有限元分析从入门到精通[M]. 北京：机械工业出版社.

赵均海, 汪梦甫, 2008. 弹性力学及有限元[M]. 2 版. 武汉：武汉理工大学出版社.

曾攀, 2009. 有限元基础教程[M]. 北京：高等教育出版社.

曾攀，雷丽萍，2014. 工程中的有限元方法[M]. 北京：机械工业出版社.

BRAUER J R, 1993. What every engineer should know about finite element analysis[M]. 2nd ed. Boca Raton: CRC Press.

CHANDRUPATLA T R, BELEGUNDU A D, RAMESH T, et al., 2002. Introduction to finite elements in engineering[M]. Upper Saddle River : Prentice Hall.

KWON Y W, BANG H, 2000. The finite element method using Matlab [M]. 2nd ed. Boca Raton: CRC Press.

MADENCI E, GUVEN I, 2015. The finite element method and applications in engineering using ANSYS[M]. Boston: Springer.

MOAVENI S, 2011. Finite element analysis theory and application with ANSYS[M]. 3rd ed. Hoboken: Pearson Inc.

OÑATE E, 2009. Structural analysis with the finite element method-linear statics[M]. Dordrecht: Springer.

PRZEMIENIECKI J S, 2009. Finite element structural analysis: new concepts[M]. Reston: American Institute of Aeronautics and Astronautics.